砌体结构工程施工技术与质量控制

CONSTRUCTION TECHNOLOGY AND QUALITY CONTROL OF MASONRY STRUCTURES ENGINEERING

宋功业　冀焕胜　夏云泽　编著

天津大学出版社
TIANJIN UNIVERSITY PRESS

内容提要

本书安排了砌体结构工程材料质量控制，砌筑机具与工具，普通砖砌体施工技术与质量控制，多孔砖、空心砖施工技术与质量控制，砌块砌体施工技术与质量控制，石膏砌体施工技术与质量控制以及石砌体施工技术与质量控制等七个章节的内容，进行施工技术与质量控制问题方面的论述。可以作为施工技术人员与管理人员的工具书及企业员工的培训教材。也可作为高职高专建筑工程技术、建筑工程管理专业以及冶金、化工、煤炭、水利等行业建筑施工专业学生的学习用书。

图书在版编目(CIP)数据

砌体结构工程施工技术与质量控制/宋功业，冀焕胜，夏云泽编著.
—天津：天津大学出版社，2010.9
ISBN 978-7-5618-3715-3

Ⅰ.①砌… Ⅱ.①宋…②冀…③夏… Ⅲ.①砌块结构-工程施工
②砌块结构-工程质量-质量控制 Ⅳ.①TU754

中国版本图书馆 CIP 数据核字（2010）第 182689 号

出版发行 天津大学出版社
出 版 人 杨欢
地 址 天津市卫津路 92 号天津大学内（邮编：300072）
电 话 发行部：022-27403647 邮购部：022-27402742
网 址 www.tjup.com
印 刷 肃宁县科发印刷厂
经 销 全国各地新华书店
开 本 185mm×260mm
印 张 21
字 数 524 千
版 次 2011 年 1 月第 1 版
印 次 2011 年 1 月第 1 次
印 数 1-3000
定 价 39.00 元

前 言

砌体结构在我国工程界应用十分广泛。我国现有的房屋建筑中有70%以上都是砌体结构。在建房屋中也有50%以上是砌体结构。即使在框架结构、剪力墙结构甚至是钢结构房屋建筑中也有大量的填充墙围护结构。工程中还有大量的砖砌建筑物和构筑物以及建筑工地上的临时设施，可以说，砌体结构在工程中无处不在。

基于这样一个现实，提高砌体结构工程施工技术水平与工程质量的意义是不言而喻的。本书第一章“砌体结构工程材料质量控制”主要阐述砌体结构工程材料及其质量控制；第二章“砌筑机具与工具”主要介绍常用砌筑机具、工具与检测用计量器具；第三章“普通砖砌体施工技术与质量控制”主要阐述普通砖的砌筑操作、砖混结构的施工管理、砖砌烟囱与窨井的施工等；第四章“多孔砖、空心砖施工技术与质量控制”、第五章“砌块砌体施工技术与质量控制”以及第六章“石膏砌体施工技术与质量控制”主要介绍多孔砖、空心砖以及砌块砌体、石膏砌体的施工节点处理；第七章“石砌体施工技术与质量控制”主要阐述毛石挡土墙的施工技术及质量控制等内容，希望能对施工现场工程技术人员与管理人员有所帮助。

由于作者水平有限，疏漏在所难免，欢迎批评指正，以利于共同提高。

作 者

2010年2月

目　　录

概　述

砌体结构是用块体和砂浆砌筑而成的结构，原称为砖石结构。砌体结构与混合结构是密不可分的相关结构类型。混合结构，广义地讲，是指不同材料的构件或部件混合组成的结构。通常是指建筑物的墙、柱、基础等竖向承重构件由砌体结构组成，而屋盖、楼盖等水平承重构件由钢筋混凝土结构、钢结构或木结构等组成的混合结构体系。

根据块体材料不同，砌体结构可分为砖砌体、砌块砌体、石材砌体、配筋砌体等。

1. 砖砌体

在房屋建筑中，砖砌体用作内外承重墙或围护墙及隔墙。其厚度是根据承载力及高厚比的要求确定的，但外墙厚度往往还需考虑到保暖及隔热的要求。砖砌体一般多砌成实心，有时也可砌成空心，砖柱则应实砌。

采用标准尺寸的烧结普通砖、黏土空心砖及非烧结硅酸盐砖与砂浆砌筑成的砖砌体有墙和柱。但因实心黏土砖浪费农田、人工以及保温效果差等原因，已经禁用。

实砌标准砖墙的厚度为 120 mm（图 0－1）、240 mm（图 0－2）、370 mm（图 0－3）、490 mm（图 0－4）、620 mm、740 mm 等。

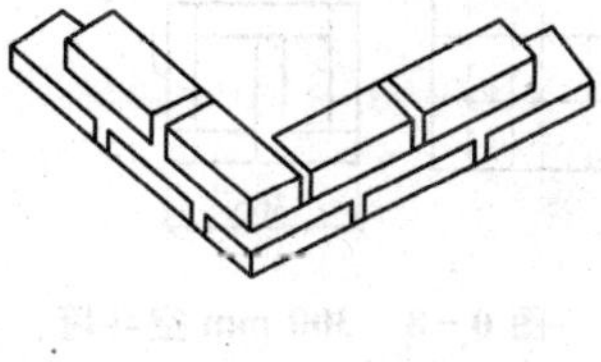

图 0－1　120 mm 墙

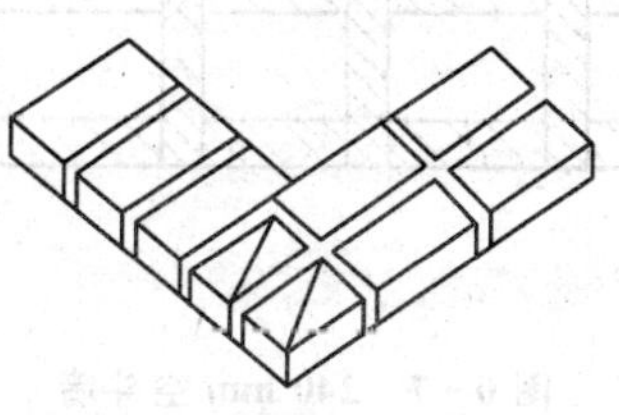

图 0－2　240 mm 墙

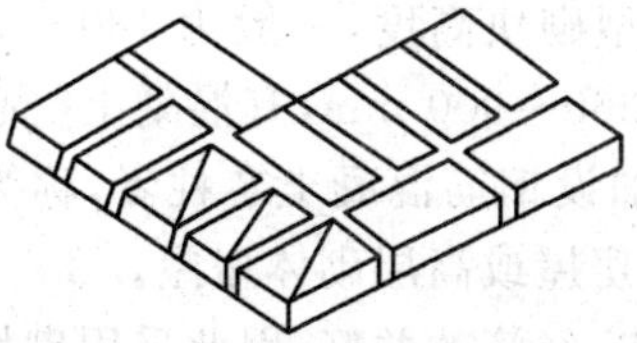

图 0－3　370 mm 墙

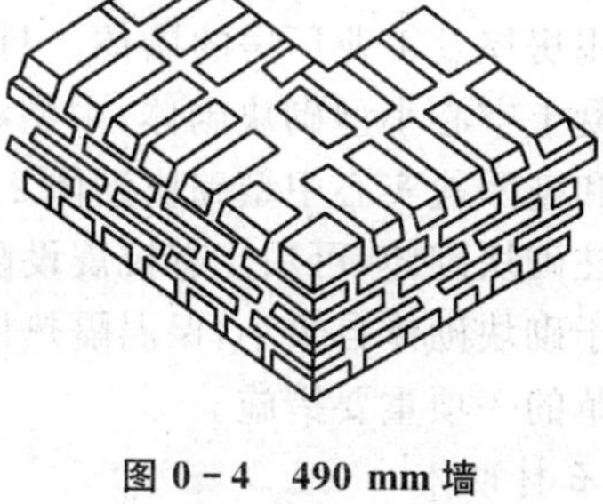

图 0－4　490 mm 墙

墙体砌筑方式有：一顺一丁、梅花丁、三顺一丁等，见图 0－5。砌筑的要求是铺砌均匀，灰浆饱满，上下错缝，受力均衡。

当砌体砌成空心时，为空斗砖砌体。这是将部分或全部砖立砌，中间留有空斗（洞）的墙砌体。目前采用的空斗墙分为一眠一斗、一眠多斗和无眠多斗墙（图 0－6 ）几种，厚度一般为 240 mm（图 0－7）、300 mm（图 0－8）。空斗墙较实心墙能节省砖和砂浆，可降低造价，减轻自重，但其整体性和抗震性能较差，亦费人工。在非地震区，空斗墙可用作 1～3 层的一般民用房屋的墙体。

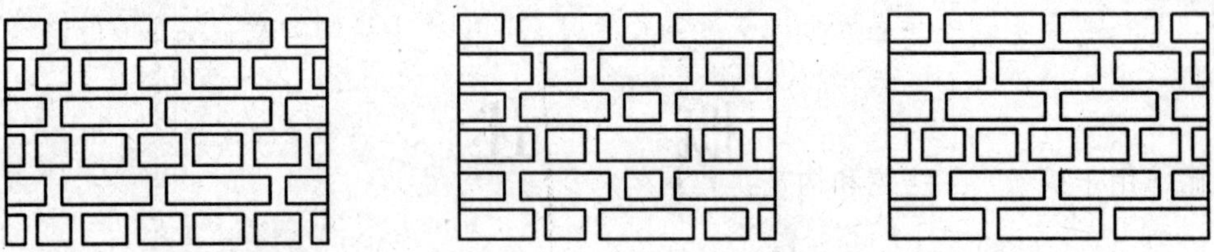

图 0－5 砖砌体的砌合方法

(a)一顺一丁 (b)梅花丁 (c)三顺一丁

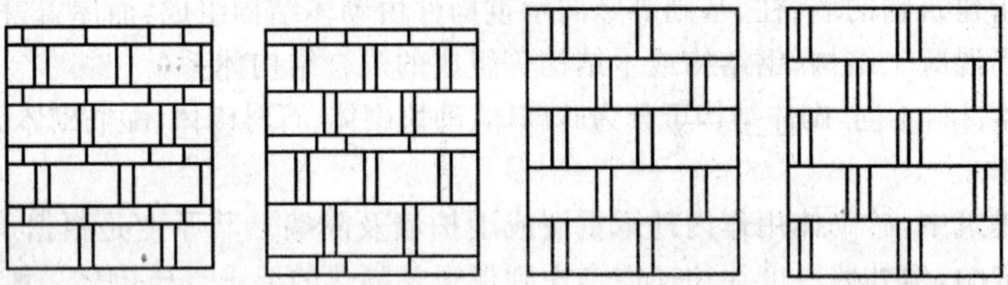

图 0－6 空斗砖砌体

(a)一眠一斗 (b)一眠多斗 (c)、(d)无眠多斗

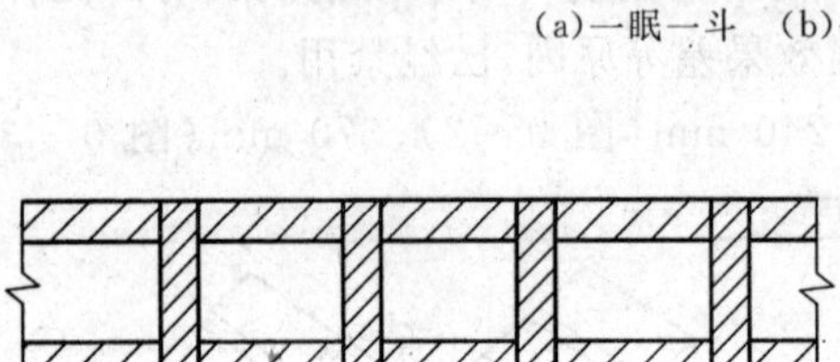

图 0－7 240 mm 空斗墙

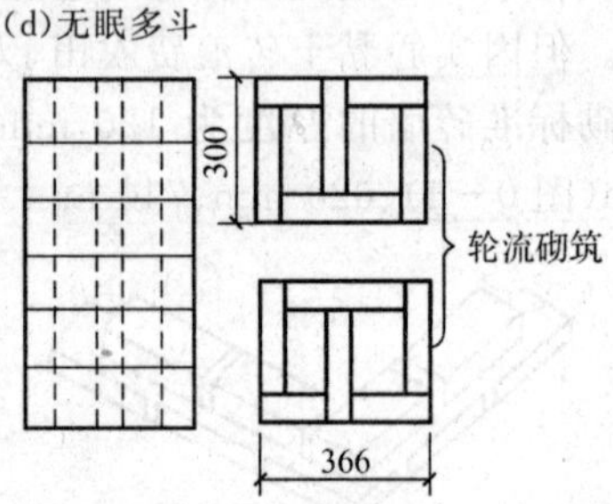

图 0－8 300 mm 空斗墙

2. 砌块砌体

砌块砌体是用中小型混凝土砌块或硅酸盐砌块与砂浆砌筑而成的砌体，可用于定型设计的民用房屋及工业厂房的墙体。目前国内使用的小型砌块高度，一般为 180～350 mm，称为混凝土空心小型砌块砌体；中型砌块高度，一般为 360～900 mm，有混凝土空心中型砌块砌体和硅酸盐实心中型砌块砌体 2 种。空心砌块内加设钢筋混凝土芯柱者，称为钢筋混凝土芯柱砌块砌体，可用于有抗震设防要求的多层砌体房屋或高层砌体房屋。

由于砌块砌体自重小，保温隔热性能好，施工进度快，经济效益好，因此采用砌块建筑是墙体改革的一项重要措施。

3. 石材砌体

采用天然料石或毛石与砂浆砌筑的砌体称为天然石材砌体。石材砌体分为料石砌体、毛石砌体和毛石混凝土砌体(图 0－9 至图 0－13)。

天然石材具有强度高、抗冻性强和导热性好的特点，是带形基础、挡土墙及某些墙体的理想材料。

毛石墙的厚度不宜小于 350 mm，柱截面较小边长不宜小于 400 mm。当有振动载荷时，不宜采用毛石砌体。

料石砌体可用作一般民用房屋的承重墙、柱和基础，还可用于建造石拱桥、石坝和涵洞等。毛石混凝土砌体是在模板内交替铺置混凝土及形状不规则的毛石层筑成的。毛石混凝土砌体中的混凝土，其含砂量应较普通混凝土高。通常每浇灌 120～150 mm 厚混凝土，再铺设一层毛石，将毛石插入混凝土中，再在石块上浇筑一层混凝土，交替地进行。毛石混凝土砌体用于一般民用房屋和构筑物的基础以及挡土墙等。

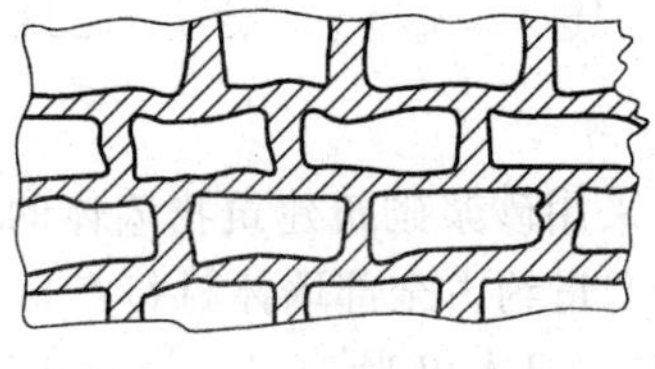

图 0-9 细料石砌体

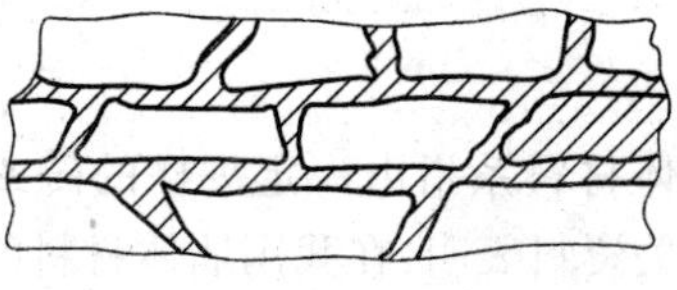

图 0-10 半细料石砌体

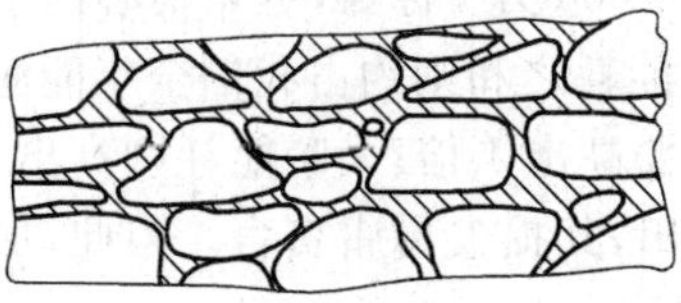

图 0-11 毛石砌体

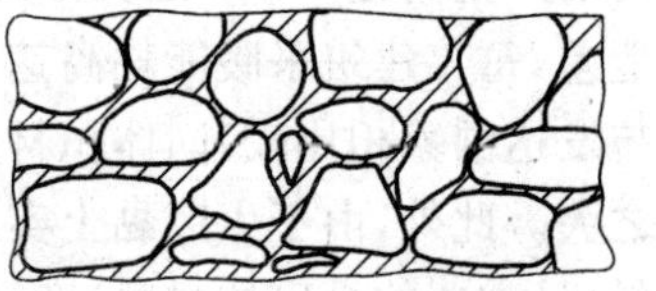

图 0-12 乱毛石砌体

4. 配筋砌体

在砌体水平灰缝中配置钢筋网片或在砌体外部预留沟槽，槽内设置竖向粗钢筋并灌注细石混凝土(或水泥砂浆)的组合砌体称为配筋砌体。这种砌体可提高强度，减小构件截面，加强整体性，增加结构延性，从而改善结构的抗震能力。

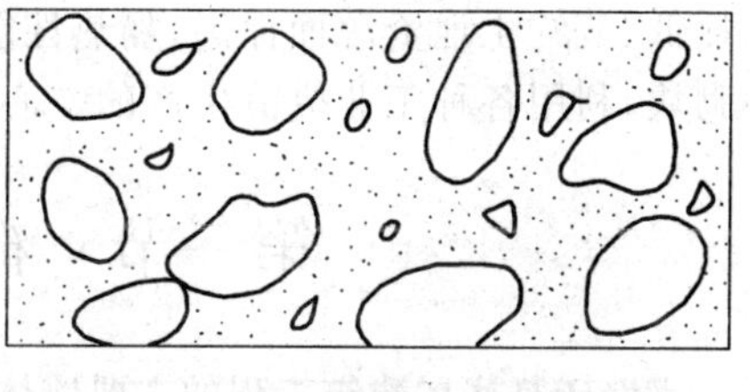

图 0-13 毛石混凝土砌体

(1)横向配筋砖砌体

在水平灰缝内配置钢筋网的砌体，称为横向配筋砌体(或网状配筋砌体)。我国目前采用较多的是横向配筋砖砌体(图 0-14)，主要用作轴心受压或小偏心受压的墙、柱。

(2)纵向配筋砖砌体

在纵向灰缝或孔洞内配置纵向钢筋的砌体，称为纵向配筋砌体。因为在实心砖砌体灰缝内配置纵向钢筋(图 0-15)不便于施工，故很少采用。目前，在空心砖块竖向灰缝或孔洞内配置纵向钢筋的做法逐渐增多。

(3)组合砌体

由砖砌体和钢筋混凝土或钢筋砂浆构成的砌体称为组合砖砌体。通常将钢筋混凝土和钢筋砂浆作面层(图 0-16)。这种砌体主要用作偏心距较大的受压构件。

图 0-14 横向配筋砖砌体

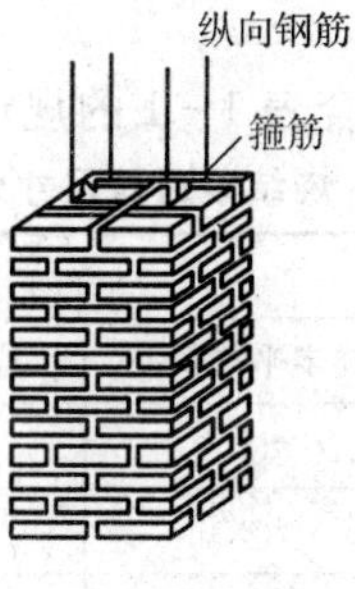

图 0-15 纵向配筋砖砌体

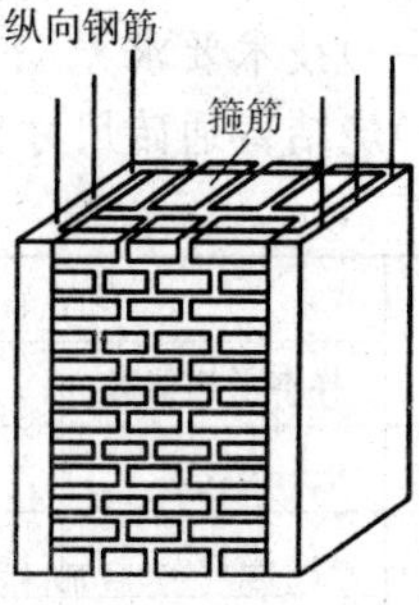

图 0-16 组合砌体

第一章　砌体结构工程材料质量控制

砌体材料系指由一定规格的砖或砌块按一定组合，采用砂浆砌筑建筑物墙体的材料。

有关资料表明：在我国墙体材料的生产中，砌体材料产量约占全部墙体材料产量的 98%，而砌体材料中实心黏土砖的产量约占全部砌体材料的 97%（日本仅为 3%）。最近几年我国实心黏土砖的产量高达 6 000 亿块标砖，其生产能耗约为 6 000 万 t 标煤，更兼实心黏土砖保温隔热性能差，每年建筑采暖能耗高达 1.1 亿 t 标煤，两种能耗之和则约占我国全年能源消耗的 16%。与发达国家相比较，同体积材料的生产能耗我国要高出 1 倍；采暖能耗则高出 2 倍，可见差距之大。此外，由于生产黏土实心砖要毁坏大量农田，其损失毋庸赘言。因此，加快我国墙体材料（最主要的是砌体材料）产品结构的改革迫在眉睫。

在砌体材料中，首先要扭转以实心黏土砖为主导地位的状况，这就要大力发展一些生产能耗低、节约土地资源而保温、隔热性能好的砌体材料，诸如多孔砖、空心砖、混凝土小型空心砌块、利用各种工业废渣生产的空心砖与砌块、加气混凝土砌块和石膏砌块等。

第一节　砖砌体材料质量控制

砌墙砖是房屋建筑工程的主要墙体材料，具有一定的抗压和抗折强度，外形多为直角六面体。其标准尺寸为 240 mm×115 mm×53 mm。砌墙砖种类颇多，按其制造工艺区分有烧结砖、蒸养（压）砖、碳化砖；按原料区分有黏土砖、硅酸盐砖；按孔洞率区分有实心砖和空心砖等。

一、烧结普通砖

烧结普通砖按主要原料分为黏土砖、页岩砖、煤矸石砖和粉煤灰砖。

烧结普通砖根据抗压强度分为 MU30、MU25、MU20、MU15、MU10 5 个强度等级。

烧结普通砖根据尺寸偏差、外观质量、泛霜和石灰爆裂分为优等品、一等品、合格品 3 个质量等级。优等品适用于清水墙，一等品、合格品可用于混水墙。

烧结普通砖的外形为直角六面体，其公称尺寸为：长 240 mm、宽 115 mm、高 53 mm。配砖规格为 175 mm×115 mm×53 mm。

（一）技术要求

1）烧结普通砖尺寸允许偏差应符合表 1－1 的规定。

表 1－1　烧结普通砖尺寸允许偏差　（mm）

公称尺寸	优等品		一等品		合格品	
	样本平均偏差	样本极差≤	样本平均偏差	样本极差≤	样本平均偏差	样本极差≤
240	±2.0	8	±2.5	8	±3.0	8
115	±1.5	6	±2.0	6	±2.5	7
53	±1.5	4	±1.6	5	±2.0	6

2)烧结普通砖的外观质量应符合表1-2的规定。

表1-2　烧结普通砖的外观质量

(mm)

项　目		优等品	一等品	合格品
(1)两条面高度差	不大于	2	3	5
(2)弯曲	不大于	2	3	5
(3)杂质凸出高度	不大于	2	3	5
(4)缺棱掉角的三个破坏尺寸同时不大于		15	20	30
裂纹长度: a.大面上宽度方向及其延伸至条面长度	不大于	70	70	110
b.大面上长度方向及其延伸至顶面的长度或条顶面上水平裂纹的长度	不大于	100	100	150
(5)完整面不得少于		一条面和一顶面	一条面和一顶面	—
(6)颜色		基本一致	—	—

注:凡有下列缺陷之一者,不得称为完整面:

1.缺损在条面或顶面上造成的破坏面尺寸同时大于10 mm×10 mm;

2.条面或顶面上裂纹宽度大于1 mm,其长度超过30 mm;

3.压陷、粘底、焦花在条面或顶面上的凹陷或凸出超过2 mm,区域尺寸同时大于10 mm ×10 mm。

3)烧结普通砖的强度应符合表1-3的规定。

表1-3　烧结普通砖强度

(MPa)

强度等级	抗压强度平均值≥	变异系数≤0.21	变异系数>0.21
		强度标准值≥	单块最小抗压强度值≥
MU30	30.0	22.0	25.0
MU25	25.0	18.0	22.0
MU20	20.0	14.0	16.0
MU15	15.0	10.0	12.0
MU10	10.0	6.5	7.5

4)严重风化区砖的抗冻性应符合表1-4的规定。非严重风化区砖的抗风化性能符合表1-5的规定时,可不做冻融试验,否则必须符合表1-4的规定。

表1-4　烧结普通砖的抗冻要求

强度等级	抗压强度平均值(MPa)≥	单块砖的干质量损失(%)≤
MU30	23.0	2.0
MU25	19.0	2.0
MU20	14.0	2.0
MU15	10.0	2.0
MU10	6.5	2.0
MU7.5	5.0	2.0

5)优等品无泛霜;合格品不得严重泛霜。

表 1-5　烧结普通砖的抗风化规定

项目 \ 砖种类	严重风化区				非严重风化区			
	5 h煮沸吸水率(%)≤		饱和系数≤		5 h煮沸吸水率(%)≤		饱和系数≤	
	平均值	单块最大值	平均值	单块最大值	平均值	单块最大值	平均值	单块最大值
黏土砖	19	21	0.80	0.82	23	25	0.88	0.90
粉煤灰	20	22			30	32		
页岩砖	15	17	0.72	0.74	18	20	0.78	0.80
煤矸石砖	18	20			21	23		

注：1. 粉煤灰掺入量(体积比)小于50%时，按黏土砖规定。

2. 严重风化区包括下列省、市、自治区：黑龙江省、吉林省、辽宁省、内蒙古自治区、新疆维吾尔自治区、宁夏回族自治区、甘肃省、青海省、陕西省、山西省、河北省、北京市、天津市。其他省、自治区、市为非严重风化区。

6)优等品：不允许出现最大破坏尺寸大于 2 mm 的爆裂区域。

合格品：每组砖样最大破坏尺寸大于 2 mm 且小于等于 15 mm 的爆裂区域不得多于 15 处，其中大于 10 mm 的不得多于 7 处。不允许出现最大破坏尺寸大于 15 mm 的爆裂区域。

7)产品中不允许有欠火砖、酥砖和螺旋纹砖。

(二)应用技术要点

砖建筑的设计与施工应根据《砌体结构设计规范》(GB 50003—2001)和《砌体结构工程施工质量验收规范》(GB 50203—2002)的规定进行，有抗震要求的建筑物的设计与施工应根据《建筑抗震设计规范》(GB 50011—2008)的规定进行。

二、多孔砖

多孔砖是一种孔洞率在 15%～30%的可用于承重墙体的烧结黏土砖。以黏土、页岩、煤矸石、粉煤灰为主要原料，经焙烧而成。烧结多孔砖按主要原料分为黏土多孔砖、页岩多孔砖、煤矸石多孔砖和粉煤灰多孔砖。

多孔砖除具备实心黏土砖的各种特点之外，在性能方面，诸如减轻墙体自重、增强保温隔热性能及墙体抗震性能均优于实心黏土砖。

目前，多孔砖基本分为两大类，一类是应用时间较长的 KP1 型系列多孔砖(图 1-1)；另一类是 DM 系列模数多孔砖(图 1-2)。KP1 型系列多孔砖在生产、设计、施工等方面与传统的实心黏土砖比较接近，DM 系列多孔砖的外形尺寸和排砖方法与传统的实心黏土砖则有较大的不同。

现已颁布多孔砖制品的国家标准。

(一)特性及构成

多孔砖与实心黏土砖相比较，主要有以下几方面的优点。

1. 节约资源和能源

由于多孔砖的孔洞率为 15%～30%，因而可以节约大量的土地资源和烧砖所消耗的能源。

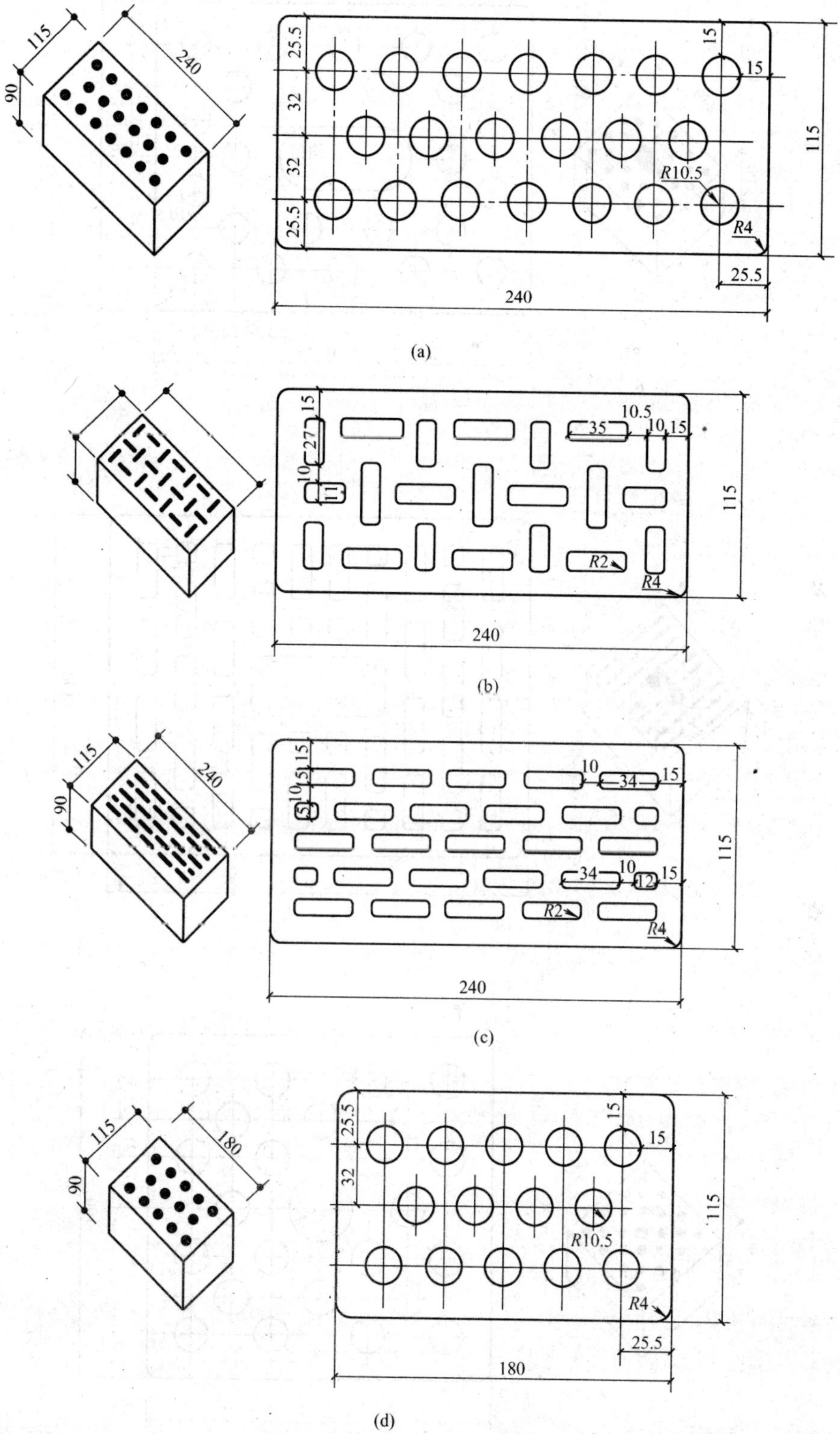

图 1-1　KP1 型多孔砖断面形状

(a)KP1-1 型　(b)KP1-2 型　(c)KP1-3 型　(d)KP1-P 型(配型)

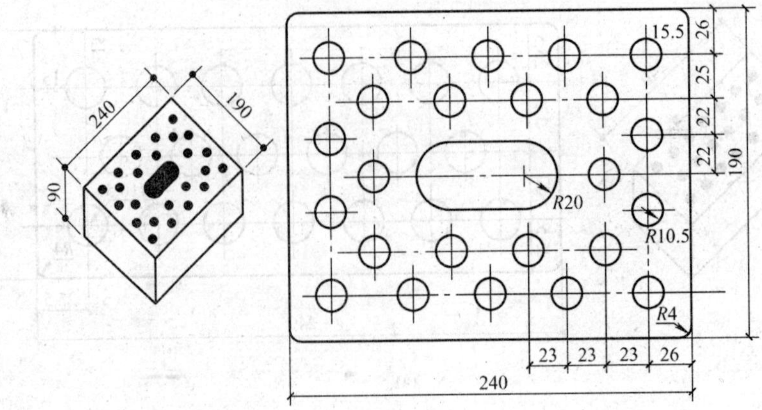
240
190
90
15.5
26
25
22
22
190
R20
R10.5
R4
23
23
23
26
240

(a)

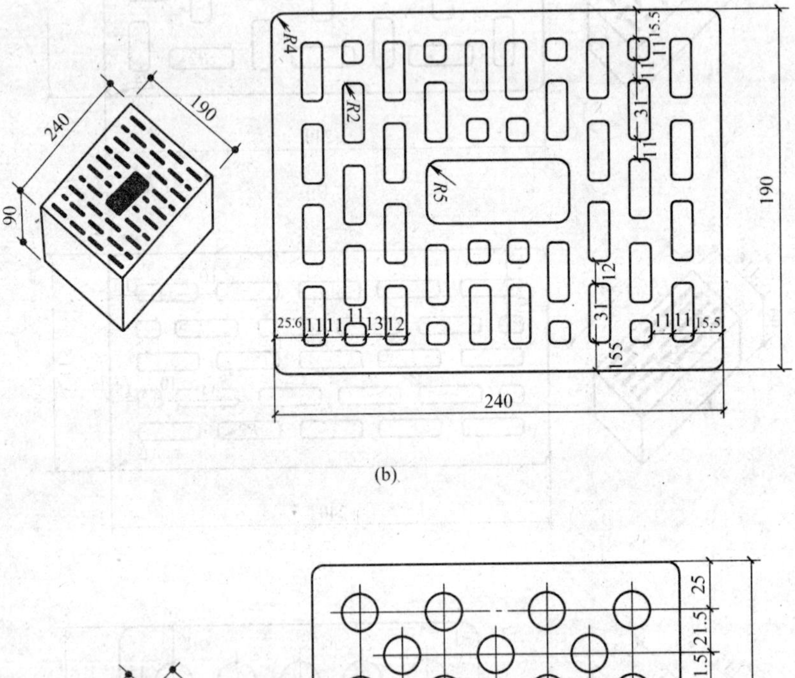
240
190
90
R4
R2
R5
15.5
11
11
31
11
12
31
155
25.6
11
11
11
13
12
11
11
15.5
190
240

(b)

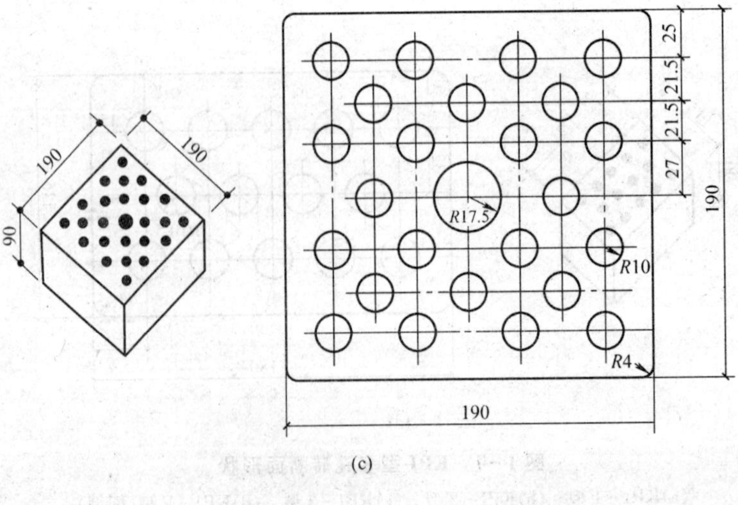
190
190
90
25
21.5
21.5
27
190
R17.5
R10
R4
190

(c)

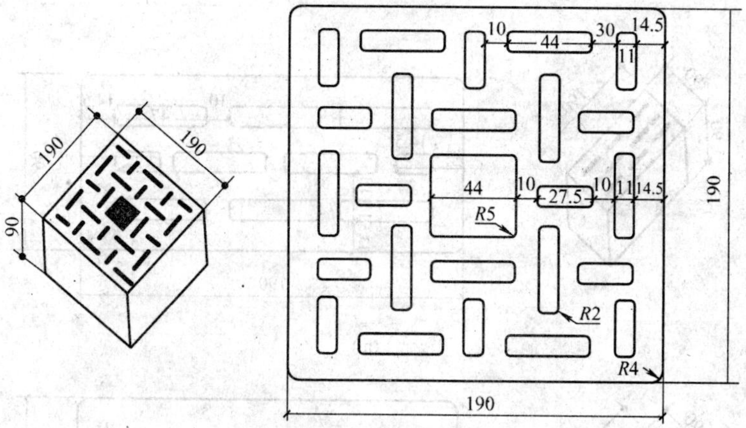
190
190
90
10
44
30
14.5
11
44
10
27.5
10
11
14.5
R5
R2
R4
190
190

(d)

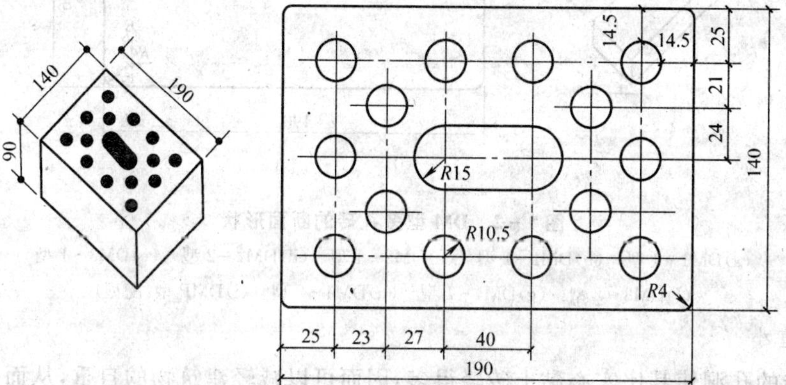
140
190
90
14.5
14.5
25
21
24
140
R15
R10.5
R4
25
23
27
40
190

(e)

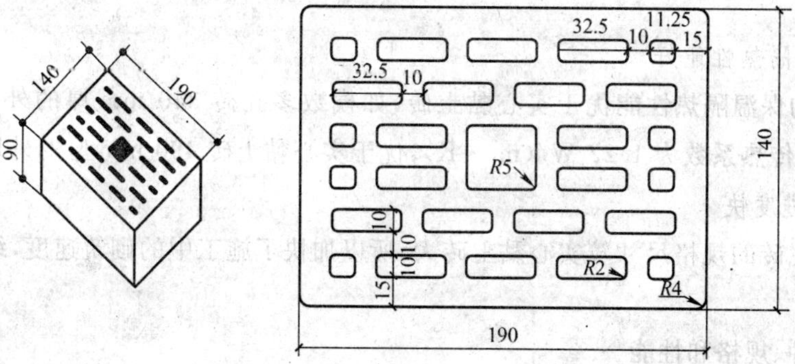
140
190
90
32.5
11.25
10
15
32.5
10
140
R5
10
10
10
15
R2
R4
190

(f)

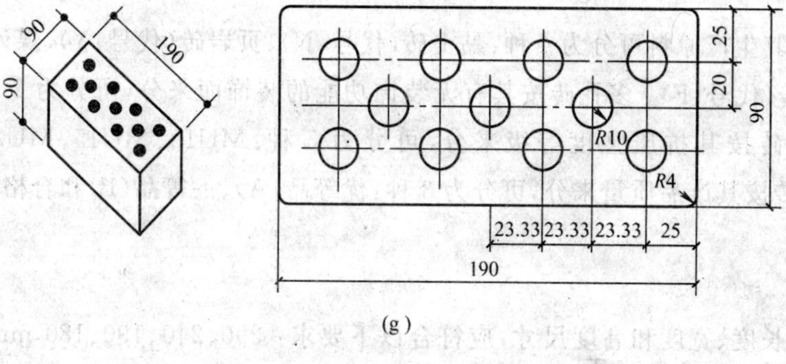
90
190
90
25
20
90
R10
R4
23.33
23.33
23.33
25
190

(g)

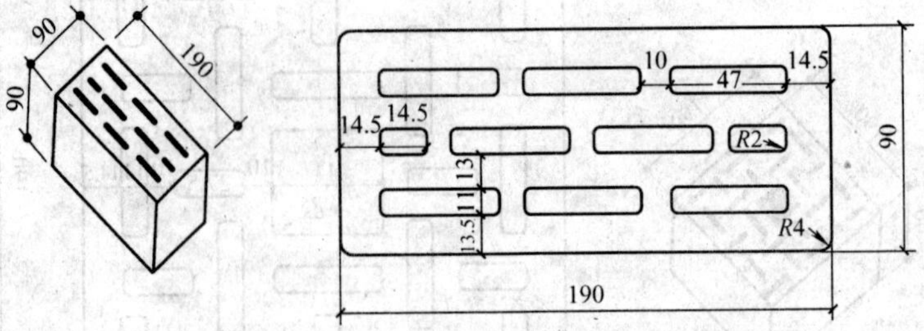

(h)

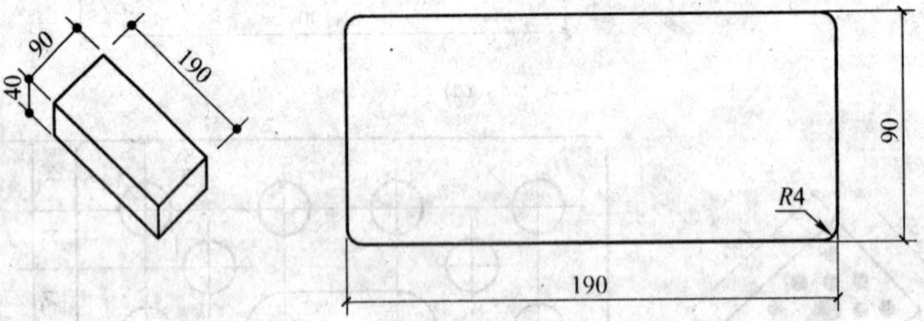

(i)

图 1-2 DM 型多孔砖的断面形状

(a)DM1-1 型 (b)DM1-2 型 (c)DM2-1 型 (d)DM2-2 型 (e)DM3-1 型 (f)DM3-2 型 (g)DM4-1 型 (h)DM4-2 型 (i)DMP 型(配型)

2. 自重小

多孔砖的孔洞使其比实心黏土砖轻得多,因而可以减轻建筑物的自重,从而节省地基处理的费用。

3. 保温、隔热性能好

多孔砖的保温隔热性能优于实心黏土砖,如模数多孔砖 340 mm 厚的外墙(一侧抹灰 20 mm 厚)其传热系数为 1.22 W/(m^2·K),优于实心黏土砖 490 mm 厚的外墙。

4. 施工进度快

由于多孔砖的规格尺寸较实心黏土砖大,所以加快了施工中的砌筑速度,缩短了施工周期。

(二)品种、规格和性能

1. 品种

多孔砖按其生产原料可分为 4 种:黏土砖(代号:N)、页岩砖(代号:Y)、煤矸石砖(代号:M)和粉煤灰砖(代号:F)。多孔砖按其有无装饰功能的装饰面来分,可分为 2 种:普通砖和装饰砖;多孔砖按其抗压强度等级来分,可分为 5 种:MU10、MU15、MU20、MU25 和 MU30;多孔砖按其产品质量来分,可分为 3 种:优等品(A)、一等品(B)和合格品(C)。

2. 规格

(1)尺寸

多孔砖的长度、宽度和高度尺寸,应符合以下要求:290、240、190、180 mm~175、140、

115、90 mm。

(2)标记方法

1)标记顺序:产品名称、品种、规格、强度等级、质量等级和标准号。

2)标记示例:规格为290 mm×140 mm×90 mm、强度等级为MU25的优等品的黏土多孔砖。N 290×140×90 25A GB 13544—2000

3. 多孔砖尺寸允许偏差

强度和抗风化性能合格的砖,根据尺寸偏差、外观质量、孔形及孔洞排列、泛霜和石灰爆裂分为优等品(A)、一等品(B)、合格品(C)三个质量等级,烧结多孔砖尺寸允许偏差见表1-6,外观质量允许偏差见表1-7。

表1-6　烧结多孔砖尺寸允许偏差　(mm)

公称尺寸	优等品		一等品		合格品	
	样本平均偏差	样本极差	样本平均偏差	样本极差	样本平均偏差	样本极差
290、240 190、180	±2.0	≤6	±2.5	≤7	±3.0	≤8
190、180 175、140	±1.5	≤5	±2.0	≤6	±2.5	≤7
90	±1.5	≤4	±1.7	≤5	±2.0	≤6

表1-7　烧结多孔砖外观质量允许偏差　(mm)

项目		优等品	一等品	合格品
颜色(一条面和一顶面)		一致	基本一致	—
完整面不得少于		一条面和一顶面	一条面和一顶面	—
缺棱掉角的3个破坏尺寸不得同时大于		10	20	30
裂纹长度不大于	大面上深入孔壁15 mm以上宽度方向及其延伸到条面的长度	60	80	120
	大面上深入孔壁15 mm以上长度方向及其延伸到顶面的长度	60	100	120
	条、顶面上的水平裂纹	80	100	120
杂质在砖面上的凸出高度不大于		3	4	5

注:1. 为装饰面施加的色差、凸凹纹、拉毛、压花等不算缺陷。

2. 凡有下列缺陷之一者,不能称为完整面:

A. 缺损在条面或顶面上造成的破坏面尺寸同时大于20 mm×30 mm;

B. 条面或顶面上裂纹宽度大于1 mm,其长度超过70 mm;

C. 压陷、焦花、粘底在条面或顶面上的凹陷或凸出超过2 mm,区域尺寸同时大于20 mm×30 mm。

(三)多孔砖的孔形、孔洞率及孔洞排列

多孔砖的孔形、孔洞率及孔洞排列要求见表1-8。

表 1-8 多孔砖孔形、孔洞率及排列要求

产品等级	孔形	孔洞率(%)	孔洞排列
优等品、一等品	矩形条孔或矩形孔	≥25	有序交错排列
合格品	矩形孔或其他孔形		

注:1. 所有孔宽度应相等,孔长度小于等于 50 mm;

2. 孔洞排列上下、左右应对称,分布均匀,手抓孔的长度方向尺寸必须平行于砖的条面;

3. 当矩形孔的孔长度大于等于孔宽度时,为矩形条面。

(四)多孔砖的强度

多孔砖的强度要求见表 1-9。

表 1-9 多孔砖的强度要求 (MPa)

强度等级	抗压强度平均值	变异系数 $\delta \leq 0.21$	变异系数 $\delta > 0.21$
		强度标准值 f_k	单块最小抗压强度值 f_{min}
MU10	10.0	≥6.5	≥7.5
MU15	15.0	≥10.0	≥12.0
MU20	20.0	≥14.0	≥16.0
MU25	25.0	≥18.0	≥22.0
MU30	30.0	≥22.0	≥25.0

(五)抗风化

多孔砖的抗风化性能见表 1-10。

表 1-10 多孔砖的抗风化性能要求

多孔砖种类	严重风化区				非严重风化区			
	5 h 煮沸吸水率(%)		饱和系数		5 h 煮沸吸水率(%)		饱和系数	
	平均值	单块最大值	平均值	单块最大值	平均值	单块最大值	平均值	单块最大值
黏土砖	≤21	≤23	≤0.85	≤0.87	≤23	≤25	≤0.88	≤0.90
粉煤灰砖	≤23	25			≤30	≤32		
页岩砖	≤16	≤18	≤0.74	≤0.77	≤18	≤20	≤0.78	≤0.80
煤矸石砖	≤19	≤21			≤21	≤23		

注:粉煤灰掺入量(体积比)小于 30%时,按黏土砖规定。

(六)泛霜、石灰爆裂

1. 泛霜

多孔砖的泛霜要求为:优等品不允许有泛霜;一等品不允许出现中等泛霜;合格品不允许出现严重泛霜。

2. 石灰爆裂

多孔砖的石灰爆裂要求如下。

(1)优等品

不允许出现最大破坏尺寸大于 2 mm 的爆裂区域。

(2)一等品

1)最大破坏尺寸大于 2 mm 且小于等于 10 mm 的爆裂区域,每组砖样不得多于 15 处。

2)不允许出现最大破坏尺寸大于 10 mm 的爆裂区域。

(3)合格品

1)最大破坏尺寸大于 2 mm 且小于等于 15 mm 的爆裂区域,每组砖样不得多于 15 处,其中大于 10 mm 的不得多于 7 处。

2)不允许出现最大破坏尺寸大于 15 mm 的爆裂区域。

(七)多孔砖的应用设计

1. KP1 型多孔砖的应用设计

(1)墙体的设计

采用 KP1 型多孔砖的砌体高度以 100 mm(1 M)进级,厚度和长度进级同实心黏土砖。不足整砖的边角空缺部位用 KP－P 型砖或切砖砌筑。

(2)平面及竖向设计

墙体厚度应为:内墙厚度为 240 mm,外墙厚度为 240 mm 或 360 mm,隔墙厚度为 120 mm。对于层高 2.7 m 或 2.8 m 的建筑,墙体高度应以 100 mm(1 M)进级。首砖从±0.000及各楼层建筑地面标高开始,内门洞口高 2.0 m,外窗和阳台门联窗洞口高 2.3 m(2.7 m 层高)或 2.4 m(2.8 m 层高),窗台高 900 mm。

(3)结构设计

抗震设防烈度为 7 度或 8 度。7 度区建筑限高为 21 m,7 层;8 度区建筑限高为 18 m,6 层。楼板采用预应力圆孔板或现浇钢筋混凝土板。圆孔板端部与墙搭接 75 mm(长向板 70 mm)。构造柱截面尺寸为 240 mm×240 mm,端部山墙转角处可加大到 240 mm×360 mm,马牙槎进退 60 mm,每步高 200 mm。圈梁高为 150 mm、250 mm,个别为 350 mm。圈梁、构造柱均不外露。专用过梁高为 90 mm、190 mm。混凝土强度等级为 C20、C25,砂浆标号为 M5、M7.5 和 M10。墙体抗震要求和抗震措施应符合抗震设计规范中的规定。基础应采用实心砖或其他材料。

(4)保温性能设计

KP1 型多孔砖砌筑的厚度为 360 mm 的外墙;其传热系数为 1.22 W/(m^2·K),厚度为 240 mm,一侧抹灰厚 20 mm 的外墙,其传热系数为 1.69 W/(m^2·K)。因此,为了满足《民用建筑节能设计标准》中的要求,应采取适当的保温措施。

(5)砖的排列

KP1 型多孔砖的排砖与实心黏土砖相同。

(6)设计注意事项

在 KP1 型多孔砖砌体中如有设备埋件及孔洞,则应预留,不宜临时剔凿;不可以预留或剔凿横向槽;不得使用射钉或膨胀螺栓;个别不得已的剔孔,其尺寸应小于等于 60 mm×60 mm,并应灌 C20 细石混凝土;电敷电线管可随砌随埋,竖向管可使用开槽机,但截面应小于等于 60 mm×60 mm,密集部位可砌成马牙槎并设拉筋,然后灌 C20 细石混凝土。

2. DM 型多孔砖的应用设计

(1)墙体的设计

采用 DM 型多孔砖的砌体高度以 100 mm(1 M)进级(灰缝厚度为 10 mm)。不足整砖的边角空缺部位用 DMP 砖或锯切 DM1、DM2 来砌筑,挑砖挑出长度应小于等于 50 mm。

砌体的厚度和长度以 50 mm 进级,即 90、140、190、240、290、340、390、440、490 mm,见

表1-11。墙体砌筑方案见表1-12。

表1-11 DM型多孔砖砌体平面尺寸进级 (mm)

模数	M/2	1M	(1+1/2)M	2M	(2+1/2)M	3M	(3+1/2)M	4M	(4+1/2)M	5M
砌体		90	140	190	240	290	340	390	440	490
中-中或墙垛	50	100	150	200	250	300	350	400	450	500
砌口	60	110	160	210	260	310	360	410	460	510

表1-12 DM型多孔砖墙体砌筑方案 (mm)

模数	1M	(1+1/2)M	2M	(2+1/2)M	3M	(3+1/2)M	4M
墙厚	90	140	190	240	290	340	390
方案一	DM_4	DM_3	DM_2	DM_1	DM_2+DM_4	DM_1+DM_4	DM_1+DM_3
方案二				DM_3+DM_4	DM_2+DM_3		

(2)平面及竖向设计

平面设计采用3模(3M)轴线定位。6层建筑的内墙厚度为240 mm,采用DM砌筑,轴线分中;外墙厚度为340 mm,采用DM_1+DM_4组砌,轴线内侧120 mm,外侧220 mm;隔墙厚度为90 mm,采用DM_4砌筑。暖气槽部位墙厚度为190 mm,采用DM_2砌筑。

对于层高2.7 m或2.8 m的建筑,墙体高度应以100 mm(1 M)进级。首皮砖从±0.000及各楼层建筑地面标高开始,内门洞口高2.0 m,外窗和阳台门联窗洞口高2.3 m(2.7 m层高)或2.4 m(2.8 m层高),窗台高900 mm。

(3)结构设计

抗震设防烈度为7度或8度。7度区建筑限高为21 m,7层;8度区建筑限高为18 m,6层。楼板采用预应力圆孔板或现浇钢筋混凝土板。圆孔板端部搭墙75 mm(长向板70 mm)。构造柱截面尺寸为240 mm×240 mm,端部山墙转角处可加大到240 mm×290 mm,马牙槎进退60 mm,每步高200 mm。圈梁高为150、250 mm,个别为350 mm。圈梁、构造柱均不外露。专用过梁高为90、190 mm。混凝土强度等级为C20、C25,砂浆强度等级为M5、M7.5和M10。墙体抗震要求和抗震措施应符合抗震设计规范中的规定。基础应采用实心砖或其他材料。

(4)保温性能设计

DM型多孔砖砌筑的厚度为340 mm的外墙,一侧抹灰厚20 mm,墙体传热系数为1.22 W/($m^2\cdot K$),优于490 mm厚的实心黏土砖墙;若内侧抹灰厚20 mm的保温砂浆或其他等效材料,则墙体传热系数可满足JGJ 26—2010《严寒和寒冷地区居住建筑节能设计标准》中的要求。

(5)砖的排列

DM型多孔砖与传统的黏土实心砖不同之处在于模数多孔砖往往需采用几种不同规格的砖型互相搭配来组合砌筑成不同尺寸的墙体。见表1-13、表1-14和表1-15。

表 1-13　模数多孔砖不同厚度的墙体的排砖方法

<table>
<tr><th rowspan="2">序号</th><th rowspan="2">主砖</th><th rowspan="2">配砖</th><th colspan="2">2002 排砖法</th><th rowspan="2">备注</th></tr>
<tr><th>第一皮</th><th>第二皮</th></tr>
<tr><td rowspan="3">1</td><td rowspan="3">DM_2</td><td rowspan="3">DM_4</td><td>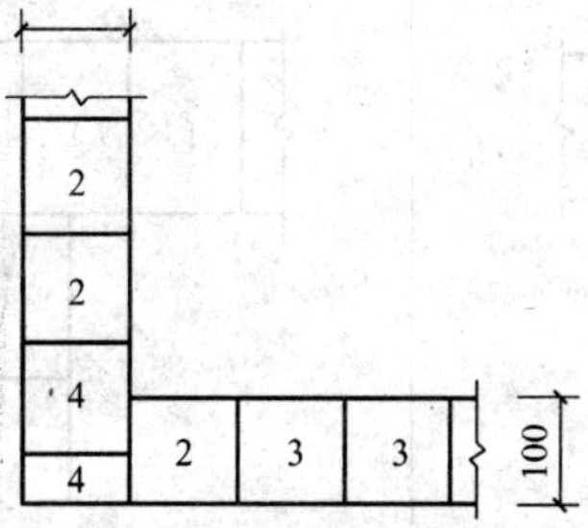</td><td>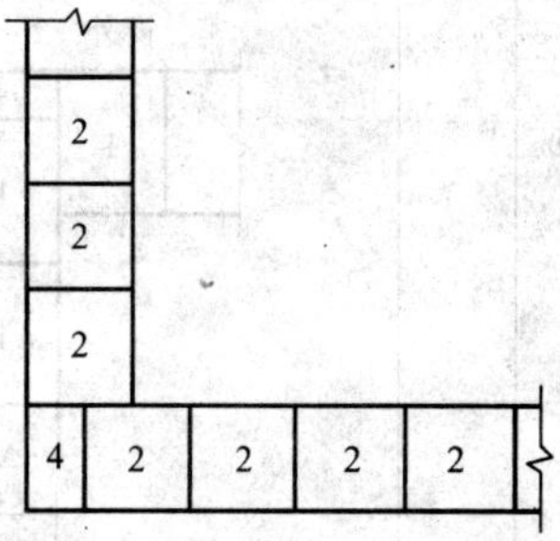</td><td rowspan="3">DM_2 可用 DM_4 代替</td></tr>
<tr><td>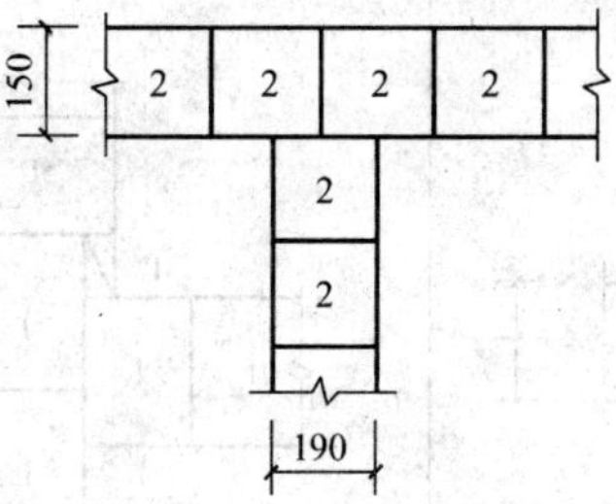</td><td>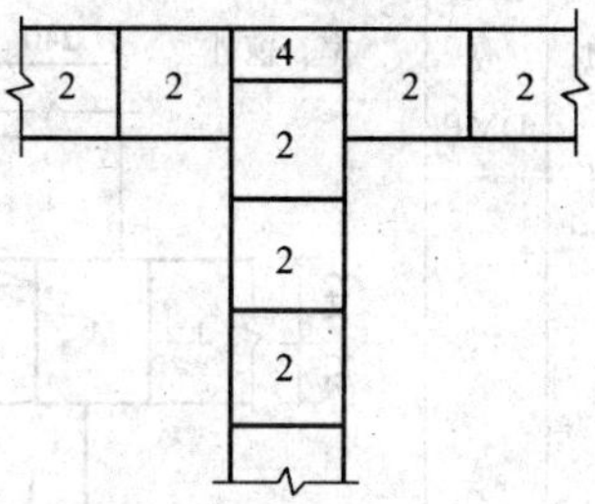</td></tr>
<tr><td>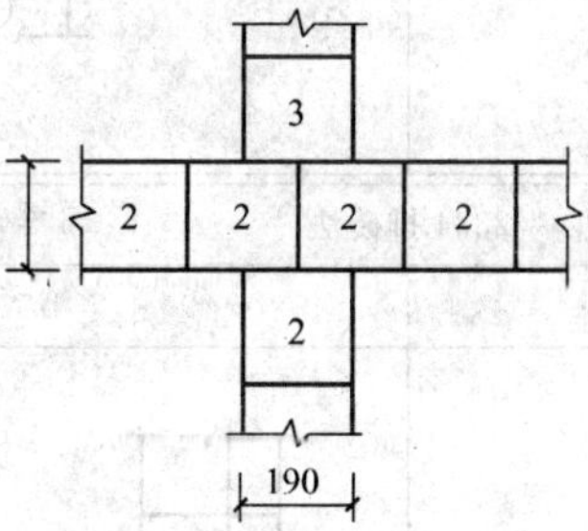</td><td>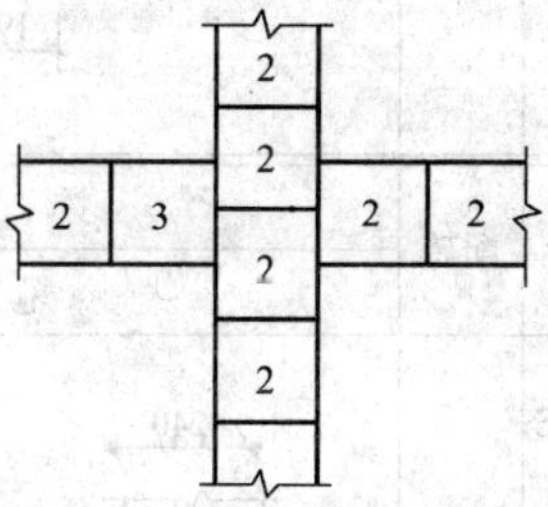</td></tr>
<tr><th rowspan="2">序号</th><th rowspan="2">主砖</th><th rowspan="2">配砖</th><th colspan="2">2501 排砖法</th><th rowspan="2">备注</th></tr>
<tr><th>第一皮</th><th>第二皮</th></tr>
<tr><td>2</td><td>DM_1</td><td>DM_3 或 DMP</td><td>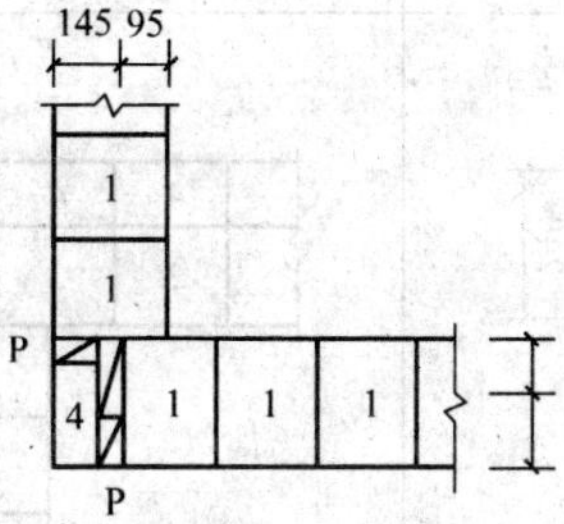</td><td>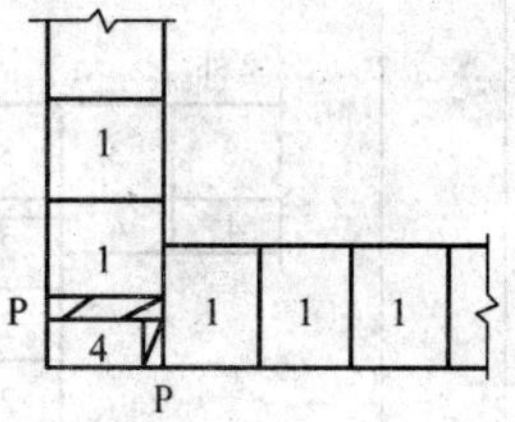</td><td>DM_4 + DMP 可用 DM_3 代替</td></tr>
</table>

续表

序号	主砖	配砖	2501 排砖法 第一皮	2501 排砖法 第二皮	备注
2	DM_1	DM_3 或 DMP	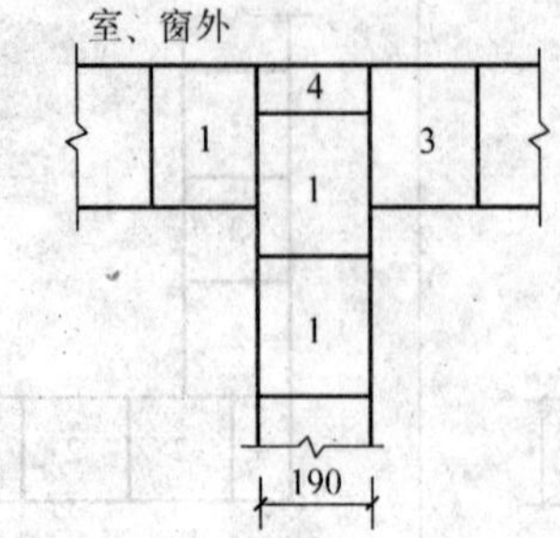	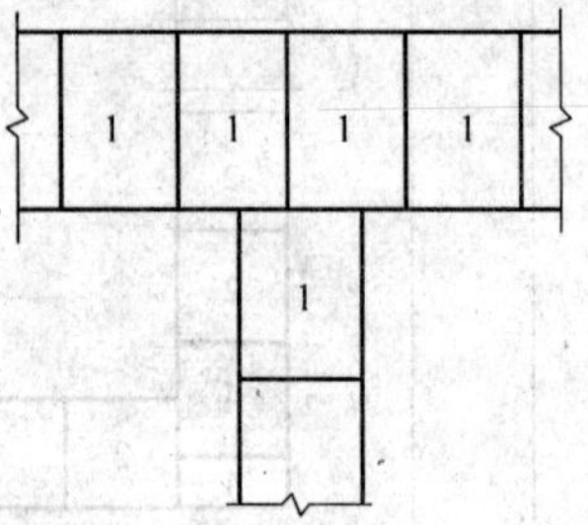	DM_4 + DMP 可用 DM_3 代替
			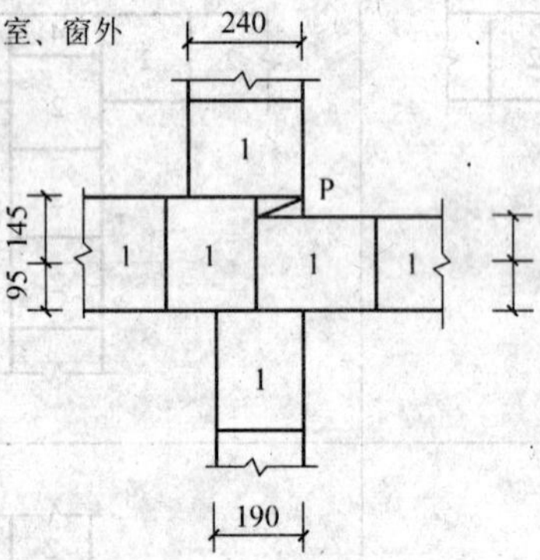	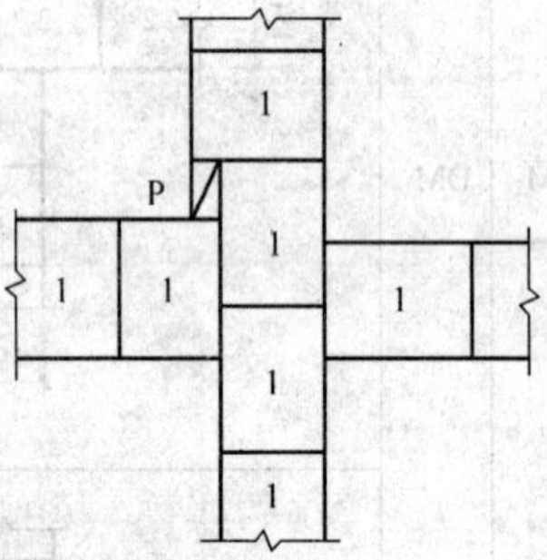	

序号	主砖	配砖	2334 排砖法 第一皮	2334 排砖法 第二皮	备注
3	DM_3 DM_4	DMP	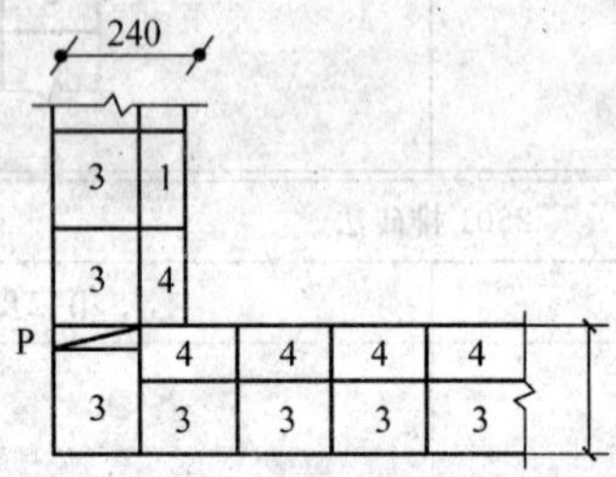	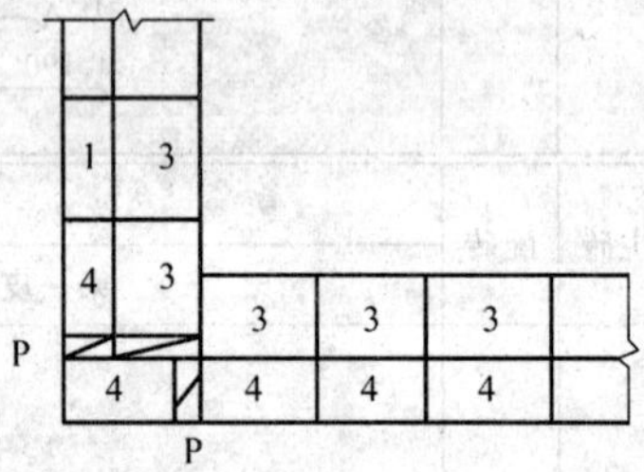	
			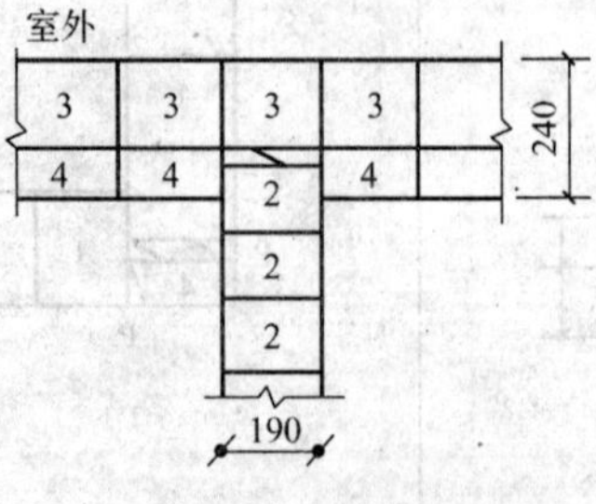	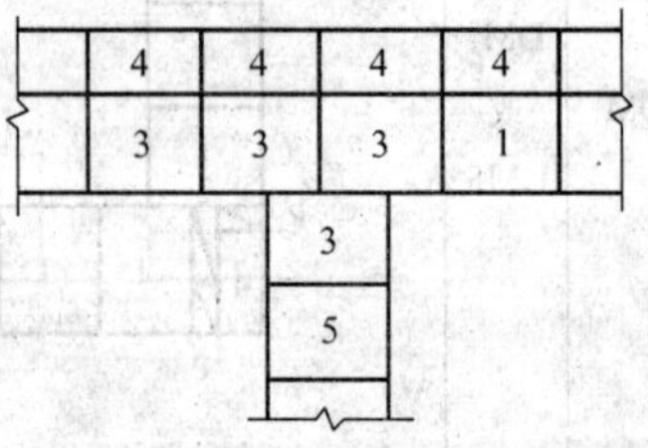	

续表

序号	主砖	配砖	2334 排砖法 第一皮	2334 排砖法 第二皮	备注
3	DM_3 DM_4	DMP	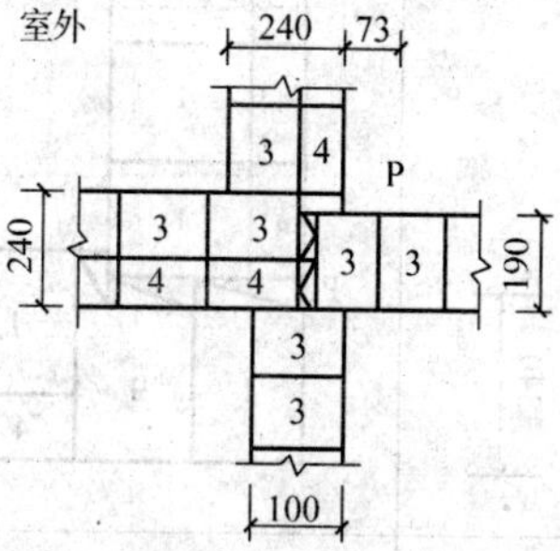	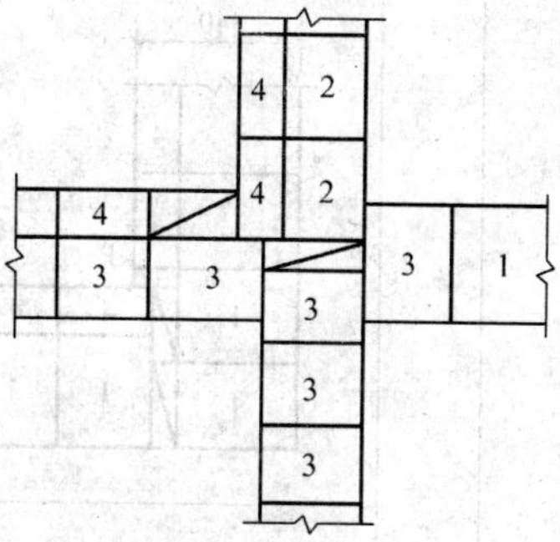	

序号	主砖	配砖	3024 排砖法 第一皮	3024 排砖法 第二皮	备注
4	DM_3 DM_4		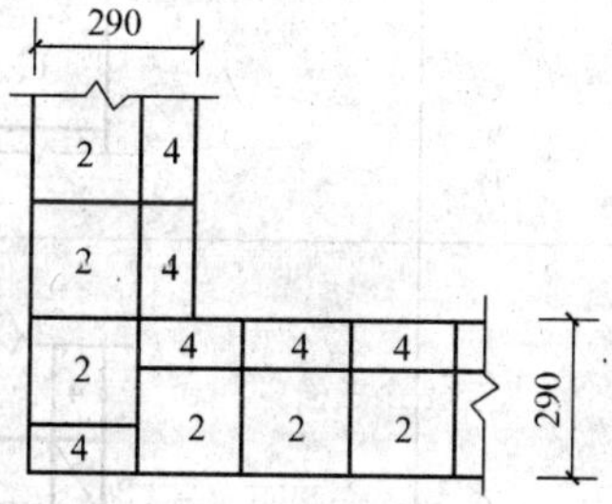	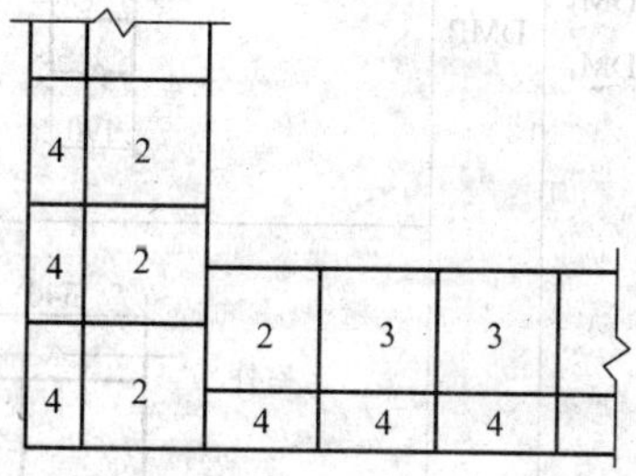	
			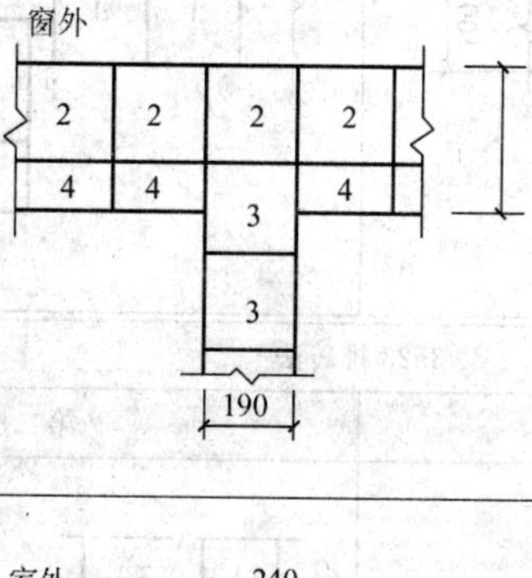	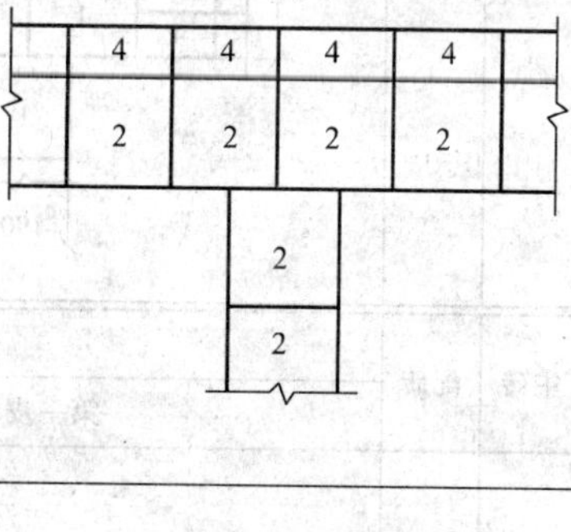	
			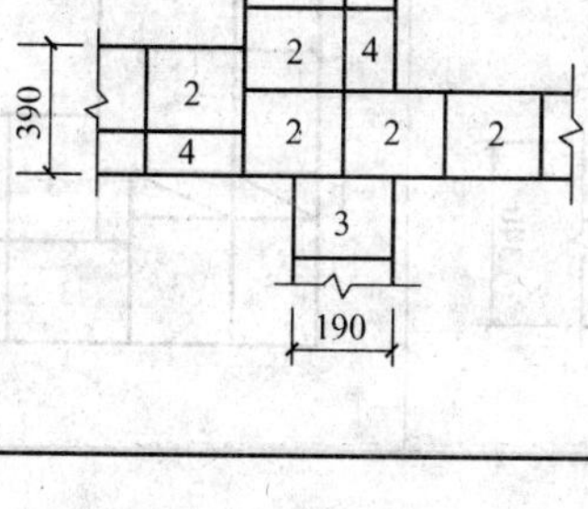	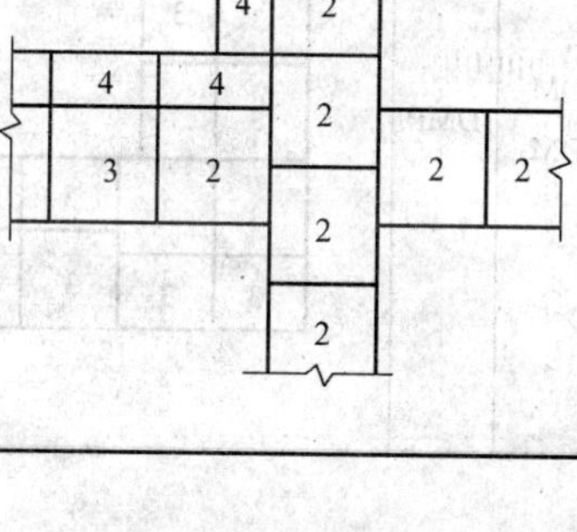	

续表

序号	主砖	配砖	3514 排砖法		备注
			第一皮	第二皮	
5	DM_1 DM_4	DMP	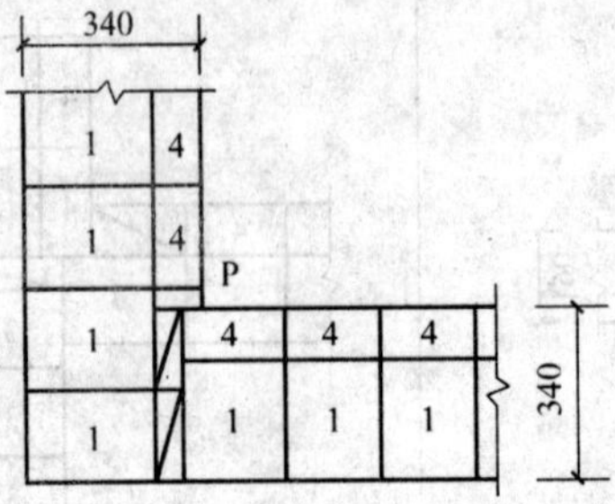	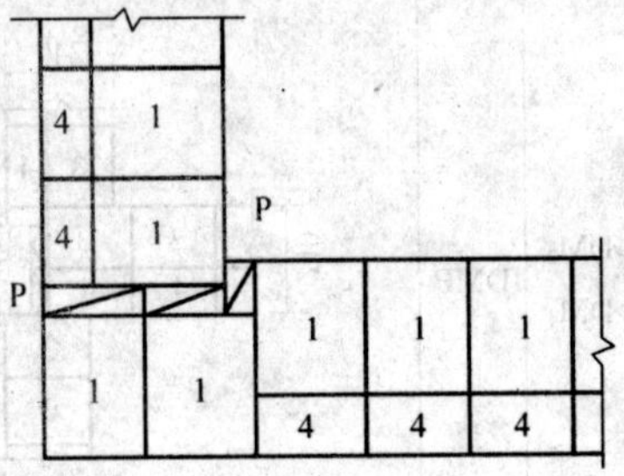	
			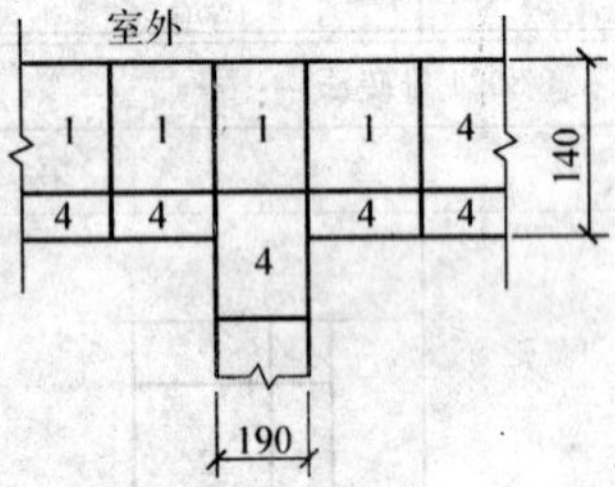	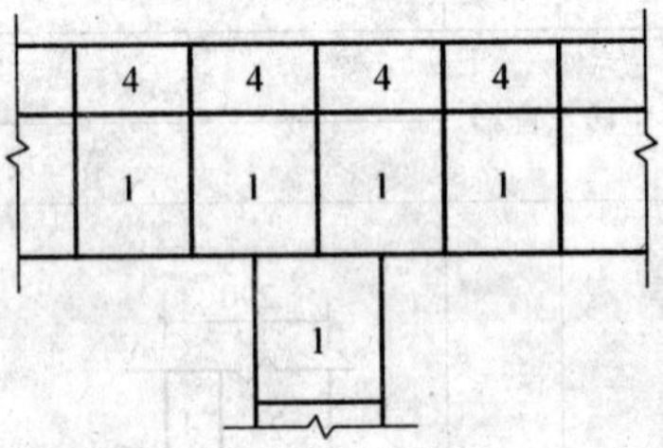	
			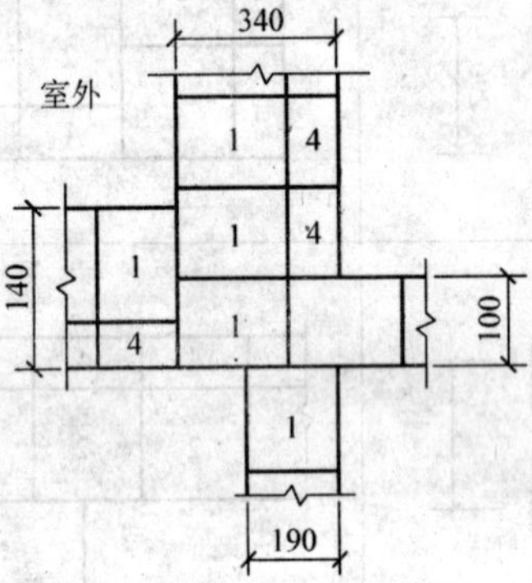	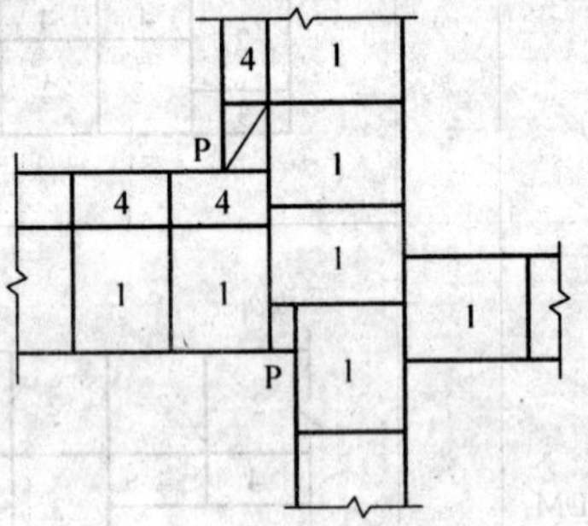	

序号	主砖	配砖	3523 排砖法		备注
			第一皮	第二皮	
6	DM_2 DM_3	DMP	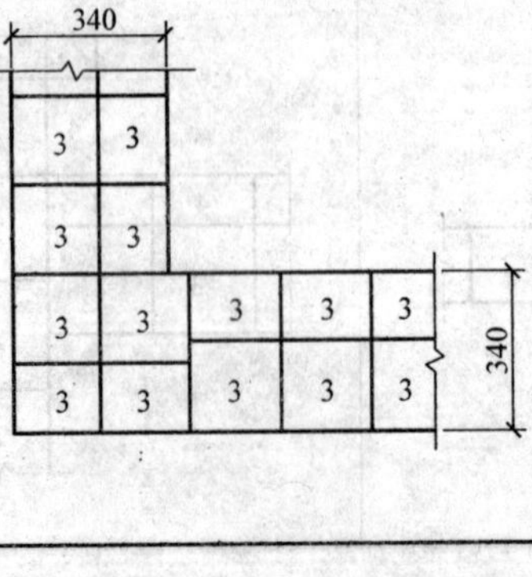	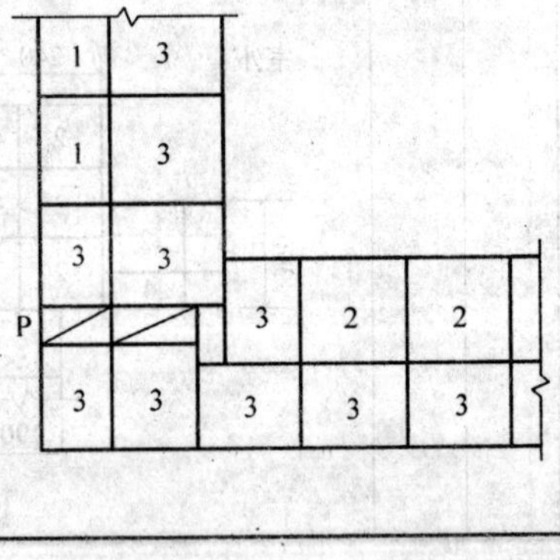	

续表

序号	主砖	配砖	3523 排砖法		备注
			第一皮	第二皮	
6	DM_2 DM_3	DMP	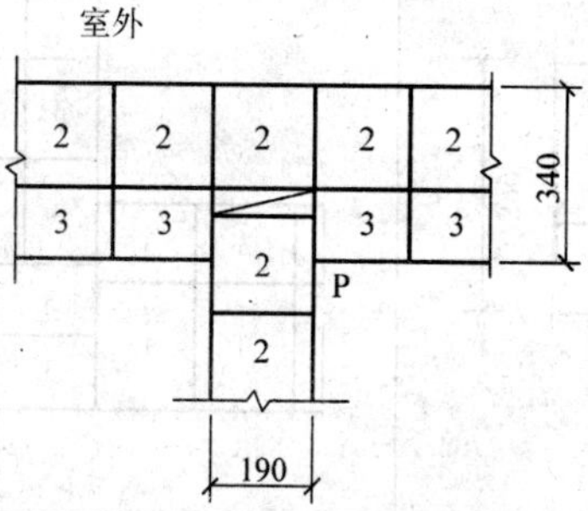	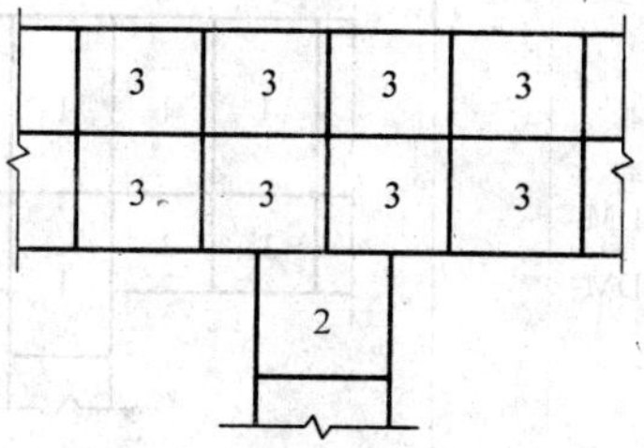	
			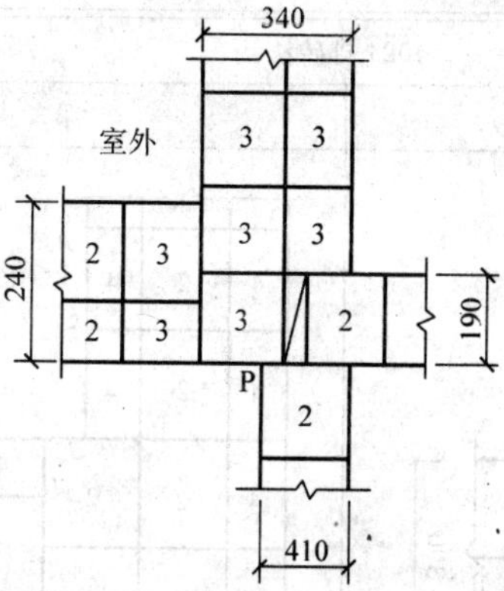	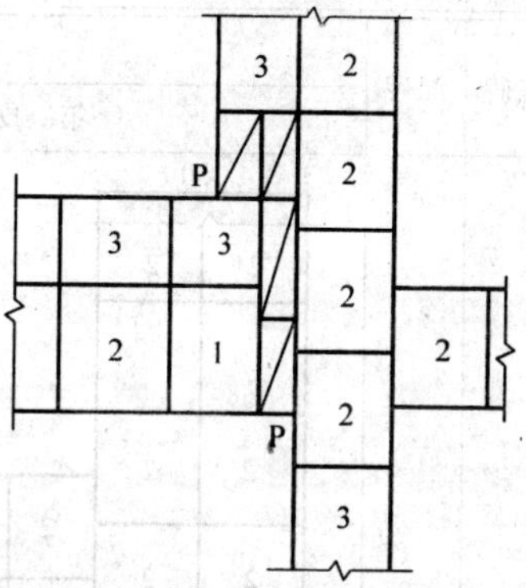	

序号	主砖	配砖	4013 排砖法		备注
			第一皮	第二皮	
7	DM_1 DM_3		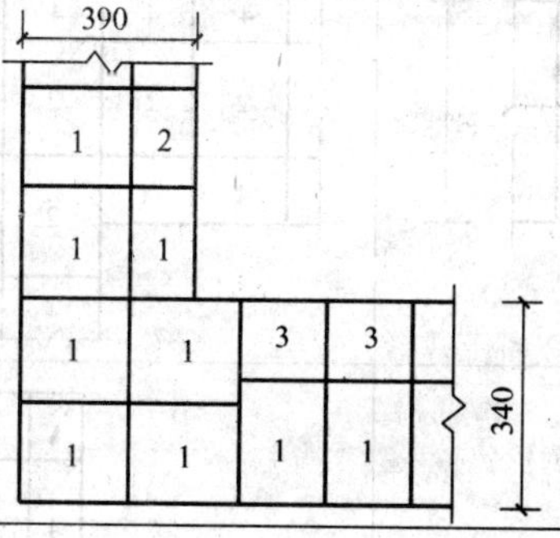	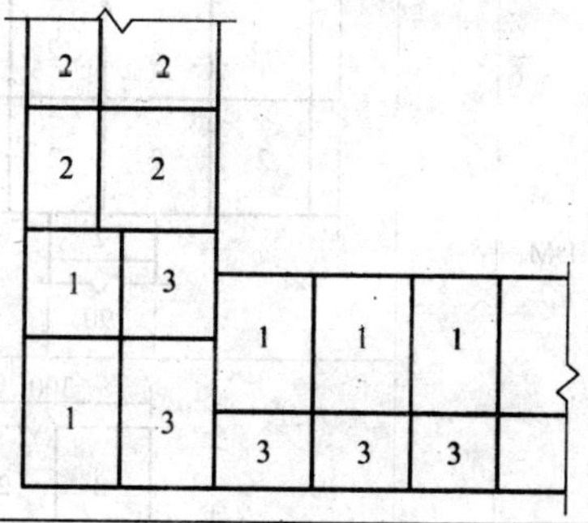	
			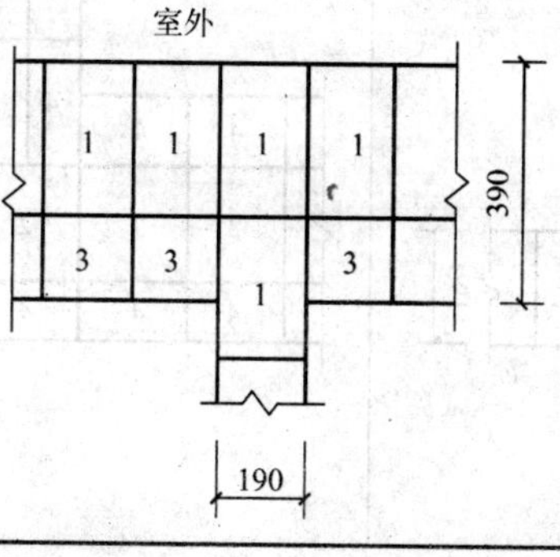	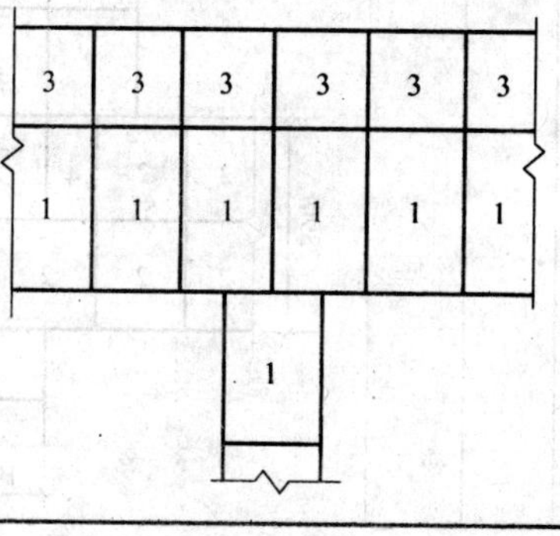	

续表

序号	主砖	配砖	4013 排砖法 第一皮	4013 排砖法 第二皮	备注
7	DM_1 DM_3		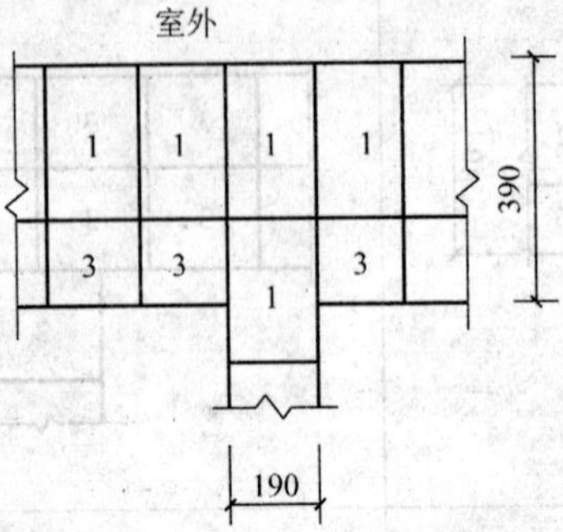	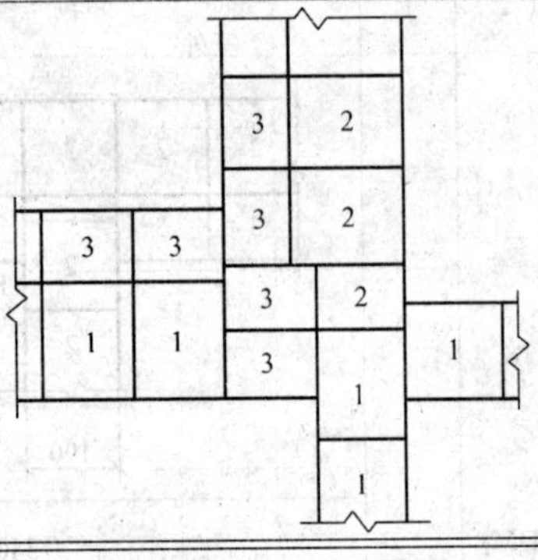	

序号	主砖	配砖	4024 排砖法 第一皮	4024 排砖法 第二皮	备注
8	DM_2 DM_4		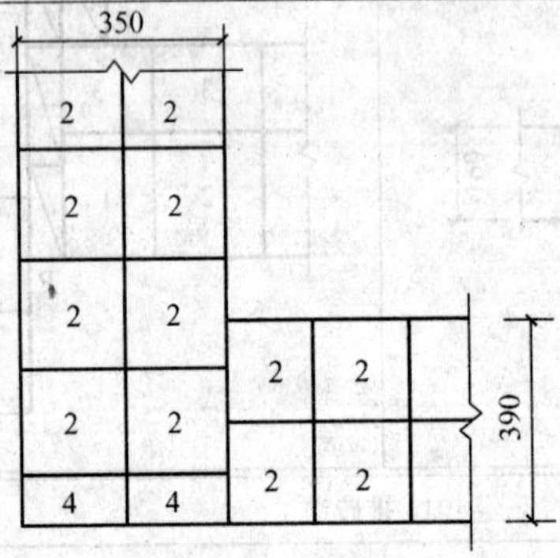	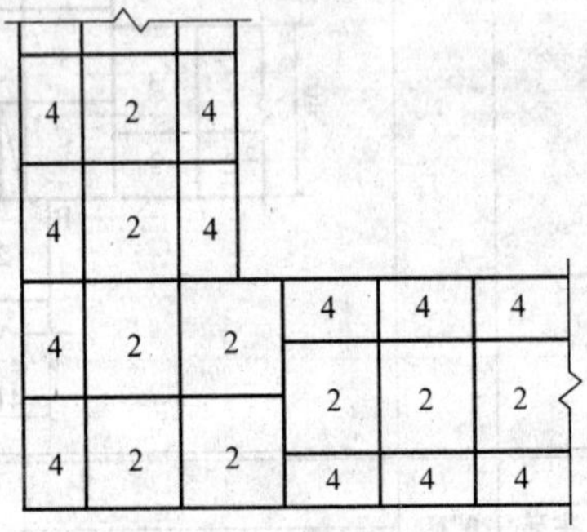	
			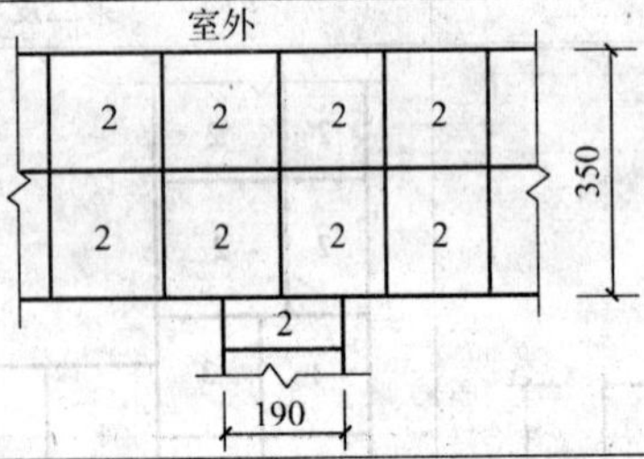	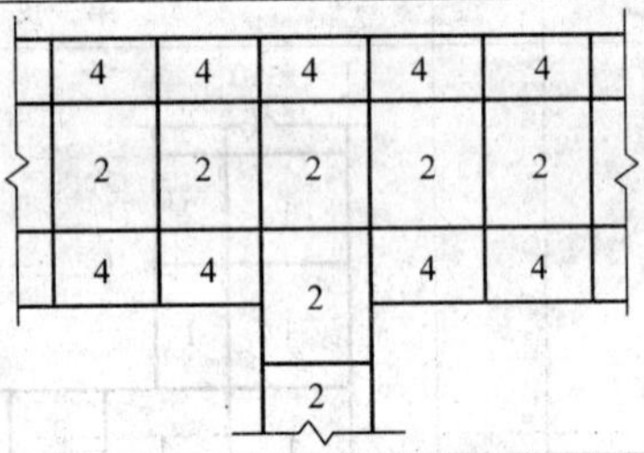	
			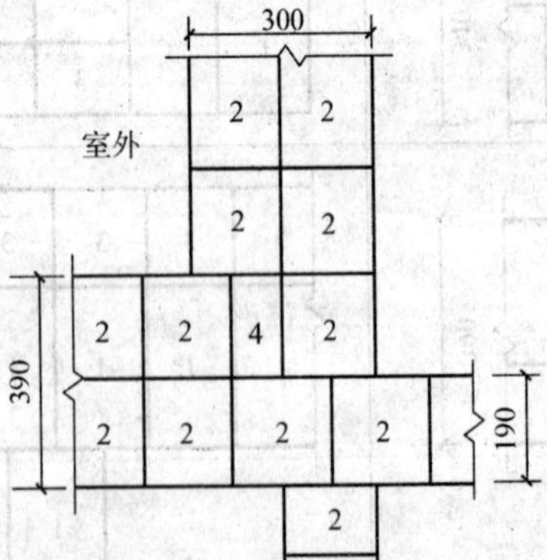	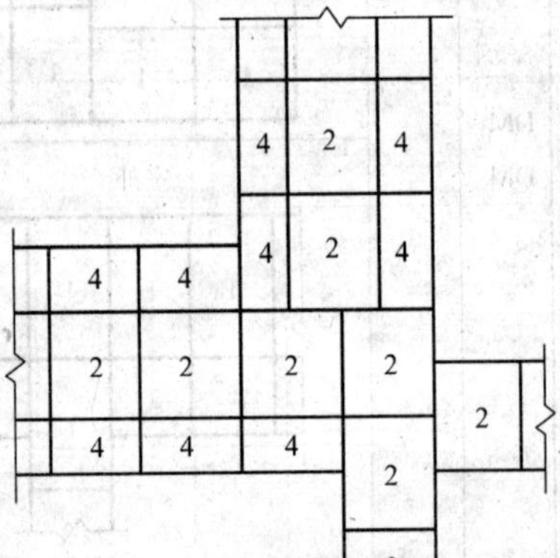	

表 1－14　模数多孔砖墙体出垛的排砖方法

序号	垛柱	主砖	配砖	4024 排砖法	
				第一皮	第二皮
1	190×290 (1020)	DM_2 DM_4		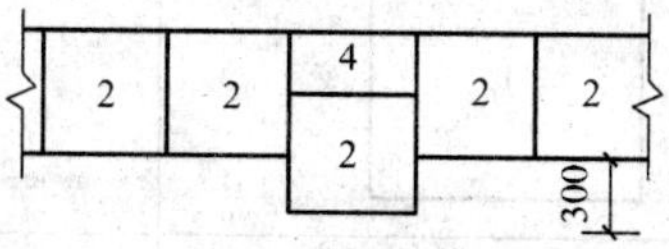	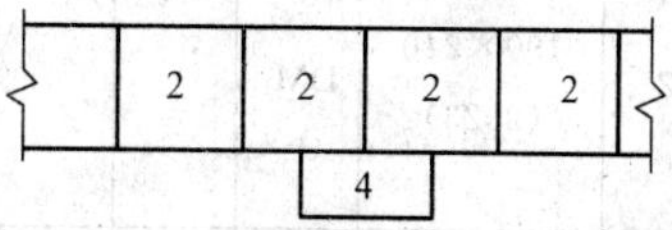
2	190×390 (2020)	DM_2 DM_4		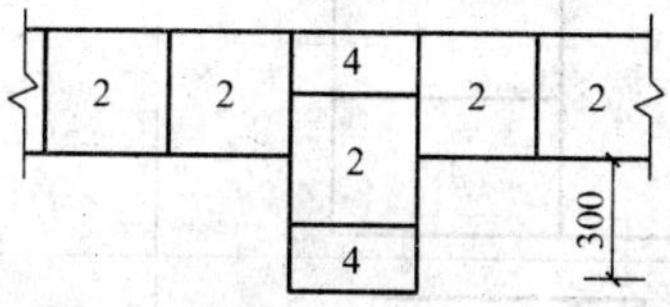	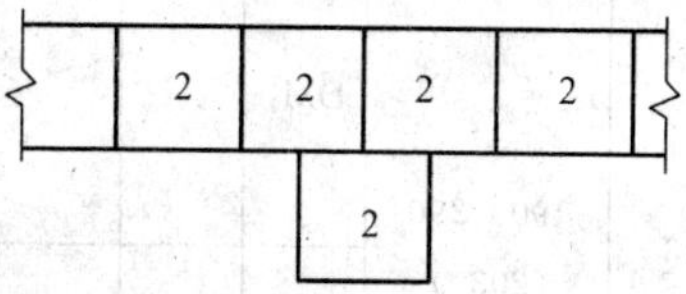
3	240×390 (1023)	DM_1 DM_2 DM_4	DMP	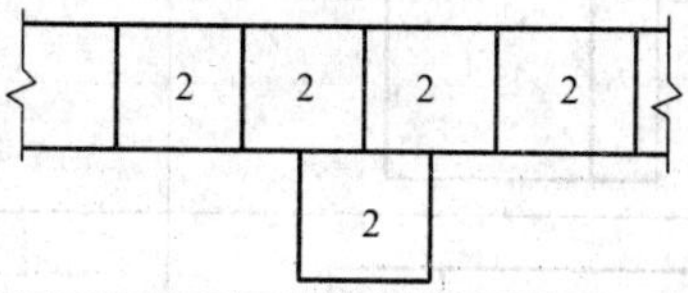	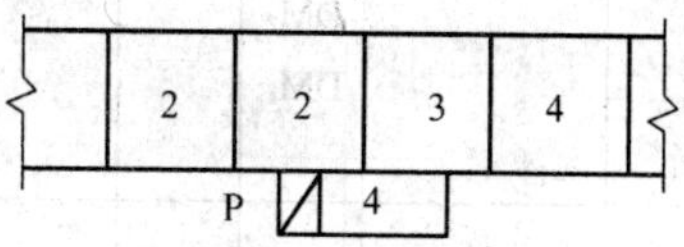
4	240×390 (2023)	DM_1 DM_2 DM_4	DMP	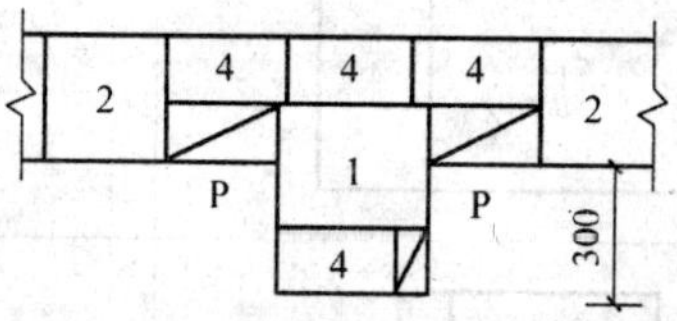	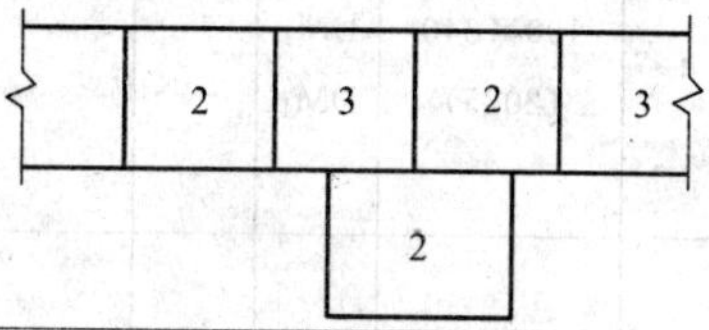
5	290×390 (1030)	DM_2 DM_4	DMP	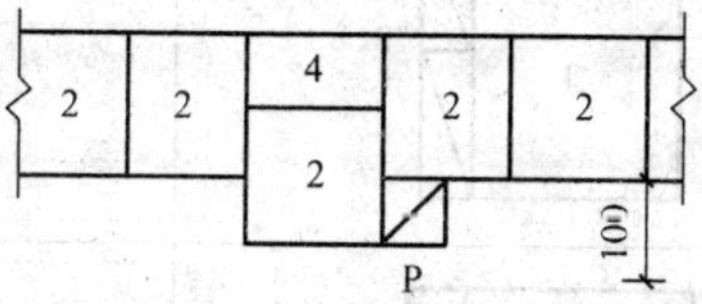	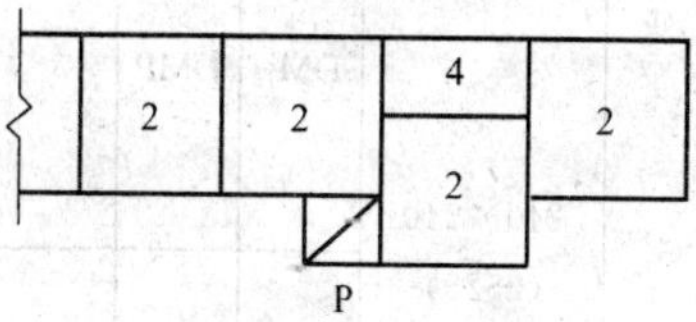
6	290×390 (2020)	DM_2 DM_4		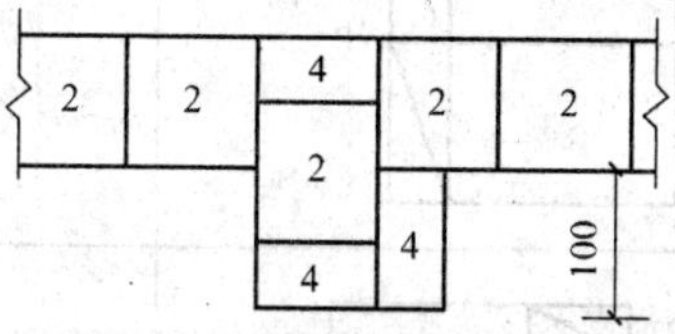	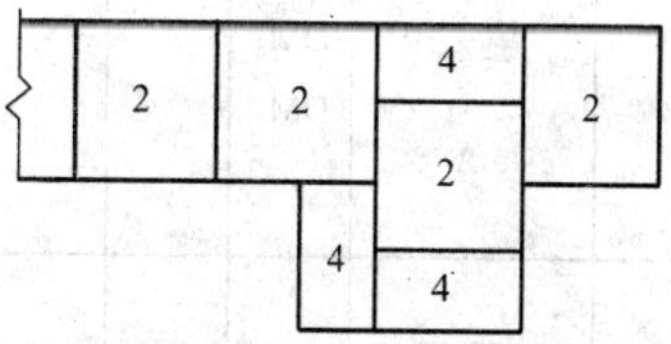

表 1－15　模数多孔砖砖柱的排砖方法

序号	垛柱	主砖	配砖	4024 排砖法	
				第一皮	第二皮
1	190×190 (2020)	DM_2		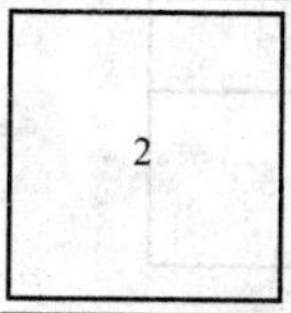	
		DM_4		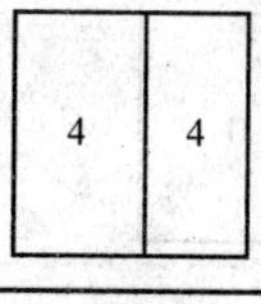	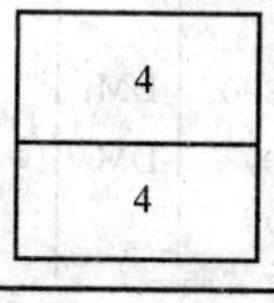

续表

序号	垛柱	主砖	配砖	4024 排砖法 第一皮	4024 排砖法 第二皮
2	190×240 (2023)	DM_1		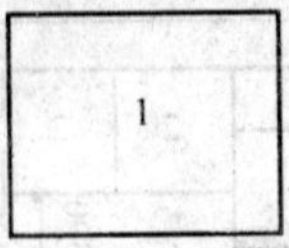	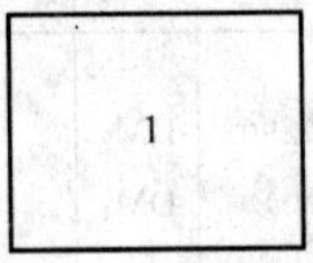
3	190×290 (2030)	DM_4		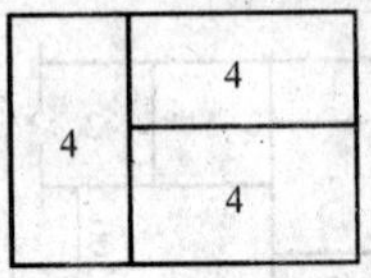	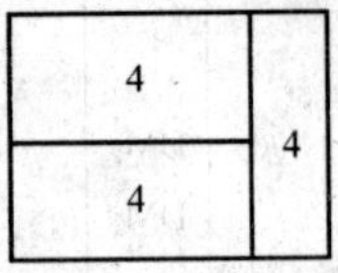
		DM_2 DM_4		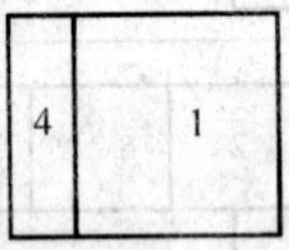	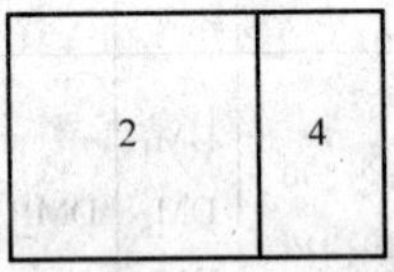
4	190×340 (2035)	DM_1 DM_4		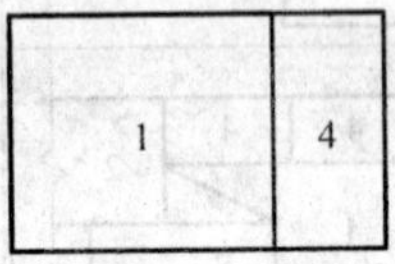	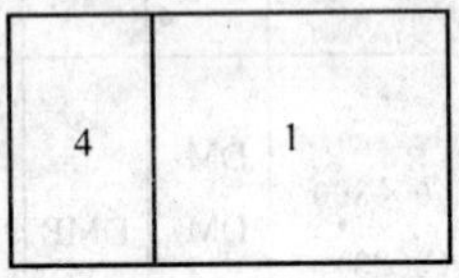
5	240×240 (2525)	DM_1	DMP	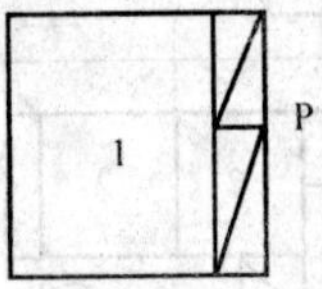	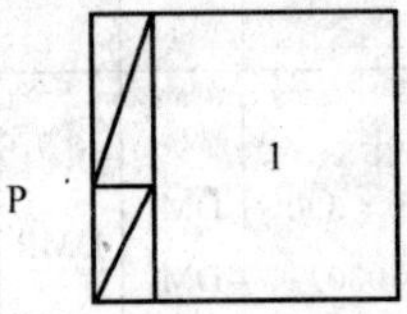
		DM_3 DM_4		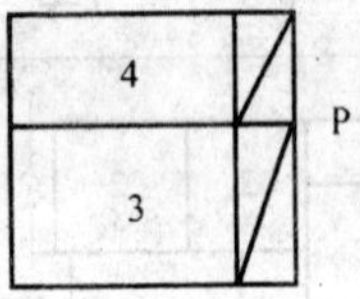	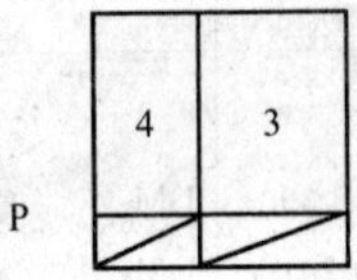
6	240×290 (2530)	DM_1 DM_4	DMP	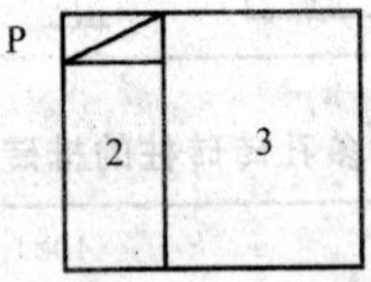	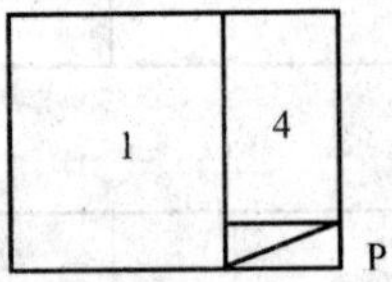
		DM_3 DM_4		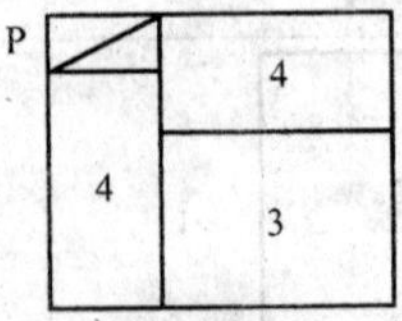	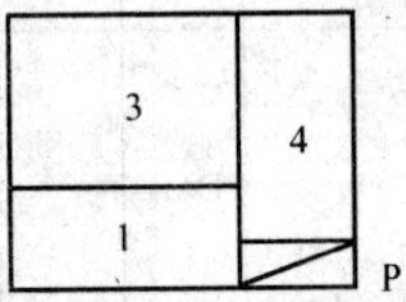
7	240×390 (2540)	DM_1 DM_4	DMP	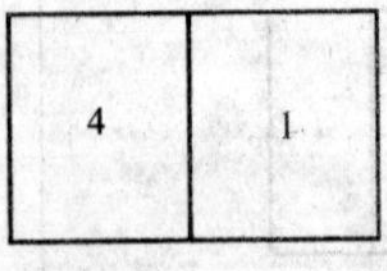	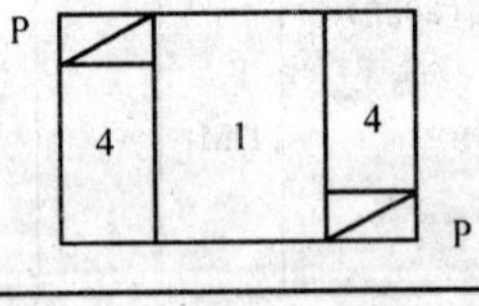

续表

序号	垛柱	主砖	配砖	4024 排砖法	
				第一皮	第二皮
7	240×390 (2540)	DM_4	DMP	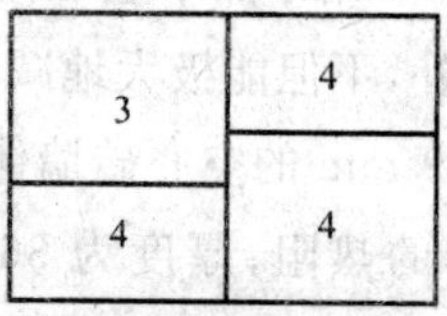	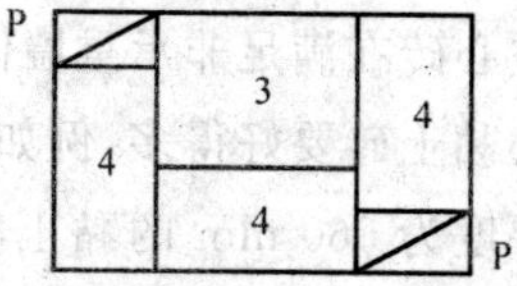
8	290×290 (3030)	DM_2 DM_4	DMP	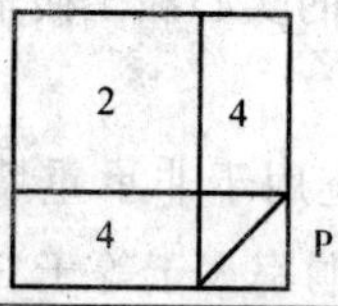	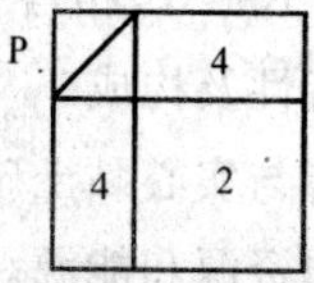
		DM_3 DM_4		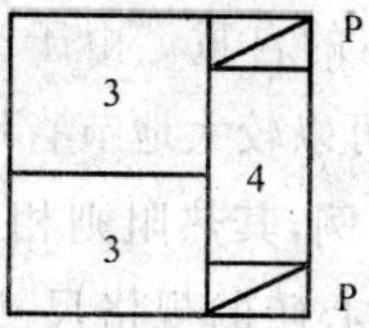	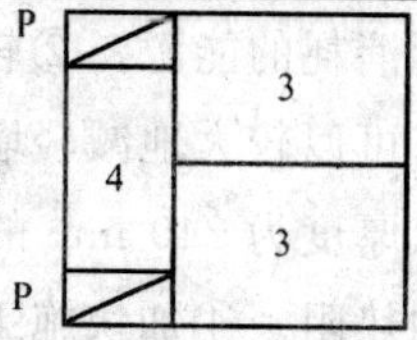
9	290×340 (3035)	DM_2 DM_4	DMP	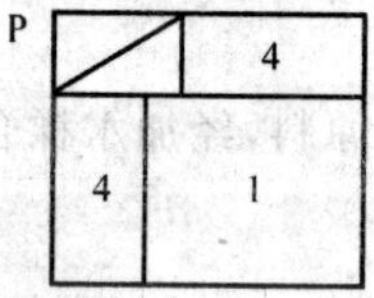	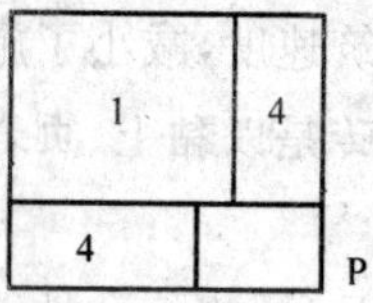
10	290×340 (3040)	DM_2 DM_4		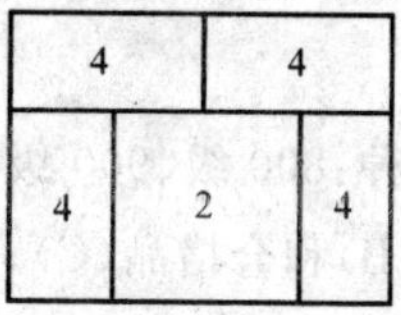	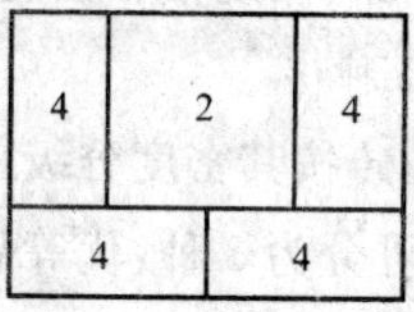
		DM_3 DM_4		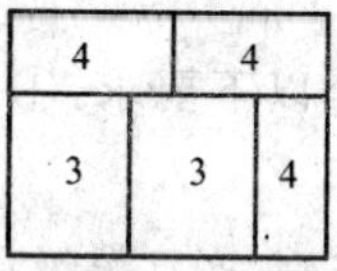	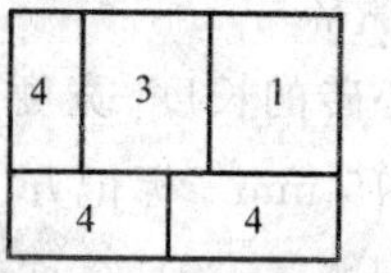
11	340×390 (3340)	DM_1 DM_4	DMP	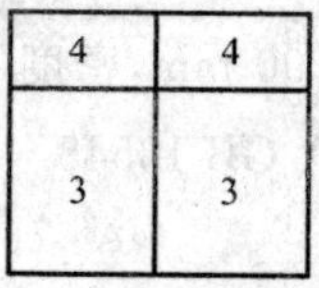	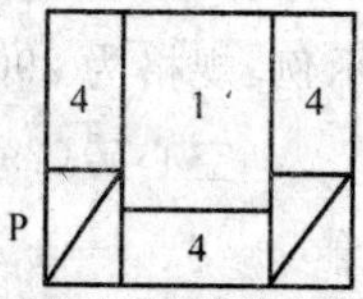
12	390×390 (4040)	DM_2 DM_4		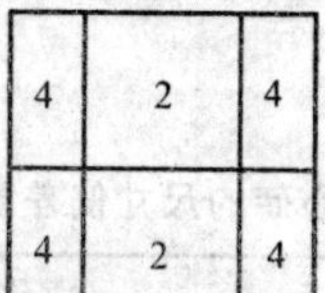	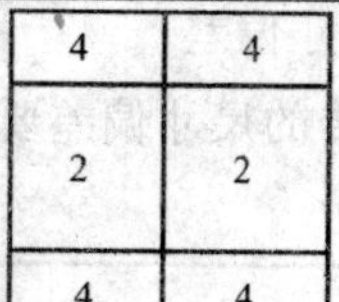
		DM_3 DM_4		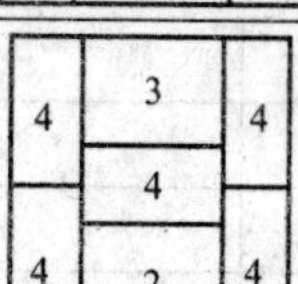	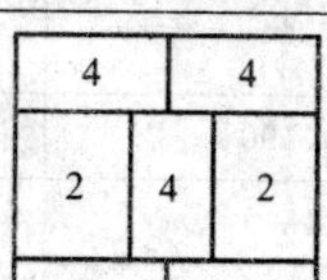

三、空心砖

空心砖是一种孔洞率大于等于35%,可用于非承重墙体的烧结黏土砖。

空心砖在满足非承重墙体的载荷之外,不但能极大地减轻墙体的自重,而且其保温性能较实心黏土砖要好得多,例如,厚度为240 mm的空心砖墙体的热阻为0.5 $(m^2 \cdot K)/W$,相当于厚度为360 mm的黏土实心砖墙体的热阻;厚度为360 mm的空心砖墙体的热阻为0.62 $(m^2 \cdot K)/W$,相当于厚度为490 mm的实心黏土砖墙体的热阻。

(一)特性及构成

空心砖与实心黏土砖相比较,在同样应用于非承重墙体的条件下,有以下几方面的优点。①节约资源和能源。由于空心砖的孔洞率大于等于35%,因而可极大地节约土地资源和烧砖所消耗的能源。②较大地减轻墙体的自重。由于空心砖的自重仅为实心黏土砖的1/3,所以可以较大地减轻墙体自重,从而可以较大地节省地基处理的费用。③保温、隔热性能好。以厚度为240 mm的空心砖墙体为例,其热阻则相当于厚度为360 mm的实心黏土砖墙体的热阻。④加快施工速度。由于空心砖的规格尺寸较实心黏土砖大,所以加快了施工中的砌筑速度,减小了施工的周期。

空心砖是以黏土、页岩、煤矸石为主要原料,经加水糅合、挤出、切坯、干燥和焙烧而制成的。

(二)品种、规格和性能

1. 品种

空心砖按其密度分级来分,可分为3种:800级、900级和1 100级;空心砖按其产品质量来分,可分为3种:优等品(A)、一等品(B)和合格品(C)。

2. 规格

空心砖的长度、宽度、高度尺寸应符合以下要求:①290、190、140、90 mm;②240、180(175)、115 mm。标记方法如下。

标记顺序:产品名称、规格尺寸、密度级别、产品等级和标准号。

标记示例:规格为290 mm×190 mm×90 mm,密度800级,优等品的空心砖:

空心砖(290×190×90)800A GB 13545—2003

3. 性能

(1)尺寸偏差

空心砖的尺寸偏差要求,见表1-16。

表1-16 空心砖的尺寸偏差要求 (mm)

尺寸	尺寸允许偏差		
	优等品	一等品	合格品
240、190	±4	±5	±7
115	±3	±4	±5
90	±3	±4	±4

(2)孔洞

空心砖的孔洞及其排数要求,见表1-17。

表1-17　空心砖的孔洞及其排数要求

等级	孔洞排数(排)		孔洞率(%)	壁厚(mm)	肋厚(mm)
	宽度方向	高度方向			
优等品	≥5	≥2			
一等品	≥3	—	≥35	≥10	≥7
合格品	—	—			

(3)密度

空心砖的密度要求,见表1-18。

表1-18　空心砖的密度要求

密度级别	5块密度平均值(kg/m³)
800	≤800
900	801～900
1 100	901～1 100

(4)力学性能

1)空心砖的强度等级,见表1-19。

表1-19　空心砖的强度等级

等级	强度等级	大面抗压强度(MPa)		条面抗压强度(MPa)	
		平均值不小于	单块最小值不小于	平均值不小于	单块最小值不小于
优等品	5.0	5.0	3.7	3.4	2.3
一等品	3.0	3.0	2.2	2.2	1.4
合格品	2.0	2.0	1.4	1.6	0.9

2)空心砖砌体28 d抗压强度设计值(f)和抗剪强度设计值(f_v)分别按表1-20和1-21采用。

表1-20　空心砖砌体抗压强度设计值　(MPa)

砖强度等级	砂浆强度等级					砂浆强度
	M15	M10	M7.5	M5.0	M2.5	0
MU30	4.16	3.45	3.10	2.74	2.39	1.22
MU25	3.80	3.15	2.83	2.50	2.18	1.11
MU20	3.40	2.82	2.53	2.24	1.95	1.00
MU15	2.94	2.44	2.19	1.94	1.69	0.86
MU10	2.40	1.99	1.79	1.58	1.38	0.70
MU7.5	—	1.73	1.55	1.37	1.19	0.61

表 1-21 空心砖砌体抗剪强度设计值 (MPa)

砂浆强度等级	M10	M7.5	M5.0	M2.5
抗剪强度 f_v	0.18	0.15	0.12	0.09

3)空心砖砌体的弹性模量(E)、剪切模量(G)可按表 1-22 采用。

表 1-22 空心砖砌体的弹性模量(E)、剪切模量(G) (MPa)

砂浆强度等级	≥M5.0	M2.5
弹性模量(E)	1 500f	1 200f
剪切模量(G)	0.4E	

(5)物理性能

空心砖的物理性能要求,见表 1-23。现已颁布空心砖制品的国家标准。

表 1-23 承重黏土空心砖物理性能要求

项 目		鉴别指标
冻融		1. 干质量损失不大于 2%
		2. 冻裂长度不大于表 1-7 中的合格品的有关规定
泛霜		1. 优等品:不允许出现轻微泛霜
		2. 一等品:不允许出现中等泛霜
		3. 合格品:不允许出现严重泛霜
石灰爆裂		试验后的每块砖样应符合表 1-7 中的有关规定,同时每组砖样必须符合下列要求:
	优等品	1. 最大直径为 2~5 mm 的爆裂区域超过两处的砖样不得多于 2 块,且爆裂区域不得在同一条面或顶面上出现
		2. 最大直径大于 5 mm,不大于 10 mm 的爆裂区域一处的砖样不得多于 1 块
		3. 在各面上不得出现最大直径大于 10 mm 的爆裂区域
	一等品	1. 最大直径大于 5 mm,不大于 10 mm 的爆裂区域不超过两处的砖样不得多于 2 块,且爆裂区域不得在同一条面或顶面上出现
		2. 在各面上不得出现最大直径大于 10 mm 的爆裂区域
	合格品	在条面和顶面上不得出现最大直径大于 10 mm 的爆裂区域
吸水率		1. 优等品:不大于 22%
		2. 一等品:不大于 25%
		3. 合格品:不要求

(三)空心砖的应用设计

本书仅以外形尺寸为 240 mm×240 mm×115 mm 的空心砖,并与外形尺寸为 240 mm×115 mm×115 mm 的多孔砖相配合组成墙体作为实例进行分析。

1. 墙体厚度

采用 240 mm×240 mm×115 mm 的空心砖和 240 mm×115 mm×115 mm 的多孔砖可以组砌成外墙厚度为 240 mm 或 360 mm,内隔墙厚度为 115 mm 的墙体。

2. 结构设计

抗震设防烈度为 8 度。

1)空心砖墙体使用的砌筑砂浆强度等级应不低于 M5;配筋带钢筋混凝土强度等级为 C20;钢筋为Ⅰ级。

2)框架柱与空心砖墙的拉结,采用贴模箍、预留插筋、预埋铁件、胀锚螺栓等 4 种拉结构造做法,在浇注框架柱时预留或后做,位置在墙柱拉结筋或配筋带处。工程设计人员可任选一种或自行设计。

3)后砌的非承重空心砖墙,沿墙高每隔 500 mm 配置 2 根钢筋(墙厚大于 240 mm 配置 3 根)与柱或墙拉结,其伸入墙内的长度按抗震规范要求设置,但每边伸入墙内最少不小于 700 mm。钢筋搭接长度不小于 $40d$(d 为钢筋直径),并不小于 300 mm。

4)空心砖填充墙于窗台下部和门窗洞口顶部高度及高度大于 4 m 的墙中部,设置 60 mm厚钢筋混凝土配筋带,内配 2ϕ10 钢筋(墙厚大于 240 mm 配 3ϕ10 钢筋)。联系筋 ϕ4 @300。

5)空心砖填充墙及隔墙门窗洞口上的过梁高度及受力钢筋,由工程结构设计人员确定,当有配筋带通过时,应考虑包括其高度在内。

6)空心砖填充墙中构造柱的设置,由工程设计人员考虑确定,构造柱沿柱高每隔500 mm 设置 2ϕ6 拉结筋(墙厚大于 240 mm 设置 3ϕ6 拉结筋),伸入墙内最少不小于 700 mm。

7)空心砖填充墙和隔墙的长度大于 5 m 时,墙顶部与梁或板要有拉结措施。

8)聚苯夹芯空心砖墙是由两片 115 mm 厚空心砖墙中间夹聚苯板组成,两片墙的拉结筋都要与框架柱和构造柱连接,并由配筋带将两片墙连接在一起。

9)聚苯夹芯空心砖墙的配筋带应适当增加,除应满足第 5 条的要求外,无门窗洞口的墙亦应设置不少于两道配筋带。在两片 115 mm 厚空心砖之间每 500 mm 高设置横向拉结筋,拉结筋直径为 6 mm,两端有直钩,其双向间距各为 500 mm,并应在与聚苯板接触处作防锈处理,刷红丹油两道。

为了放置横向拉结筋施工方便,聚苯板的高度为 500 mm。

3. 保温性能设计

空心砖外墙的保温性能,见表 1-24 和表 1-25。

表 1-24　空心砖外墙(内保温)的保温性能

形式	示例	外墙构造					外墙总厚度 R' (mm)	外墙综合热阻 $(m^2 \cdot K)/W$	计算用		平均热阻相当于黏土实心砖墙厚度 (mm)
		外抹灰层厚度 (mm)	砌体厚度 (mm)	空气层厚度 (mm)	保温层厚度 (mm)	内面层厚度 (mm)			外墙平均热阻 $(m^2 \cdot K)/W$	外墙平均传热系数 $W/(m^2 \cdot K)$	
外露柱	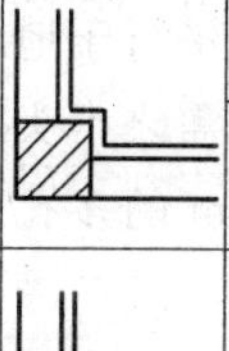	20	240	20	30	8	318	1.34	1.11	0.78	900
		20	360	20	25	8	433	1.35	1.12	0.78	900
半包柱	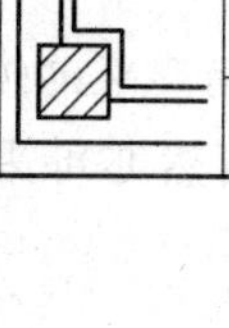	20	240	20	30	8	318	1.34	1.18	0.74	956
		20	360	20	25	8	433	1.35	1.19	0.74	964
		20	360	20	20	8	428	1.24	1.09	0.80	883

续表

形式	示例	外墙构造					外墙总厚度 R' (mm)	外墙综合热阻 $(m^2 \cdot K)/W$	计算用		平均热阻相当于黏土实心砖墙厚度 (mm)
		外抹灰层厚度 (mm)	砌体厚度 (mm)	空气层厚度 (mm)	保温层厚度 (mm)	内面层厚度 (mm)			外墙平均热阻 $(m^2 \cdot K)/W$	外墙平均传热系数 $W/(m^2 \cdot K)$	
全包柱	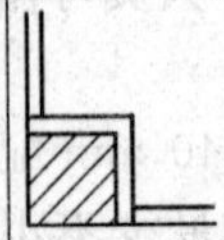	20	240	20	30	8	318	1.34	1.24	0.73	980
		20	360	20	25	8	433	1.35	1.12	0.72	980
柱外悬挑	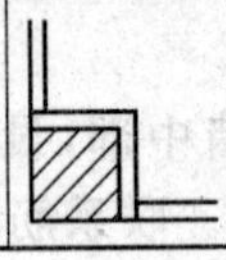	20	240	20	30	8	318	1.34	1.18	0.74	956
		20	360	20	25	8	433	1.35	1.19	0.74	964
		20	360	20	20	8	428	1.24	1.09	0.80	883

注：1. 热阻系数 C 取值：(1)外露柱情况　　C 取值 0.83

(2)半包柱和悬挑情况　　C 取值 0.88

(3)全包柱情况　　C 取值 0.90

2. 保温层采用饰面石膏聚苯板的做法。

表 1－25　空心砖外墙(无保温)的保温性能

形式	外墙构造			外墙总厚度(mm)	外墙综合热阻 R $(m^2 \cdot K)/W$	计算用		热阻系数 C	平均热阻相当于黏土实心砖墙厚度 (mm)
	抹灰层厚度(mm)	砌体厚度 (mm)	内面层厚度(mm)			外墙平均热阻 $(m^2 \cdot K)/W$	外墙平均传热系数 $W/(m^2 \cdot K)$		
外露柱	20	360	20	400	0.678	0.563	1.40	0.83	456
半包柱	20	360	20	400	0.678	0.597	1.34	0.88	484
全包柱	20	360	20	400	0.678	0.610	1.32	0.90	494
柱外悬挑	20	360	20	400	0.678	0.597	1.34	0.88	484

注：表中示例栏除无保温层之外，均与表 1－24 中示例相同。

4. 砖的排列

空心砖墙体的砖的排列，应根据墙体的厚度不同而有所不同。

(1)厚度为 115 mm 的隔墙

如果是厚度为 115 mm 的隔墙，则可将空心砖 240 mm×115 mm 的那一面平行于地面纵向使用，砌法如同实心黏土砖的立砌。对于所需之半头砖，则可通过将空心砖从中锯切来实现，当然亦可采用 240 mm×115 mm×115 mm 的多孔砖。

(2)厚度为 240 mm 的墙体

如果是厚度为 240 mm 的墙体，则可将空心砖 240 mm×240 mm 的那一面平行于地面，而且要将孔的轴线平行于墙体轴线使用，砌法如同实心黏土砖的平砌。对于所需之半头砖，则可通过将空心砖从中锯切来实现，当然亦可采用 240 mm×115 mm×115 mm 的多孔砖，如图 1－3 所示。

(3)厚度为 360 mm 的墙体

如果是厚度为 360 mm 的墙体，则可将空心砖采用两平一侧的方法砌筑，两层平砌砖上下层半砖错缝。对于所需之半头砖，则可通过将空心砖从中锯切来实现，当然亦可采用

240 mm×115 mm 的多孔砖，如图 1 - 4 所示。

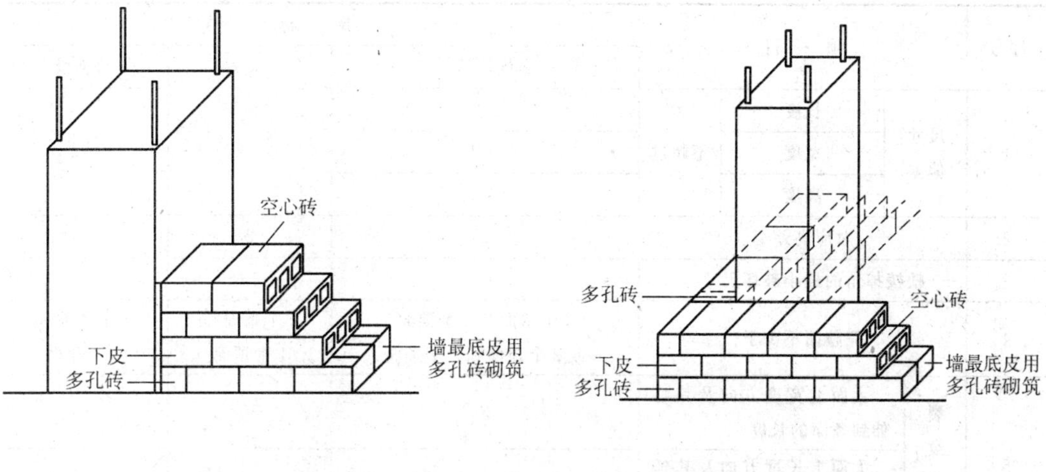

图 1 - 3　厚 240 mm 的空心砖墙体排砖方法

注：1. 墙体砌筑时空心砖的孔应水平方向放置，多孔砖的孔应垂直方向放置；

2. 墙最底皮及转角处用多孔砖砌筑。

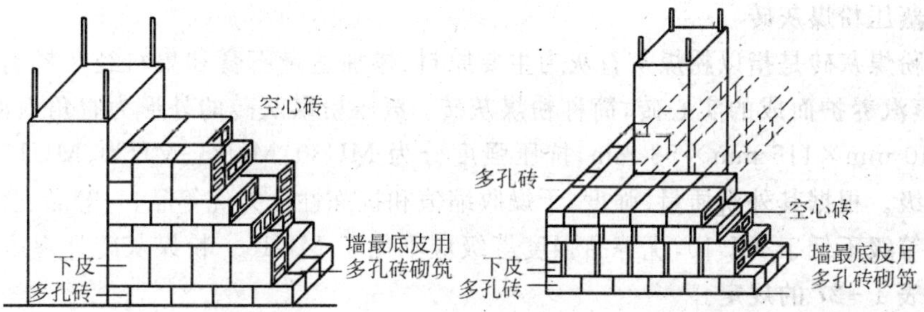

图 1 - 4　厚 360 mm 的空心砖墙体排砖方法

注：1. 墙体砌筑时空心砖的孔应水平方向放置，多孔砖的孔应垂直方向放置；

2. 墙最底皮及转角处用多孔砖砌筑。

5. 设计注意事项

1)空心砖墙体和隔墙适用于楼面、地面以上的砌体。但应注意的是墙体的最底皮(如果是楼房，则应为每层的最底皮)要采用多孔砖砌筑；在地面以下的砌体不可使用空心砖。

2)门窗的安装应采用混凝土预制块内加埋件，门洞宽大于等于 1 500 mm 时，要在门洞口两侧设计钢筋混凝土抱框；门洞口宽度大于等于 2 100 mm 时，钢筋混凝土抱框要向上直通梁板底，并予以固定。

四、蒸压砖

(一)蒸压灰砂砖

蒸压灰砂砖是指以石灰和砂为主要原料、经坯料制备压制成型、蒸压养护而成的实心砖，简称灰砂砖。蒸压灰砂砖的外形为直角六面体，标准尺寸为 240 mm×115 mm×53 mm，抗压强度分为 MU25、MU20、MU15、MU10 4 个强度等级。根据外观质量允许偏差分为优等品、一等品、合格品。

蒸压灰砂砖外观质量允许偏差应符合表 1 - 26 的规定。

表 1－26　蒸压灰砂砖外观质量允许偏差

序号	项目			指标		
				优等品	一等品	合格品
1	尺寸偏差	长度	不超过	±2	±2	±3
		宽度		±2		
		高度		±3		
2	对应高差≤			1	2	3
3	缺棱掉角的最小破坏尺寸≤			10	15	25
4	完整面不少于			2 个条面和 1 个顶面或 2 个顶面和 1 个条面	1 个条面和 1 个顶面	1 个条面和 1 个顶面
5	裂纹长度	大面上宽度方向及其延伸到条面的长度		20	50	70
		大面上长度方向及其延伸到顶面的长度或条、顶面上的水平裂纹长度		30	70	100

（二）蒸压粉煤灰砖

蒸压粉煤灰砖是指以粉煤灰石灰为主要原料、掺加适量石膏和集料经坯料制备压制成型、高压蒸汽养护而成的实心砖，简称粉煤灰砖。蒸压粉煤灰砖的外形为直角六面体，标准尺寸为 240 mm×115 mm×53 mm，抗压强度分为 MU30、MU25、MU20、MU15、MU10 5 个强度等级。根据其外观质量、强度、干燥收缩值和抗冻性分为优等品、一等品、合格品。一等品强度等级不低于 MU10，优等品强度等级应不低于 MU15。粉煤灰砖外观质量允许偏差应符合表 1－27 的规定。

表 1－27　粉煤灰砖外观质量允许偏差

序号	项目		指标		
			优等品	一等品	合格品
1	尺寸偏差	长度	±2	±3	±4
		宽度	±2	±3	±4
		高度	±1	±2	±3
2	对应高差不大于		1	2	3
3	缺棱掉角的最小破坏尺寸不大于		10	15	25
4	完整面不少于		2 个条面和 1 个顶面或 2 个顶面和 1 个条面	1 个条面和 1 个顶面	1 个条面和 1 个顶面
5	裂纹长度	大面上宽度方向的裂纹（包括延伸到条面上的长度）	30	50	70
		其他裂纹	50	70	100
6	层裂		不允许		

（三）蒸养煤渣砖

以煤渣为主要原料，加入一定量的石灰及少量石膏，经原料加工、混合料制备、砖坯成型和常压蒸汽养护而成的砖称为蒸养煤渣砖。

煤渣是块煤经高温燃烧后排出的残渣，是一种量大面广的工业废料。它在煤渣砖中除一部分颗粒作集料外，其余细粉状物质与石灰、石膏结合，水化反应后形成具有一定强度的胶凝材料。煤渣砖产品规格、性能见表 1－28。

表 1－28 煤渣砖产品规格、性能

规格(mm)			技术性能			
长度	宽度	厚度	抗压强度(MPa)	抗折强度(MPa)	吸水率(%)	抗冻性
290	190 105 90	92	15	3.1	—	冻融后抗压强度降低≤25%，质量损失≤2%
240						
216		43				
190						
240	180	53	7.5	4	—	—
	115		10	3.1		
240	180	53	10	—	—	—
240	115	53	7.5	—	—	—
			10			
			15			
240	115	53	7.5	—	12～15	—
			10			
	180		15			
			20			
400	115	53	11	3.5	8～10	—
240	115	53	13	2.6	8.9	—

蒸养煤渣砖具有与普通黏土砖相近的物理力学性能，其各项技术性能指标均能满足一般墙体材料的要求，可以代替黏土砖使用于一般工业与民用建筑的墙体与基础。在上海、株洲、南昌、济南等地，曾用它建造 4～6 层民用住宅；沈阳、北京、焦作、厦门、武汉等地曾建造外廊式职工宿舍。

应用技术要点如下。

1)蒸养煤渣砖的初期吸水速度较慢，与砂浆的黏结性差，施工时应根据气候条件及砖的湿度，调整砂浆稠度，此外尚应控制砌筑速度，在砌筑一定高度后要有适当间隔时间，以免因砌体游动而影响施工质量。

2)对经常受到干湿交替及冻融作用的建筑部位(如勒脚、窗台、落水管等)，宜使用较高标号的煤渣砖或用水泥砂浆抹面。

3)防潮层以下的建筑部位应采用 MU15 以上的蒸养煤渣砖；MU10 级砖最好用在防潮层以上。

4)蒸养煤渣砖的抗折强度较高，不易砍断，施工时应采取相应措施，尽量减少砍砖。

五、煤渣砖

煤渣砖是以煤渣为主要原料，掺入适量石灰、石膏，经混合、压制成型、蒸养或蒸压而成的实心砖。

煤渣砖的外形为矩形，公称尺寸为：长 240 mm，宽 115 mm，高 53 mm。

煤渣砖根据抗压强度和抗折强度分为 MU20、MU15、MU10、MU7.5 4 个强度等级。

煤渣砖根据尺寸偏差、外观质量、强度等级分为优等品、一等品、合格品。

煤渣砖的尺寸偏差与外观质量应符合表 1-29 的规定。

表 1-29 煤渣砖尺寸偏差与外观质量 (mm)

项目		指标		
		优等品	一等品	合格品
1. 尺寸允许偏差： 长度 宽度 高度		±2	±3	±4
2. 对应高度差	不大于	1	2	3
3. 每一缺棱掉角的最小破坏尺寸	不大于	10	20	30
4. 完整面	不少于	二条面和一顶面或二顶面和一条面	一条面和一顶面	一条面和一顶面
5. 裂缝长度	不大于			
a. 大面上宽度方向及其延伸到条面长度		30	50	70
b. 大面上长度方向及其延伸到顶面上的长度或条、顶水平裂纹的长度		50	70	100
6. 层裂		不允许	不允许	不允许

注：在条面或顶面上破坏面的两个尺寸同时大于 10 mm 和 20 mm 者为非完整面。

煤渣砖强度应符合表 1-30 的规定，优等品的强度等级应不低于 MU15，一等品的强度等级应不低于 MU10，合格品的强度等级应不低于 MU7.5。

表 1-30 煤渣砖强度

强度等级	抗压强度(MPa)		抗折强度(MPa)	
	10 块平均值不小于	单块值不小于	10 块平均值不小于	单块值不小于
MU20	20.0	15.0	4.0	3.0
MU15	15.0	11.2	3.2	2.4
MU10	10.0	7.5	2.5	1.9
MU7.5	7.5	5.6	2.0	1.5

六、非烧结普通砖

以劣质黏土、沙质土、砾砂土、红壤土等为主要原料，加入少量水泥、石灰等胶凝材料，经粉碎、搅拌、压制成型、自然养护而成的一种非烧结普通砖，又称为免烧砖。建材行业标准为《非烧结垃圾尾矿砖》(JC/T 422—2007)。

根据其原材料组合的不同，可分为以下几种类型：黏土、水泥类；黏土、石灰类；黏土、水泥、石灰类；黏土、工业废渣(煤渣或粉煤灰)、水泥类；黏土、工业废渣、水泥、石灰类；黏土、砂、高钙粉煤灰类等。

免烧砖的外形为矩形，长 240 mm，宽 115 mm，厚 53 mm。

产品按尺寸偏差、外观质量和强度分为一等品(B)和合格品(C)，按强度分为 3 个级别：7.5 级、10 级和 15 级。

(一)技术要求

1)一等品和合格品的尺寸允许偏差与外观质量应符合表 1－31 的规定。

表 1－31 免烧砖尺寸偏差和外观质量规定 (mm)

项目		指标	
		一等品(B)	合格品(C)
尺寸允许偏差	长度	±2	±3
	宽度		
	厚度		
外观质量	两个条面的厚度相差不大于	2	3
	缺棱掉角的 3 个破坏尺寸不得同时大于	20	30
	裂纹长度不大于	50	90
	完整面不少于	一条面和一顶面	一条面或一顶面
强度	强度级别不低于	10 级	7.5 级

注：完整面要求缺棱掉角在条、顶面上造成的破坏面不得同时大于 10 mm×20 mm，或裂缝最大宽度不超过 1 mm。

2)各级别砖的抗压和抗折强度应符合表 1－32 的规定。

表 1－32 免烧砖的强度等级 (MPa)

级别	抗压强度		抗折强度	
	平均值不小于	单块最小值不小于	平均值不小于	单块最小值不小于
15	15.0	10.0	2.5	1.5
10	10.0	6.0	2.0	1.2
7.5	7.5	4.5	1.5	0.9

3)砖样经抗冻试验后需符合以下要求：抗压强度损失率不超过 25%；条面上的破坏面积大于 2 500 mm^2 或顶面上的破坏面积大于 2 000 mm^2 的砖样不得多于 1 块。

4)免烧砖的吸水率不应大于 20%。

耐水性由饱水强度来确定，各级别砖的饱水强度不得低于表 1－33 的规定。

表 1－33 免烧砖饱水强度的规定 (MPa)

强度级别	饱水强度
15	10
10	6.5
7.5	5.0

(二)特点

免烧砖可选用劣质土为主要原料，不占良田，不经焙烧，工艺简单，设备少，节能显著。砖的抗压强度较高，外观质量好，但吸水率较高，抗折强度及饱水强度偏低。

(三)应用技术要点

免烧砖经砌体轴心受压、偏心受压、通缝抗剪、齿缝抗剪强度等试验表明，在建筑设计中，由于免烧砖吸水率较高，耐水性较差，对建筑物的耐久性目前尚无长期考察结果。因此，宜用它建造1～3层的低层建筑和农舍。

第二节 砌块砌体材料质量控制

砌块是指砌筑用人造块材，外形多为直角六面体，也有各种异形的。砌块系列中主规格的长度、宽度或高度有一项或一项以上分别大于365 mm、240 mm或115 mm。但高度不大于长度或宽度的6倍，长度不超过高度的3倍。砌块系列中主规格高度大于115 mm而又小于380 mm的砌块称为小型空心砌块，简称小砌块；最大尺寸为1 200 mm，高800 mm，厚度分别为180、240、370、490 mm的都称为中型砌块；大于中型规格尺寸的称为大型砌块。

一、小型空心砌块

小型空心砌块建筑属于砌筑结构的范畴，是砖混结构的一种改革形式。也就是说，凡是采用黏土砖砌筑的建筑也可以采用混凝土小型空心砌块组合砌筑。两者均具有施工上的灵活性。但是，混凝土小型空心砌块有其本身的特殊性，主要在于它是一种空心、薄壁制品，用作墙体材料。混凝土小型空心砌块具有混凝土材料的特性和砌体基本力学性能上的不同特点，因而决定了它在生产方法、建筑设计和施工上都有着不同于黏土砖之处。

小型砌块按其所用材料不同，有普通混凝土小型空心砌块、粉煤灰小型空心砌块、蒸压加气混凝土砌块、轻集料混凝土小型空心砌块、粉煤灰砌块等。

(一)普通混凝土小型空心砌块

1. 特性及构成

普通混凝土小型空心砌块具有材料来源广、生产工艺简单、生产效率高、不必烘烧或蒸汽养护的特点，而且在施工应用方面具有适应性强、自重较轻、组合灵活、施工较黏土砖简便快速等特点，其抗压强度较高，可广泛用于承重墙体。

普通混凝土小型空心砌块以水泥、砂、碎石或卵石、水等预制而成。

普通混凝土小型空心砌块主规格尺寸为390 mm×190 mm×190 mm，有两个方形孔，最小外壁厚应不小于30 mm，最小肋厚应不小于25 mm，空心率应不小于25%。

2. 品种、规格和性能

(1)品种

普通混凝土小型空心砌块按其强度等级可分为：MU3.5、MU5.0、MU7.5、MU10.0、MU15.0和MU20.0 6种。

普通混凝土小型空心砌块按其尺寸偏差及外观质量，分为优等品、一等品、合格品。

普通混凝土小型空心砌块按其在建筑中使用的部位可分为基本砌块、圆角砌块、压顶砌块、控制缝砌块、转角砌块、管道砌块、丁砖砌块和搁栅砌块等，参见图1－5。

普通混凝土小型空心砌块按其外表面的装饰功能可分为条纹装饰砌块和劈裂装饰砌块。

(2)规格

普通混凝土小型空心砌块的主规格为：390 mm×190 mm×190 mm。其他规格尺寸的产品，可由供需双方商定。

普通混凝土小型空心砌块在应用中，通常还需要一些其他规格的普通混凝土小型空心砌块。

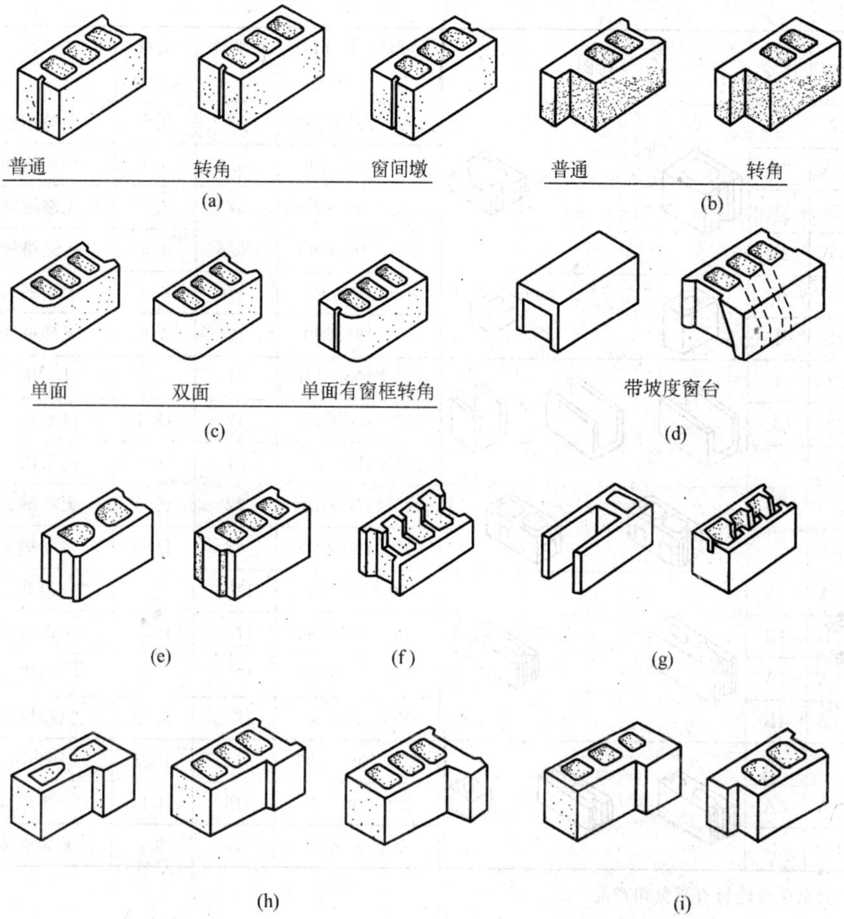

图 1-5　混凝土小型砌块(按使用部位分)

(a)用于金属窗　(b)用于木窗　(c)圆角　(d)压顶　(e)控制缝　(f)丁砖(空心或实心)　(g)管道　(h)转角　(i)搁栅

普通混凝土小型空心砌块的规格、条纹装饰混凝土小型空心砌块的规格和劈裂装饰混凝土小型空心砌块的规格举例分别见表 1-34、表 1-35 和表 1-36。

表 1-34　普通混凝土小型空心砌块规格

类型	型号	代号	简图	外形尺寸(mm) 长×宽×高	空心率 (%)	质量 (kg/块)	备　注
190系列	K422	4	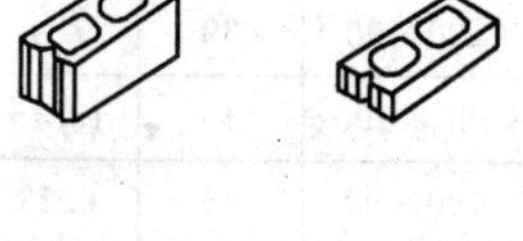	390×190×190	49.6	17.5	无端槽主砌块
	K422A	4A		390×190×190	50	16.8	一端槽主砌块
	K422B	4B		390×190×190	50.4	16.5	二端槽主砌块
	K421A	4A		390×190×90	50	8.0	一端槽主砌块
	K421B	4B		390×190×90	50.4	7.8	二端槽主砌块
	K322	3		290×190×190	39	15.8	无端槽辅砌块
	K321	3		290×190×90	39	7.4	无端槽辅砌块
	K322A	3A	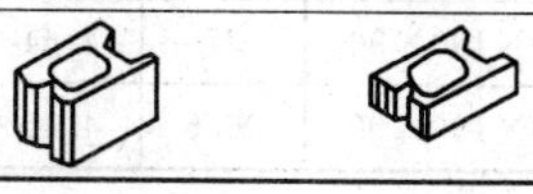	290×190×190	45	13.2	一端开口辅砌块
	K321A	3A		290×190×90	45	6.2	一端开口辅砌块

续表

类型	型号	代号	简图	外形尺寸(mm) 长×宽×高	空心率 (%)	质量 (kg/块)	备　注
190系列	K222	2		190×190×190	37	9.8	无端槽辅砌块
	K222A	2A		90×190×190	36.6	9.4	一端槽辅砌块
	K221	2		190×190×90	37	4.6	无端槽辅砌块
	K221A	2A		190×190×90	36.6	4.5	一端槽辅砌块
	K122	1		90×190×190	17	6.3	无端槽辅砌块
	K121	1		90×190×90	17	3.9	无端槽辅砌块
	U422	4	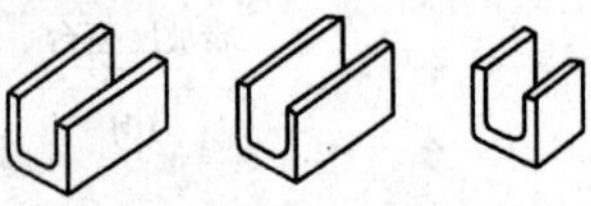	390×190×190	37	21.1	过梁块
	U322	3		290×190×190	37	13.7	过梁块
	U222	2		190×190×190	37	9.8	过梁块
	X2			390×190×190	72	10.3	无端槽芯柱底块
	X2A			390×190×190	68	11.0	一端槽芯柱底块
90系列	K412A	4A		390×90×190	17.3	13.2	一端槽主砌块
	K412B	4B		390×90×190	17.5	12.7	二端槽主砌块
	K411A	4A		390×90×90	17.3	6.3	一端槽主砌块
	K411B	4B		390×90×90	17.3	6.02	二端槽主砌块
	K312A	3A		290×90×190	13	10.3	一端开口辅砌块
	K311A	3A		290×90×90	13	4.9	一端开口辅砌块
	K111	1		90×90×90	10	1.4	无端槽辅砌块

注:参照北京荣建建材有限公司产品

表 1-35　条纹装饰混凝土小型空心砌块规格

类型	型号	代号	简　图	外形尺寸(mm) 长×宽×高	空心率 (%)	质量 (kg/块)	备　注
190系列	T422	4	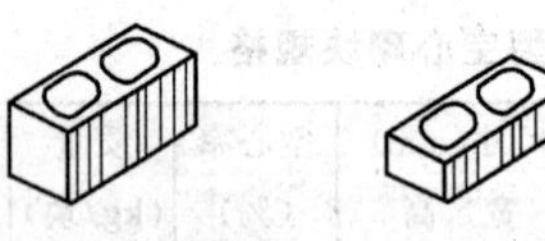	390×190×190	49.6	17.5	单面条纹无端槽
	T422A	4A		390×190×190	50	16.8	单面条纹一端槽
	T422B	4B		390×190×190	50.4	16.5	单面条纹二端槽
	T421A	4A		390×190×90	50	7.96	单面条纹一端槽
	T421B	4B		390×190×90	50.4	7.82	单面条纹二端槽
	T322	3		290×190×190	39	15.78	单面条纹无端槽
	T321	3		290×190×90	39	7.4	单面条纹无端槽
	T322A	3A		290×190×190	45	13.15	单面条纹一端开口
	T321A	3A		290×190×90	45	6.23	单面条纹一端开口
	T222	2		190×190×190	37	9.8	单面条纹无端槽
	T222B	2B		90×190×190	36.6	9.4	单面条纹二端槽
	T221	2		190×190×90	37	4.64	单面条纹无端槽
	T221B	2B		190×190×90	36.6	4.45	单面条纹二端槽

续表

类型	型号	代号	简　图	外形尺寸(mm) 长×宽×高	空心率 (%)	质量 (kg/块)	备　注
190系列	T122	1		90×190×190	17	6.3	单面条纹无端槽
	T121	1		90×190×90	17	2.98	单面条纹无端槽
	U422	4		390×190×190	37	21.1	单面条纹U形块
	U4322	3		290×190×190	37	15.89	单面条纹U形块
	U222	2		190×190×190	37	9.8	单面条纹U形块
90系列	T112	1		390×90×190	17.3	13.2	单面条纹无端槽
	T412A	4A		390×90×190	17.3	12.7	单面条纹一端槽
	T411	4		390×90×90	17.3	6.25	单面条纹无端槽
	T411B	4B		390×90×90	17.3	6.02	单面条纹二端槽
	T312A	3A		290×90×190	13	10.3	单面条纹一端开口
	T311A	3A		290×90×90	13	4.87	单面条纹一端开口
	T212	2		190×90×190	15	11.0	单面条纹无端槽
	T211	2		190×90×90	15	10.3	单面条纹无端槽
	T111	1		190×90×90	10	1.4	单面条纹无端槽

表1-36　劈裂装饰混凝土小型空心砌块规格

类型	型号	代号	简　图	外形尺寸(mm) 长×宽×高	空心率 (%)	质量 (kg/块)	备　注
190系列	P422	4	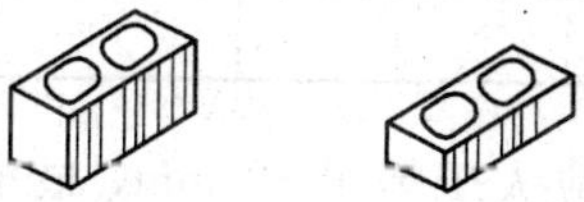	390×190×190	49.6	17.5	劈裂面无端槽
	P422A	4A		390×190×190	50	16.8	劈裂面一端槽
	P422B	4B		390×190×190	50.4	16.5	劈裂面二端槽
	P421B	4A		390×190×90	50	8.0	劈裂面一端槽
	P421B	4B		390×190×90	50.4	7.9	劈裂面二端槽
	P322	3		290×190×190	39	15.8	劈裂面无端槽
	P321	3		290×190×90	39	7.4	劈裂面无端槽
	P322A	3A		290×190×190	45	13.2	劈裂面一端开口
	P321A	3A		290×190×90	45	6 2	劈裂面一端开口
	P222	2		190×190×190	37	9.8	劈裂面无端槽
	P222B	2B		90×190×190	36.6	9.4	劈裂面二端槽
	P221	2		190×190×90	37	4.6	劈裂面无端槽
	P221B	2B		190×190×90	36.6	4.5	劈裂面二端槽
	P122	1	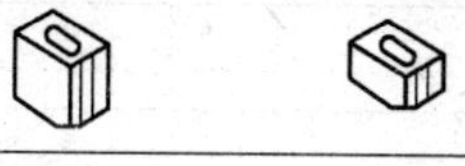	90×190×190	17	6.3	劈裂面无端槽
	P121	1		90×190×90	17	3.0	劈裂面无端槽
90系列	T112A	1A		390×90×190	17.3	13.2	劈裂面一端槽
	T412B	4B		390×90×190	17.3	12.7	劈裂面二端槽
	T411A	4A		390×90×90	17.3	6.3	劈裂面一端槽
	P411B	4B		390×90×90	17.3	6.0	劈裂面二端槽

续表

类型	型号	代号	简图	外形尺寸(mm) 长×宽×高	空心率 (%)	质量 (kg/块)	备注
90系列	P312A	3A	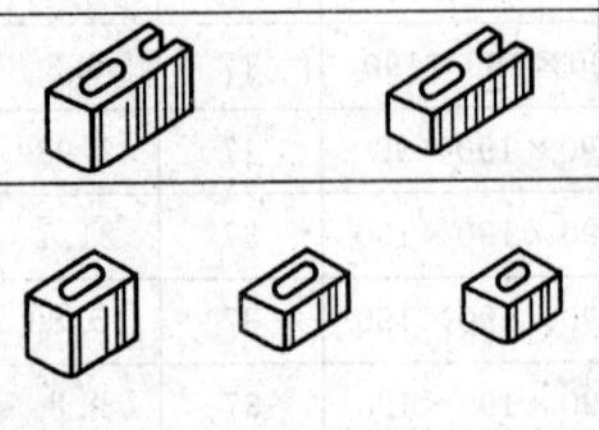	290×90×190	13	10.3	劈裂面一端开口
	P311A	3A		290×90×90	13	4.9	劈裂面一端开口
	P212	2		190×90×190	15	6.55	劈裂面无端槽
	P211	2		190×90×90	15	3.08	劈裂面无端槽
	PT111	1		190×90×90	10	1.4	劈裂面无端槽

注:参照北京荣建建材有限公司产品

(3)性能指标

普通混凝土空心砌块的尺寸允许偏差和外观质量应符合表1-37、表1-38的规定。

表1-37 普通混凝土小型空心砌块的尺寸允许偏差 (mm)

项目	优等品	一等品	合格品
长度	±2	±3	±3
宽度	±2	±3	±3
高度	±2	±3	+3,-4

表1-38 普通混凝土小型空心砌块的外观质量 (mm)

项目			优等品	一等品	合格品
(1)弯曲		不大于	2	2	3
(2)掉角缺棱	个数	不大于	0	2	2
	3个方向投影尺寸的最小值	不大于	0	20	30
(3)裂纹延伸的投影尺寸累计		不大于	0	20	30

普通混凝土小型空心砌块的最小外壁厚应大于等于30 mm,最小肋厚应大于等于25 mm。普通混凝土小型空心砌块的空心率应大于等于25%。普通混凝土小型空心砌块的力学性能要求见表1-39。

表1-39 普通混凝土小型空心砌块的力学性能要求

强度等级	抗压强度(MPa)	
	平均值不小于	单块最小值不小于
MU3.5	3.5	2.8
MU5.0	5.0	4.0
MU7.5	7.5	6.0
MU10.0	10.0	8.0
MU15.0	15.0	12.0
MU20.0	20.0	16.0

普通混凝土小型空心砌块的相对含水率要求见表1-40。

表1-40 普通混凝土小型空心砌块的相对含水率要求 (%)

使用地区	潮湿	中等	干燥
相对含水率	≤45	≤40	≤35

注:1. 潮湿:指年平均相对湿度>75%的地区;

2. 中等:指年平均相对湿度为50%~75%的地区;

3. 干燥:指年平均相对湿度<50%的地区。

普通混凝土小型空心砌块的抗渗性要求见表1-41。

表1-41 普通混凝土小型空心砌块的抗渗性要求 (mm)

项目	要求
水面下降高度,3块中任一块	≤10

普通混凝土小型空心砌块的抗冻性要求见表1-42。

表1-42 普通混凝土小型空心砌块的抗冻性要求

使用环境条件		抗冻强度等级	指标
非采暖地区		不规定	—
采暖地区	一般环境	D15	强度损失≤25% 质量损失≤5%
	干湿交替环境	D25	

注:1. 非采暖地区:指最冷月份平均气温高于-5 ℃的地区;

2. 采暖地区:指最冷月份平均气温等于或低于-5 ℃的地区。

(二)轻集料混凝土小型空心砌块

1. 特性及构成

轻集料混凝土小型空心砌块(图1-6)的材料来源更为广泛,可以利用各种天然的或工业生产的集料以及一些工业废渣。这种制品生产工艺简单,不用烘烧或蒸汽养护,故生产效率高,成本很低。在施工中由于其自重轻,所以施工速度快,主要用于非承重墙体。

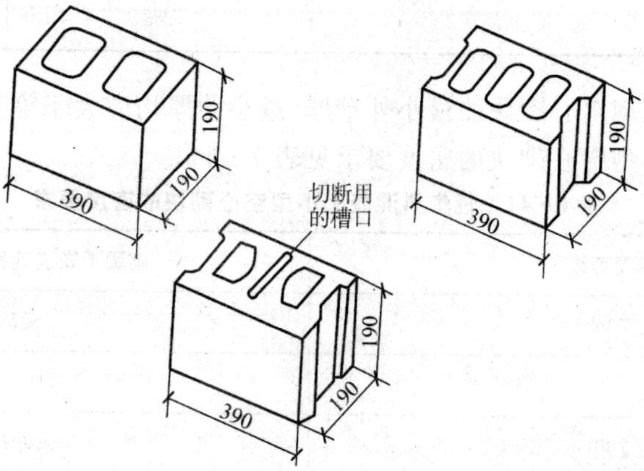

图1-6 轻集料混凝土小型空心砌块

轻集料混凝土小型空心砌块是以水泥为胶凝材料，以砂、集料(黏土陶粒和陶砂、页岩陶粒或陶砂、粉煤灰陶粒和陶砂、膨胀珍珠岩等)为骨料，经加水及适量的外加剂搅拌成浆料，然后经过成型、养护而成的。

2. 品种、规格和性能

(1)品种

轻集料混凝土小型空心砌块按其强度等级可分为 MU1.5、MU2.5、MU3.5、MU5.0、MU7.5、MU10.0 6 种。

轻集料混凝土小型空心砌块按其密度等级可分为 500、600、700、800、900、1 000、1 200、1 400 8 种。

轻集料混凝土小型空心砌块按其孔的排数可分为单排孔、双排孔、三排孔和四排孔 4 种。

轻集料混凝土小型空心砌块按其质量可分为 3 种：优等品(A)、一等品(B)和合格品(C)。

轻集料混凝土小型空心砌块按其在建筑中使用的部位来分，同普通混凝土小型空心砌块一样，可分为数种。详见普通混凝土小型空心砌块。

(2)规格

轻集料混凝土小型空心砌块的主规格为：390 mm×190 mm×190 mm。其他规格尺寸可由供需双方商定。

轻集料混凝土小型空心砌块在应用中，亦通常需要一些其他规格的轻集料混凝土小型空心砌块，读者可参考普通小型混凝土砌块的相关内容。

(3)性能指标

轻集料混凝土小型空心砌块的尺寸偏差要求见表 1-43。

表 1-43 轻集料混凝土小型空心砌块的尺寸偏差要求 (mm)

项目	优等品(A)	一等品(B)	合格品(C)
长度	±2	±3	±3
宽度	±2	±3	±3
高度	±2	±3	-4，+3

轻集料混凝土小型空心砌块的最小外壁厚、最小肋厚均应大于等于 20 mm。

轻集料混凝土小型空心砌块的密度要求见表 1-44。

表 1-44 轻集料混凝土小型空心砌块的密度要求

密度等级	砌块干燥表观密度(kg/m³)
500	≤500
600	510～600
700	610～700
800	710～800

续表

密度等级	砌块干燥表观密度(kg/m³)
900	810～900
1 000	910～1 000
1 200	1 010～1 200
1 400	1 210～1 400

轻集料混凝土小型空心砌块的力学性能要求见表 1-45。

表 1-45　轻集料混凝土小型空心砌块的力学性能要求

强度等级	抗压强度(MPa)		密度等级范围
	平均值	最小值	
MU1.5	≥1.5	1.2	≤800
MU2.5	≥2.5	2.0	
MU3.5	≥3.5	2.8	≤1 200
MU5.0	≥5.0	4.0	
MU7.5	≥7.5	6.0	≤1 400
MU10.0	≥10.0	8.0	

注：符合表中要求者为优等品或一等品；密度等级范围不满足要求者为合格品。

轻集料混凝土小型空心砌块的吸水率应小于等于 22%。轻集料混凝土小型空心砌块的相对含水率要求见表 1-46。

表 1-46　轻集料混凝土小型空心砌块的相对含水率要求

吸水率(%)	相对含水率(%)		
	潮湿	中等	干燥
<15	≤45	≤40	≤35
15～18	≤40	≤35	≤30
>18	≤35	≤30	≤25

注：1. 潮湿：指年平均相对湿度>75%的地区；

2. 中等：指年平均相对湿度为 50%～75%的地区；

3. 干燥：指年平均相对湿度<50%的地区。

轻集料混凝土小型空心砌块的抗冻性要求见表 1-47。

表 1-47　轻集料混凝土小型空心砌块的抗冻性要求

使用环境		抗冻强度等级
非采暖地区		不规定
采暖地区	一般环境	D15
	干湿交替环境	D25

轻集料混凝土小型空心砌块的外观质量要求见表 1-48。

表 1-48 轻集料混凝土小型空心砌块的外观质量要求

项目		优等品	一等品	合格品
缺棱掉角	个数(个)	0	≤2	≤2
	3 个方向投影尺寸的最小值(mm)	0	≤20	≤30
	裂纹延伸的投影尺寸累计(mm)	0	≤20	≤30

(三)粉煤灰小型空心砌块

粉煤灰小型空心砌块是以粉煤灰、水泥及各种骨料加水拌和制成的砌块。其中粉煤灰用量不应低于原材料质量的 10%,生产过程中也可加入适量的外加剂调节砌块的性能。

1. 性能

粉煤灰小型空心砌块具有轻质高强、保温隔热、抗震性能好的特点,可用于框架结构的填充墙等结构部位。

粉煤灰小型空心砌块按抗压强度,分为 MU2.5、MU3.5、MU5.0、MU7.5、MU10 和 MU15 6 个强度等级。

2. 质量要求

粉煤灰小型空心砌块按孔的排数,分为单排孔、双排孔、三排孔和四排孔 4 种类型。其主规格尺寸为 390 mm ×190 mm×190 mm,其他规格尺寸可由供需双方协商确定。根据尺寸允许偏差、外观质量、碳化系数、强度等级,分为优等品、一等品和合格品 3 个等级。

粉煤灰砌块的尺寸允许偏差和外观质量应分别符合表 1-49 和表 1-50 的要求。

表 1-49 粉煤灰小型空心砌块尺寸允许偏差 (mm)

项目名称	优等品	一等品	合格品
长度	±2	±3	±3
宽度	±2	±3	±3
高度	±2	±3	+3,-4

注:最小外壁厚不应小于 20 mm。

表 1-50 粉煤灰小型空心砌块外观质量

项目名称	优等品	一等品	合格品
缺棱掉角个数不多于	0	2	2
3 个方向投影尺寸的最小值(mm)不大于	0	20	20
裂纹延伸的投影尺寸累计(mm)不大于	0	20	30
弯曲	2	3	4

二、中型空心砌块

中型空心砌块是以水泥或煤矸石无熟料水泥为胶结材料,以砂、碎石(或卵石)、煤矸石、炉渣等为骨料,并加水,经搅拌、振动成型、养护而成的空心砌体材料(其空心率大于等于25%),其规格尺寸较实心砖或混凝土小型空心砌块要大得多。中型空心砌块的构造形式见图 1-7。

由于中型空心砌块的规格尺寸大,所以其制作的效率高。而且在施工中要机械配合,既加快了施工速度，又降低了工人的劳动强度。

中型空心砌块的原材料来源广泛，降低了大量的生产能耗，而又能利用一些工业废渣，有利于节约土地资源和保护环境，故受到很大重视。

现已颁布中型空心砌块制品的专业标准。

(一)特性及构成

中型空心砌块满足砌体所要求的足够的物理力学性能，而且由于其规格尺寸大，所以施工中采用机械配合，降低了工人的劳动强度，加快了施工进度。

(二)品种、规格和性能

1. 品种

中型空心砌块按其标号可分为35号、50号、75号、100号和150号5种。

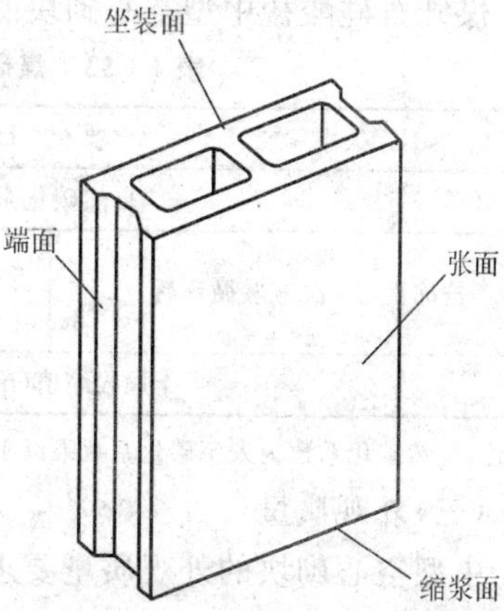

图1－7　中型空心砌块的构造形式

中型空心砌块按其构成的填料不同可分为水泥混凝土中型空心砌块和煤矸石硅酸盐中型空心砌块两种。

2. 规格(主规格)

长度：500、600、800、1 000 mm；宽度：200、240 mm；高度：400、450、800、900 mm。

3. 性能指标

(1)尺寸偏差

中型空心砌块的尺寸偏差要求见表1－51。

表1－51　中型空心砌块的尺寸偏差　(mm)

项　目		指　标
尺寸允许偏差	长度	+5，−10
	宽度	+5，−3
	高度	+5，−10
	壁、肋厚度	+5，−3
侧面弯曲值		≤5
每面两对角线之差		≤10

(2)物理力学性能

中型空心砌块的抗压强度指标见表1－52。

表1－52　中型空心砌块的抗压强度指标

标号	35	50	75	100	150
抗压强度(kg/cm^2)	≥35 (3.43)	≥50 (4.90)	≥75 (7.36)	≥100 (9.81)	≥150 (14.72)

注：1. 括号内数值的单位为MPa；

2. 砌块的块体容重应不大于产品设计容重加100 kg/m^3。

煤矸石硅酸盐中型空心砌块的性能还应符合表 1-53 中的规定。

表 1-53 煤矸石硅酸盐中型空心砌块的物理性能要求

项目		指标
自然碳化系数		≥0.85
抗冻性,15 次冻融循环后	强度损失(%)	≤15
	外观	无明显疏松、剥落、裂缝
干燥收缩值(mm/m)		≤0.8

注:自然碳化系数为人工碳化系数乘以 1.15。

(三)外观质量

中型空心砌块的外观质量要求见表 1-54。

表 1-54 中型空心砌块的外观质量要求 (mm)

缺棱	在 3 个方向的投影尺寸不得同时大于	棱长方向	100
		其他方向	砌块壁厚
掉角	在 3 个方向的投影尺寸不得同时大于	高度方向	1/10 砌块高度
		其他方向	砌块壁厚
两端面高度之差			≤10
贯穿壁的裂缝长度			≤1/10 砌块高度
贯穿肋的裂缝			不允许
表面疏松			不允许
吸孔			不允许

注:根据 JC 716—1986 (1996)。

(四)力学性能的设计

1. 抗压强度 R

中型空心砌块砌体的抗压强度 R 见表 1-55。

表 1-55 中型空心砌块砌体的抗压强度设计 (MPa)

砌块强度	砂浆强度等级 R_2				砂浆强度
R_k	150	100	50	25	0
3.0	2.0	1.8	1.7	1.6	1.5
3.5	2.3	2.1	1.9	1.8	1.8
4.0	2.6	2.4	2.2	2.1	2.0
4.5	2.9	2.7	2.5	2.4	2.3
5.0	3.3	3.0	2.7	2.6	2.5
5.5	3.6	3.3	3.0	2.9	2.8
6.0	3.9	3.6	3.3	3.1	3.0
6.5	4.2	3.9	3.6	3.4	3.3
7.0	4.6	4.2	3.9	3.7	3.5
7.5	4.9	4.5	4.1	3.9	3.7

续表

砌块强度 R_k	砂浆强度等级 R_2				砂浆强度
	150	100	50	25	0
8.0	5.2	4.8	4.4	4.2	4.0
8.5	5.5	5.1	4.7	4.5	4.3
9.0	5.9	5.4	5.0	4.8	4.5
9.5	6.2	5.7	5.2	5.0	4.8
10.0	6.5	6.0	5.5	5.2	5.0

注：1. 表中 $R=(0.5+0.001R_2)R_k$

式中：R_2——砂浆标号；

R_k——砌块强度，以 kg/cm^2 计。

2. 对于错孔砌筑的单排方孔空心砌块砌体，当空心率大于 0.4 时，R 可按表中数值乘以系数 C_1 后采用，$C_1=1-1.25(k-0.4)$。对多排孔、单排圆孔和 $k\leqslant0.4$ 的单排方孔空心砌块砌体取 $C_1=1$。

3. 验算施工阶段砂浆尚未硬化的新砌砌体强度时，可按砂浆强度为 0 确定其砌体强度。

2. 轴心抗拉强度 R_l、弯曲抗拉强度 R_w 和抗剪强度 R_j

中型空心砌块砌体的轴心抗拉强度 R_l、弯曲抗拉强度 R_w 和抗剪强度 R_j 见表 1-56。

表 1-56　中型空心砌块砌体的轴心抗拉强度、弯曲抗拉强度、抗剪强度的设计　(MPa)

项　目	受力方向	砂浆强度等级		
		≥M10.0	M5.0	M2.5
轴心抗拉强度 R_l	沿齿缝截面	0.17	0.12	0.08
弯曲抗拉强度 R_w	沿通缝截面	0.12	0.09	0.06
	沿齿缝截面	0.25	0.18	0.12
抗剪强度 R_j	沿通缝截面	0.17	0.12	0.08

注：1. R_l、R_w 和 R_j 如当地有可靠试验数据，可按试验数据采用。

2. 当搭缝长度与砌块高度的比值小于 1 时，砌体沿齿缝截面的轴心抗拉强度和弯曲抗拉强度按表中数值乘以搭缝长度与砌块高度的比值。

3. 弹性模量 E

中型空心砌块砌体的弹性模量 E 见表 1-57。

表 1-57　中型空心砌块砌体的弹性模量设计　(MPa)

项　目	砂浆强度等级		
	≥M10.0	≥M5.0	≥M2.5
弹性模量 E	1 200R	1 000R	900R

注：砌块砌体的剪切弹性模量 G 值，可近似采用 $G=0.3E$。

(五)高厚比 β 的设计

中型空心砌块墙、柱的高、厚比 β 应符合公式：

$$\beta=H_0/d\leqslant k_1k_2[\beta] \tag{1-1}$$

式中可按砂浆强度为 0 确定其砌体强度。

式中：H_0——墙、柱的计算高度，见表 1-58。

表 1－58　中型空心砌块墙、柱的高、厚比

砌块建筑类别		柱		带壁柱墙或周边拉结的墙		
		排架方向	垂直排架方向	$L>2H$	$H\leqslant L\leqslant 2H$	$L<H$
单跨	弹性方案	$1.5H$	$1.0H$	$1.5H$		
	刚弹性方案	$1.2H$	$1.0H$	$1.2H$		
两跨或多跨	弹性方案	$1.25H$	$1.0H$	$1.25H$		
	刚弹性方案	$1.1H$	$1.0H$	$1.1H$		
刚性方案	$1.0H$	$1.0H$	$1.0H$	$0.4L+0.2H$	$0.6L$	

注：表中L——相邻横墙间的距离；

H——构件的高度，在砌块建筑中即楼板或其他水平支点间的距离；在单层砌块建筑或多层砌块建筑的底层，构件下端支点的位置，一般可取至基础顶面，当基础埋置较深时，可取至室内地坪或室外地坪下30～50 cm，山墙的H值可取层高加山墙尖高度的1/2；山墙壁柱的H值可取壁柱处的山墙高度。

d——墙厚或矩形柱的短边长度。

$[\beta]$——墙、柱的允许高厚比，参见表1－59。

k_1——非承重墙$[\beta]$的修正系数：

$d>24$ cm时，$k_1=1.00$；

$d=24$ cm时，$k_1=1.20$；

$d=22$ cm时，$k_1=1.24$；

$d=20$ cm时，$k_1=1.27$；

$d=18$ cm时，$k_1=1.30$。

k_2——有门窗洞口的墙$[\beta]$的修正系数，$k_2=1-0.4B_0/B$（当$k_2<0.7$时，取0.7），其中：

B_0——在宽度B范围内的门窗洞口宽度；

B——相邻窗间墙之间或壁柱间的距离。

表 1－59　墙、柱的允许高厚比$[\beta]$值

砂浆强度等级	墙	柱
≥M10.0	24	16
M5.0	22	15
M2.5	20	14

注：当墙高H大于或等于相邻横墙间的距离或壁柱的间距L时，应按计算高度$H_0=0.6L$验算高厚比。

（六）沉降缝的设计

当建筑体形比较复杂时，应根据其平面形状和高度差异情况，在适当部位用沉降缝将砌块建筑划分成若干个刚度较好的单元；高度差异（或载荷差异）较大时，可将两单元隔开一定距离。如拉开距离后两单元必须连接时，应采用能自由沉降的连接体或简支、悬挑结构。沉降缝宜设置在下列部位：①建筑平面的转折部位；②高度差异（或载荷差异）处；③地基土的压缩性有显著差异处；④建筑结构（或基础）类型不同处；⑤分期建造的砌块建筑的交界处。

沉降缝内一般不填塞材料。当必须填塞材料时，应防止缝两侧的房屋内倾而互相挤压。沉降缝的宽度选择，见表1－60。

表 1-60　中型空心砌块砌体的沉降缝要求　(mm)

砌块建筑层数	沉降缝宽度
2～3 层	50～80
4～5 层	80～120
5 层以上	不小于 120

注：当沉降缝两侧单元层数不同时，缝宽按层数较高者取用。

(七)圈梁的设置

1)装配式钢筋混凝土楼盖或木楼盖的多层中型空心砌块建筑应设置钢筋混凝土圈梁。多层中型空心砌块建筑的圈梁设置要求见表 1-61。

表 1-61　中型空心砌块建筑的圈梁设置要求

圈梁位置	设置要求	附注
外墙及内纵墙	屋盖处应设置，楼盖处宜隔层设置	1. 如采用预制圈梁，安装时应坐浆，并保证接头牢固可靠； 2. 屋盖处圈梁宜现浇
内横墙	同上，间距不宜大于 10 m	

注：承重墙厚小于等于 200 mm 的砌块建筑，宜每层按表 1-61 要求设置圈梁一道。

2)单层空旷的中型空心砌块建筑，檐口标高为 4～5 m 时，应设置圈梁一道；檐口标高>5 m 时，要增设圈梁一道。

(八)抗震性能的设计

1)设计地震烈度为 7 度和 8 度的中型空心砌块建筑高度，不应超过表 1-62 中的规定。

表 1-62　中型空心砌块建筑的高度与地震烈度的规定

砌块类别	墙厚 d/cm	设计烈度	
		7 度	8 度
密实砌块	$d \geqslant 24$	16	10
	$d > 18$	13	—
空心砌块	$d > 24$	19	13
	$20 \leqslant d \leqslant 24$	16	10

注：1. 砌块建筑的高度是指室外地面到檐口的高度。

2. 砌块建筑的层高不宜超过 4 m。
3. 医院、学校等横墙间距>4 m 的砌块建筑，高度限值应降低 3 m。
4. 当有可靠根据时，其高度可不受本表的限制。

2)中型空心砌块建筑的局部尺寸应按表 1-63 中的规定。

表 1-63　中型空心砌块建筑的局部尺寸要求　(m)

项　目	设计烈度		备注
	7 度	8 度	
承重窗间墙最小宽度	1.00	1.20	墙角设有构造柱时不受此限
承重外墙尽端至门窗洞边的最小距离	1.00	2.00	
无锚固女儿墙最大高度	0.50	0.50	出入口上女儿墙应有锚固
内墙阳角至洞边最小尺寸	1.00	1.50	阳角设有构造柱时不受此限

注：1. 非承重墙外墙尽端至门窗洞边宽度不得小于 1 m。

2. 窗间墙宜等宽均匀布置。

3)圈梁的设置,除必须满足一般构造要求外,尚应闭合,并宜在楼板同一标高处或紧靠楼板设置。

多层砌块建筑每层均应设置圈梁:外墙及内纵墙应全部设置;设计烈度为7度时,内横墙圈梁间距不大于7 m,8度时,不大于4 m。圈梁高度不小于20 cm。设计烈度为7度、8度时,其配筋分别不少于4ϕ6、4ϕ10,箍筋间距不大于200 mm。设计烈度为7度时,屋顶圈梁应现浇,8度时,每层圈梁均应现浇。单层空旷砌块建筑在檐口高度处应设闭合现浇圈梁一道。檐口高度大于4 m时,应增设圈梁一道。圈梁配筋不小于4ϕ12;箍筋间距不大于200 mm。

圈梁内钢筋绑扎搭接长度不应小于40倍钢筋直径(墙厚小于240 mm时,应在屋盖及每层楼盖处沿所有内外墙设置圈梁)。

4)抗震横墙除应进行强度验算外,抗震横墙的最大间距应按表1-64中的规定。

表1-64 中型空心砌块建筑的抗震横墙的最大间距 (m)

楼盖类别	设计烈度	
	7度	8度
现浇钢筋混凝土	15	12
装配式钢筋混凝土	12	9
木	9	6

5)中型空心砌块砌体的抗震构造配筋位置及用量应按表1-65中的规定。

表1-65 中型空心砌块砌体的抗震构造配筋的设置

建筑类别	砌块类型	配筋状况	设计烈度		备 注
			7度	8度	
多层建筑	密实砌块	水平网筋位置	建筑物四大角,楼梯间四角,内纵墙与山墙交接处的隔皮水平灰缝中	建筑物四大角,楼梯间四角,内纵墙与山墙交接处,外纵墙每7 m与内横墙交接处的隔皮水平灰缝中	加设构造柱时,如间距不大于8 m,可设置在内外墙交接处、楼梯间四角及外墙转角
		用量	2ϕ6,每边进墙不小于1 m	2ϕ6,每边进墙不小于1 m	
	空心砌块	竖向插筋位置	建筑物四大角,楼梯间四角内纵墙与山墙交接处,外纵墙每7 m与内横墙交接处	每道纵横墙交接处及横墙门洞的两侧	1. 插筋保护层不宜少于20 mm,孔洞用C20细石混凝土捣实; 2. 插筋应贯通墙身,锚固于基础,连接于圈梁。钢筋搭接或焊接必须按规定长度,保证质量
		用量	1ϕ14(或2ϕ10)	1ϕ16(或2ϕ12)	

注:单层空旷建筑参照设计烈度为8度的多层建筑。

(九)设计注意事项

1)伸缩缝的设置。中型空心砌块建筑可根据具体情况来设置伸缩缝。伸缩缝的最大间距见表1-66。

表 1-66　中型空心砌块建筑的伸缩缝的间距要求　(mm)

屋盖或楼盖类别		墙体伸缩缝最大间距
整体式或装配整体式钢筋混凝土结构	有保温层或隔热层的屋盖或楼盖	50
	无保温层或隔热层的屋盖或楼盖	30
装配式无檩体系钢筋混凝土结构	有保温层或隔热层的屋盖或楼盖	60
	无保温层或隔热层的屋盖或楼盖	40
装配式有檩体系钢筋混凝土结构	有保温层或隔热层的屋盖或楼盖	75
	无保温层或隔热层的屋盖或楼盖	60
黏土瓦、石棉水泥瓦木屋盖、砖石楼屋盖		75

注：1. 当有实践经验和可靠根据时，可不遵守本表的规定。
2. 缝内应嵌以软质可塑材料，必须使缝隙能起伸缩作用。

2)砌体的上下皮砌块的搭缝长度应大于等于 1/3 砌块厚度，而且要大于等于 150 mm。当搭缝长度不足时，应在水平灰缝内设 2ϕ4 的钢筋网片，网片两端离该垂直灰缝的距离应大于等于 300 mm。

3)在纵横墙交接处，应分皮咬槎砌筑。砌块墙与后砌半砖隔墙交接处，应在沿墙高每 80 cm 左右的水平灰缝内设 2ϕ4 的钢筋网片。见图 1-8。

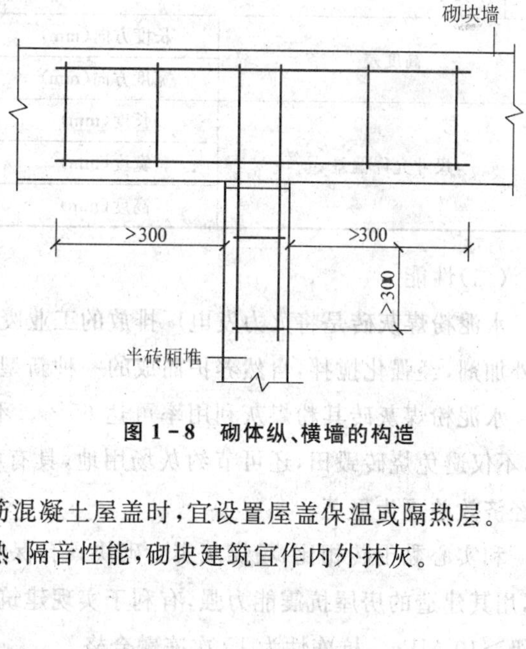

图 1-8　砌体纵、横墙的构造

4)为了加强砌块建筑的整体刚度，空心砌块建筑可在其外墙转角处、楼梯间四角的砌体空洞内，设置不少于 1ϕ12 的竖向钢筋，此钢筋应贯通全部墙身高度，并且要锚固在基础和楼屋盖圈梁内，钢筋接头应尽量绑扎或焊接，绑扎搭接长度应大于等于 35d(d 为钢筋直径)，该处砌体的孔洞要用 C20 细石混凝土浇捣密实。

5)为了防止钢筋混凝土屋盖的温度变化而引起顶层墙体开裂，改善屋盖的热工性能，当采用整体式或装配整体式钢筋混凝土屋盖时，宜设置屋盖保温或隔热层。

6)为了防止外墙渗漏，改善墙体的隔热、隔音性能，砌块建筑宜作内外抹灰。

三、粉煤灰实心砌块

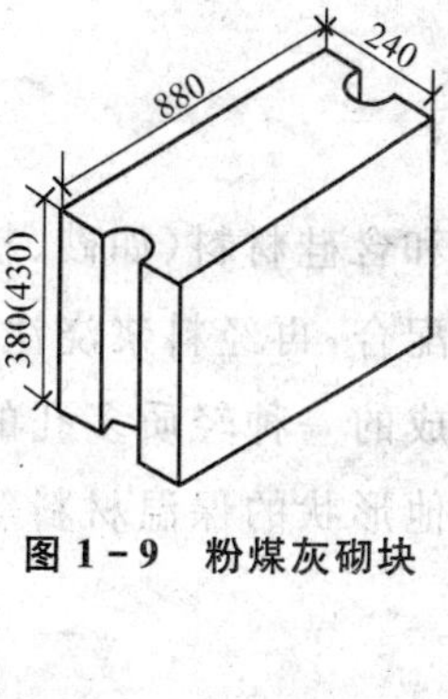

图 1-9　粉煤灰砌块

粉煤灰实心砌块是以粉煤灰、石灰、石膏和骨料等为原料，加水搅拌、振动成型、蒸汽养护而制成的。

(一)规格

粉煤灰实心砌块的主要规格尺寸为 880 mm×380 mm×240 mm、880 mm×430 mm×240 mm。砌块端面留灌浆槽，见图 1-9。粉煤灰砌块按其抗压强度分为 MU10、MU13 两个强度等级。

粉煤灰砌块按其外观质量、尺寸偏差和干缩性能分为一等和合格两个品级。各级别的外观质量、尺寸偏差应符合表 1－67 的规定。

表 1－67 粉煤灰砌块外观质量、尺寸偏差

<table>
<tr><th colspan="3" rowspan="2">项　目</th><th colspan="2">指标</th></tr>
<tr><th>一等品</th><th>合格品</th></tr>
<tr><td rowspan="8">外观质量</td><td colspan="2">表面疏松</td><td colspan="2">不允许</td></tr>
<tr><td colspan="2">贯穿面棱的裂缝</td><td colspan="2">不允许</td></tr>
<tr><td colspan="2">任一面上的裂缝长度不得大于裂缝方向砌块尺寸的</td><td colspan="2">1/3</td></tr>
<tr><td colspan="2">石灰团、石膏团</td><td colspan="2">直径大于 5 mm 的不允许</td></tr>
<tr><td colspan="2">粉煤灰团、空洞和爆裂</td><td>直径大于 30 mm 的不允许</td><td>直径大于 50 mm 的不允许</td></tr>
<tr><td colspan="2">局部突起高度(mm)　不大于</td><td>10</td><td>15</td></tr>
<tr><td colspan="2">翘曲高度(mm)　不大于</td><td>6</td><td>8</td></tr>
<tr><td colspan="2">缺棱掉角在长、宽、高三个方向上的投影最大值(mm)不大于</td><td>30</td><td>50</td></tr>
<tr><td colspan="2" rowspan="2">高度差</td><td>长度方向(mm)</td><td>6</td><td>8</td></tr>
<tr><td>宽度方向(mm)</td><td>4</td><td>6</td></tr>
<tr><td colspan="2" rowspan="3">尺寸允许偏差</td><td>长度(mm)</td><td>+4，−6</td><td>+5，−10</td></tr>
<tr><td>宽度(mm)</td><td>+4，−6</td><td>+5，−10</td></tr>
<tr><td>高度(mm)</td><td>±3</td><td>±6</td></tr>
</table>

(二)性能

水泥粉煤灰砖是将火力发电厂排放的工业废渣——粉煤灰，加少量水泥、惰性材料及微量外加剂，经强化搅拌，自然养护而成的一种新型墙体材料。

水泥粉煤灰砖其粉煤灰利用率可达 65%。不用烧，不用蒸，总能耗比烧结砖低 1/2 以上，不仅避免烧砖毁田，还可节约灰场用地，具有明显的利废、保田、节能效果，其社会效益和经济效益更为显著。

和实心黏土砖相比，粉煤灰实心砌块具有保温、隔音、防火、质轻、抗震、坚固、美观等优点，用其建造的房屋抗震能力强，有利于实现建筑的轻型化、节能化、舒适化、美观化，其强度等级>10 MPa。抗冻性为 15 次冻融合格。

四、加气混凝土砌块

加气混凝土砌块是由水泥(或部分用水淬矿渣、生石灰替代)和含硅材料(如砂、粉煤灰、尾矿粉等)经过磨细并与发气剂(如铝粉)和其他材料按比例配合，再经料浆浇注、发气成型、静停硬化、胚体切割与蒸汽养护(蒸压或蒸养)等工序制成的一种轻质多孔的建筑材料，它可以制成配筋内外墙板、屋面板、楼板、无筋砌块和其他形状的保温材料等多种制品。

通常，混凝土按其容重可分为两大类，一类为重混凝土（就是一般所说的普通混凝土），其容重大于 1 800 kg/m^3，另一类为轻型混凝土，其容重小于 1 800 kg/m^3。在轻型混凝土中，又可分为两大类，即轻骨料混凝土和多孔混凝土。前者的制造工艺与普通的混凝土基本相似，只是所用的骨料为人造或天然轻骨料，其容重为 1 000～1 800 kg/m^3，后者没有粗骨料，主要的原材料都要经过磨细，并通过物理或化学方法使之形成气孔结构，其容量一般小于 1 000 kg/m^3。多孔混凝土按照气孔的形成方式可分为加气混凝土和泡沫混凝土两种。

加气混凝土砌块是目前在建筑中应用较为普遍的砌块种类。它最突出的特点是轻质（其容重是所有砌块中最小的），而且有较好的力学性能、保温性能、隔音性能和可加工性能，既可以应用于非承重墙，又可以通过采取某些措施而应用于承重墙。由于加气混凝土砌块在我国生产和应用已有一段较长的时间，所以该种砌块的应用技术也比较成熟，很受建筑业欢迎。

现已颁布加气混凝土砌块制品的国家标准，即 GB 11968—2006《蒸压加气混凝土砌块》。

（一）特性及构成

加气混凝土砌块具有轻质、保温、耐火、抗震、强度高和加工性能好等优点，因此，在建筑中应用非常广泛，最普遍的是用于框架结构的填充墙，以及低层建筑的墙体（承重墙和非承重墙），也可与现浇钢筋混凝土密肋组合成平屋面或楼板，有时也用作吸声材料，总之，该制品是一种一材多用的建筑材料。

加气混凝土的基本组成原料包括钙质材料和硅质材料两类。钙质材料是以氧化钙（CaO）为主要成分的水泥、石灰、水淬矿渣、火山灰等。硅质材料是以二氧化硅（SiO_2）为主要成分的砂、硅石、粉煤灰、尾矿粉等。加气混凝土生产工艺是将钙质材料、硅质材料、发气剂（主要是铝粉）、调节剂、稳定剂和水按配比混合搅拌、发气、成型、蒸养而成。

（二）品种、规格和性能

1. 品种

加气混凝土砌块按其原料的组成来分，主要有 3 种：水泥—石灰—粉煤灰、水泥—矿渣—砂和水泥—石灰—砂。

加气混凝土砌块按其抗压强度级别来分，可分为 7 种：A1.0、A2.0、A2.5、A3.5、A5.0、A7.5 和 A10。

加气混凝土砌块按其体积密度来分，可分为 6 种：B03 级、B04 级、B05 级、B06 级、B07 级和 B08 级。

加气混凝土砌块按其质量级别可分为 3 种：优等品（A）、一等品（B）和合格品（C）。参照 GB 11968—2006《蒸压加气混凝土砌块》。

2. 规格

（1）规格尺寸

加气混凝土砌块的规格见表 1－68。

表 1-68 加气混凝土砌块的规格尺寸 (mm)

砌块公称尺寸			砌块制作尺寸		
长度 L	宽度 B	高度 H	长度 L_1	宽度 B_1	高度 H_1
600	100	200	$L-10$	B	$H-10$
	125	250			
	150	300			
	200				
	250				
	300				
	120				
	180				
	240				

(2)标记方法

1)标记顺序：产品名称（代号）、强度级别、体积密度级别、规格尺寸、产品等级和标准号。

2)标记示例。强度级别为 A3.5、体积密度级别为 B05、规格尺寸为 600 mm×200 mm×250 mm、优等品的蒸压加气混凝土砌块：

ACB A3.5 B05 600×200×250A GB 11968－2006

3. 性能指标

(1)尺寸偏差

加气混凝土砌块的尺寸偏差要求见表 1-69。

表 1-69 加气混凝土砌块的尺寸偏差要求

项 目	指 标		
	优等品(A)	一等品(B)	合格品(C)
长度	±3	±4	±5
宽度	±2	±3	+3 −4
高度	±2	±3	+3 −4

(2)干体积密度

加气混凝土的干体积密度要求见表 1-70。

表 1-70　加气混凝土砌块的干体积密度要求　(kg/m³)

体积密度级别		B03	B04	B05	B06	B07	B08
体积密度	优等品(A)≤	300	400	500	600	700	800
	一等品(B)≤	330	430	530	630	730	830
	合格品(C)≤	350	450	550	650	750	850

(3)强度级别

加气混凝土砌块的强度级别见表 1-71。

表 1-71　加气混凝土砌块的强度级别

体积密度级别		B03	B04	B05	B06	B07	B08
强度级别	优等品(A)≤	A1.0	A2.0	A3.5	A5.0	A7.5	A10.0
	一等品(B)≤			A3.5	A5.0	A7.5	A10.0
	合格品(C)≤			A2.5	A3.5	A5.0	A7.5

(4)抗压强度

加气混凝土砌块的抗压强度要求见表 1-72。

表 1-72　加气混凝土砌块的抗压强度要求

强度级别	立方体抗压强度(MPa)	
	平均值	单块最小值
A1.0	≥1.0	≥0.8
A2.0	≥2.0	≥1.6
A2.5	≥2.5	≥2.0
A3.5	≥3.5	≥2.8
A5.0	≥5.0	≥4.0
A7.5	≥7.5	≥6.0
A10.0	≥10.0	≥8.0

(5)干燥收缩、抗冻性和导热系数

加气混凝土砌块的干燥收缩、抗冻性和导热系数要求见表 1-73。

表 1-73　加气混凝土砌块的干燥收缩、抗冻性和导热系数要求

体积密度级别		B03	B04	B05	B06	B07	B08
干燥收缩	标准法	≤0.50					
	快速法	≤0.80					
抗冻性	质量损失(%)	≤5					
	冻后强度(MPa)	≥0.8	≥1.6	≥2.0	≥2.8	≥4.0	≥6.0
导热系数，干态[W/(m·K)]		≤0.10	≤0.12	≤0.14	≤0.16	—	—

注：1. 规定采用标准法、快速法测定砌块干燥收缩值，若测定结果发生矛盾不能判定时，则以标准法测定的结果为准；

2. 用于墙体的砌块，允许不测导热系数。

(6)外观质量

加气混凝土砌块的外观质量要求见表 1-74。

表 1-74 加气混凝土砌块的外观质量要求

项目		优等品(A)	一等品(B)	合格品(C)
缺棱掉角	个数(个)	0	≥1	≥2
	最大尺寸(mm)	0	≥70	≥70
	最小尺寸(mm)	0	≥30	≥30
平面弯曲(mm)		0	≥3	≥5
裂纹	条数(条)	0	≥1	≥2
	任一面上的裂纹长度不得大于裂纹方向尺寸	0	1/3	1/2
	贯穿一棱二面的裂纹长度不得大于裂纹所在面的裂纹方向尺寸总和	0	1/3	1/3
爆裂、黏模和损坏深度(mm)		≥10	≥20	≥30
表面疏松、层裂		不允许		
表面油污		不允许		

(三)墙体的设计

1. 墙体的高厚比

加气混凝土砌块墙体的高厚比 β 可按下式计算：

$$\beta=\frac{H_0}{d}\leqslant k_1 k_2[\beta] \tag{1-2}$$

式中：k_1 ——非承重墙[β]的修正系数，取 $k_1=1.3$；

k_2 ——有门窗洞口的墙[β]的修正系数，按式(1-3)计算；

H_0 ——墙的计算高度。

注：当墙高 H 大于或等于相邻横墙间的距离 l_0 时，应按计算高度 $H_0=0.6l_0$ 验算高厚比。

[β]——墙的允许高厚比，见表 1-75。

表 1-75 加气混凝土砌块砌体的高厚比

砂浆强度等级	≥M5	M2.5
[β]	18	16

$$k_2=1-0.4b_0/l_0 \tag{1-3}$$

式中：b_0——在宽度 l_0 范围内的门窗洞口宽度；

l_0——相邻横墙之间的距离。

按式(1-3)计算出的 k_2 值小于 0.7 时，仍采用 0.7。

2. 力学性能的设计

加气混凝土制品的力学性能与材料的容重、含湿率有很大的关系。

加气混凝土制品的含湿状态主要有以下 4 种情况：①绝干态，其含湿率 $W_2=0\%$；②气干态(空气中自然干燥的平衡含湿率)，$W_2=10\%\pm2\%$；③基准含湿态(对力学性能影响很小的稳定含湿率，其数值相当于出釜含湿率)，$W_2=35\%\pm10\%$；④饱水态，$W_2>60\%$。

(1)抗压强度 R

加气混凝土制品的抗压强度与容重成正比，不同容重时气干态的加气混凝土的抗压强度见表1-76。

表1-76 加气混凝土制品的抗压强度

项 目	数 据				
容重(kg/m^3)	400	500	600	700	800
抗压强度(MPa)	1.5(2.0)	3.0(3.5)	4.0(5.0)	5.0(6.0)	6.0(7.0)

注：括号内数值为粉煤灰加气混凝土的抗压强度；括号外的数值为矿渣砂加气混凝土的抗压强度。

加气混凝土的抗压强度与含湿率成反比，但不呈线性关系，它们的关系可用下列公式表示。

矿渣砂加气混凝土：

$$\frac{R_W}{R_0}=1-\frac{1}{1.90+\frac{0.16}{W_2}} \tag{1-4}$$

粉煤灰加气混凝土：

$$\frac{R_W}{R_0}=1-\frac{1}{4.56+\frac{0.25}{W_2}} \tag{1-5}$$

式中：R_0 ——绝干态下的抗压强度；

R_W——含湿率为 W_2 时的抗压强度。

图1-10是 R_W/R_0 强度比与含湿率的变化关系曲线，从中可以看出，含湿率小于15%时，抗压强度随着含湿率的增大而急剧降低；当含湿率大于15%时，抗压强度下降趋势逐渐趋于平缓；含湿率大于25%时，则对抗压强度的影响很小。

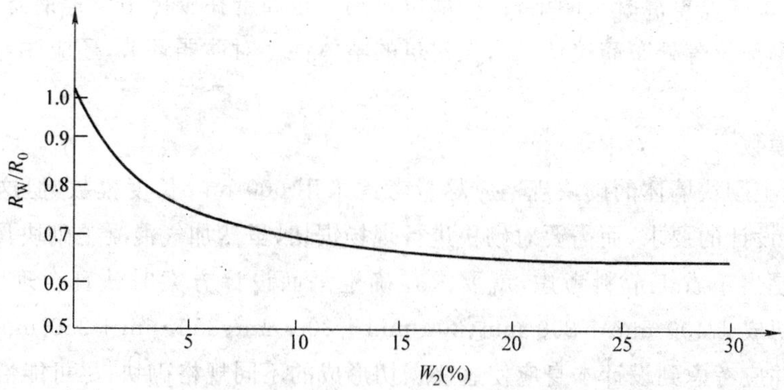

图1-10 R_W/R_0 与含湿率的关系

(2)抗拉强度 R_l、抗折强度 R_w 和抗剪强度 R_j

当加气混凝土的抗压强度 R=2.3～4.5 MPa，含湿率 W_2=0%～30%时，材料的抗拉强度 R_l(劈裂法)=0.3～0.4 MPa。R_l/R 值一般为0.075～0.10，平均值为0.087，在实际应用中可取为0.08。

当加气混凝土的抗压强度 $R=2.3\sim3.6$ MPa 时，抗折强度 $R_w=0.6\sim0.9$ MPa。R_w/R 的平均值为 0.261。

当加气混凝土的含湿率 $W_2=0\%\sim35\%$ 时，抗剪强度 $R_j=0.65\sim1.00$ MPa。R_j/R 值为 0.2。

以容重 500 kg/m^3 的矿渣砂加气混凝土为例，其抗拉强度 R_l、抗折强度 R_w、抗剪强度 R_j 与抗压强度 R 的一般关系式为：$R_l=(0.08\sim0.12)R$；$R_w=(0.15\sim0.22)R$；$R_j=(0.18\sim0.21)R$。

(四)设计注意事项

1. 承重墙体

(1)砌块级数与层数、墙厚的关系

加气混凝土砌块建筑层数与墙厚的确定，不能笼统地根据砌块的级数以简单的方式来确定，由于建筑的平面形式不同(如有的建筑平面形式简单，开间、进深较小，承重墙体门窗洞口较少，有的则相反)、地区不同(如地震区与非地震区)、构造形式和承重体系不同(如横向承重还是纵向承重)，都是影响建筑的层数与墙厚的重要因素，应根据具体工程通过计算和经济分析来确定。

经验表明：采用厚为 200 mm、抗压强度为 3 MPa 的 05 级(容重为 500 kg/m^3)加气混凝土砌块建造 3 层、总高度为 9 m 的住宅，并在每层设置钢筋混凝土现浇圈梁，结构体系采用横向承重的效果良好。有的为了满足建造 5 层住宅的需要，将下部的 2 层墙体厚度扩大到 250 mm，选用厚为 250 mm、抗压强度为 5 MPa 的 07 级(容重为 700 kg/m^3)加气混凝土砌块，上部 3 层仍与上述 3 层建筑墙体相同，其建筑总高度为 15 m，效果仍良好。

(2)建筑的整体性

采用加气混凝土砌块做承重墙体应有良好的整体性，在地震区尤应注意这一点。措施是应在建筑的每层设置混凝土圈梁；某些部位每隔一定高度在砌体中设置钢筋网片，如在转角、内外墙咬砌部位等处布筋拉结以增强建筑的整体性。对薄弱环节，还应注意采取加强措施。

(3)规格模数

加气混凝土砌块墙体的砌块规格应尽量考虑采用 600 mm 长度模数，但这种单一规格往往不能满足设计的要求，而需要对砌块进行现场锯切，虽然加气混凝土砌块具有良好的可加工性能，但是出于省工节料考虑，就要求在确定平面设计方案时认真合理安排。例如，600 mm可锯切成±400 mm＋200 mm、300 mm＋300 mm、350 mm＋250 mm、450 mm＋150 mm、…，并应考虑到设计本身应使这些锯切形成的不同规格砌块，尽可能恰当地组合于砌体之中。

在设计中，要注意解决门窗洞口、层高和砌块尺寸(包括砌缝)之间的矛盾。通常解决的措施有 3 种：

①调整灰缝厚度；

②增加辅助规格；

③调整圈梁高度尺寸，使过梁与圈梁合一，见图 1－11。

2. 非承重外墙

(1)墙厚度

加气混凝土砌块用于非承重外墙时，确定墙厚度的主要依据是建筑物的保温要求。通常容重为 500 kg/m³ 的加气混凝土墙体厚 150 mm 相当于 370 mm 的黏土砖墙体的保温效果；厚 200 mm 相当于 490 mm 的黏土砖墙体的保温效果。但是，在决定外墙体的厚度时，还应考虑其他因素，如厚为 150 mm 的加气混凝土砌块墙体，在华北地区基本能满足保温要求，但当窗间墙为 600 mm 宽、1.5 m高时，施工稳定性较差，圈梁厚度也不够(圈梁厚度如为 120 mm，外贴 30 mm 厚的加气混凝土保温块，则不能满足圈梁的保温要求)。灰缝也容易结露。因此，在华北地区加气混凝土砌块外墙最好不小于 175 mm。在东北地区不得小于 200 mm，最好为 250 mm，这主要是除了考虑保温要求外，还要给安装双层窗及圈梁保温等创造条件。

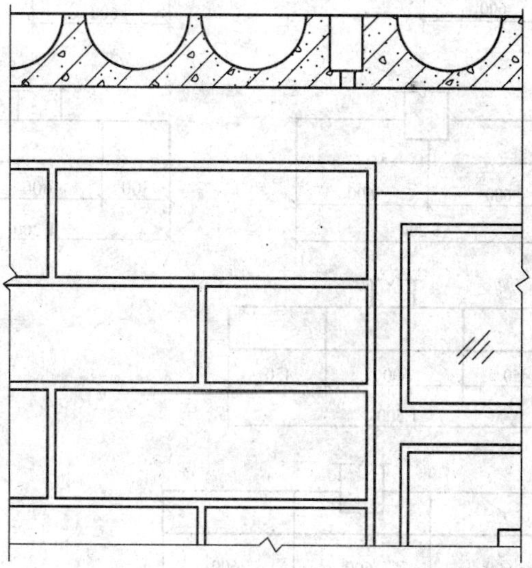

图 1-11　圈梁与过梁合一的构造

(2)砌块规格的选择

一般外墙门窗洞口较多，窗间墙规格较多，同时内外墙体咬砌又给规格带来一定的复杂性，矛盾的主要方面是窗间墙的规格尺寸。图 1-12 所示是民用建筑中常见的窗间墙在内墙横向承重、内外墙咬砌时所出现的情况，以及用 3 种不同方法解决内外墙咬砌的规格示意，

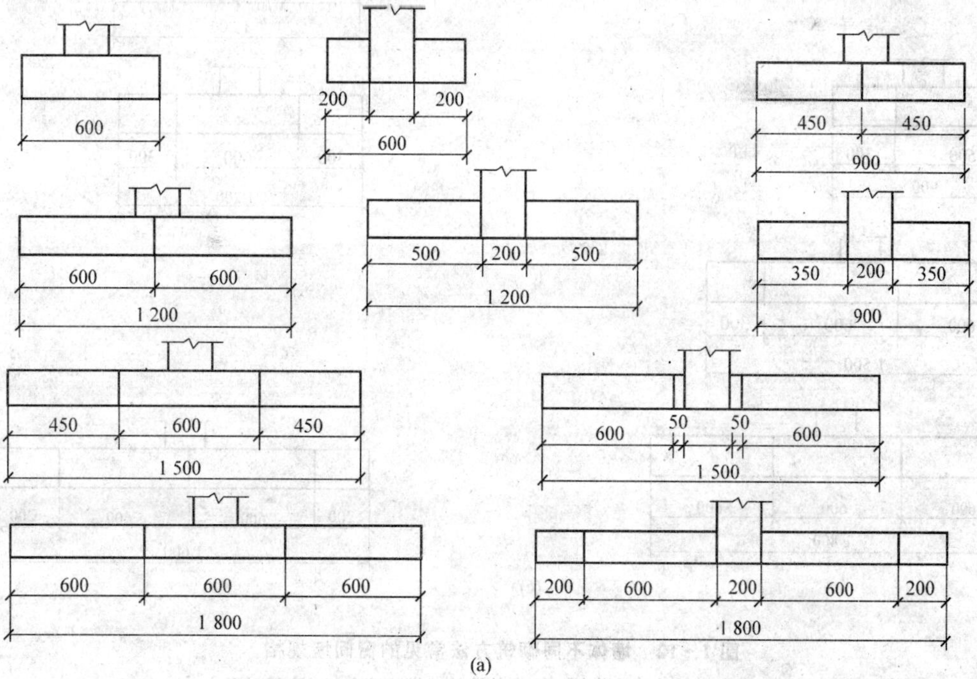

(a)

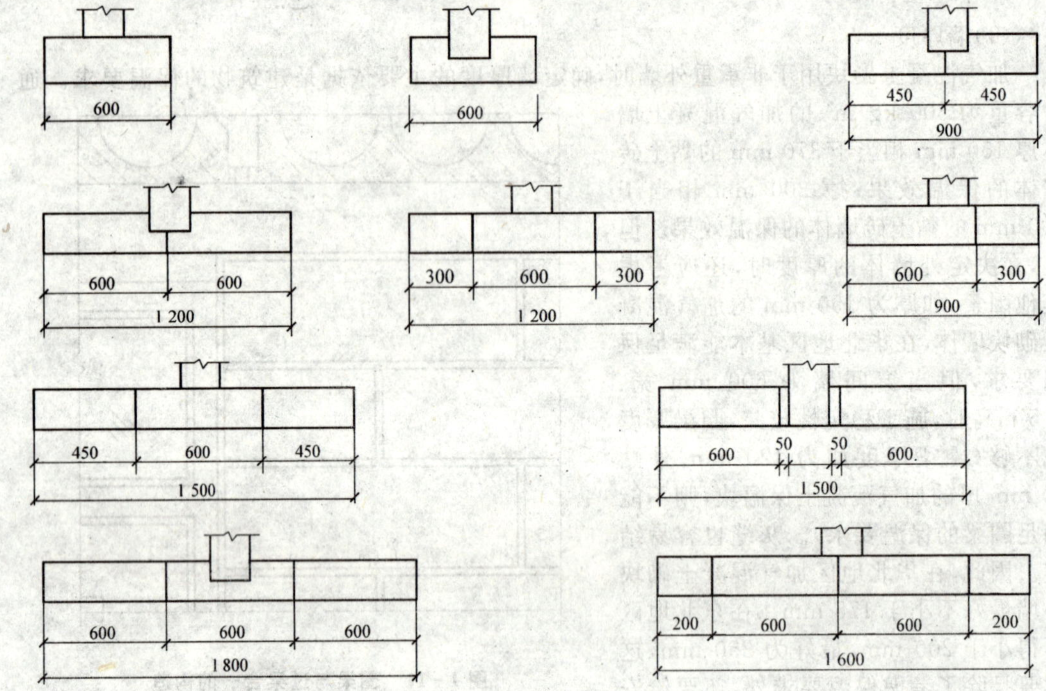

(b)

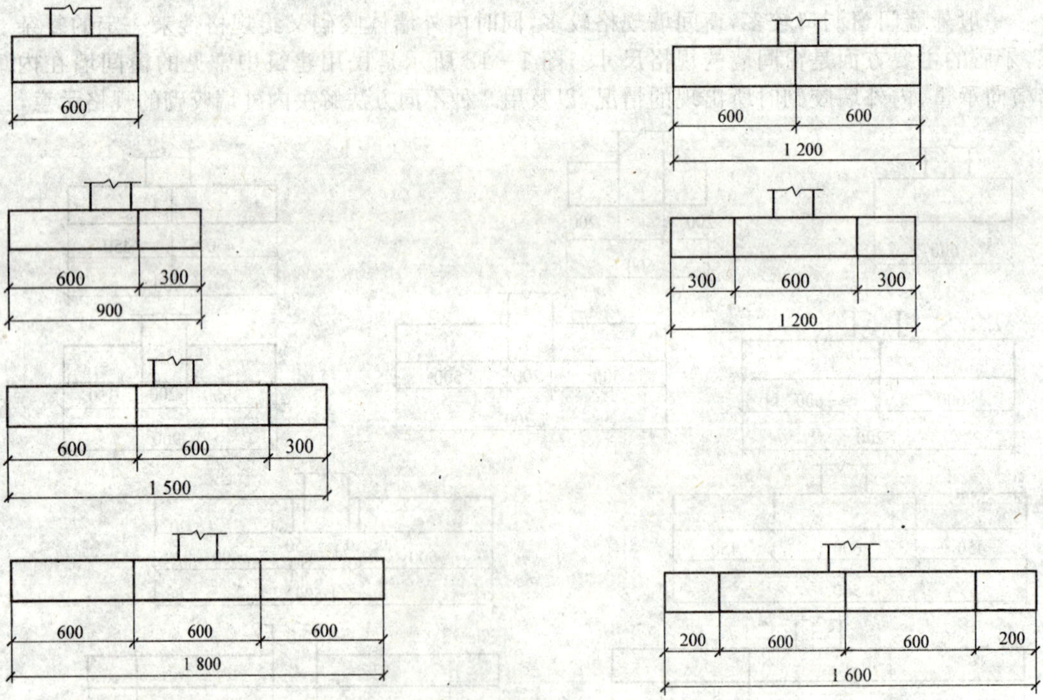

(c)

图 1-12 墙体不同砌筑方法常见的窗间墙规格

(a)内外墙取齐咬砌搭接；(b)内外墙缺口搭接咬砌；(c)直缝对砌

图 1－12(a)是内外墙取齐咬砌搭接，其窗间墙的规格较多，需要合适的现场锯切工具；图 1－12(b)是内外墙缺口搭接咬砌，其窗间墙的规格比图 1－12(a)少，但需局部锯切。图 1－12(c)是直缝对砌，其规格较少，但这种砌筑方法适宜采用黏结砂浆，并在一定间距用钢筋拉结。

在外墙立面规格方面应主要考虑 3 个部位尺寸，即窗口上皮、层高和窗台高度，设计时应控制这 3 个部位符合砌块高度尺寸，尤其是前个尺寸。

(3)与主体结构的连接

加气混凝土砌块非承重外墙与主体结构应有牢固的连接，如内外墙均为加气混凝土砌块，采用普通砂浆砌筑，一般内外墙均应咬砌，并在山墙与檐墙拐角、承重墙与非承重墙交接等部位，每隔 1 m 高度设置 2ϕ6 或 3ϕ4 钢筋，钢筋伸入墙体的长度不得小于 1 m(从墙里皮线算起)。见图 1－13。

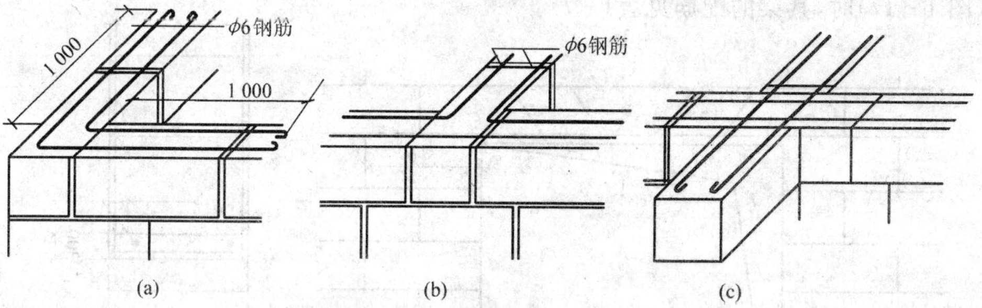

图 1－13 加气混凝土砌体与结构主体的连接构造

(a)山墙与非承重外墙转角用钢筋拉结；(b)内承重墙与非承重外墙用钢筋拉结；

(c)内承重墙与外墙及墙垛用钢筋连接

加气混凝土砌块在框架体系中用作非承重围护结构时，若普通钢筋混凝土柱、梁外露，则不符合保温要求，因为在采暖地区有可能在该部位产生结露，最好用加气混凝土砌块外包。在柱上每隔 1 m 左右高度甩筋或加柱箍钢筋与砌块连接，砌块上部与钢筋混凝土的叠合梁连接，见图 1－14。

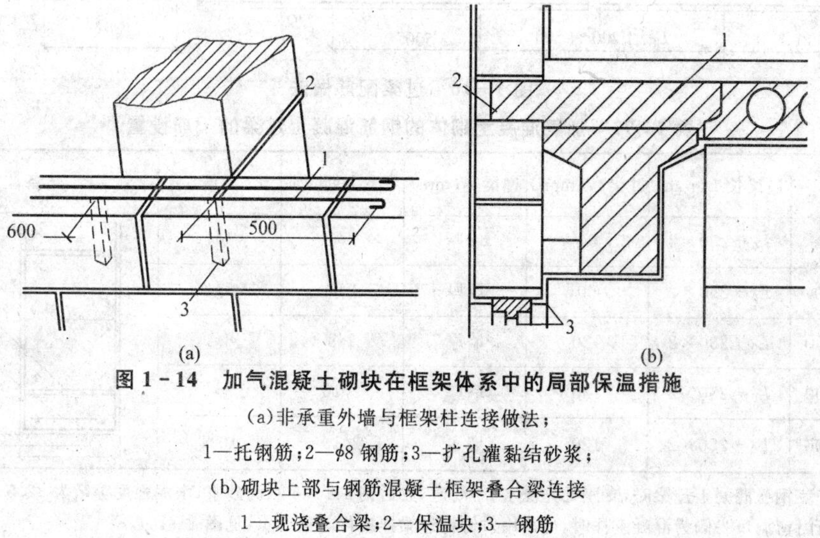

图 1－14 加气混凝土砌块在框架体系中的局部保温措施

(a)非承重外墙与框架柱连接做法；

1—托钢筋；2—ϕ8 钢筋；3—扩孔灌黏结砂浆；

(b)砌块上部与钢筋混凝土框架叠合梁连接

1—现浇叠合梁；2—保温块；3—钢筋

(4)砌块过梁

在北方采暖地区外墙部位的外露钢筋混凝土构件往往是出现冷桥较突出的部位之一，其中主要的是外墙洞口上的过梁。对此，宜采用加气混凝土构件，这样不但可以消除冷桥，而且还可避免由于两种材料的线膨胀系数不同所引起的粉刷开裂现象。若无此类加气混凝土构件，而且在宽度在1.5 m以内的非承重门窗洞口，可采用配筋平砌过梁的做法，梁底配以3ϕ6钢筋，伸入墙支座不小于500 mm，配筋保护层不得小于20 mm，见图1－15和图1－16。

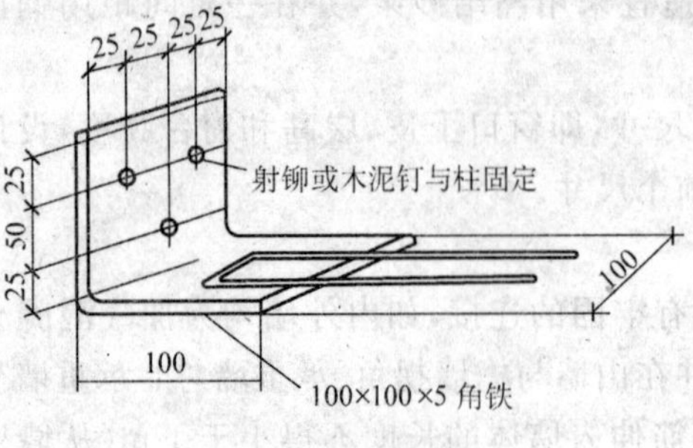

图1－15　过梁固定件

非承重墙的门窗洞口采用钢筋混凝土过梁（图1－17）时，其梁的配筋见表1－77。

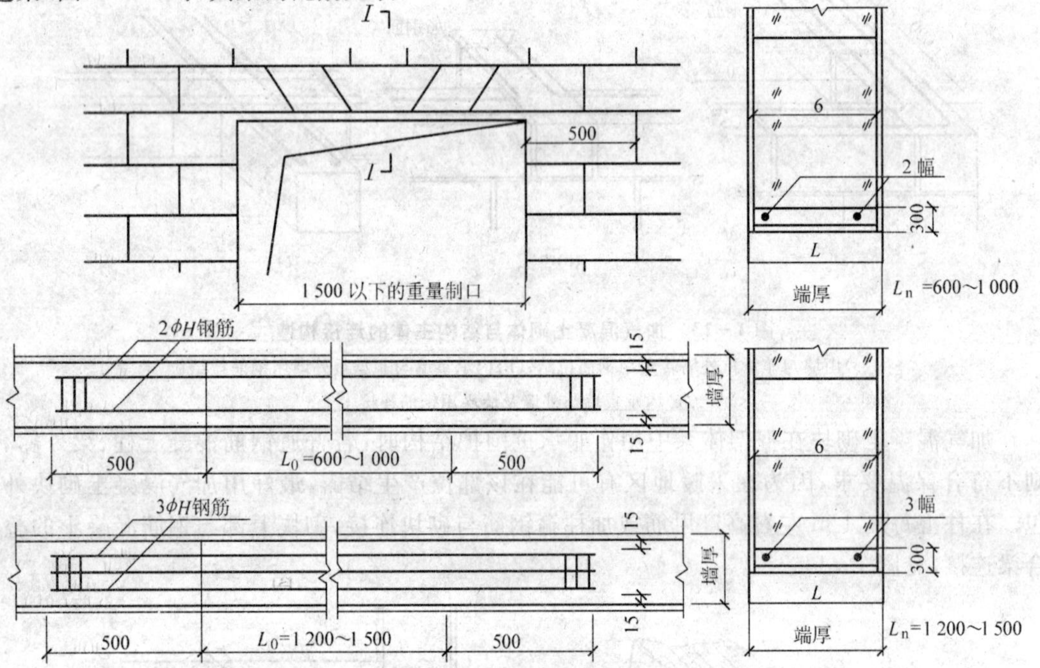

图1－16　过梁配筋做法

表1－77　加气混凝土砌体的钢筋混凝土过梁的配筋设置

门窗洞口宽 L_0(mm)	过梁长 L(mm)	过梁高(mm)	过梁宽(mm)	主筋	配筋	备注
600～900	$L_0+250\times2$	60	墙厚	2ϕ6	5ϕ4	
900～1 200	$L_0+250\times2$	60	墙厚	2ϕ8	5ϕ4	
1 200～1 500	$L_0+250\times2$	120	墙厚	2ϕ8	8ϕ4	
1 500～1 800	$L_0+250\times2$	120	墙厚	2ϕ10	9ϕ4	
1 800～2 100	$L_0+250\times2$	120	墙厚	2ϕ10	10ϕ4	

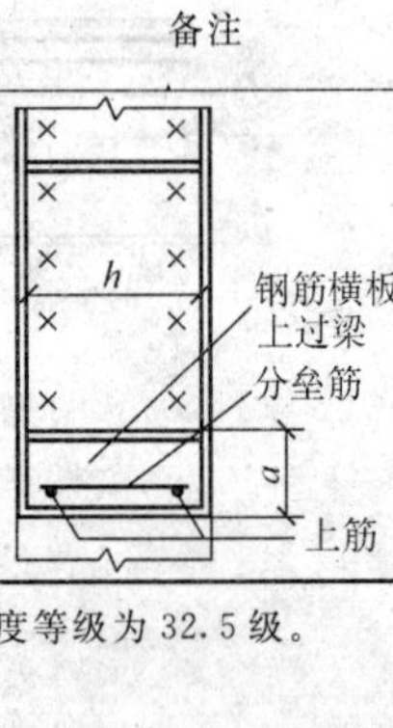

注：1. 安装钢筋混凝土过梁时，支座处先浇水2～3遍，然后铺1∶2.5水泥砂浆，水泥强度等级为32.5级。

2. 当门窗洞口一侧为混凝土柱时，可采用射钉将过梁连接件与柱固定（见图1－16）。

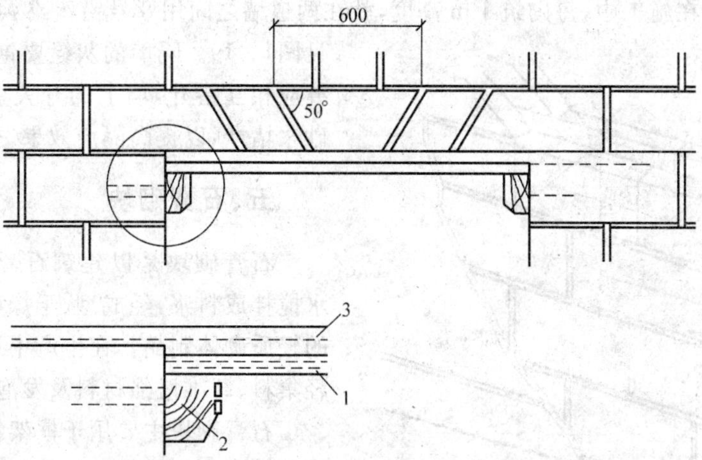

图 1-17 过梁施工方法

1—木板;2—临时固定木块;3—钢筋

3. 内隔墙

(1)墙厚度

由于加气混凝土砌块是一种比较好的内隔墙材料,故常用于砌筑内隔墙。对于层高在3 m以内的民用建筑,可选用75～100 mm厚的加气混凝土砌块砌筑,对于层高较大,进深较长的隔墙,应根据有关规范复核其稳定性,以确定隔墙的厚度或采取某些相应的构造措施。

(2)与主体结构的连接

内隔墙一般在主体结构完成后砌筑,当采用一般砂浆时,隔墙与外墙、承重墙、柱的连接方式是在每隔 1 m 高度左右的砌体中甩出 2 根 $\phi6$ 钢筋,并使其与隔墙拉结。钢筋伸入隔墙的长度不得小于 300 mm。若采用黏结砂浆时,可以不预留钢筋,但应保证灰缝饱满、黏结牢靠,隔墙上部与梁或楼板的连接是保证墙体稳定的重要因素,应予以注意。其做法是,设计时在隔墙顶部留 30～50 mm 间隙,当每块顶部砌块就位后,在侧向打入木楔(木楔宽度比墙厚小 30～50 mm),砌筑完毕后在木楔空隙中塞入混合砂浆,见图 1-18。

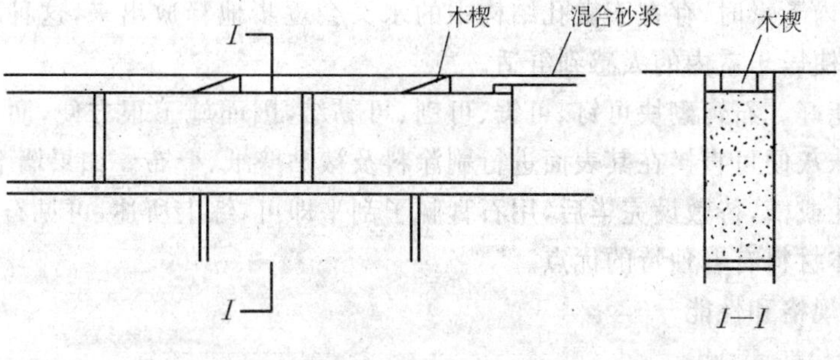

图 1-18 加气混凝土砌体与主体结构的连接

(3)隔声

加气混凝土砌块与其他低容重材料一样,其隔声效果较差。若采取加厚隔墙的措施,则浪费材料,较好的做法是采用空心墙。一般住宅可采取两道各 50 mm 厚的隔墙,中间留 50 mm厚的空气层;或者采取一道 50 mm 厚、一道 75 mm 厚的隔墙,中间留 50 mm 厚的空气层的做法。在施工中，每砌筑 1 m 高度，就在两道墙之间用 8 号铅丝或 $\phi4$ 钢筋扒锯连接，见图1－19。隔墙的灰缝要饱满，两道墙的立缝应相互错开，墙上的开关盒等的周围要用砂浆堵严，以提高隔声效果。

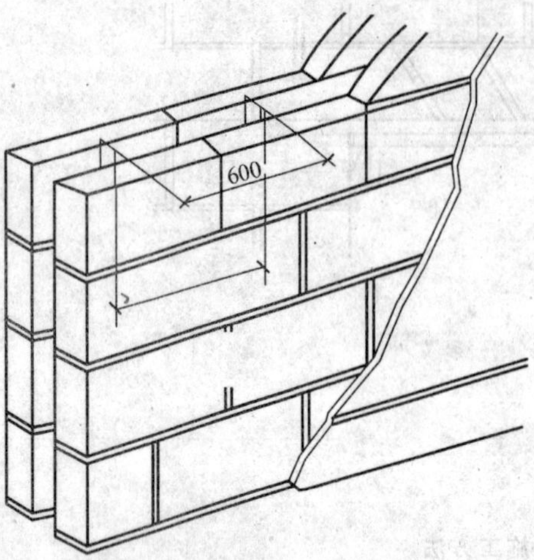

图 1－19　加气混凝土砌块隔声墙的构造

五、石膏砌块

石膏砌块是以建筑石膏为主要原料，加水搅拌成料浆，经成型、干燥（或烘干）而制成的轻质砌体制品。在生产中还可以加入各种轻集料、纤维增强材料及发泡剂等。

石膏砌块主要用于框架结构或其他结构建筑的非承重墙体，大多用于内隔墙。如果采取适当的加固或支撑结构，墙体还可以承受诸如吊柜、热水器等附加载荷。石膏砌块执行 JC/T 698—1998 行业标准。

（一）特性及构成

石膏砌块主要有以下几方面的特点。

1）保温、隔热性能好。石膏砌块的石膏硬化后为多孔结构，其导热系数约为黏土砖的 1/3，普通混凝土的 1/5，石材的 1/8，故有优良的保温、隔热性能。

2）耐火性能优异。石膏砌块主要由二水硫酸钙构成，当遇火时，随着温度升高，其会释放出大量的结晶水。其质量约为砌块质量的 20％，这就会使着火的环境温度上升放慢。而失水后的无水硫酸钙是优良的不燃绝缘体，就可以有效地阻止火势的蔓延，其耐火等级为 A1 级，为不燃建筑材料。

3）隔声性能好。尽管空心石膏砌块的隔声值有所降低，但可以通过在石膏砌块中加入膨胀珍珠岩、陶粒，或加入发泡剂等予以改善；实心石膏砌块的隔声性能较好。

4）居住舒适性好。由于石膏属于微孔结构，当室内湿度较高时，大量的湿气可被微孔结构所吸收；而室内干燥时，存在于微孔结构中的水又会逐步地释放出来，这种自然调节室内湿度的功能，会使居于室内的人感到舒适。

5）施工性能好。石膏砌块可钉、可锯、可刨、可黏结，因而施工很方便，而且石膏砌块的墙体表面无需抹灰便可直接在其表面进行刷涂料及裱贴壁纸、壁布。如果墙上敷设管线，可先用镂铲开出孔或槽，待敷设完毕后，用石膏腻子刮平即可，综上所述，可见石膏砌块的施工性能较其他砌体材料有着独特的优点。

（二）品种、规格和性能

1. 品种

石膏砌块按其结构来分，可分为两种：石膏实心砌块（代号：S）和石膏空心砌块（砌块带有水平或垂直方向的孔洞，代号 K）。

石膏砌块按其原料来分，可分为两种：天然石膏砌块（代号：T）和化学石膏砌块（代号：H）。

石膏砌块按其防潮性能来分，可分为两种：普通石膏砌块（代号：P）和防潮石膏砌块（代号:F)。

2. 规格

石膏砌块的外形为长方体,四周边缘分别设有榫头和榫槽,见图1-20。

(1)石膏砌块的规格

长度:666 mm;高度:500 mm;厚度:60、80、90、100、110、120 mm。其他规格尺寸产品,由供需双方商定。

(2)标记方法

标记顺序为:产品名称、类别代号、规格尺寸和标准号。

标记示例:用天然石膏作原料制成的长度为666 mm、高度为500 mm、厚度为80 mm的普通石膏空心砌块:

石膏砌块 KTP 666×500×80 JC/T 698—1998

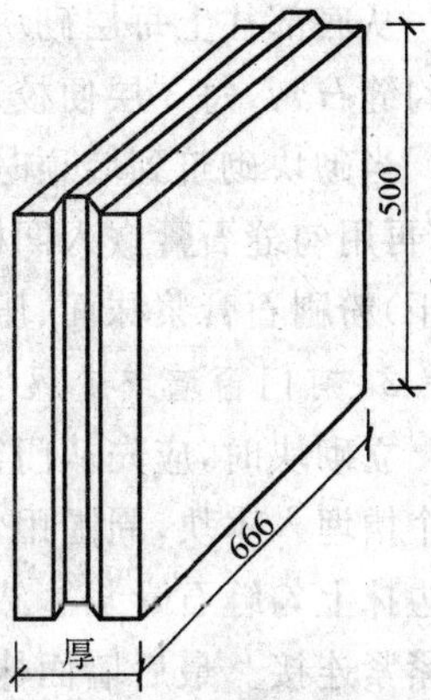

图1-20 实心石膏砌块构造

3. 性能

(1)尺寸偏差

石膏砌块的尺寸偏差要求,见表1-78。

表1-78 石膏砌块的尺寸偏差要求 (mm)

项目	偏差要求
长度	±3
高度	±2
厚度	±1.5
平整度	≤1

(2)物理及力学性能

石膏砌块的物理及力学性能要求,见表1-79。

表1-79 石膏砌块的物理力学性能

项目	指标
表观密度(kg/m^3)	≤1 000(实心)、≤700(空心)
单块质量(kg)	≤30
断裂载荷(kN)	≥1.5
软化系数	≥0.6(防潮)

(3)外观质量

石膏砌块的外观质量要求,见表1-80。

表1-80 石膏砌块的外观质量要求

项目	要求
表面	应平整、棱边平直
缺角	同一砌块不得多于1处,缺角尺寸应小于30 mm×30 mm
裂纹	非贯穿裂纹不得多于1条,裂纹长度小于30 mm,宽度小于1 mm
气孔	直径5~10 mm气孔不多于2处,不允许有直径>10 mm的气孔
油污	不允许

(三)石膏砌块的应用

石膏砌块大多用于非承重墙体,以隔墙最为普遍。

1. 无门窗分室墙

从底部往上每层砌块按砌砖墙相似错缝施工进行砌筑,砌筑时在砌块凹槽内先放入少量勾缝石膏,每3层便校正墙面垂直度、平整度,并在砌块间缝隙内嵌入勾缝石膏。

当砌块砌筑到墙顶时,需与顶板之间留缝隙20~30 mm,在此缝隙内打入数个木楔卡紧,再用勾缝石膏嵌入凹槽内塞满刮平。墙面抹灰时,先刷一层801胶,随即用(不能等801胶干)粉刷石膏浆抹面、压光。

2. 有门窗墙或走廊墙

立砌块时,应先从门窗框边开始立起,并留出门窗位置。在门窗两侧砌块墙上,沿高挖数个槽埋入木块,周围用勾缝石膏浆压入,立窗门(门框处的地坪上预先凿出或浇出凹槽),门边抹上勾缝石膏浆。然后在墙上预埋木块处用钉子从门窗框内侧打入,使门窗框与砌块墙紧紧连接。最后墙面抹灰处理同上。

3. 石膏砌块墙与地面相交

当石膏砌块墙在水泥地面上砌筑时,在砌块底部可直接用勾缝石膏黏结在地面上,待整个墙体全部施工完,在墙底部可用1∶2水泥砂浆(内掺20%的801胶)拌匀抹面高出地面100 mm、厚10 mm的踢脚板。

4. 两座石膏墙体相交

在两座石膏墙相交处每上下层砌块交叉砌筑,其他施工程序与“施工工艺流程”同。

5. 卫生间隔墙(用防潮石膏砌块)

预先在石膏墙底现浇一座石墩,顶面呈凸形,其上砌筑防潮石膏砌块,除了在墙裙上粘贴瓷砖(黏结材料用1∶2水泥砂浆加20%的801胶)外,其余墙面用粉刷石膏浆抹灰,经过一周干燥后,用苯丙乳液喷刷1~2次。

6. 墙体高大于4 m的墙体、墙体长大于6 m的墙体

1)石膏砌块墙体高大于4 m时,需在墙高1/2处设置一根钢筋混凝土梁,宽比砌块厚度小10 mm。若石膏砌块墙体纵向长度大于6 m时,应增设加固柱。

2)若墙内有门窗,则梁就设在门窗框上且在梁底部(木框上)预埋木砖,以便用钉子固定门窗,钢筋混凝土梁采用现场浇筑,浇筑时利用已砌筑好的石膏砌块墙顶作底模,侧模可用螺栓夹在石膏砌块墙体上。

第三节 石砌体材料质量控制

一、天然石材

采自天然岩石,经过加工或未经加工的石材,统称为天然石材。

天然石材是最古老的建筑材料之一。国内外许多著名的古建筑,如埃及的金字塔、古罗马斗兽场、比萨斜塔、河北省的赵州桥,还有许多著名的雕塑,如人民英雄纪念碑等所用材料都是天然石材。由于天然石材具有很高的抗压强度、良好的耐磨性和耐久性,经加工后表面花纹美观、色泽艳丽、富于装饰性,资源分布广泛,蕴藏量十分丰富,便于就地取材,所以至今

仍得到广泛的应用。如重质致密的块状石材，可用于砌筑基础、桥涵、扩坡、挡土墙、沟渠等砌体工程；散粒状石料，如碎石、砾石、砂等广泛被用作混凝土骨料；轻质多孔的石材中，块状的可用作墙体材料，粒状的可用于拌制轻质混凝土；经过精加工的各种饰面石材用于室内外墙面、地面、柱面、踏步台阶等处的装饰工程中。

天然石材属脆性材料，抗拉强度低，自重大，硬度高，加工和运输比较困难。

（一）建筑中常用的岩石

岩石是由各种不同的地质作用所形成的天然固态矿物的集合体。由单一造岩矿物组成的岩石叫单矿岩。如石灰岩主要是由方解石组成的单矿岩。

大多数岩石是由多种造岩矿物组成的，叫多矿岩。如花岗岩是由长石（铝硅酸盐）、石英、云母（钾、镁、锂、铝等的铝硅酸盐）等矿物组成的多矿岩。同一类岩石由于产地不同，其矿物组成、颗粒结构都有差异，因而其颜色、强度等性能也有差别。

岩石的性质是由其矿物的特性、结构、构造等因素决定的。所谓岩石的结构，是指矿物的结晶程度、结晶大小和形态。如玻璃状、细晶状、粗晶状、斑状等。

岩石的构造是指矿物在岩石中的排列及相互配置关系。如致密状、层状、多孔状、流纹状、纤维状等。

天然岩石按照地质成因可分为岩浆岩、沉积岩、变质岩三大类。

1. 岩浆岩

岩浆岩也称火成岩，是由地壳深处熔融岩浆上升冷却而形成的。根据冷却条件的不同，岩浆岩可分为以下 3 种。

(1)深成岩

深成岩是地表深处岩浆受上部覆盖层的压力作用，缓慢均匀地冷却而形成的岩石。其特点是结晶完全、晶粒粗大、结构致密、表观密度大、抗压强度高、吸水率小、抗冻性和耐久性好。

花岗岩是常用的一种深成岩浆岩。其主要矿物组成呈酸性，由于次要矿物成分含量的不同呈灰、白、黄、粉红、红、黑等多种颜色。表观密度为 2 500～2 800 kg/m^3，抗压强度为 120～250 MPa，孔隙率和吸水率小（0.1%～0.7%），莫氏硬度为 6～7，抗冻性、耐磨性和耐久性好。由于花岗岩中所含石英在 573 ℃时会发生晶型转变，所以耐火性差，遇高温时将因不均匀膨胀而崩裂。

花岗岩主要用于砌筑基础、勒脚、踏步、挡土墙等。经磨光的花岗石板材装饰效果好，可用于外墙面、柱面和地面装饰。花岗石有较高的耐酸性，可用于工业建筑中的耐酸衬板或耐酸沟、槽、容器等。花岗石碎石和粉料可配制耐酸混凝土和耐酸胶泥。

深成岩中除花岗岩外还有正长岩、闪长岩、辉长岩等，它们的性能和应用都与花岗岩相近。

(2)喷出岩

喷出岩是岩浆喷出地表后，在压力骤减和迅速冷却的条件下形成的岩石。其特点是结晶不完全，多呈细小结晶或玻璃质结构，岩浆中所含气体在压力骤减时会在岩石中形成多孔构造。建筑中用到的喷出岩有玄武岩、辉绿岩、安山岩等。玄武岩和辉绿岩十分坚硬，难以加工，常用作耐酸和耐热材料，也是生产铸石和岩棉的原料。

(3)火山岩

火山岩是火山爆发时岩浆被喷到空中，在压力骤减和急速冷却条件下形成的多孔散粒状岩石。如火山灰、火山渣、浮石等。火山凝灰岩是由散粒状岩石层在覆盖层压力作用下胶结而成的岩石。

火山灰可用作生产水泥时的混合材料。浮石是配制轻质混凝土的一种天然轻骨料。火山凝灰岩容易分割，可用于砌筑墙体等。

2. 沉积岩

沉积岩也称水成岩，是各种岩石经风化、搬运、沉积和再造岩作用而形成的岩石。沉积岩呈层状构造，孔隙率和吸水率较大，强度和耐久性较火成岩低。但因沉积岩分布较广，容易加工，在建筑上应用广泛。

沉积岩按照生成条件分为以下3种。

(1)机械沉积岩

机械沉积岩是风化破碎后的岩石又经风、雨、河流及冰川等搬运、沉积、重新压实或胶结而成的岩石。主要有砂岩、砾岩和页岩等，其中常用的是砂岩。

砂岩是由砂粒经胶结而成的，由于胶结物和致密程度的不同而性能差别很大。胶结物有硅质、石灰质、铁质和黏土质4种。致密的硅质砂岩性能接近于花岗岩，表观密度达2 600 kg/m^3，抗压强度达250 MPa，质地均匀、密实，耐久性高，如白色硅质砂岩是石雕制品的好原料。石灰质砂岩性能类似于石灰岩，抗压强度为60～80 MPa，加工比较容易。铁质砂岩性能较石灰质砂岩差。黏土质砂岩强度不高，耐水性也差。

(2)生物沉积岩

生物沉积岩是由各种有机体死亡后的残骸沉积而成的岩石。如石灰岩、硅藻土等。

石灰岩的主要成分是方解石($CaCO_3$)，常含有白云石、菱镁矿、石英、蛋白石、含铁矿物和黏土等。颜色通常为浅灰、深灰、浅黄、淡红等色。表观密度为2 000～2 600 kg/m^3，抗压强度为20～120 MPa。多数石灰岩构造致密，耐水性和抗冻性较好。石灰岩分布广，易于开采加工。块状材料可用于砌筑工程，碎石可用作混凝土骨料。

(二)天然石材标准

我国石材标准经过十几年的发展，目前在产品标准和试验方法标准上已经比较齐全，加上美国和欧洲等国家和地区相关标准的互为补充，在测试方法和技术指标方面有很大余地，实际工程完全可以按照设计要求选择必要的测试方法，从而取得需要的检验报告和检验数据。

我国的石材标准主要分为术语及分类标准、试验方法标准、产品标准和相关标准。我国的GB/T 13890《天然饰面石材术语》对天然石材行业的相关名词和术语作了定义及解释，随着石材行业的不断发展，该术语标准不能完全涵盖所有名词和术语，于是有不断推出的新标准对新名词和术语进行了补充。

我国的石材分类标准为GB/T 17670《天然石材统一编号》，将天然石材划分为花岗石(G)、大理石(M)和板石(S)，并对我国开采的并具有一定规模的石材品种统一命名和编号，然而对目前越来越多的进口石材缺乏必要的命名和编号，造成了这部分石材在名称方面的混乱。

我国的石材产品标准主要有JC/T 204《天然花岗石荒料》、GB/T 18601《天然花岗石建筑板材》、JC/T 202《天然大理石荒料》、JC/T 79《天然大理石建筑板材》、GB/T 18600《天然板石》、JC/T 847《异形石材》、JC 830.1《干挂饰面石材》、JC/T 972《天然花岗石墓碑石》等。相关的石材标准有 JC/T 507《建筑水磨石制品》、JC/T 872《建筑装饰用微晶玻璃》、JC/T 973《建筑装饰用天然石材防护剂》等。我国的石材试验方法标准主要是 GB/T 966《天然饰面石材试验方法》。

(三)天然石材的技术性质

1. 表观密度

与石材的矿物组成及孔隙率有关,根据表观密度可划分为轻质石材与重质石材两大类。

2. 抗压强度

天然石材是非均质各向异性脆性材料。按标准规定的试验方法测定石材标准试样的抗压强度平均值,将石材强度划分为 9 个等级。

3. 耐水性

石材的耐水性按其软化系数值的大小分为三等,即:高耐水性石材,其软化系数大于 0.9;中耐水性石材,其软化系数介于 0.7～0.9;低耐水性石材,其软化系数介于 0.6～0.7。

4. 吸水性

石材吸水后强度降低,抗冻性变差,导热性增加,耐水性和耐久性下降。表观密度大的石材,孔隙率小,吸水率也小。

5. 抗冻性

石材的抗冻性与吸水率大小有密切关系。一般吸水率大的石材,抗冻性能较差。另外,抗冻性还与石材吸水饱和程度、冻结程度和冻融次数有关。石材在水饱和状态下,经规定次数的冻融循环后,若无贯穿缝且质量损失不超过 5%,强度损失不超过 25%时,则为抗冻性合格。

(四)天然石材的选用

1. 毛石

毛石是指以开采所得、未经加工的形状不规则的石块。毛石主要用于砌筑建筑物的基础、勒脚、墙身、挡土墙、堤岸及护坡,还可以用来浇筑片石混凝土。

2. 料石

料石是指以人工斩凿或机械加工而成,形状比较规则的六面体块石。按表面加工平整程度分为 4 种:毛料石、粗料石、半细料石、细料石。若按外形划分为条石、方石、拱石(楔形)。料石主要用于建筑物的基础、勒脚、墙体等部位,半细料石和细料石主要用作镶面材料。

3. 石板

石板是用致密的岩石凿平或锯成的一定厚度的岩石板材。

此外还有广场地坪、路面、庭院小径用石材。

二、人造石材

目前常用的人造石材有水泥型人造石材、聚酯型人造石材、复合型人造石材、烧结型人造石材四类。

目前，国内外人造大理石、花岗石以聚酯型为多，该类产品光泽好、颜色浅，可调配成各种鲜明的花色图案。由于不饱和聚酯的黏度低，易于成型，且在常温下固化较快，便于制作形状复杂的制品。与天然大理石相比，聚酯型人造石材具有强度高、密度小、厚度小、耐酸碱腐蚀及美观等优点。但其耐老化性能不及天然花岗石，故多用于室内装饰。

三、砌筑用石

砌筑用石有毛石和料石两类。石砌体所用的石材应质地坚实，无风化剥落和裂纹。用于清水墙、柱表面的石材，尚应色泽均匀。

1. 毛石

毛石分为乱毛石和平毛石两种。

乱毛石是指形状不规则的石块；平毛石是指形状不规则，但有两个子面大致平行的石块。

毛石应呈块状，其中部厚度不宜小于 200 mm，长度约 300～400 mm，见图 1-21。

图 1-21 毛石外形

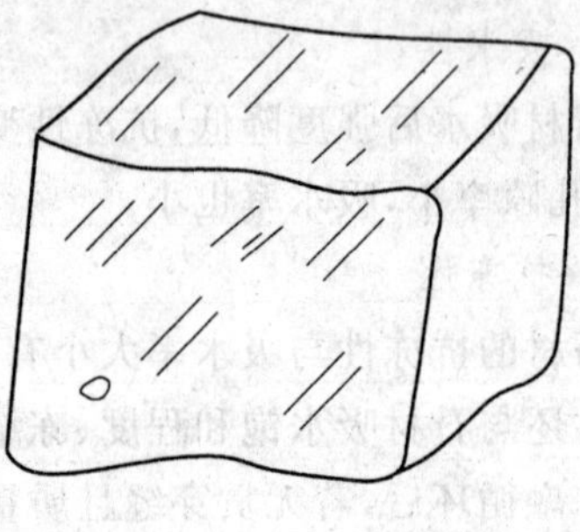

图 1-22 方块石外形

2. 料石

料石按其加工面的平整程度分为方块石(图 1-22)、粗料石(图 1-23)、细料石(图 1-24)和条石(图 1-25)、板石(图 1-26)等。

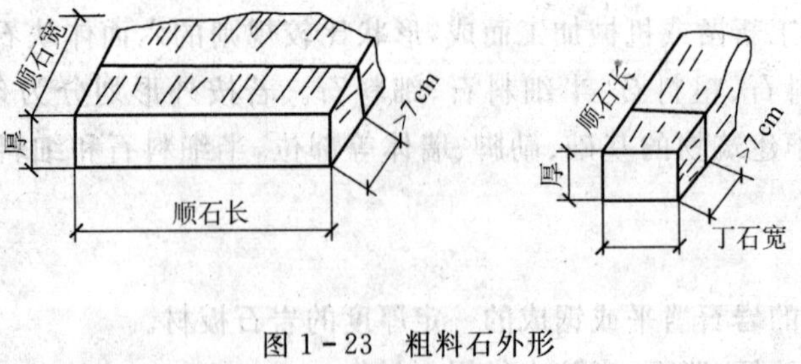

图 1-23 粗料石外形

料石各面的加工要求，应符合表 1-81 的规定。料石加工的允许偏差应符合表 1-82 的规定。料石的宽度、厚度均不宜小于 200 mm，长度不宜大于厚度的 4 倍。

石材的强度等级分为 MU100、MU80、MU60、MU50、MU40、MU30 和 MU20。其强度等级是以 70 mm 边长的立方体试块的抗压强度表示的(取 3 块试块的平均值)。

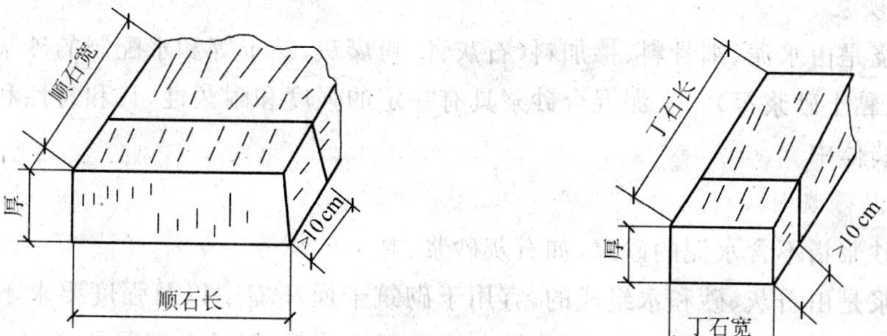

图 1-24 细料石外形

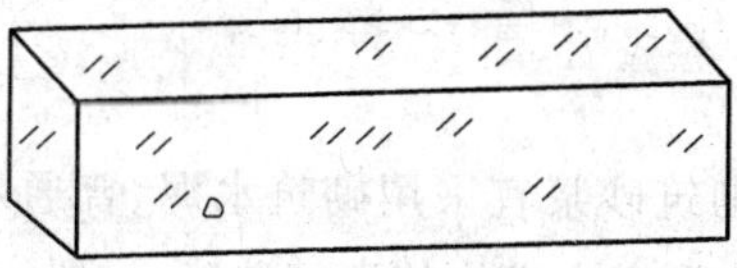

图 1-25 条石

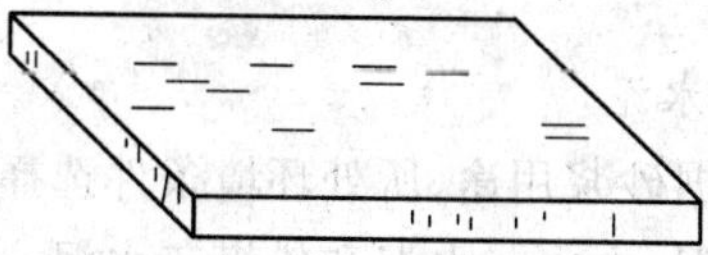

图 1-26 板石

表 1-81 料石各面加工要求 (mm)

料石种类	外露面及相接周边的表面凹入深度	叠砌面和接砌面的表面凹入深度
细料石	不大于 2	不大于 10
粗料石	不大于 20	不大于 20
毛料石	稍加修整	不大于 25

表 1-82 料石加工允许偏差 (mm)

料石种类	加工允许偏差	
	宽度、厚度	长度
细料石	±3	±5
粗料石	±5	±7
毛料石	±10	±15

第四节 砌筑砂浆

砌筑砂浆是砌体的重要组成部分。它将砖、石、砌块等黏结成为整体，并起着传递载荷的作用。

一、砌筑砂浆的分类

砂浆按组成材料不同可分为水泥砂浆、混合砂浆和非水泥砂浆 3 类。

1. 水泥砂浆

水泥砂浆是由水泥、细骨料和水配制的砂浆。水泥砂浆具有较高的强度和耐久性，但保水性差，多用于高强度和潮湿环境的砌体中。

2. 混合砂浆

混合砂浆是由水泥、细骨料、掺加料(石灰膏、粉煤灰、黏土等和水配制的砂浆，如水泥石灰砂浆、水泥黏土砂浆等)。水泥混合砂浆具有一定的强度和耐久性，且和易性和保水性好，多用于一般墙体中。

3. 非水泥砂浆

非水泥砂浆指不含水泥的砂浆，如石灰砂浆、黏土砂浆等。

石灰砂浆是由石灰、砂和水组成的，宜用于砌筑干燥环境中以及强度要求不高的砌体，不宜用于潮湿环境的砌体与基础。因为石灰属气硬性胶凝材料，在潮湿环境中，石灰膏不但难于硬结，而且会出现溶解流散现象。

二、砌筑砂浆的组成材料

1. 水泥

根据砂浆用途、所处环境条件选择水泥的品种。砌筑砂浆宜采用砌筑水泥、普通水泥、矿渣水泥、火山灰水泥和粉煤灰水泥。对用于混凝土小型空心砌块的砌筑砂浆，一般宜采用普通水泥或矿渣水泥。

砌筑砂浆所用水泥的强度等级，应根据设计要求进行选择。水泥砂浆不宜采用强度等级大于32.5级的水泥，水泥混合砂浆不宜采用强度等级大于42.5级的水泥。如果水泥强度等级过高，则应加入掺混材料，以改善水泥砂浆的和易性。

2. 砂

砌筑砂浆用砂宜选用中砂，其中毛石砌体宜选用粗砂。砂中的含泥量，对于纯水泥砂浆和强度等级不小于M5的水泥混合砂浆，不宜超过5%；对于强度等级小于M5的水泥混合砂浆，不应超过10%。

3. 外加剂与掺合料

为改善砂浆的和易性，减少水泥用量，砂浆中可加入无机材料(如石灰膏、黏土膏等)或外加剂。所用的石灰膏应充分熟化，熟化时间不得少于7 d；磨细生石灰粉的熟化时间不得少于2 d。沉淀池中储存的石灰膏，应采取措施防止干燥、冻结和污染。严禁使用脱水硬化的石灰膏。所用的石灰膏的稠度应控制在120 mm左右。为节省水泥、石灰用量，还可在砂浆中掺入粉煤灰来改善砂浆的和易性。

砌筑砂浆中掺入砂浆外加剂是发展方向。外加剂包括：微沫剂、减水剂、早强剂、促凝剂、缓凝剂、防冻剂等，外加剂的掺量应严格按照使用说明书掺放。

4. 水

拌合砂浆用水与混凝土拌合水的要求相同，应选用无有害杂质的洁净水拌制砂浆。

三、砌筑砂浆的性质

砌筑砂浆应具有良好的和易性、足够的抗压强度、黏结强度和耐久性。

1. 和易性

和易性良好的砂浆便于操作，能在砖、石表面上铺成均匀的薄层，并能很好地与底层黏结。和易性良好的砂浆，既便于施工操作，提高劳动生产率，又能保证工程质量。砂浆和易性包括流动性和保水性。

(1)流动性

砂浆的流动性也叫做稠度，是指在自重或外力作用下流动的性能，用“沉入度”表示。沉入度大，砂浆流动性大，但流动性过大，硬化后强度将会降低；若流动性过小，则不便于施工操作。

砂浆流动性的大小与砌体材料种类、施工条件及气候条件等因素有关。对于多孔吸水的砌体材料和干热的天气，则要求砂浆的流动性大些；相反对于密实不吸水的材料和湿冷的天气，则要求流动性小些。用于砌体的砂浆的稠度应按表1-83选用。

表1-83　砌筑砂浆的稠度　(mm)

项　次	砌体种类	砂浆稠度
1	烧结普通砖砌体	70～90
2	轻骨料混凝土小型砌块砌体	60～90
3	烧结多孔砖、空心砖砌体	60～80
4	烧结普通砖平拱式过梁	50～70
	空斗墙、筒拱	
	普通混凝土小型空心砌块砌体	
	加气混凝土砌块砌体	
5	石砌体	30～50

(2)保水性

新拌砂浆能够保持水分的能力称为保水性，用“分层度”表示。砂浆的分层度在10～20 mm之间为宜，不得大于30 mm。分层度大于30 mm的砂浆，容易产生离析，不便于施工；分层度接近于零的砂浆，容易发生干缩裂缝。

2. 砂浆的强度

砂浆在砌体中主要起传递载荷的作用，并经受周围环境介质的作用，因此砂浆应具有一定的抗压强度。

砂浆的强度等级是以边长为70.7 mm的立方体试块，在标准养护条件下(水泥混合砂浆为温度(20±3) ℃，相对湿度60%～80%；水泥砂浆为温度(20±3) ℃，相对湿度90%以上)，用标准试验方法测得28 d龄期的抗压强度来确定的。

3. 砂浆的黏结强度

砌筑砂浆必须有足够的黏结强度，以便将砖、石、砌块黏结成坚固的砌体。根据试验结果，凡保水性能优良的砂浆，黏结强度一般较好。砂浆强度等级愈高，其黏结强度也愈大。砂浆黏结强度与砖石表面清洁度、润湿情况及养护条件有关。砌砖前砖要浇水湿润，其含水率控制在10%～15%为宜。

4. 砂浆的耐久性

对有耐久性要求的砌筑砂浆，经数次冻融循环后，其质量损失率不得大于5%，抗压强度损失率不得大于25%。

试验证明：砂浆的黏结强度、耐久性均随抗压强度的增大而提高，即它们之间有一定的相关性，而且抗压强度的试验方法较为成熟，测试较为简单准确，所以工程上常以抗压强度作为砂浆的主要技术指标。

四、砂浆的配合比计算

砂浆初步配合比可通过查有关资料或手册来选取或通过计算来进行，然后再进行试拌调整。砂浆的配合比以质量比表示。

(一)砌筑砂浆配合比设计的基本要求与一般规定

砌筑砂浆配合比设计应满足以下基本要求。

1)砂浆拌合物的和易性应满足施工要求，且拌合物的体积密度：水泥砂浆不小于1 900 kg/m³；水泥混合砂浆不小于1 800 kg/m³。

2)砌筑砂浆的强度、耐久性应满足设计要求。

3)水泥砂浆的最小水泥用量不宜小于200 kg/m³。

4)应经济、合理，水泥及掺合料的用量应较少。

(二)砌筑砂浆配合比设计

1. 水泥混合砂浆配合比设计步骤

(1)计算试配强度

砂浆试配强度按式(1-6)计算。

$$f_{m,o}=f_2+0.645\sigma \qquad (1-6)$$

式(1-6)中：$f_{m,o}$——砂浆试配强度(MPa)，精确至0.1 MPa；

f_2——砂浆抗压强度平均值(MPa)，精确至0.1 MPa；

σ——砂浆现场标准差(MPa)，精确至0.01 MPa。

砌筑砂浆现场强度标准差σ，当有统计资料时，统计周期内同一砂浆试件的组数$n>25$时，应按下式计算：

$$\sigma=\sqrt{\frac{\sum_{n-1}^{n} f_{cu,i}^2-nf_{cu,m}^2}{n-1}} \qquad (1-7)$$

当不具有近期统计资料时，可按表1-84选取。

表1-84 砌筑砂浆强度标准差σ选用表 (MPa)

施工水平 \ σ值 \ 砂浆强度等级	M2.5	M5	M7.5	M10	M15	M20
优良	0.50	1.00	1.50	2.00	3.00	4.00
一般	0.62	1.25	1.88	2.50	3.75	5.00
较差	0.75	1.50	2.25	3.00	4.50	6.00

(2)计算水泥用量Q_C

$$Q_C=1\,000(f_{m,o}-\beta)/\alpha f_{ce} \qquad (1-8)$$

式(1-8)中：Q_C ——每立方米砂浆的水泥用量(kg)，精确至1 kg；

f_{ce} ——水泥的实测强度(MPa)，精确至0.1 MPa；

α、β ——砂浆的特征系数，其中：$\alpha=3.03$，$\beta=-15.09$。

无法取得水泥的实测强度值时，可按下式计算：

$$f_{ce}=r_c f_{ce,k} \tag{1-9}$$

式(1-9)中：$f_{ce,k}$——水泥强度等级对应的强度值，MPa；

r_c ——水泥强度等级值的富余系数，应按实际统计资料确定，无统计资料时，可取1.0。

(3)计算掺加料用量 Q_D

$$Q_D=Q_A-Q_C \tag{1-10}$$

式(1-10)中：Q_D——每立方米砂浆的掺加料用量，精确至1 kg，石灰膏、黏土膏使用时的稠度为(120+5) mm；

Q_C——每立方米砂浆的水泥用量，精确至1 kg；

Q_A——每立方米砂浆中水泥掺加料的总量，精确至1 kg；宜在300～350 kg之间选用。

(4)计算砂用量 Q_S

$$Q_S=\rho_0 \cdot V_S \tag{1-11}$$

式(1-11)中：Q_S ——每立方米砂浆的砂用量(kg)；

ρ_0 ——砂浆的堆积密度，kg/m^3；

V_S ——砂的堆积体积，m^3。

采用干砂(含水率小于0.5%)配制砂浆时，砂的堆积体积取 $V_S=1\ m^3$；若其他含水状态，应对砂的堆积体积进行换算。

(5)用水量的选用

每立方米砂浆中的用水量，根据砂浆稠度等要求可选用 Q_W－240～310 kg。

选取时应注意混合砂浆中的用水量，不包括石灰膏或黏土膏中的水；当采用细砂或粗砂时，用水量分别取上限或下限；稠度小于70 mm时，用水量可小于下限；施工现场气候炎热或干燥季节，可酌情增加用水量。

(6)计算初步配合比

$$Q_C : Q_D : Q_S=1 : X : Y \tag{1-12}$$

(7)配合比试配、调整与确定

在试配中若初步配合比不满足砂浆和易性要求时，则需要调整材料用量，直到符合要求为止。将此配合比确定为试配时的砂浆基准配合比。

一般应按不同水泥用量，至少选择3个配合比，进行强度检验。其中一个为基准配合比，其余两个配合比的水泥用量，是在基准配合比的基础上，分别增加或减少10%。在保证稠度、分层度合格的前提下，可将用水量或掺加料用量作相应调整。

将3个不同的配合比调整满足和易性要求后，按规定试验方法成型试件，测定28 d砂浆强度，从中选定符合试配强度要求且水泥用量最低的配合比作为砂浆配合比。根据砂的含水率，将配合比换算为施工配合比。

2. 水泥砂浆配合比设计

水泥砂浆配合比可按表 1-85 选用各种材料用量后进行试配、调整，试配、调整方法与水泥混合砂浆相同。

表 1-85 1 m³ 水泥砂浆材料用量参考表 (kg)

强度等级	1 m³ 砂浆水泥用量	1 m³ 砂浆砂用量	1 m³ 砂浆水用量
M2.5～M5	200～230	1 m³ 砂浆堆积密度值	270～330
M5～M10	220～280		
M15	280～300		
M20	340～400		

(三)砌筑砂浆配合比计算实例

【例 1-1】 某砌筑工程用水泥石灰混合砂浆，要求砂浆的强度等级为 M5，稠度为 70～90 mm。原材料为：水泥用普通水泥 32.5 级，实测强度为 35.6 MPa；砂用中砂，堆积密度为 1 450 kg/m³，含水率为 2%；石灰膏的稠度为 120 mm。施工水平一般。试计算砂浆的配合比。

【解】

①确定试配强度：

查表 1-84 可得 $\sigma=1.25$ MPa，则

$$f_{m,o}=f_2+0.645\sigma=5+0.645\times1.25=5.80\ \text{MPa}$$

②计算水泥用量 Q_C：

由 $\alpha=3.03$，$\beta=-15.09$ 得

$$Q_C=1\,000(f_{m,o}-\beta)/\alpha f_{ce}=1\,000(5.8+15.09)/(3.03\times35.6)=194\ \text{kg}$$

③计算石灰膏用量 Q_D：

取 $Q_A=300$ kg，则

$$Q_D=Q_A-Q_C=300-194=106\ \text{kg}$$

④确定砂用量 Q_S：

$$Q_S=\rho_0\cdot V_S=1\,450\times(1+2\%)=1\,479\ \text{kg}$$

⑤确定用水量 Q_W：

可选取 $Q_W=300$ kg，扣除砂中所含的水量，拌合用水量为：

$$Q_W=300-1\,450\times2\%=271\ \text{kg}$$

⑥砂浆的配合比为：

$$Q_C:Q_D:Q_S:Q_W=194:106:1\,479:271=1:0.55:7.62:1.40$$

计算得到的配合比还应经试配调整确定。

五、砂浆的制备

砂浆应按试配调整后确定的配合比进行计量配料。砂浆应采用机械拌合。

(一)砂浆搅拌机

砂浆搅拌机(图 1-27)是砌筑工程中的常用机械，用来制备砌筑和抹灰用砂浆。常用

规格有 0.2 m^3 和 0.325 m^3 两种，台班产量为 18～26 m^3。按生产状态可分为周期作用和连续作用两种基本类型；按安装方式可分为固定式和移动式两种；按出料方式有倾翻出料式和活门出料式两类。

目前常用的砂浆搅拌机有倾翻出料式(HJ－206 型、HJ－200B 型)和活门出料式(HJ325 型)两种。

砂浆搅拌机是由动力装置带动搅拌筒内的叶片翻动砂浆而进行工作的。一般由操作人员在进料口通过计量加料，经搅拌 1～2 min 后成为使用的砂浆。砂浆搅拌机的技术性能见表 1－86。

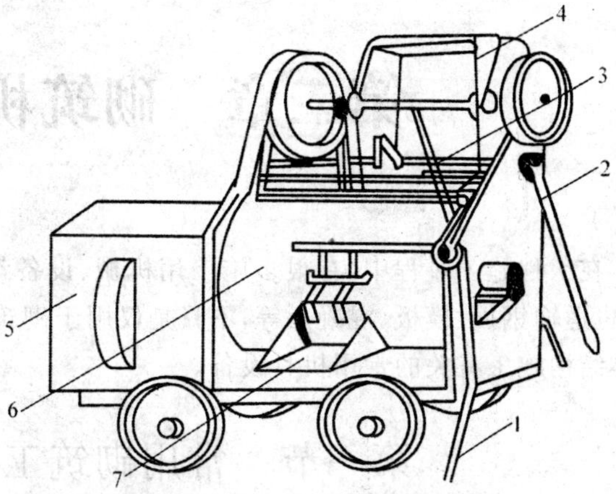

图 1－27　砂浆搅拌机

1—水管；2—上料操作手柄；3—出料操作手柄；4—上料斗；5—变速箱；6—搅拌斗；7—出料口

表 1－86　砂浆搅拌机主要技术指标

技术指标 \ 型号		HJ－200	HJ1－200A	HJ1－200B	HJ－325	连续式
容量(L)		200	200	200	325	
搅拌叶片转速(r/min)		30～28	28～30	34	30	383
搅拌时间(min)		2		2		
生产率(m^3/h)				3	6	16 m^3/班
电机	型号	JO_2－42－4	JO_2－41－6	JO_2－32－4	JO_2－32－4	JO_2－32－4
	功率(kW)	2.8	3	3	3	3
	转速(r/min)	1 450	950	1 430	1 430	1 430
外型尺寸(mm)	长	2 200	2 000	1 630	2 700	610
	宽	1 120	1 100	850	1 700	415
	高	1 430	1 100	1 060	1 350	760
质量(kg)		500	680	560	760	180

(二)砂浆生产

砂浆拌合时间自投料完算起，水泥砂浆和水泥混合砂浆不得少于 2 min；水泥粉煤灰砂浆和掺用外加剂的砂浆不得少于 3 min；掺用有机塑化剂的砂浆为 3～5 min。拌成后的砂浆，其稠度应符合表 1－83 的规定，分层度不应大于 30 mm，颜色应一致。砂浆拌成后应盛入贮灰器中，如砂浆出现泌水现象，应在砌筑前再次拌合。砂浆应随拌随用。水泥砂浆和水泥混合砂浆必须分别在拌成后 3 h 和 4 h 内使用完毕；如施工期间最高气温超过 30 ℃时，必须分别在拌成后 2 h 和 3 h 内使用完毕。

第二章　砌筑机具与工具

在工程施工过程中，有很多施工用机械、设备都是通用的，比如说，塔吊既运输砌体材料，也运输钢筋、模板、混凝土等，不只是仅用于砌筑施工。这里所述砌筑施工机具，是指与砌体结构施工有关的常用机具设备。

第一节　常用砌筑工具与检测工具

一、砌筑施工常用施工工具

砌筑施工使用的工具视地区、习惯、施工部位、质量要求及本身特点不同有所差异。常用工具可分砌筑工具和备料工具两类。

(一)砌筑工具

1. 瓦刀

瓦刀又称泥刀、砖刀。分片刀和条刀两种(见图 2－1)。

图 2－1　瓦刀

(a)片刀；(b)条刀

(1)片刀

片刀叶片较宽，质量较大。我国北方打砖用。

(2)条刀

条刀叶片较窄，质量较小。我国南方砌筑各种砖墙的主要工具。

2. 斗车

开车的轮轴小于 900 mm，容量约为 0.12 m^3。用于运输砂浆和其他散装材料(见图 2－2)。

3. 砖笼

砖笼是采用塔吊施工时，用来吊运砖块的工具(见图 2－3)。

4. 料斗

料斗是采用塔吊施工时，用来吊运砂浆的工具，料斗按工作时的状态又分立式料斗和卧式料斗(见图 2－4)。

5. 灰斗

灰斗又称灰盆，用 1～2 mm 厚的黑铁皮或塑料制成(见图 2－5a)，用于存放砂浆。

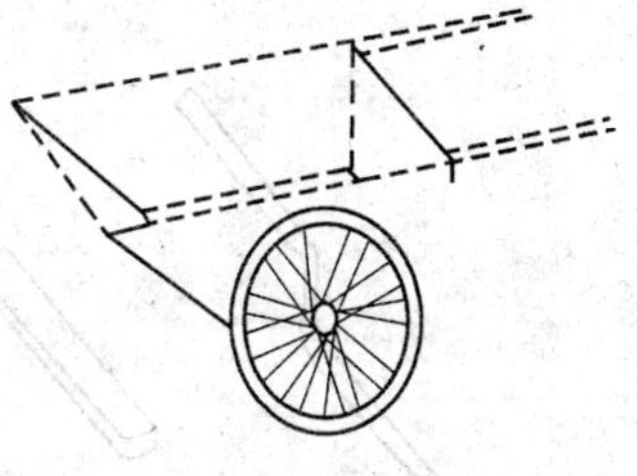

图 2－2　斗车

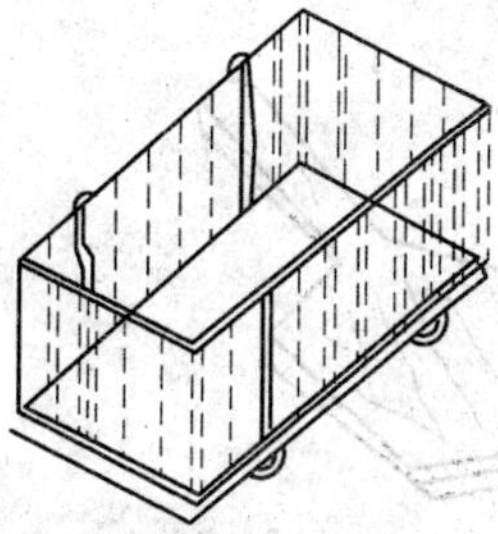

图 2－3　砖笼

6. 灰桶

灰桶又称泥桶，分铁制、橡胶和塑料制三种。供短距离传递砂浆及临时储存砂浆用（见图2－5b）。

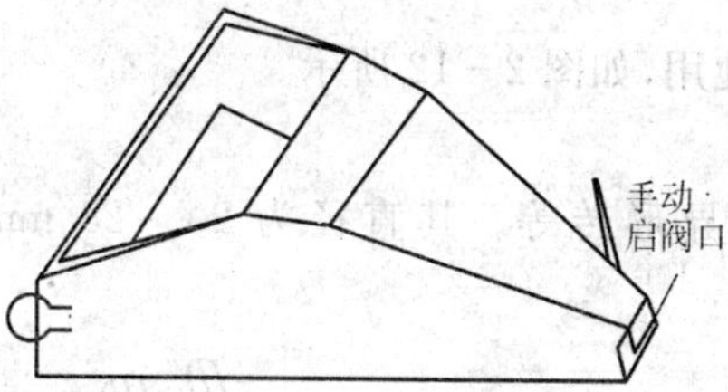

图 2－4　卧式料斗

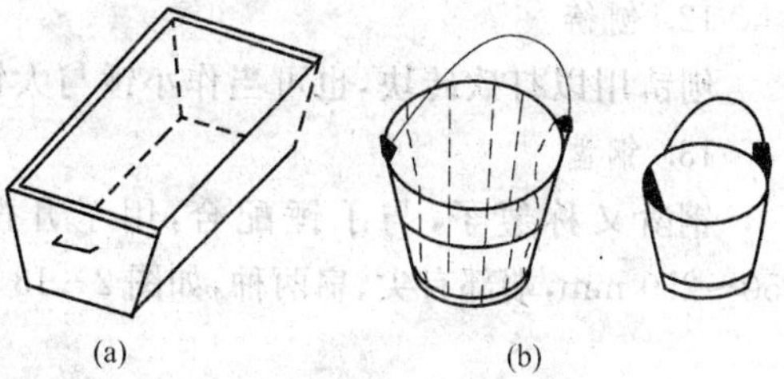

图 2－5　灰斗和灰桶

(a)灰斗；(b)灰桶

7. 大铲

大铲是用于铲灰、铺灰和刮浆的工具，也可以在操作中用它随时调和砂浆。大铲以桃形者居多，也有长三角形大铲、长方形大铲和鸳鸯大铲。它是实施“三一”（一铲灰、一块砖、一揉挤）砌筑法的关键工具，见图 2－6 和图 2－7。

图 2－6　大铲

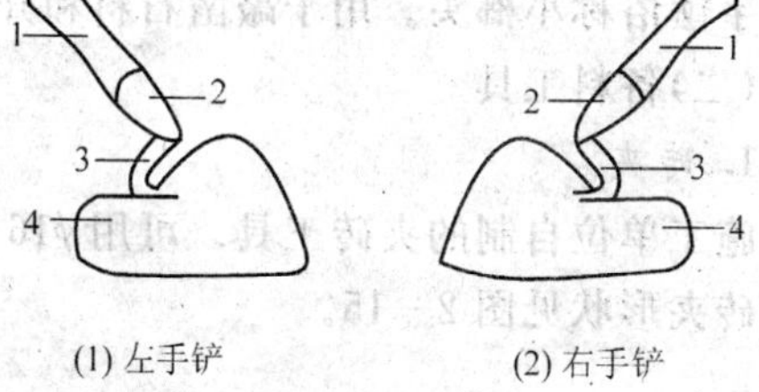

图 2－7　鸳鸯大铲

1—铲把；2—铲箍；3—铲程；4—铲板

8. 灰板

灰板又叫托灰板，在勾缝时用其承托砂浆。灰板用不易变形的木材制成，如图 2－8 所示。

9. 摊灰尺

摊灰尺用于控制灰缝及摊铺砂浆。它用不易变形的木材制成，如图 2－9 所示。

10. 溜子

又叫灰匙、勾缝刀，一般以 $\phi 8$ 钢筋打扁制成，并装上木柄，通常用于清水墙勾缝。用 0.5～1 mm 厚的薄钢板制成的较宽的溜子，则用于毛石墙的勾缝，如图 2－10 所示。

图 2-8 灰板

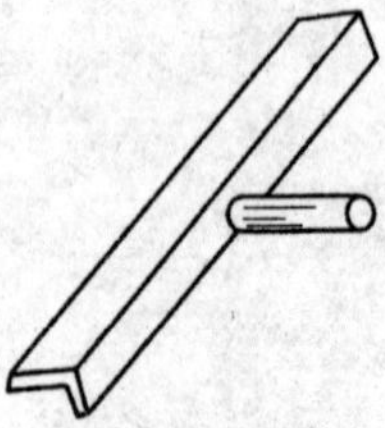

图 2-9 摊灰尺

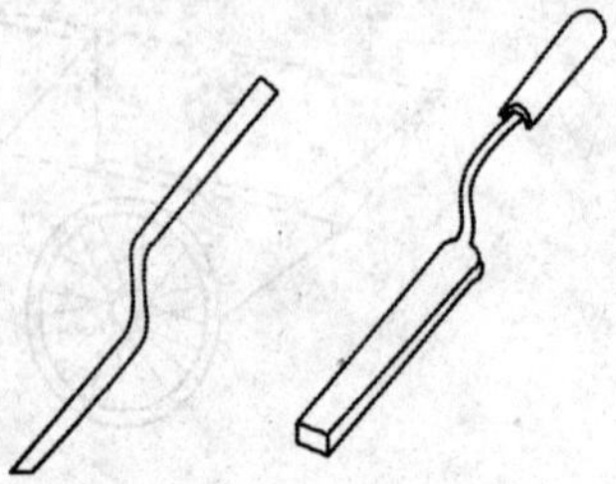

图 2-10 溜子

11. 抿子

抿子用于石墙抹缝、勾缝。多用 0.8～1 mm 厚钢板制成，并装上木柄，如图 2-11 所示。

12. 刨锛

刨锛用以打砍砖块，也可当作小锤与大铲配合使用，如图 2-12 所示。

13. 钢凿

钢凿又称錾子，与手锤配合，用于开凿石料、异形砖等。其直径为 20～28 mm，长 150～250 mm，端部有尖、扁两种，如图 2-13 所示。

图 2-11 抿子

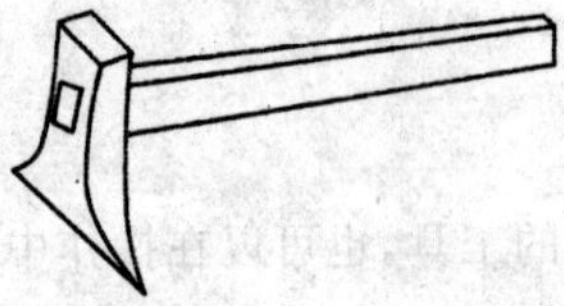

图 2-12 刨锛

图 2-13 钢凿

14. 手锤

手锤俗称小榔头。用于敲凿石料和开凿异形砖，如图 2-14 所示。

(二)备料工具

1. 砖夹

施工单位自制的夹砖工具。可用 $\phi16$ 钢筋锻造，一次可以夹起 4 块标准砖，用于装卸砖块。砖夹形状见图 2-15。

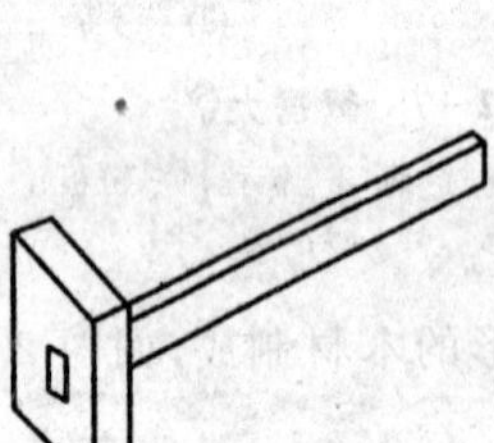

图 2-14 手锤

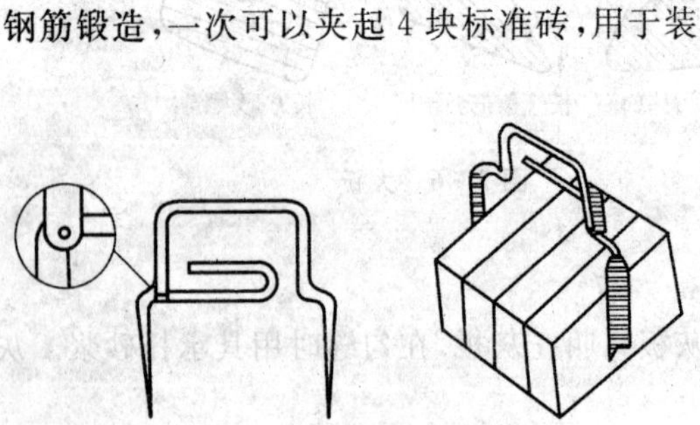

图 2-15 砖夹

2. 筛子

筛子用于筛砂。常用筛孔尺寸有 4 mm、6 mm、8 mm 等几种，有手筛、立筛、小方筛 3 种，如图 2-16 所示。

3. 锹、铲等工具

人工拌制砂浆用的各类锹、铲等工具，见图 2－17 至图 2－21。

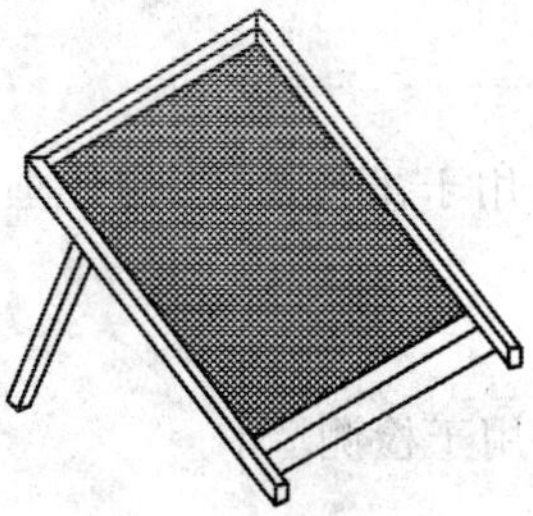

图 2－16 立筛

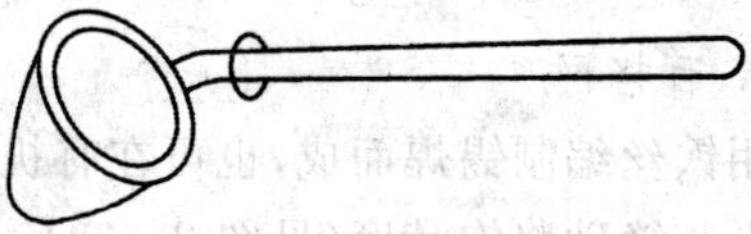

图 2－17 灰勺

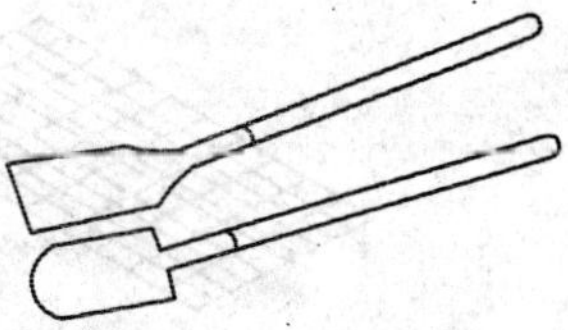

图 2－18 铁锹

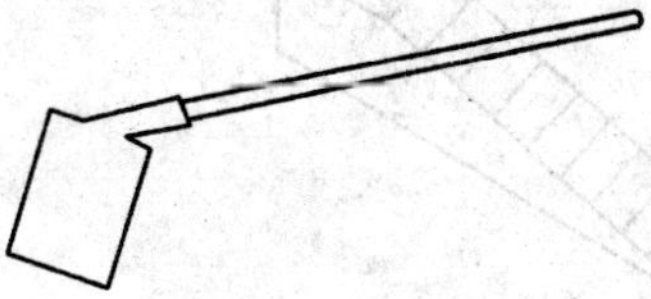

图 2－19 灰镐

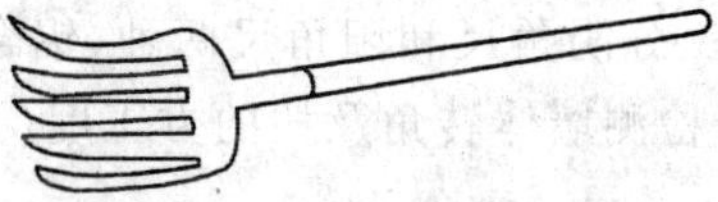

图 2－20 灰叉子

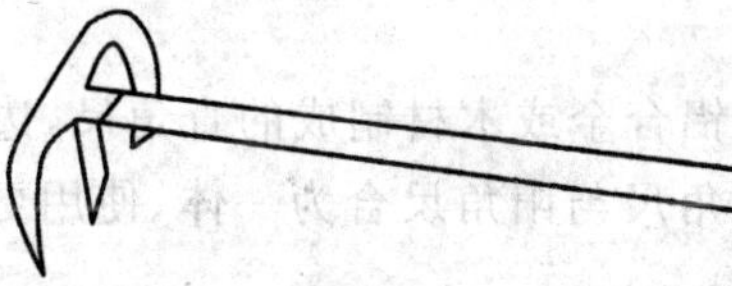

图 2－21 灰耙子

二、检测工具

1. 钢卷尺

钢卷尺有 2、3、5、30、50 m 等规格。用于量测轴线、墙体和其他构件尺寸(见图 2－22)。

2. 靠尺

靠尺长度为 2～4 m，由平直的铝合金或木枋制成。用于检查墙体、构件的平整度(见图 2－23)。

3. 托线板

托线板又称靠尺板。用铝合金或木材制成，长度约 1.2～1.5 m。用于检查墙面垂直度和平整度(见图 2－24)。

图 2－22 钢卷尺

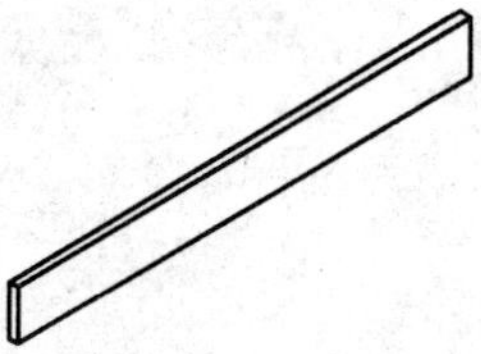

图 2－23 靠尺

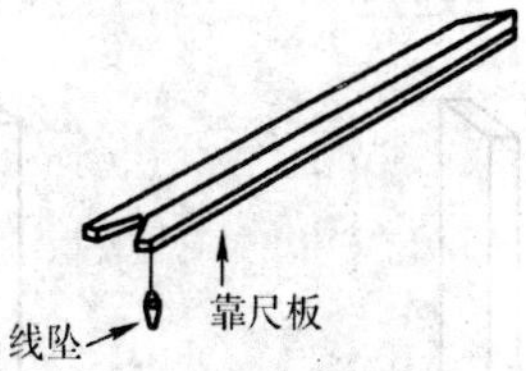

图 2－24 托线板

4. 水平尺

用铁或铝合金制作，中间镶嵌玻璃水准管。用于检测砌体水平偏差(见图 2－25)。

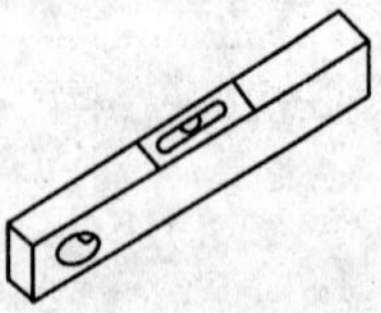
图 2-25 水平尺

5. 塞尺

与靠尺或托线板配合使用，用于测定墙、柱平整度的数值偏差。塞尺上每一格表示1 mm(见图 2-26)。

6. 线锤

又称垂球，与托线板配合使用，用于吊挂墙体、构件垂直度(见图 2-27)。

7. 百格网

用铁丝编制锡焊而成，也可在有机玻璃上划格而成。用于检测墙体水平灰缝砂浆饱满度(见图 2-28)。

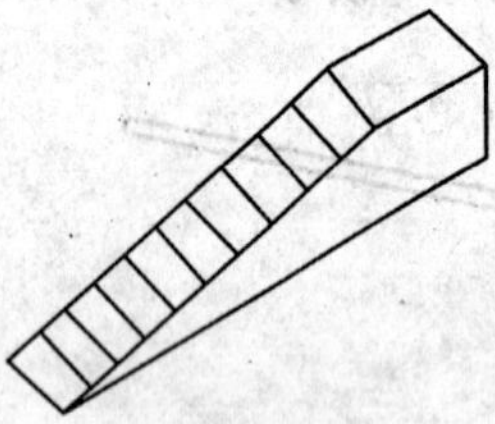
图 2-26 塞尺

图 2-27 线锤

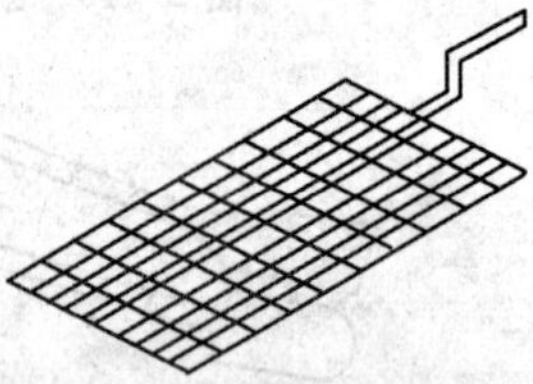
图 2-28 百格网

8. 方尺

用铝合金或木材制成的直角尺，边长为 200 mm。分阴角尺和阳角尺两种，铝合金方尺将阴角尺与阳角尺合为一体，使用更为方便。用于检测墙体转角及柱的方正度(见图 2-29)。

9. 皮数杆

用于控制墙体砌筑时的竖向尺寸，分基础皮数杆和墙身皮数杆两种。墙身皮数杆一般用 5 cm×7 cm 的木枋制作，长 3.2～3.6 m，上面划有砖的层数、灰缝厚度，门窗、过梁、圈梁、楼板的安装高度以及楼层的高度(见图 2-30)。

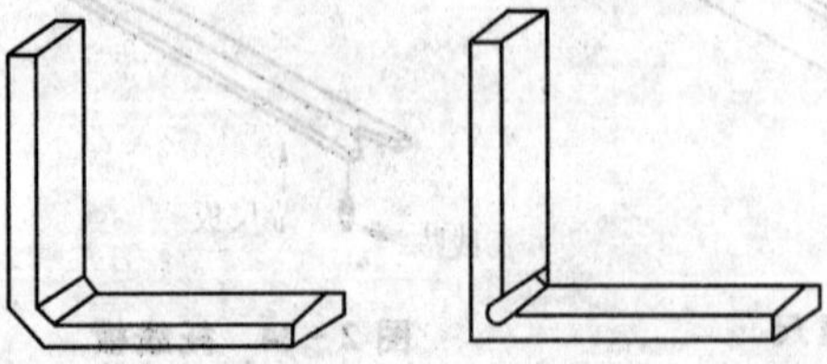
图 2-29 方尺

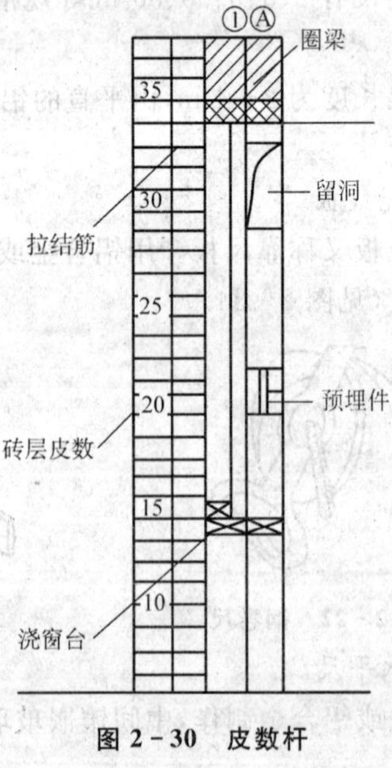

图 2-30 皮数杆

第二节　常用垂直运输设施的类型及设置要求

垂直运输设施指在建筑施工中担负垂直输送材料和人员上下的机械设备和设施。砌筑工程中的垂直运输量很大，不仅要运输大量的砖（或砌块）、砂浆，而且还要运输脚手架、脚手板和各种预制构件，因而合理安排垂直运输直接影响到砌筑工程的施工速度和工程成本。

一、垂直运输设施的类型

（一）垂直运输设施的种类

垂直运输设施种类较多，可大致分为以下5类。

1. 塔式起重机

塔式起重机具有提升、回转、水平输送（通过滑轮车移动和臂杆仰俯）等功能，不仅是重要的吊装设备，而且也是重要的垂直运输设备，用其垂直和水平吊运长、大、重的物料仍为其他垂直运输设备（施）所不及。

塔式起重机的分类见表2-1。

表2-1　塔式起重机的分类

分类方式	类　别
按固定方式划分	固定式；轨道式；附墙式；内爬式
按架设方式划分	自升；分段架设；整体架设；快速拆装
按塔身构造划分	非伸缩式；伸缩式
按臂构造划分	整体式；伸缩式；折叠式
按回转方式划分	上回转式；下回转式
按变幅方式划分	小车移动；臂杆仰俯；臂杆伸缩
按控速方式划分	分级变速；无级变速
按操作控制方式划分	手动操作；电脑自动监控
按起重能力划分	轻型（≤80 t·m）；中型（≥80 t·m，≤250 t·m） 重型（≥250 t·m，≤1 000 t·m）；超重型（≥1 000 t·m）

2. 施工电梯

多数施工电梯为人货两用，少数为仅供货用。电梯按其驱动方式可分为齿条驱动和绳轮驱动2种：齿条驱动电梯又有单吊箱（笼）式和双吊箱（笼）式两种，并装有可靠的限速装置，适于20层以上建筑工程使用；绳轮驱动电梯为单吊箱（笼），无限速装置，轻巧便宜，适于20层以下建筑工程使用。

3. 物料提升架

物料提升架包括井式提升架（简称“井架”）、龙门式提升架（简称“龙门架”）、塔式提升架（简称“塔架”）和独杆升降台等，它们的共同特点为：

1）提升采用卷扬，卷扬机设于架体外；

2）安全设备一般只有防冒顶、防坐冲和停层保险装置，因而只允许用于物料提升，不得载运人员；

3）用于10层以下时，多采用缆风固定；用于超过10层的高层建筑施工时，必须采取附墙方式固定，成为无缆风高层物料提升架，并可在顶部设液压顶升构造，实现井架或塔架标准节的自升接高。

塔架是一种采用类似塔式起重机的塔身和附墙构造、两侧悬挂吊笼或混凝土斗的、可自升的物料提升架。

此外，还有一种用于烟囱等高耸构筑物施工的、随作业平台升高的井架式物料提升机，同时供人员上下使用，在安全设施方面需相应加强，例如增加限速装置和断绳保护等，以确保人员上下的安全。

4. 混凝土泵

混凝土泵是水平和垂直输送混凝土的专用设备，用于超高层建筑工程时则更显示出它的优越性。混凝土泵按工作方式分为固定式和移动式两种；按泵的工作原理则分为挤压式和柱塞式两种。目前我国已使用混凝土泵施工高度超过 300 m 的电视塔。

5. 采用葫芦式起重机或其他小型起重机具的物料提升设施

这类物料提升设施由小型（一般起重量在 1.0 t 以内）起重机具如电动葫芦、手扳葫芦、倒链、滑轮、小型卷扬机等与相应的提升架、悬挂架等构成，形成墙头吊、悬臂吊、摇头把杆吊、台灵架等。常用于多层建筑施工或作为辅助垂直运输设施。

垂直运输设施的总体情况见表 2-2。

表 2-2 垂直运输设施的总体情况

<table>
<tr><th rowspan="2">序次</th><th rowspan="2">设备(施)名称</th><th rowspan="2">形式</th><th rowspan="2">安装方式</th><th rowspan="2">工作方式</th><th colspan="2">设备能力</th></tr>
<tr><th>起重能力</th><th>提升高度</th></tr>
<tr><td rowspan="4">1</td><td rowspan="4">塔式起重机</td><td rowspan="2">整装式</td><td>行走</td><td rowspan="4">在不同的回转半径内形成作业覆盖区</td><td rowspan="3">60～10 000 kN·m</td><td rowspan="2">80 m 内</td></tr>
<tr><td>固定</td></tr>
<tr><td>自升式</td><td>附着</td><td>250 m 内</td></tr>
<tr><td>内爬式</td><td>装于天井道内、附着爬升</td><td>3 500 kN·m 内</td><td>一般在 300 m 内</td></tr>
<tr><td>2</td><td>施工升降机（施工电梯）</td><td>单笼、双笼笼带斗</td><td>附着</td><td>吊笼升降</td><td>一般 2 t 以内，高者达 2.8 t</td><td>一般 100 m 内，最高已达 645 m</td></tr>
<tr><td rowspan="3">3</td><td rowspan="3">井字提升架</td><td>定型钢管搭设</td><td>缆风固定</td><td rowspan="3">吊笼（盘、斗）升降</td><td rowspan="3">3 t 以内</td><td>60 m 内</td></tr>
<tr><td>定型</td><td rowspan="2">附着</td><td>可达 200 m 以上</td></tr>
<tr><td>钢管搭设</td><td>100 m 以内</td></tr>
<tr><td rowspan="2">4</td><td rowspan="2">龙门提升架（门式提升机）</td><td rowspan="2"></td><td>缆风固定</td><td rowspan="2">吊笼（盘、斗）升降</td><td rowspan="2">2 t 以内</td><td>50 m 内</td></tr>
<tr><td>附着</td><td>100 m 内</td></tr>
<tr><td>5</td><td>塔架</td><td>自升</td><td>附着</td><td>吊盘(斗)升降</td><td>2 t 以内</td><td>100 m 内</td></tr>
<tr><td>6</td><td>独杆提升机</td><td>定型产品</td><td>缆风固定</td><td>吊盘(斗)升降</td><td>1 t 以内</td><td>一般在 25 m 内</td></tr>
<tr><td>7</td><td>墙头吊</td><td>定型产品</td><td>固定在结构上</td><td>回转起吊</td><td>0.5 t 以内</td><td rowspan="2">高度视配绳和吊物稳定而定</td></tr>
<tr><td>8</td><td>屋顶起重机</td><td>定型产品</td><td>固定在移动式</td><td>葫芦沿轨道移动</td><td>0.5 t 以内</td></tr>
<tr><td>9</td><td>自立式起重架</td><td>定型产品</td><td>移动式</td><td>同独杆提升机</td><td>1 t 以内</td><td>40 m 内</td></tr>
<tr><td>10</td><td>混凝土输送泵</td><td>固定式拖式</td><td>固定并设置输送管道</td><td>压力输送</td><td>输送能力为 30～50 m³/h</td><td>垂直输送高度一般为 100 m，可达 300 m 以上</td></tr>
<tr><td rowspan="2">11</td><td rowspan="2">可倾斜塔式起重机</td><td>履带式</td><td rowspan="2">移动式</td><td rowspan="2">为履带吊和塔吊结合的产品，塔身可倾斜</td><td rowspan="2"></td><td rowspan="2">50 m 内</td></tr>
<tr><td>汽车式</td></tr>
<tr><td>12</td><td>小型起重设备</td><td></td><td></td><td>配合垂直提升架使用</td><td>0.5～1.5 t</td><td>高度视配绳和吊物稳定而定</td></tr>
</table>

（二）垂直运输设施的设置要求

1. 垂直运输设施的一般设置要求

（1）覆盖面和供应面

塔吊的覆盖面是指以塔吊的起重幅度为半径的圆形吊运覆盖面积；垂直运输设施的供应面是指借助于水平运输手段（手推车等）所能达到的供应范围。其水平运输距离一般不宜超过 80 m。建筑工程的全部的作业面应处于垂直运输设施的覆盖面和供应面的范围之内。

（2）供应能力

塔吊的供应能力等于吊次乘以吊量（每次吊运材料的体积、重量或件数）；其他垂直运输设施的供应能力等于运次乘以运量，运次应取垂直运输设施和与其配合的水平运输机具中的低值。另外，还需乘以一个数值为 0.5～0.75 的折减系数，以考虑由于难以避免的因素对供应能力的影响（如机械设备故障和人为的耽搁等）。

垂直运输设备的供应能力应能满足高峰工作量的需要。

（3）提升高度

设备的提升高度能力应比实际需要的升运高度高出不少于 3 m，以确保安全。

（4）水平运输手段

在考虑垂直运输设施时，必须同时考虑与其配合的水平运输手段。

当使用塔式起重机作垂直和水平运输时，要解决好料笼和料斗等材料容器的问题。由于外脚手架（包括桥式脚手架和吊篮）承受集中载荷的能力有限，因此一般不使用塔吊直接向外脚手架供料；当必须用其供料时，则需视具体条件分别采取以下措施：①在脚手架外增设受料台，受料台则悬挂在结构上（准备 2～3 层用量，用塔吊安装）；②使用组联小容器，整体起吊，分别卸至各作业地点；③在脚手架上设置小受料斗（需加设适当的拉撑），将砂浆分别卸注于小料斗中。

当使用其他垂直运输设施时，一般使用手推车（单轮车、双轮车和各种专用手推车）作水平运输。其运载量取决于可同时装入几部车子以及单位时间内的提升次数。

（5）装设条件

垂直设施装设的位置应具有相适应的装设条件，如具有可靠的基础、与结构拉结和水平运输通道条件等。

（6）设备效能的发挥

必须同时考虑满足施工需要和充分发挥设备效能的问题。当各施工阶段的垂直运输量相差悬殊时，应分阶段设置和调整垂直运输设备，及时拆除已不需要的设备。

（7）设备的充分利用

充分利用现有设备，必要时添置或加工新的设备。在添置或加工新的设备时应考虑今后利用的前景。一次使用的设备应考虑在用毕以后可拆改它用。

（8）安全保障

安全保障是使用垂直运输设施中的首要问题，必须按以下方面严格做好。

1）首次试制加工的垂直运输设备，需经过严格的载荷和安全装置性能试验，确保达到设计要求（包括安全要求）后才能投入使用。

2）设备应装设在可靠的基础和轨道上。基础应具有足够的承载力和稳定性，并设有良好的排水措施。

3)设备在使用以前必须进行全面的检查和维修保养，确保设备完好。未经检修保养的设备不能使用。

4)严格遵照设备的安装程序和规定进行设备的安装(搭设)和接高工作。初次使用的设备，工程条件不能完全符合安装要求的，以及在较为复杂和困难的条件下，应制定详细的安装措施，并按措施的规定进行安装。

5)确保架设过程中的安全，注意事项为：①高空作业人员必须佩戴安全带；②按规定及时设置临时支撑、缆绳或附墙拉结装置；③在统一指挥下作业；④在安装区域内停止进行有碍确保架设安全的其他作业。

6)设备安装完毕后，应全面检查安装(搭设)的质量是否符合要求，并及时解决存在的问题。随后进行空载和负载试运行，判断试运行情况是否正常，吊索、吊具、吊盘、安全保险以及刹车装置等是否可靠。都无问题时才能交付使用。

7)进出料口之间的安全设施。垂直运输设施的出料口与建筑结构的进料口之间，根据其距离的大小设置铺板或栈桥通道，通道两侧设护栏。建筑物入料口设栏杆门。小车通过之后应及时关上。

8)设备应由专门的人员操纵和管理。严禁违章作业和超载使用。设备出现故障或运转不正常时应立即停止使用，并及时予以解决。

9)位于机外的卷扬机应设置安全作业棚。操作人员的视线不得受到遮挡。当作业层较高，观测和对话困难时，应采取可靠的解决方法，如增加卷扬定位装置、对讲设备或多级联络办法等。

10)作业区域内的高压线一般应予拆除或改线，不能拆除时，应与其保持安全作业距离。

11)使用完毕，按规定程序和要求进行拆除工作。

2. 高层建筑垂直运输设施的合理配套

在高层、超高层建筑施工中，合理配套是解决垂直运输设施时应当充分注意的问题。

一般情况下，建筑高度超过15层或40 m时，应设施工电梯以解决施工人员的上下问题，同时，施工电梯又可承担相当数量的施工材料的垂直运输任务。但大宗的、集中使用性强的材料，如钢筋、模板、混凝土等，特别是混凝土的用量最大和使用最集中，能否保证及时地输送上去，直接影响到工程的进度和质量要求。因此，必须解决好垂直运输设施的合理配套设置问题。

高层建筑垂直运输设施常用配套方案及其优缺点和应用范围列于表2-3中。

表2-3 高层建筑垂直运输设施配套方案

序次	配套方案	功能配合	优缺点	适用情况
1	施工电梯＋塔机料斗	塔机承担吊装和运送模板、钢筋、混凝土，电梯运送人员和零散材料	优点：直供范围大，综合服务能力强，易调节安排 缺点：集中运送混凝土的效率不高，受大风影响限制	吊装量较大、现浇混凝土量适应塔吊能力
2	施工电梯＋塔机＋混凝土泵、布料杆	泵和布料杆输送混凝土，塔机承担吊装和大件材料运输，电梯运送人员和零散材料	优点：直供范围大，综合服务能力强，供应能力大，易调节安排 缺点：投资大、费用高	工期紧、工程量大的超高层工程的结构施工阶段

续表

序次	配套方案	功能配合	优缺点	适用情况
3	施工电梯＋带臂杆高层井架	电梯运送人员和零散材料，井架可带吊笼和吊斗，臂杆吊运钢筋模板	优点：垂直输送能力较强，费用低 缺点：直供范围小，无吊装能力，增加水平运输设施	无大件吊装、以现浇为主、工程量不太大和集中的工程
4	施工电梯＋高层井架＋塔机、料斗	电梯运送人员、零散材料，井架运送大宗材料，塔机吊装和运送大件材料	优点：直供范围大，综合服务能力强，供应能力大，易调节安排，结构完成后可拆除塔机 缺点：可能出现设备能力利用不足情况	吊装和现浇量较大的工程
5	施工电梯＋塔机、料斗＋塔架	以塔架取代井架，功能配合同4	同4，但塔架为可带混凝土斗的物料专用电梯，性能优于高层井架，费用也较高	吊装和现浇量较大的工程
6	塔机、料斗＋普通井架	人员上下使用室内楼梯，其他同4	优点：吊装和垂直运输要求均可适应、费用低 缺点：供应能力不够强，人员上下不方便	适用于50 m以下建筑工程

在选择配套方案时，应多从以下方面进行比较：

1)短期集中性供应和长期经常性供应的要求，从专供、联分供和分时段供的二种方式的比较中选定。所谓联分供方式，即“联供以满足集中性供应要求，分供以满足流水性供应要求”；

2)使设备的利用率和生产率达到较高值，使利用成本达到较低值；

3)在充分利用企业已有设备、租用设备或购进先进的设备方面作出正确的抉择。在抉择时，一要可靠，二要先进，三要适应日后发展。在技术要求高的超高层建筑施工中，选用、引进先进的设备是十分必要的，因为企业利用这些现代化设备不但可以出色地完成施工任务，而且也使企业的技术水平获得显著的提高与发展。

二、塔式起重机

(一)国外塔式起重机

1. 德国里勃海尔塔式起重机

德国里勃海尔公司生产6种系列(A、K、HC、HC－K、HB和C系列)的塔式起重机，其基本情况列于表2－4中。

表2－4 德国里勃海尔塔式起重机系列

序次	系列	塔机系列的特点	型号	起重能力(t·m)
1	A系列	下回转、动臂压杆式、伸缩塔身、折叠运输、整体架设	6.5A～170A，共16种	6.5～170
2	K系列	A系列的改进型(快速拆装)，折叠时塔身向后翻倒，2～3挡上升速度，臂长18～45 m	12K，14K，20K，27K，30K，53K，86K，88K，172K	12～172

续表

序次	系列	塔机系列的特点	型号	起重能力(t·m)
3	HC系列	用于高层建筑,自升式,顶升油缸居于塔身中央或一侧,起升机构采用电磁离合器换挡减速和涡流制动调速	63HC～550HC,共24种	63～550
4	HB系列	早期产品,动臂变幅、压杆臂架上回转、自升,可用作内爬塔使用	3种	
5	C系列	重型系列,内塔架顶升,外塔架接高,臂架长可达85 m,塔帽上附装摇头扒杆	4 500,7 500,12 500,18 000,25 000共5种	450～2 500
6	HC－K系列	HC系列的变型,臂架既可作小率变幅,也可作仰俯变幅,臂架前后两部分可曲折成90°	125, 134, 180, 195,共4种	125～195 t·m;最大起重量8～12 t,最大吊钩高度72～80 m,最大幅度60 m时起重1.5～1.65 t

2. 德国派因奈尔塔式起重机

德国派因奈尔厂生产的塔式起重机亦有6个系列:T、SMK、SK、MK、TN和M系列,其中,前5种系列塔机的基本情况列于表2－5中。

表2－5 德国派因奈尔塔式起重机系列

序次	系列	塔机系列的特点	型号	起重能力(t·m)
1	T系列	下旋转,塔身和臂架可折叠,整体拖运和架设,水母式底盘,滚栓支撑回转装置	T35～T63,4种	35～63
2	SMK系列	快速装拆型,臂架可作小车变幅和仰俯变幅,塔身可伸缩	SMK100、102、103、104、105,5种	19.5～34
3	SK系列	固定、内爬、附墙、轨道四用自升塔机	SK71、105、160、180、225、355、450,7种	85～530
4	MK系列	塔帽后倾高度减少,双吊点,臂架最长达93 m,内塔架顶升,外塔架逐节接高	MK450、630、900、1 250、1 800、2 500、3 500、5 000,8种	最大起重能力达6 000 t·m,最大起重量可达160 t
5	TN系列	下回转,在塔身根部进行顶升节高作业,只需较小作业空间	TN85、112、180、400、710、1 120,6种	118～1 850

3. 法国波坦塔式起重机

法国波坦厂生产5种系列的塔式起重机:GMR系列、GTMR系列、GAT系列、TOPKIT系列和MAXIGAT系列,其基本情况列于表2－6中。

表2－6 法国波坦塔式起重机系列

序次	系列	塔机系列的特点	型号	起重能力(t·m)
1	GMR系列	早期产品,下回转,塔身伸缩,起重臂可折叠	12种	12.3～64.8

续表

序次	系列	塔机系列的特点	型号	起重能力(t·m)
2	GTMR系列	由GMR系列发展而成，下回转，水母式底盘，塔身上部加节顶升，属轻中型塔机	9种	我国引进的GTMR360B的起重能力为84.8 t·m，最大幅度45 m，最大起重量8 t
3	GAT系列	多功能自升塔机，可作轨道、固定、内爬和附着，侧顶升机构	6种	42～161
4	TOPKIT系列	组合型功能，塔身、底盘、塔帽、起重臂和工作机构均可视需要组合，塔身为片式连接结构	14种	我国引进的FO/23B和H3/36B的起重能力分别为130 t·m，260 t·m；起重臂长45 m，69 m；最大起重量8 t、12 t
5	MAXIGAT系列	重型自升塔，最大幅度65 m，最大起升速度300 m/min	7种	最大起重能力500

4．其他生产塔吊的著名公司及其产品

目前，在国际塔吊市场上比较活跃的著名公司还有德国Wolff，意大利Simma、Comedil、Rainmonde、Alfa，丹麦的KROLL，芬兰的Betrox，西班牙的Comensa和澳大利亚的Favco。日本的主要塔吊生产厂家是"日立"和"石川岛"，后者的最新塔吊产品是1 500 t·m级的动臂自升式塔吊，最大幅度35 m时的额定起重量为35 t，幅度20 m时的起重量为70 t。其起升、变幅及回转均采用可控硅调速。捷克主要生产自升塔吊。丹麦则以生产起重能力达1 000 t·m以上的超重型塔吊著称。英国仅生产一些轻型快速安装塔吊，而美国尽管生产世界名牌汽车吊和履带吊，但较少生产塔吊。

5．国外塔吊发展趋势

目前，世界塔吊市场的竞争异常激烈，各著名厂家竞相开发具有吸引力的塔吊新产品，其总的发展趋势如下。

(1)向大、重发展

向大型化和超重型发展，起重量越来越大，起重臂越来越长。下回转式塔机的起重能力已达3 000 t·m，丹麦克洛尔(Kro11)公司已制造出10 000 t·m的塔式起重机。

(2)向多功能发展

不仅可视施工要求装配成固定式、行走(轨道)式、附着式或内爬式，而且还可利用臂杆作为灵活的混凝土布料装置，塔身亦可作为外用电梯的一部分。

(3)向高工作速度发展

提高塔机的工作速度，如法国波坦公司的Topkit系列的H3/28，H3/32的提升速度已超过100 m/min。在变速方面则向无级调速发展。

(4)向组合的变型塔机发展

采用组合设计，以少量通用标准件组成多种可满足不同施工需要的变形塔机。德国的Liebherr，Lineden，Poiner和法国的Potain等公司均有各自整套的组合设计体系。例如Potain公司的Topkit塔机系列14种型号塔机的构件均可彼此组合和互换，塔身、大车底盘、塔帽、起重臂和操作机构均可视需要加以组合和延伸扩展。

(5)向自动控制和遥控发展

里勃海尔、波坦等公司都不同程度地在塔机上使用自控和遥控技术，如采用电脑控制的力矩限位器，具有力矩、变幅、载荷极限报警等功能；波坦塔机回转机构采用 OMD 系统等。

此外，在液压顶升机构已使塔机高度的发展不成问题的情况下，各厂家普遍转向扩大幅度，使俯仰变幅臂架向小车变幅臂架或两者兼容的方向发展。

在上述发展趋势的引导之下，各著名塔机生产厂家纷纷推出新产品。法国波坦公司推出了动臂式自升塔吊和汽车式快装塔吊；里勃海尔公司推出了经济型塔吊的改进型 EC－H 系列和 HB 系列动臂型塔吊的发展型 HC－L 系列(吊臂可在 15°～87°之间进行俯仰变幅)。法国的 BPR 公司推出了 2000 系列，从 100 t·m 到 250 t·m 共 12 种型号，等等。其中波坦公司推出的 Topmatic MD 系列最为引人注目，共有 9 种型号，每一种型号兼有 4.5 m 和 6.0 m 两种轨距和两种不同的最大起重量(8～10 t)，最大幅度达 55～65 m；起升机构采用调压调速技术，从高速下降到慢速就可连续变速，运行按加减速曲线进行并可用操纵杆调控；提升机构装有排绳装置，完全排除乱绳的可能性；塔吊的电脑监控系统能自动进行信息数据的处理，发出减速指令，若司机未及时作出反应，电脑会强制塔吊停止运行。此外，还配有故障诊断系统和电脑辅助保养系统。

总之，这些塔机新产品均具有“城市塔吊”的下列特征：长臂，臂头起重量 1.2～2 t，采用单小车 2 倍率或双小车 4 倍率固定不变，工作性能稳定，生产功效提高。

(二)国内塔式起重机产品的情况

我国自 20 世纪 80 年代生产出 QTP60、QT80A、QTF80 等新机型。同时，引进了法国波坦公司的塔机技术，并使主要零件实现国产化，主要有 3 种机型：GTMR360B 小型下回转塔机、FO/23B 中型上回转塔机、H3/36B 大型上回转塔机(主要性能参数见表 2－7)，此后，又研发出了国产外墙附着式上回转自升塔机 QT4－10、QT4－10A、QT80(A)、Z80、ZF120 和 QTZ－200 几种机型，基本能满足国内高层、超高层建筑施工的需要。

表 2－7 三种引进技术的塔机的主要性能

性能参数	单位	快速安装式	TOPKIT 自升式		
		GTMR360B	FO/23B		H3/36B
			SA452		
最大起重力矩	kN·m	848	1 300	1 450	2 600
行走式起升高度	m	32.8	49.4	61.6	56.6
最大起重量	t	8	10	10	12
最大幅度	m	45	45	50	60
最大幅度时的起重量	t	1.25	2.3	2.3	3.6
机械自重	t	28.6	50	57.8	93

中建二局在同济大学的协助下，开发试制成功了 QTG25S 型电梯式塔式起重机(图 2－31)，它由 1 台常用的小车变幅附着式自升塔机和双笼人货电梯组成，塔身兼作梯笼轨道，一机两用，其主要技术性能见表 2－8。

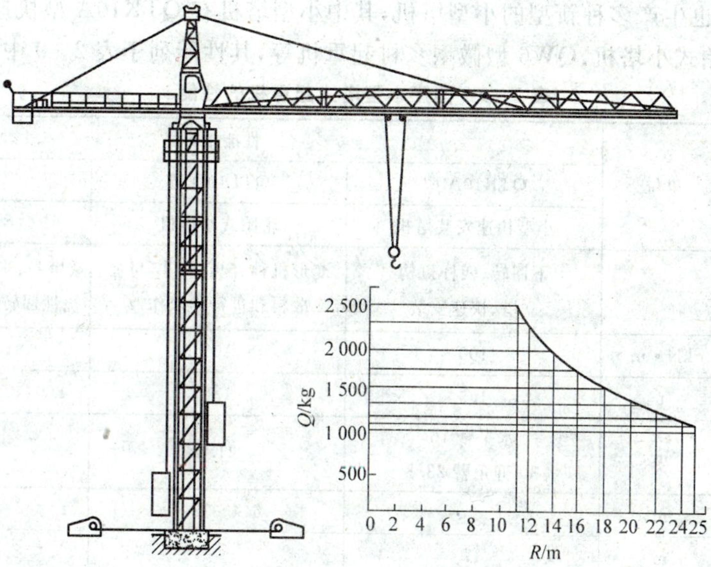

图 2-31　电梯式塔式起重机

表 2-8　电梯式塔式起重机的技术性能

序次	项目	性能指标	序次	项目	性能指标
一	塔吊部分		3	货笼起升速度(m/min)	60
1	起重力矩(kN·m)	250	4	客货笼起升速度(m/min)	40
2	最大起重量(kN)	24.5	三	整机工作参数	
3	最大起升高度(m)	100	1	附着间隔(m)	6.12
4	工作幅度(m)	1.35～25	2	第一道附着点高度(m)	9
5	自由高度(m)	18	3	总功率(kW)	46.5
6	起升速度(m/min)	5～26		整机自重(kN)	
7	回转速度(r/min)	0.39/0.52/0.79	4	(100 m,包括配重)	294.2
8	顶升速度(m/min)	0.38		工作风压(N/m²)	
二	升降机部分		5	非工作风压(N/m²)	150
1	货笼起重量(kN)	9.8	6	最大附墙力(kN)	600
2	客货笼起重量(kN)	9.8			

该机塔身采用片式结构和轴瓦式接头,运输和存放体积较标准节减少 1/2;操纵部分采用组合式联动台,便于操作。塔吊和电梯均可单独操作而互不影响;可在狭小工地安装使用;吊梯、吊钩升降和吊臂回转采用多级变速,梯笼可在笼内或地面操纵升降;安全装置方面,塔吊设有力矩限制器、起重量限制器、高度限制器、幅度限制器、风速显示器等;电梯部分则设有断绳保护、限速器和高度行程限制器等。适于现浇混凝土量大的高层建筑工程使用。

同时，我国也生产多种新型的小型塔机，其中小型塔机有 QTK10A 型快速安装小塔机、QTL10D 型轮胎式小塔机、QW6 型微型乡村起重机等，其性能列于表 2-9 中。

表 2-9 国产小型塔式起重机的性能

技术参数	单位	性能指标		
		QTK10A 型	QTL10D 型	QW6 型
		小型快速安装塔机	轮胎式小塔机	微型乡村起重机
特点		下回转、四杆机构立塔、快速安装	变形机种、配有抓斗，可抓散料和进行堆垛作业	矮塔身、半锥体回转支撑、绳挠性回转传动、压杆式吊臂
起重力矩	kN·m	100	100	60
最大起重量	t	1.5	1.6	1.0
最大起升高度	m	水平臂 16 30°仰角臂 23.8	21.6	10.75
工作幅度	m		6.4～12.4	3～9
最大工作幅度	m	17		
工作速度	m/min (r/min)	起升 18 变幅 20 回转(0.8)	起升 16.5 回转(0.8) 工作行走 6 运输行走 18	起升 15
总功率	kW	8.1		7.5
结构质量	t	4.1	7.5	2.0
运输尺寸	m	12.07×2.5×3.8	20×2.6×3.8	6×2×3
研制、生产单位		北京建筑机械研究所、秦皇岛建设机械总厂、烟台建工机械厂	江西建筑机械厂	山东建筑工程学院

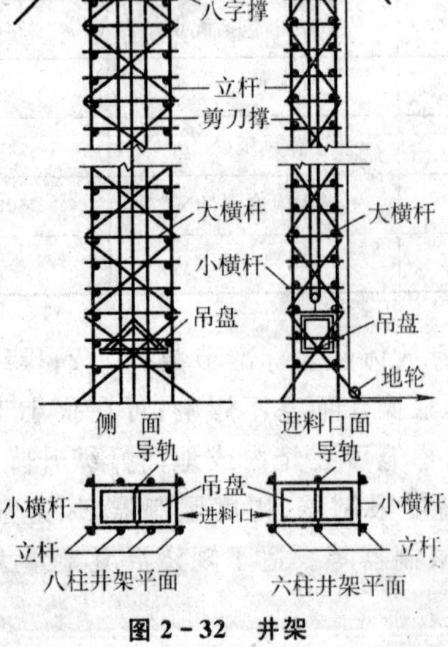

图 2-32 井架

三、井架和龙门架

(一)扣件式钢管井架

井式垂直运输架，通称井架或井字架(图 2-32)，是施工中最常用的、也是最为简便的垂直运输设施。它的稳定性好、运输量大，除用型钢或钢管加工的定型井架之外、还可采用许多种脚手架材料搭设起来，而且可以搭设较高的高度(达 50 m 以上)。

一般的井架多为单孔井架，但也可构成两孔或多孔井架。

井架内设吊盘(也可在吊盘下加设混凝土料斗)；两孔或三孔井架可以分别设置吊盘或料斗，以满足同时运输多种材料的需要。

井架上可视需要设置拔杆，其起重量一般为

0.5～1.5 t，回转半径可达 10 m。

在使用井架中应特别注意以下两个方面：确保井架的承载性能和结构稳定性；确保料盘或料斗升降的安全。

随着高层和超高层建筑的发展、搭设高度超过 100 m 的附着式高层井架应运而生，已越来越多地得到应用并已取得很好的效果。

1. 30 m 以下井架

30 m 以内扣件式钢管井架有八柱、六柱和四柱三种，其主要杆件和用料要求与扣件式钢管脚手架基本相同。主要技术参数和搭设要点见表 2-10，主要材料用量见表 2-11。

表 2-10 扣件式钢管井架的技术参数和搭设要点

项目	八柱井架	六柱井架	四柱井架
平面示意	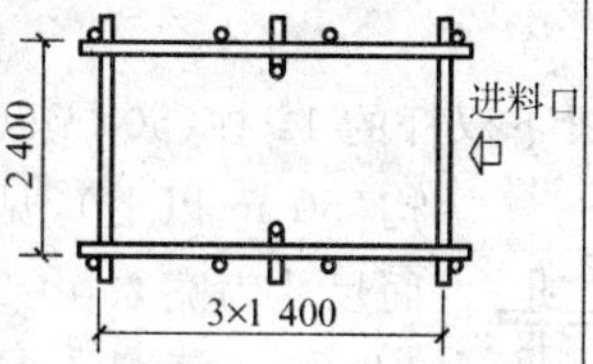	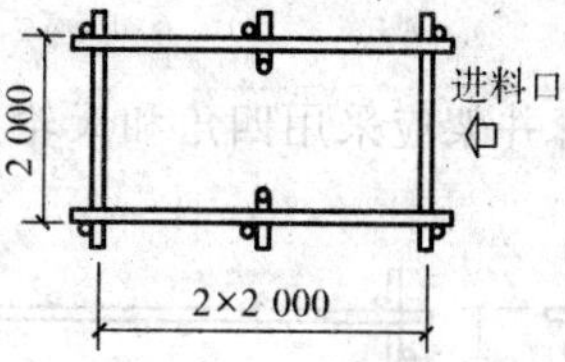	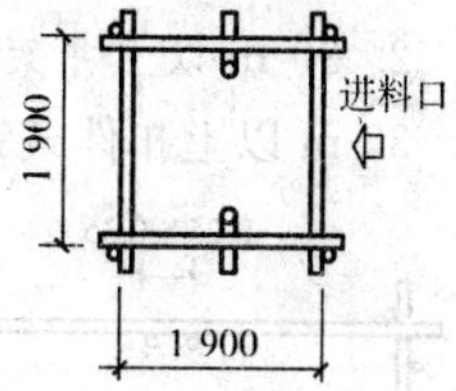
构造说明	横杆间距 1.2～1.4 m；四面均设剪刀撑，每 3～4 步设一道，上下连续设置；天轮梁支撑处设八字撑杆	同八柱井架	天轮梁对角设置或在支撑处设八字撑杆，其余同八柱井架
井孔尺寸	4.2 m×2.4 m	4 m×2 m	1.9 m×1.9 m
吊盘尺寸	3.8 m×1.7 m	3.6 m×1.3 m	1.5 m×1.2 m
起重量	1 000 kg	1 000 kg	500 kg
附设拔杆起重量	≤300 kg	≤300 kg	≤300 kg
搭设高度	常用 20～30 m	常用 20～25 m	常用 20～30 m
缆风设置	高度在 15 m 以下时设一道，15 m 以上每增高 10 m 增设一道。缆风最好用 7～9 mm 的钢丝绳（或 $\phi 8$ 钢筋代用），与地面成 45°夹角		
搭设要点	(1)杆件要做到方正平直，立杆垂直度偏差不得超过总高度的 1/400； (2)剪刀撑和斜撑应用整根钢管，不宜用短管，最底层的剪刀撑应落地； (3)进料口和出料口的净空高度应不小于 1.7 m，出料口处的小横杆可拆下移到与出料口平台的横杆一致； (4)导轨垂直度及间距尺寸的偏差，不得大于±10 mm		
适用范围	民用及工业建筑施工中预制构件及砌筑、装修材料的垂直运输		

表 2-11 扣件式钢管井架材料用量参考表

材料名称规格	单位	八柱井架	六柱井架	四柱井架
		搭设高度:20 m	搭设高度:20 m	搭设高度:20 m
		井孔 4.2 m×2.4 m	井孔 4 m×2 m	井孔 1.9 m×1.9 m
		横杆间距 1.3 m	横杆间距 1.3 m	横杆间距 1.3 m
钢管(ϕ48×3.5)	m	620	560	340
	kg	2 381	2 150	1 306
扣件	个	396	316	220
其中:				
直角扣件	个	224	192	160
回转扣件	个	140	100	44
对接扣件	个	24	18	12
底座	个	8	6	4
扣件质量	kg	585	431	294
钢材质量	kg	2 966	2 581	1 600

注:表列指标中不包括吊盘、天轮梁、导轨等附件用料。

2. 30 m 以上井架

30 m 以上扣件式钢管井架应采用四角和天轮梁下双杆的 12 柱(50 m 以下)或 16 柱结构(50 m 以上),见图 2-33。平面尺寸为宽 2.0~2.4 m,长3.6~4.0 m,起重量 1 000 kg。

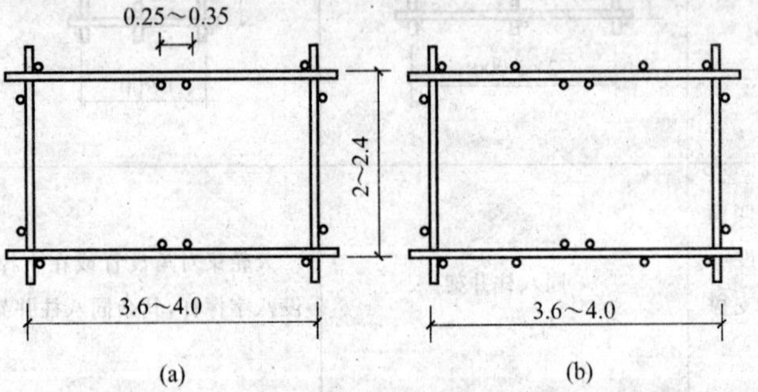

图 2-33 高层扣件式钢管井架平面

(a)50 m 以内井架;(b)50 m 以上井架

搭设高层井架的注意事项为:

1)专为屋面和装修工程使用的井架,可在主体结构完成以后一次搭起,架高应超过屋面不少于 5.5 m。在主体结构施工阶段使用的井架要分段搭设。第一层高度不超过 30 m,按低层井架的要求设置缆风。随着结构主体的升高,每隔 1~2 层(不超过 6 m)设一道附墙拉结,并可将靠里侧的缆风随后拆除。在主体结构升至与井架相差 6 m 以内时,可以继续连接上一段井架,并把天轮梁翻到新接的井架段的顶端;

2)井架与结构的附墙拉结的作法见图 2-34。当井架宽度方向平行于墙面时,采用简

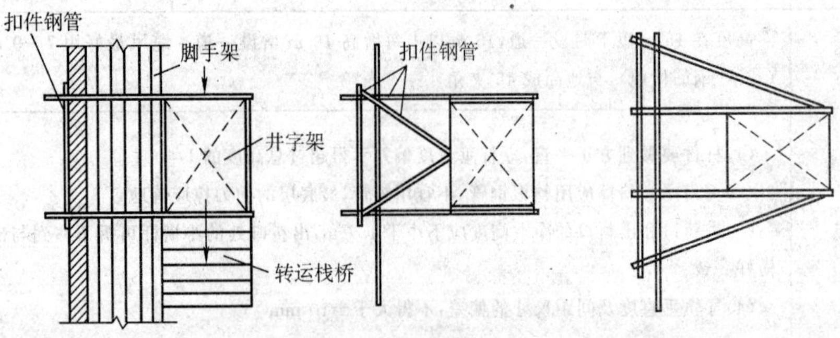

图 2-34 高层扣件钢管井架的附墙拉结做法

(a)简单拉结;(b)加强拉结;(c)展宽拉结

单拉结，或加强拉结；当井架宽度方向垂直于墙面时，采用展宽拉结；

3)脚手架的悬空长度(位于拉结点之上)不得大于10 m；

4)在未经可靠设计复核情况下，不宜在高层井架之上加设拔杆或其他附加装置；

5)进楼栈桥的立杆不得利用井架的立杆，应分开架设(图2-35)，缩小间距并采用双杆搭设。每层栈桥与井架之间应用不承受垂直力的横杆进行拉结。栈桥架的铺板层应根据设计载荷加以限制；需要每层都铺板时，应采用重量轻的脚手板；

6)井架的侧面除进出料口外，均应自下而上连续设置剪刀撑；

7)支撑天轮梁的横杆应采用双杆，与井架中立柱采用双扣件连接，并加设斜支杆与井架角柱相连(图2-36)。

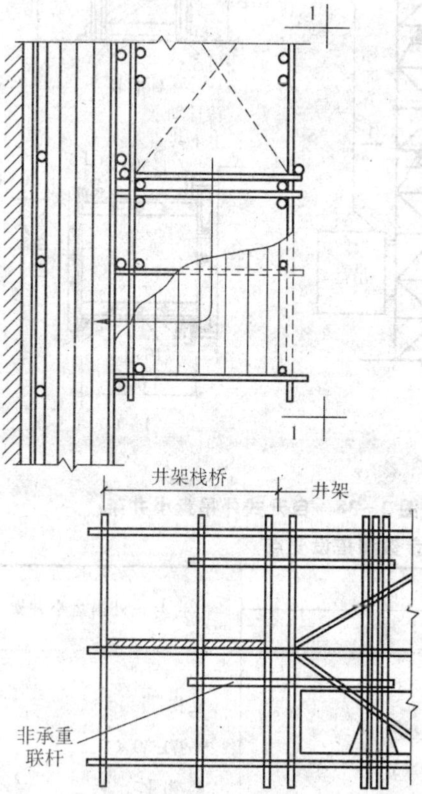

图2-35　井架栈桥

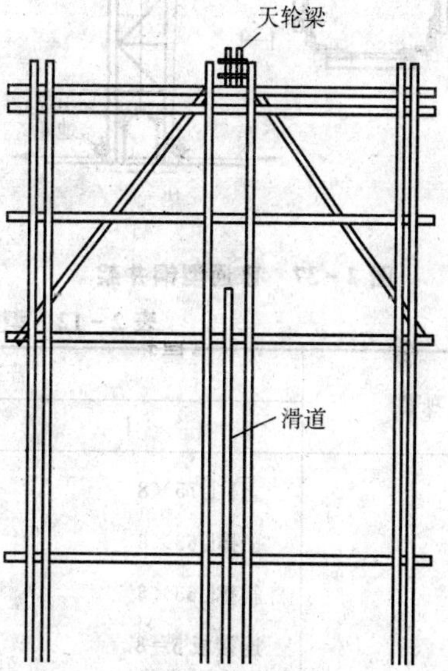

图2-36　天轮梁支座构造

(二)型钢井架和无缆风高层井架

1. 普通型钢井架

型钢井架由立柱、平撑、斜撑等杆件组成。在房屋建筑中一般都采用单孔四柱角钢井架，有两种构造方法：一种是用单根角钢由螺栓连接而成，通常是把连接板焊在立柱上，仅平撑、斜撑和立柱的连接以及立柱的接高用螺栓连接。在杆件重、井架大的情况下多采用这种方法；另一种方法是在工厂组焊成一定长度的节段，然后运至工地安装，一般轻型小井架多采用这种方法。型钢普通井架和自升式外吊盘小井架的构造和主要技术参数分别示于图2-37、图2-38及表2-12。

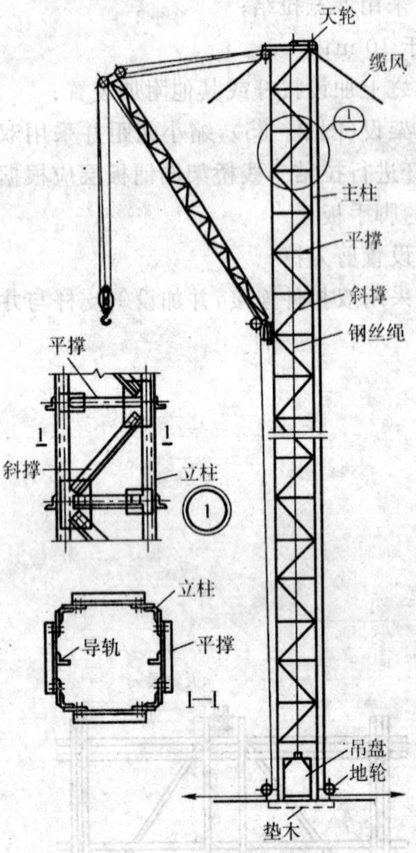

图 2-37 普通型钢井架

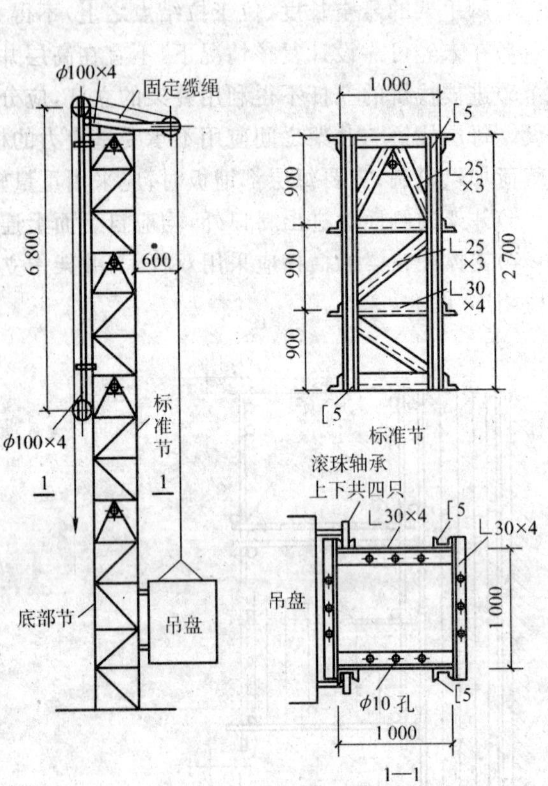

图 2-38 自升式外吊盘小井架

表 2-12 型钢井架的技术参数和搭设要点

项目	普通型钢井架		自升式外吊盘小井架
	Ⅰ	Ⅱ	
构造说明	立柱∟75×8 平撑∟63×6 斜撑∟63×6 连接板 δ=8 螺栓 M16 节间尺寸 1 500 mm 底节尺寸 1 800 mm 导轨[5 单根杆件螺栓连接	立柱∟63×6 平撑∟50×5 斜撑∟50×5 连接板 δ=6 螺栓 M14 节间尺寸 1 500 mm 底节尺寸 1 800 mm 导轨∟50×5 单根杆件螺栓连接	立柱[5 平撑∟30×4 斜撑∟25×3 螺栓 M12 节间尺寸 900 mm 利用立柱作导轨 分节段焊接整体安装，示准节 2.7 m，底部节 4.5 m
井孔尺寸（m）	1.8×1.8 1.6×1.6 1.7×1.7 1.5×1.5	1.6×1.6 1.5×1.5	1.0×1.0
吊盘尺寸 宽×长（m）	1.46×1.6 1.26×1.4 1.36×1.5 1.16×1.3	1.5×1.5 1.4×1.4	1.0×1.6(1.8)

续表

项目	普通型钢井架		自升式外吊盘小井架
	Ⅰ	Ⅱ	
起重量	1 000～1 500 kg	800～1 000 kg	500～800 kg
附设拔杆： 长度 回转半径 起重量	 7～10 m 3.5～5 m 800～1 000 kg	 5～6 m 2.5～3 m 500 kg	附设拔杆为安装井架使用，起重量 150 kg
搭设高度	常用 40 m	常用 30 m	18 m
缆风设置	高度 15 m 以下时设一道，15 m 以上时，每增高 10 m 增设一道，缆风宜用 9 mm 的钢丝绳，与地面夹高 45°	附着于建筑物可不设缆风	
搭设安装要点	单根杆件，螺栓连接，要求尺寸准确，结合牢固	(1)分节段制作，用附设拔杆安装； (2)附设拔杆提升方法另详	
适用范围	(1)适用于高层民用建筑砌筑和装修材料的垂直运输； (2)除去拔杆可以装上 1～2 个外吊盘同时运行		

2. 无缆风高层井架

无缆风高层，井架截面为 2 m×2 m，其主肢选用∟ 75×8 角钢、交叉和水平缀板采用∟ 50×5 角钢，水平缀板间距为 1.5 m。井架内装有自翻提料斗，配置 3 t 快速卷扬机提升，升速达 40 m/min，斗容为 0.5 m^3，每台班可运输 40～60 m^3。井架的主肢上装有 9 m 长吊杆，一个台班可提升 60 次，用于吊运钢筋和模板。井架基础采用现浇钢筋混凝土箱型结构，箱体内有 1.6 m×1.5 m×1.5 m 空间，以适应料斗装料的需要。井架附墙，逐步接高，架设高度可达 100 m，上部的自由高度限定在 12 m。施工实践表明，采用无缆风高层井架加悬臂杆吊进行 60 m 以下现浇结构工程是比较经济的。

高层井架的提升速度也在提高，几种高速井架的主要技术参数列于表 2-13 中。

表 2-13 高速井架的主要技术参数

机型	型号	高度(m)	额定牵引力(kN)	最大升速(m/min)
单笼	JGWB-1.5	150	15	75
单笼	JGWB-2	150	20	61
双、三笼	JGWB-1.5	120/200	15	75
双、三笼	JGWB-2	120/200	20	61

采用自升技术、架设高、升速快和能力强的液压自升式高速井架亦已面世。其井架体由

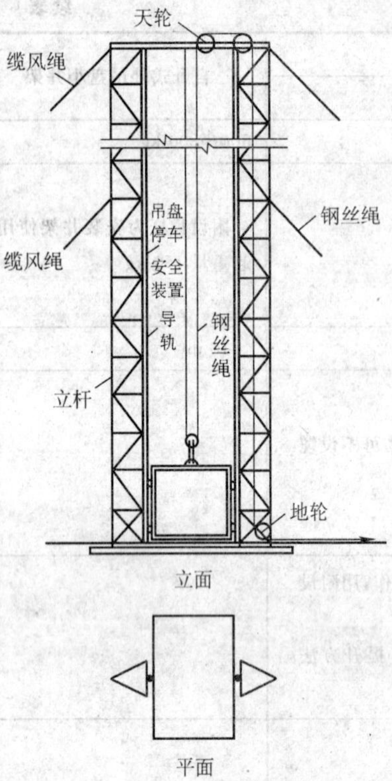

图 2-39 龙门架的基本构造形式

立柱、横杆和斜杆组成，套架上装有导向轮，以立柱内角面为导向轨。套架上有天滑轮总成、把杆；下有液压顶升系统。安装标准节时，液压活塞向上顶起，用把杆将地面拼装好的标准节吊至建筑物顶面，再用把杆进行安装。安装至限定高度后固定与内套架相连的封顶槽钢。结构合理、整体稳定性好。

（三）龙门架

龙门架是由 2 根立杆及天轮梁（横梁）构成的门式架。在龙门架上装设滑轮（天轮及地轮）、导轨、吊盘（上料平台）、安全装置以及起重索、缆风绳等即构成一个完整的垂直运输体系，普通龙门架的基本构造形式示于图 2-39 中。

近年来为适应高层建筑施工的需要，采用附着方式的龙门架技术得到较快发展：

图 2-40 所示为高层管柱龙门架的附墙装置，于每层楼面设置。该龙门架用于 29 层（高 96.3 m）施工，管柱标准节长 6 m，用法兰连接。

图 2-41 所示为 MSS-100 型龙门架的基本构造情况，架设高度为 100 m，各种措施比较齐全，除扶墙架、主安全装置和辅安全装置外，还有手动安全装置（辅安全装置失灵时，扳动手把可使卡块伸出）和机电联锁装置（上、下限位，以防出现“冒顶”和“墩笼”）。

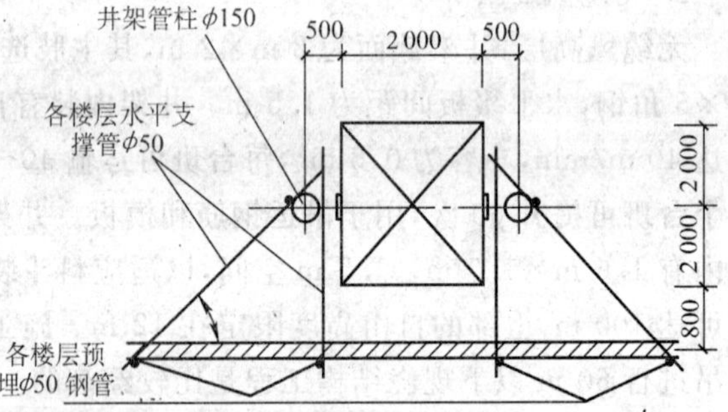

图 2-40 高层管柱龙门架的附墙装置

图 2-42 所示为 SSE100 型门式升降机的基本构造情况：单吊笼（mm）：3 000×1 500×2 690（长×宽×高），前后均装翻板门并设开门自锁装置；平台架为自升式，套在导轨立柱架的顶部，在套架内侧装有 16 只滑轮，可沿导轨架垂直升降。在架顶装有摇头拔杆，用手动葫芦控制套架升降，套架外设有操作平台；附壁撑由直撑和斜撑构成，每隔 15 m 设置；底座架为整体结构（3 000 mm×4 660 mm）。该机设有断绳保护、吊笼平层定位保护、防钢丝绳假断保护、超高限位保护以及吊笼操作传呼信号等系统，其主要技术参数为：

最大提升高度　80 m；

额定载重量　1 000 kg；

吊笼提升速度　24 m/min；

断绳防坠保护动作时间≤0.2 s；

断绳后吊笼最大坠落高度≤0.5 m。

该机投资少、工效高，每台班可吊运 50～60 t。

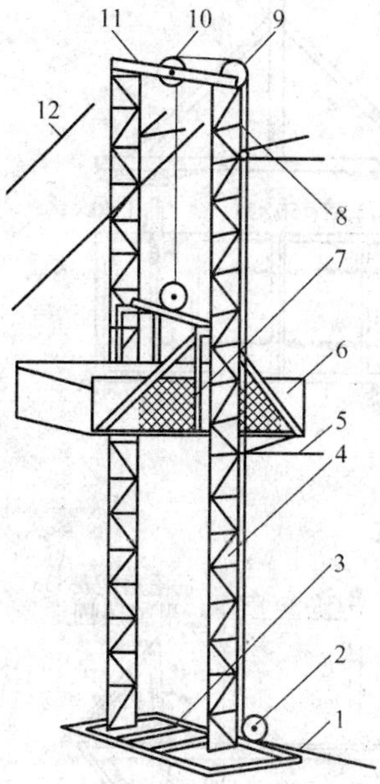

图 2-41 MSS-100 型龙门架

1—提升钢丝绳；2—地轮；3—底盘；4—立柱节；
5—扶墙架；6—吊笼；7—承重架；8—安全装置；
9—天轮；10—导向轮；11—横梁；12—缆风绳

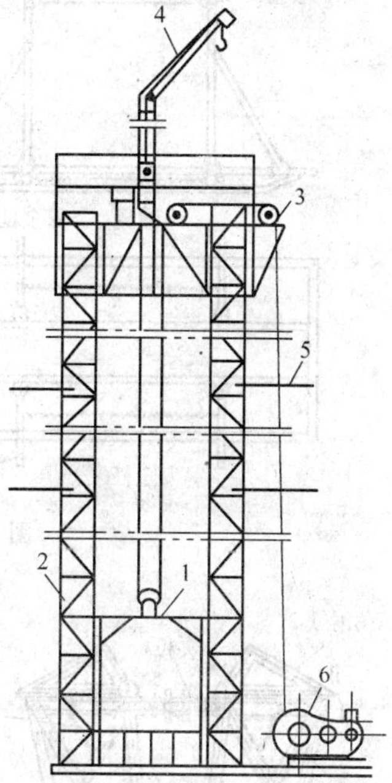

图 2-42 SSE100 型门式升降机

1—吊笼；2—主架；3—平台架；4—摇头拔杆；
5—壁撑；6—卷扬机

(四)吊盘安全装置

井架和龙门架的吊盘应有可靠的安全装置，以防止吊盘在运行中和停车装、卸料时发生坠落等严重事故。

1. 吊盘停车安全装置

吊盘停车安全装置是防止吊盘在装、卸料时卷扬机制动失灵而产生跌落事故的 种装置，有安全支杠和安全挂钩两种形式。安全挂钩需要人工操作，使用比较麻烦，目前很少使用，普遍使用的是安全支杠装置。

安全支杠装置由安全杠和安全卡两部分组成。各地加工时，工作原理虽同，但具体构造上有各种不同的作法，特别是安全卡的构造有多种形式，现介绍几种如下。

(1)用活动三角架作安全卡的安全支杠装置

这种装置的安全杠为两根钢管，设置在吊盘底部，两根安全杠之间系以拉伸弹簧，使两杠间的距离可在一定范围内变动(图 2-43)。安全卡由活动铁三角架构成(图 2-44(a))，装在井架或龙门架的卸料平台部位。当吊盘上升时，安全杠沿着滑铁 1 向上滑，当滑到Ⅰ的位置时，把小三角架掀起，安全杠在弹簧的作用下坐落在安全卡的两肩上，当卸完物料需要吊盘下降时，先将吊盘往上升一段，使安全杠翻过三角架尖部Ⅱ到滑铁 2 的上边，然后再下降吊盘，安全杠就可沿着滑铁 2、1 下滑。

为了安装和拆卸的方便，通常把安全卡做成两个半部，安装使用时用螺栓紧固在一起。但紧固螺栓要有足够的强度和数量，否则会因冲击而剪断。同时安全卡要尽可能固定在井架或龙门架的立杆节点上，保持不松动、不摇摆。

图 2-44(b)和(c)所示是装在龙门架上的另外两种活动三角架安全卡装置。

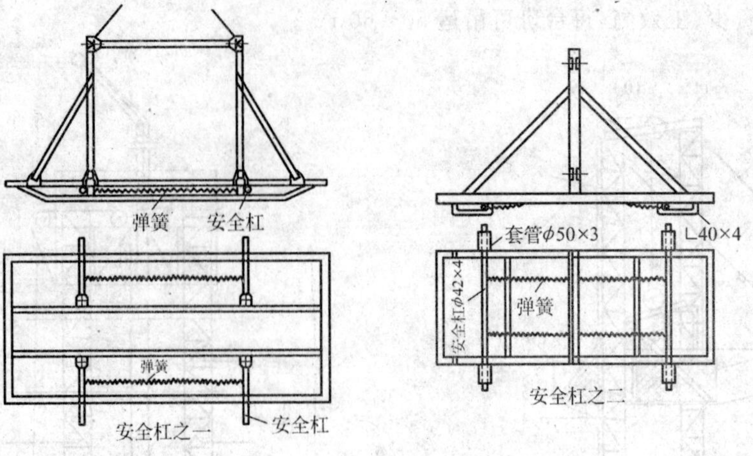

图 2-43 吊盘停车安全杠

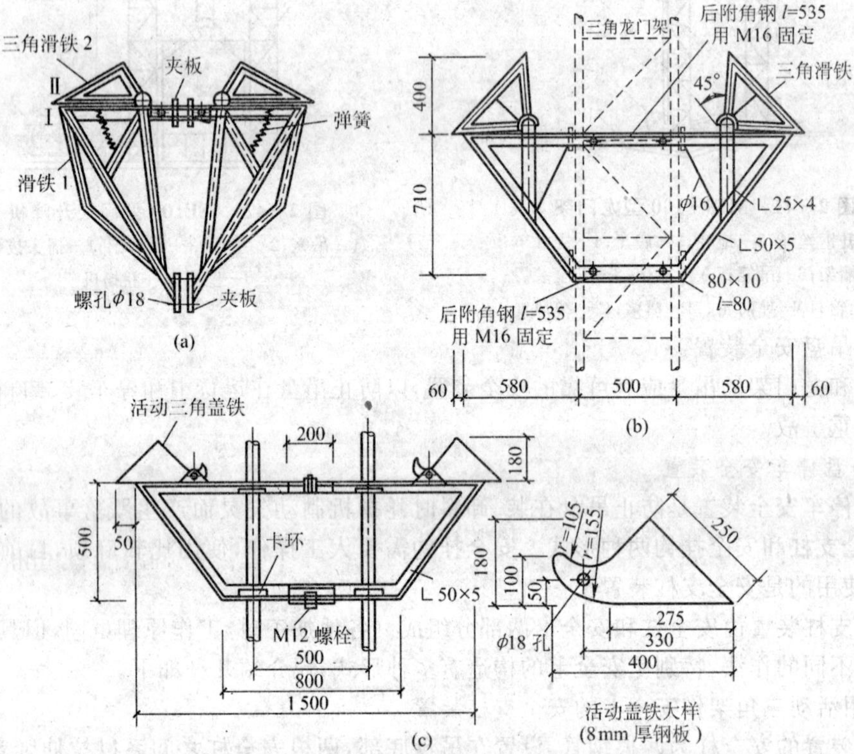

图 2-44 活动三角架安全卡

(2)用耳形铁肩作安全卡的安全支杠装置

这种安全装置是用角钢作成安全杠滑道，在角钢上焊有耳形铁肩，以搁置吊盘上升到卸料平台时的安全杠(图 2-45)。吊盘上升时，安全杠沿着滑道升到 1 处，接着便顶开铁盖板坐落在耳形铁肩上。物料卸完吊盘要下降时，先向上提升一段，此时铁盖板被正在上升的安全杠带到 3 的位置，因碰到角钢滑道上的挡头被弹回仍然盖住铁肩。吊盘再往下降时，安全杠就可沿着铁盖板和滑道而下。

这种安全装置与垂直运输架的连接一般采用螺栓，也可在角钢滑道上焊短钢管，用扣件与钢管井架或龙门架的杆件固定。

图 2－46 所示是装在钢龙门架上的金鱼状盖板安全卡，其工作原理与上述相同。

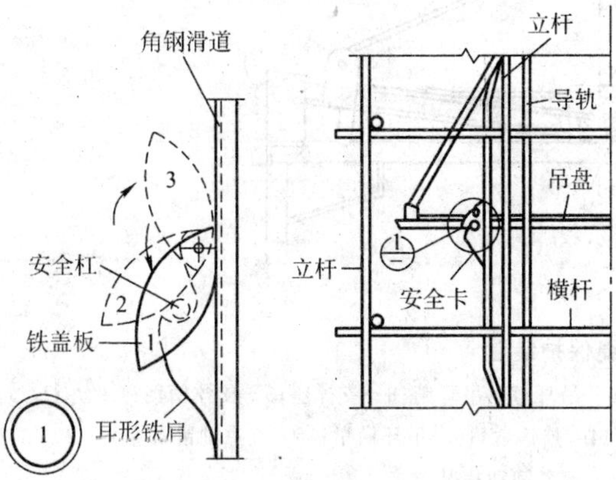

图 2－45　耳形铁肩安全卡

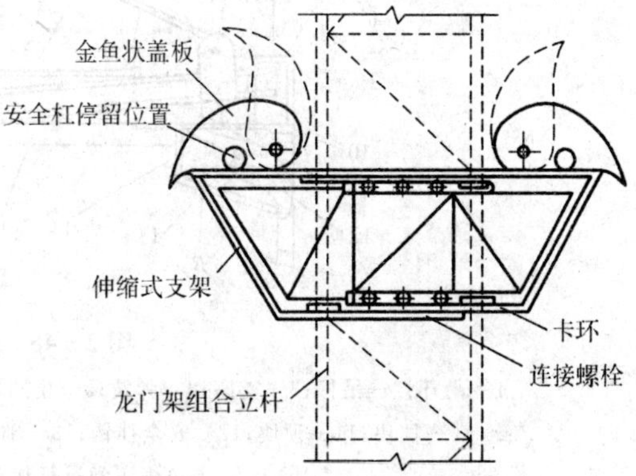

图 2－46　金鱼状盖板安全卡

2. 吊盘钢丝绳断后的安全装置

这种装置(图 2－47)是用 55 cm 长的 ϕ42×3.5 无缝钢管 1，内装直径 32 mm 圆钢制成的可伸缩的“舌头”2，通过管内弹簧 4 的作用，可在吊盘钢丝绳断后的瞬间将“舌头”2 弹出管外，搁在井架或龙门架的横杆上。其工作原理是：“舌头”2 的里端焊有一小环 3，拴着一根钢丝绳 6，并通过弹簧拉住“舌头”2，再通过导向滑轮与吊盘钢丝绳紧扎在一起，当吊盘钢丝绳受力收紧时，“舌头”钢丝绳便拉紧“舌头”压缩弹簧，使“舌头”缩入钢管内，当吊盘钢丝绳拉断时，“舌头”钢丝绳也立即松掉，这时弹簧便将“舌头”弹出，搁在井架或龙门架横杆上，以保证吊盘不致往下跌落。

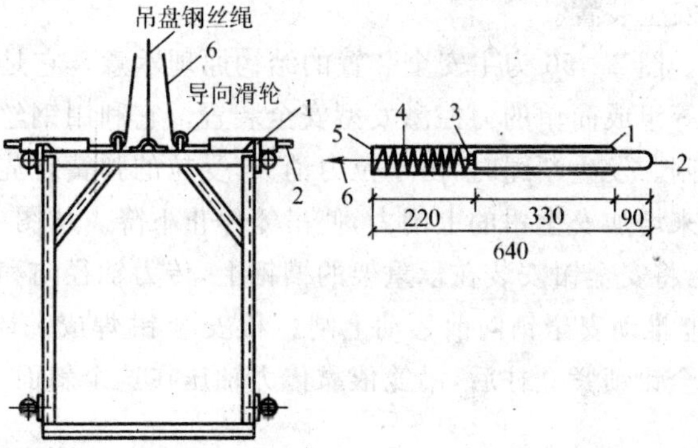

图 2－47　吊盘断绳安全装置

1—ϕ42×3.5 无缝钢管；2—活舌(ϕ32 圆钢)；3—穿钢丝绳环；4—弹簧；5—封口铁圈；6—活舌钢丝绳

3. 新型安全装置

1)压挂型断绳保护装置示于图 2－48 中。当设备正常运行时，支撑槽钢 9 在钢丝绳拉力作用下，克服片式弹簧 4 的弹力作用而绕轴销 16 转动，将钢丝绳拉力作用于支座 8 上，此时安全挂钩 12 与顶块 11 脱离且在自重作用下收于挂钩盒 14 内，使吊架沿导轨正常上下运行。若吊架升降时钢丝绳突然拉断，支撑槽钢 9 在弹簧 4 作用下、压迫槽钢 9 绕支撑轴销 16 向下转动，顶块 11 迅速作用于安全挂钩 12，使挂钩伸出挂钩盒 14，钩住固定于两侧导轨上连续相距 400 mm 的安全制动板上，使吊架处于安全制动状态。该断绳安全保护装置与自动翻斗和工作平台的吊架装置结合在一起，结构简单、动作灵敏、安全可靠。

在施工使用中，曾发生过钢丝绳被拉断，在吊架下降 300 mm 后即被制动住。

2)钳闸型断绳保护装置。设于 MSS－100 型龙门架的该断绳保护装置由主安全装置和

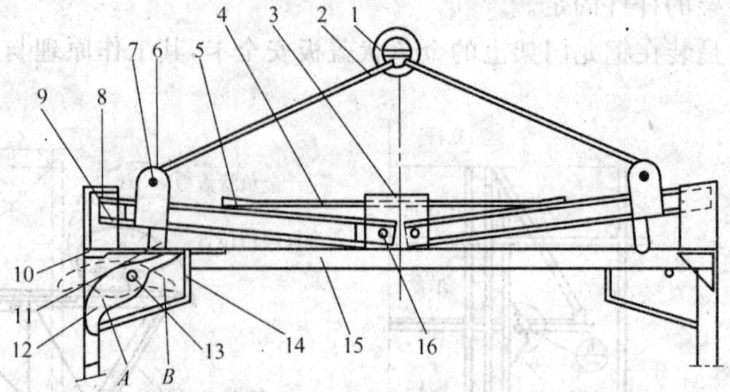

图 2-48 断绳保护装置

1—吊环；2—吊杆；3—支座；4—弹簧；5—止挡块；6—吊耳；7—吊耳销；8—支撑座；9—支撑槽钢；10—挡块；11—顶块；12—安全挂钩；13—轴销；14—挂钩盒；15—吊环横梁；16—支撑轴销；A—正常运行状态；B—安全制动状况

辅助安全装置组成，安装在吊笼的承重架上（图 2-49），提升钢丝绳 1 连接大滑轮 2，依其拉力的存在与消失，使大滑轮在滑轮架中上、下移动。和大滑轮连接的联动钢丝绳 3 分别向两侧并经小滑轮架 4 拉动杠杆联动轴 7。而杠杆联动轴的两端连接主安全装置，又向下连接辅安全装置。

图 2-50 为主安全装置的结构原理示意。它是由一套杠杆增力摩擦制动式安全钳和拉簧等组成简单的力控激发型安全装置。它利用钢丝绳拉力的存在与消失控制安全钳松闸及上闸。发生断绳时，由于拉力消失，受拉的弹簧首先激发安全钳上闸，再利用吊笼的强大压力来增加安全钳的上闸力，使吊笼停止下降。从图中可以看出：传力轴 4 通过安全钳 5 的长孔，将安全钳安装在承重架的槽钢上，传力轴径向和孔的两平面有很大的间隙，足以使杠杆 8 能推动安全销向前移动上闸。和安全钳焊成一体的楔块 6，使安全钳具有倾斜的平面，当安全钳锁紧立柱后，吊笼依靠传力轴压在这个斜面上。传力轴传递吊笼的压力，增大安全钳

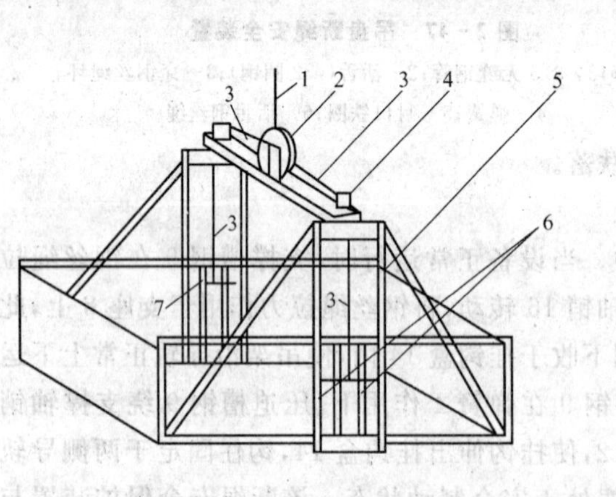

图 2-49 吊笼和承重架结构

1—提升钢丝绳；2—大滑轮；3—联动钢丝绳；4—小滑轮架；5—承重架；6—安全装置；7—杠杆联动轴

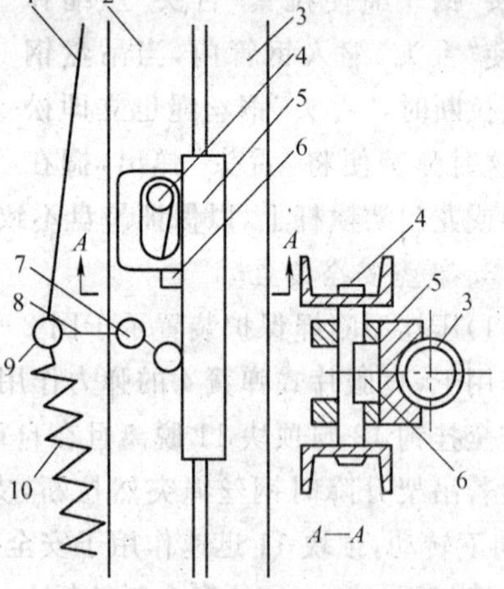

图 2-50 主安全装置工作原理图

1—联动钢丝绳；2—承重架槽钢；3—立柱节柱管；4—传力轴；5—安全钳；6—楔块；7—杠杆轴；8—杠杆；9—杠杆联动轴；10—拉簧

的上闸力，使吊笼不能下降。发生断绳时，提升钢丝绳的拉力消失，弹簧10立即收缩经杠杆推动安全钳上闸，但此时仅仅是安全钳销紧并停留在立柱管上，而吊笼仍在下降，传力轴向下运动但还没有压到安全轴的斜面上，这就使得安全钳处于承受垂直压力极小的情况下，能够敏捷、可靠地锁紧立柱管，随后使吊笼下降并通过传力轴压到安全钳的斜面上，强大的上闸力使安全钳牢固地锁紧在立柱上，使吊笼停止下降。

辅助安全装置是一套卡块，由小弹簧牵引。当断绳后，拉力消失，小弹簧立即拉动卡块伸出而被立柱节的角钢横杆阻挡，使吊笼不能下降，以便一旦在主安全装置失灵的情况下，仍能确保安全制动。

3)SSE100型门式升降机的保护系统如图2－51所示，其主要组成部分的情况为：

①断绳保护系统(图2－52)：由吊笼滑轮、安全挂钩、连杆和拉力弹簧组成。当绳断时，吊笼动滑轮在拉力弹簧的作用下，迅速向吊笼外侧伸出，挂在主架标准节的水平腹杆上以防坠落。

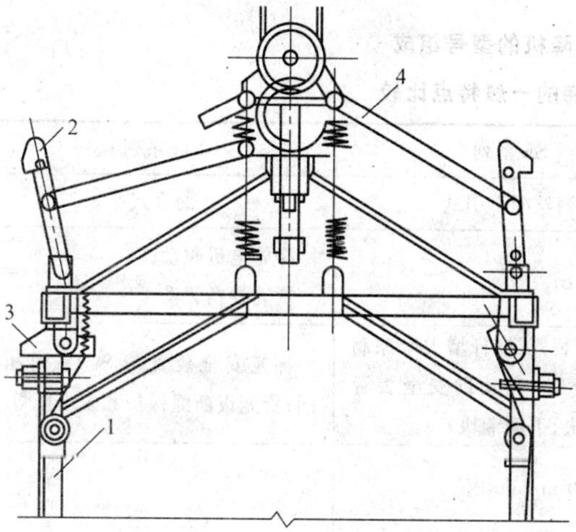

图2－51 SSE100型门式升降机的保护系统

1—吊笼；2—断绳保护挂钩；3—平层保护装置；4—连杆

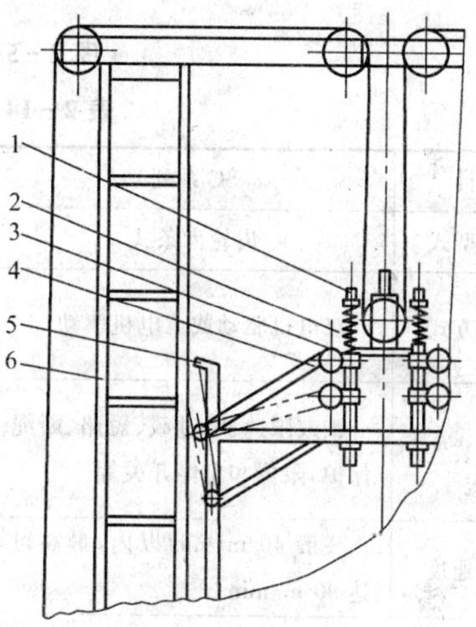

图2－52 断绳保护装置

1—承力杆；2—弹簧；3—吊笼滑轮座；4—连杆；5—挂钩；6—导轨架

②吊笼平层定位保护系统(图2－53)：由平层定位装置、门上钢丝绳、导向滑轮和拉力弹簧组成。当吊笼到达指定楼层、打开吊笼门时，连在门上的钢丝绳通过导向轮拉动吊笼顶部的平层定位装置插入主架水平腹杆上，可防吊笼坠落。关上吊笼门时，定位装置在弹簧力的作用下收入吊笼内；

③防钢丝绳假断保护系统：当升降机运行过程中出现故障而使钢丝绳松动、吊笼迅速下坠时，钢丝绳超速锁能立即制动、锁住钢丝绳。

四、施工升降机(建筑施工电梯)

施工升降机(亦称建筑施工电梯、外用电梯)是高层建筑施工中主要的垂直运输设备。它附着在外墙或其他结构部位上，随建筑物升高，架设高度可达200 m以上(国外施工升降机的最高提升高度已达645 m)。

(一)施工升降机的分类、性能和架设高度

施工升降机按其传动型式分为：齿轮齿条式、钢丝绳式和混合式三种，其一般特点列于表 2-14 中，施工升降机的型号由类、组、型、特性、主参数和变型代号组成，见图 2-53。

标记示例：

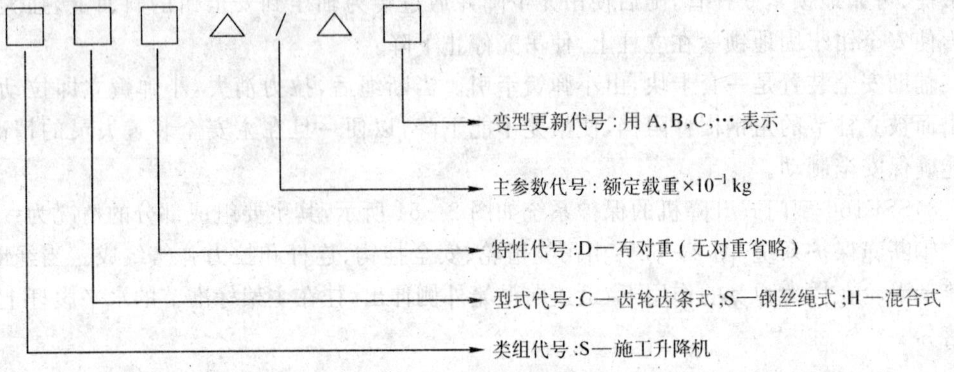

图 2-53 施工升降机的型号组成

表 2-14 三类电梯的一般特点比较

项目	SC 系列	SS 系列	SH 系列
传动型式	齿轮齿条式	钢丝绳牵引式	混合式
驱动方式	双电机驱动或三电机驱动	卷扬驱动	梯笼电机驱动 货笼卷扬驱动
安全装置	锥鼓限速器，过载、短路、断绳保护，限位和急停开关等	主安全装置（杠杆增力摩擦制动式安全钳）和辅助安全装置（电磁卡块、手动卡块）	梯笼安全装置与 SC 系列相同；货笼设断绳保护和安全门等
提升速度	一般 40 m/min 以内，最高可达 90 m/min	一般 40 m/min 内	
架设高度	一般 200 m 内，先进者可达 300 m 以上	一般 100 m 内	

注：此外，国外还有带装卸臂的施工升降机。

目前，我国各施工升降机厂家以生产 SC 系列居多，SS 系列（表 2-15）和 SH 系列较少。但多数产品的架设高度在 150 m 以内。

表 2-15 SS 型施工升降机技术性能参数

参数 \ 型号		RHS-1	SFD100	SS100
额定载重量(kg)		1 000	1 000	1 000
乘员人数(人/笼)		7	11	
最大提升高度(m)		80	100	40
额定提升速度(m/min)		30	30～36	38
吊笼	数目	1	1	1
	尺寸(长×宽×高)(m)	2.5×1.3×2.1	2.5×1.3×1.90	3.0×1.5

续表

参数 \ 型号		RHS-1	SFD100	SS100
导轨架	断面尺寸(m)	△0.6×0.6	△0.6×0.6	△0.65×0.65
	标准节长度(m)	1.5	1.5	2
	标准节质量(kg)	63	65	100
电动机	型号		YZR200L-8	
	功率(kW)	16	15	16
	转速(r/min)		712	
传动型式		钢丝绳	钢丝绳	钢丝绳
小吊杆吊重(kg)			120	
额定安装载重量(kg)			500	
标准节中心距建筑物距离(m)		3	3	
整机质量(kg)		4 500	8 000(高 100 m)	4 000
生产厂		辽宁省建筑机械厂	北京市房管局建筑机械修造厂	内蒙古建筑机械厂

施工升降机的架设高度取决于导轨架自重和偏心载荷、风载荷等不利工况所产生的高应力区的情况。有一项有关这方面的研究成果，在不加大标准节杆件截面的情况下，通过采取新结构，即将底部标准节齿条加长，支于基础上，限制齿条节点的位移，以此设计制作了最大架设高度已达 325 m 的 SC40 型超高升降机，并已在施工中使用。该研究成果还提供了几个机种最大架设高度的参考值(表 2-16)。

表 2-16 几种升降机的最大架设高度参考值

机型	最大架设高度(m)
单笼有对重	225
单笼无对重	250
双笼有对重	200
双笼无对重	250

(二)施工升降机的安全装置

1. 限速制动装置

限速制动装置有重锤离心式摩擦捕捉器和双向离心摩擦锥鼓限速装置两种。前者在起作用时产生的动载荷较大，对电梯结构和机构可能产生不利的影响。

双向离心摩擦锥鼓式限速装置(图 2-54)的优点在于减少了中间传力路线，在齿条上实现柔性直接制动，安全可靠性大，冲击性小，且其制动行程也可以预调。当梯笼超速 30%时，其电气部分即自行切断主回路；超速 40%时，机械部分即开始动作，在预调行程内实现制动。可有效地防止上升时“冒顶”和下降时出现“自由落体”坠落现象。

2. 制动装置

除上述限速制动装置外，还有以下几种制动装置。

1)限位装置：由限位碰铁和限位开关构成。设在梯架顶部的为最高限位装置，可防止冒顶；设在楼层的为分层停车限位装置，可实现准确停层。

SCD100，SCD100/100，SCD100A，SCD100/100A 和 SCD200，SCD200/200 Ⅰ～Ⅱ型升降机的各个限位装置的位置如图 2-55 所示，而 SC120 Ⅰ～Ⅱ型升降机的各限位开关的安装位置示于图 2-56 中。

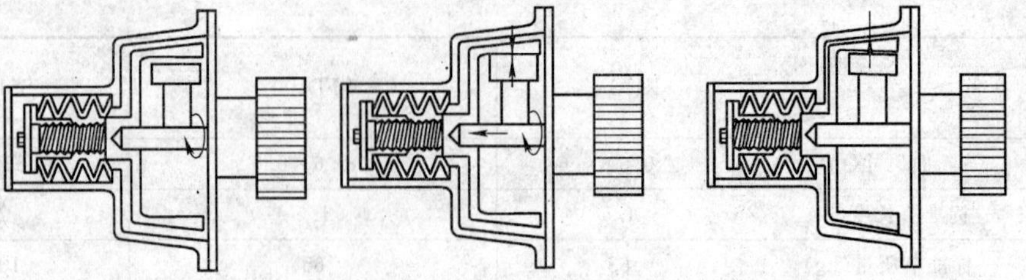

图 2-54 离心摩擦锥鼓式限速器

(a)不介入;(b)介入降速;(c)介入制动

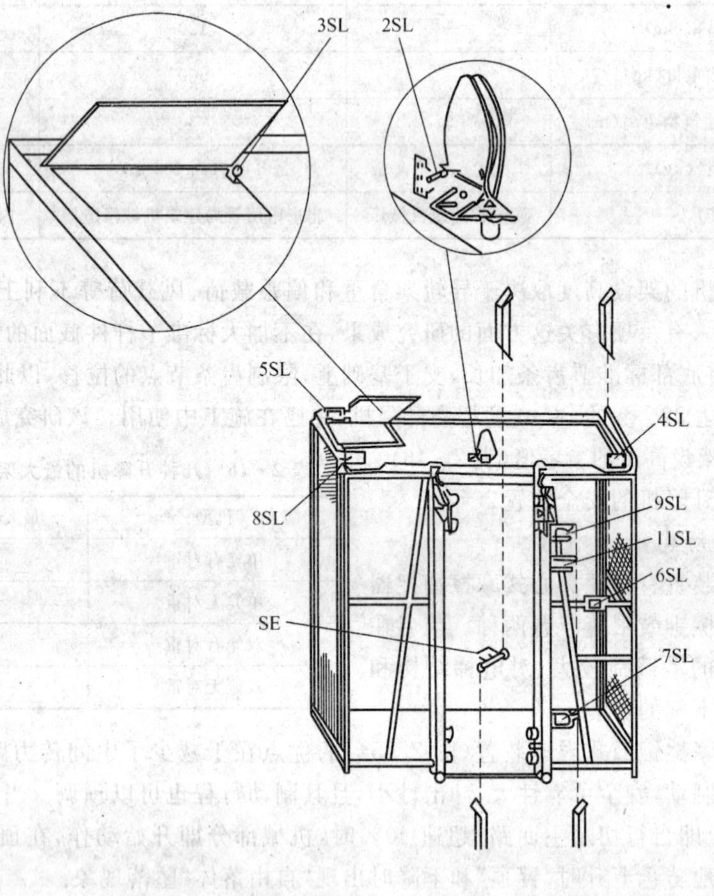

图 2-55 SCD100,SCD100/100,SCD100/100A,SCD200,SCD200/200 Ⅰ～Ⅱ型升降机的限位开关安装位置

2SL—断绳保护开关;3SL—活板门安全开关;4SL—双开门限位开关;5SL、8SL—单开门限位开关;6SL—上终端限位开关;7SL—下终端站开门联锁开关;9SL—下终端站限位开关;11SL—安装作业下终端站限位开关(仅 SCD100、SCD100/100 用 SE—极限开关)

注:1SL—限速保护开关(位于限速器尾端)。

2)电机制动器:有内抱制动器和外抱电磁制动器等。

3)紧急制动器:有手动楔块制动器和脚踏液压紧急刹车等,在限速和传动机构都发生故障时，可紧急实现安全制动。

3. 断绳保护开关

梯笼在运行过程中因某种原因使钢丝绳断开或放松时，该开关可立即控制梯笼停止运行。

4. 塔形缓冲弹簧

装在基座下面，使梯笼降落时免受冲击，不致使乘员受震。

（三）施工升降机的使用注意事项

1）电梯司机必须身体健康（无心脏病和高血压病），并经训练合格，严禁非司机开车。

2）司机必须熟悉电梯的结构、原理、性能、运行特点和操作规程。

3）严禁超载，防止偏重。

4）班前、满载和架设时均应作电动机制动效果的检查（点动 1 m 高度，停 2 min，里笼无下滑现象）。

5）坚持执行定期进行技术检查和润滑的制度；

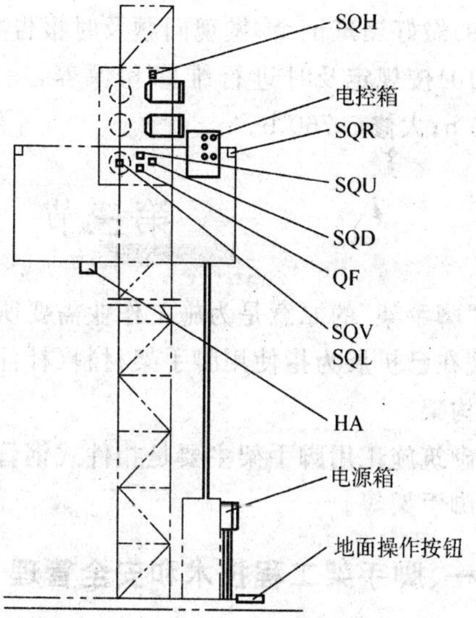

图 2－56　SC120 Ⅰ～Ⅱ型各限位开关安装位置

SQH—平层限位开关；SQR、SQL—1 个限位开关；SQU、SQD—上、下行限位开关；SQV—限速保护开关（位于限速器尾端）；QF—冒顶开关；HA—音响器

6）对于斗梯笼，严禁混凝土和人混装（即乘人时不载混凝土，载混凝土时不乘人）。

7）司机开车时应思想集中，随时注意信号，遇事故和危险时立即停车。

8）在下述情况下严禁使用：

①电机制动系统不灵活可靠；

②控制元件失灵和控制系统不全；

③导轨架和管架的连接松动；

④视野很差（大雾及雷雨天气）、滑杆结冰以及其他恶劣作业条件；

⑤齿轮与齿条的啮合不正常；

⑥站台和安全栏杆不合格；

⑦钢丝绳卡得不牢或有锈蚀断裂现象；

⑧限速或手动刹车器不灵；

⑨润滑不良；

⑩司机身体状况不正常；

⑪风速超过 12 m/s（六级风）；

⑫导轨架垂直度不合要求；

⑬减速器声音不正常；

⑭齿条与齿轮齿厚磨损量＞1.0 mm；

⑮刹车楔块齿尖变钝，其平台宽＞0.2 mm；

⑯限速器未按时检查与重新标定；

⑰导轨架管壁厚度磨损过大（100 m 梯超过 1.0 mm；75 m 梯超过 1.2 mm；50 m 梯超

过 1.4 mm)。

9)做好当班记录,发现问题及时报告并查明解决。

10)按规定及时进行维修和保养,一般定为:一级保养 160 h;二级保养 480 h;中修 1 440 h;大修 5 760 h。

第三节 砌筑用脚手架

“脚手架”的原意是为施工作业需要所搭设的架子。随着脚手架品种和多功能用途的发展,现在已扩展为指使用脚手架材料(杆件、构件和配件)所搭设的、用于施工要求的各种临设性构架。

砌筑施工用脚手架主要是扣件式钢管脚手架,也可以采用碗扣式脚手架、门型脚手架、竹木脚手架等。

一、脚手架工程技术和安全管理

(一)脚手架的分类

1. 按用途划分

1)操作(作业)脚手架。又分为结构作业脚手架(俗称“砌筑脚手架”)和装修作业脚手架。可分别简称为“结构脚手架”和“装修脚手架”,其架面施工载荷标准值分别规定为 3 kN/m^2 和 2 kN/m^2。

2)防护用脚手架。架面施工(搭设)载荷标准值可按 1 kN/m^2 计。

3)承重、支撑用脚手架。架面载荷按实际使用值计。

2. 按构架方式划分

1)杆件组合式脚手架。俗称“多立杆式脚手架”,简称“杆组式脚手架”。

2)框架组合式脚手架(简称“框组式脚手架”),即由简单的平面框架(如门架、梯架、“口”字架、“日”字架和“目”字架等)与连接、撑拉杆件组合而成的脚手架,如门式钢管脚手架、梯式钢管脚手架和其他各种框式构件组装的鹰架等。

3)格构件组合式脚手架,即由桁架梁和格构柱组合而成的脚手架,如桥式脚手架[又有提升(降)式和沿齿条爬升(降)式两种]。

4)台架,即具有一定高度和操作平面的平台架,多为定型产品,其本身具有稳定的空间结构。可单独使用或立拼增高与水平连接扩大,并常带有移动装置。

3. 按脚手架的设置形式划分

1)单排脚手架。只有一排立杆的脚手架,其横向平杆的另一端搁置在墙体结构上。

2)双排脚手架。具有两排立杆的脚手架。

3)多排脚手架。具有 3 排以上立杆的脚手架。

4)满堂脚手架。按施工作业范围满设的、两个方向各有 3 排以上立杆的脚手架。

5)满高脚手架。按墙体或施工作业最大高度、由地面起满高度设置的脚手架。

6)交圈(周边)脚手架。沿建筑物或作业范围周边设置并相互交圈连接的脚手架。

7)特形脚手架。具有特殊平面和空间造型的脚手架,如用于烟囱、水塔、冷却塔以及其他平面为圆形、环形、“外方内圆”形、多边形和上扩、上缩等特殊形式的建筑施工脚手架。

4. 按脚手架的支固方式划分

1)落地式脚手架。搭设(支座)在地面、楼面、屋面或其他平台结构之上的脚手架。

2)悬挑脚手架(简称“挑脚手架”)。采用悬挑方式支固的脚手架,其挑支方式又有以下 3 种(图 2-57):

①架设于专用悬挑梁上;

②架设于专用悬挑三角桁架上;

③架设于由撑拉杆件组合的支挑结构上。其支挑结构有斜撑式、斜拉式、拉撑式和顶固式等多种。

3)附墙悬挂脚手架(简称“挂脚手架”)。在上部或(和)中部挂设于墙体挑挂件上的定型脚手架。

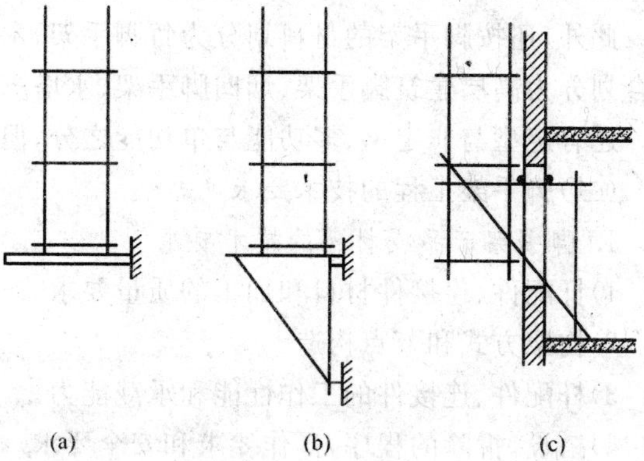

图 2-57 悬挑脚手架的挑支方式

(a)悬挑梁;(b)悬挑三角桁架;(c)杆件支挑结构

4)悬吊脚手架(简称“吊脚手架”)悬吊于悬挑梁或工程结构之下的脚手架。当采用篮式作业架时,称为“吊篮”。

5)附着升降脚手架(简称“爬架”)。附着于工程结构、依靠自身提升设备实现升降的悬空脚手架(其中实现整体提升者,也称为“整体提升脚手架”)。

6)水平移动脚手架。带行走装置的脚手架(段)或操作平台架。

5. 按脚手架平、立杆的连接方式划分

1)承插式脚手架。在平杆与立杆之间采用承插连接的脚手架。常见的承插连接方式有插片和楔槽、插片和楔盘、插片和碗扣、套管与插头以及 U 形托挂等(图 2-58)。

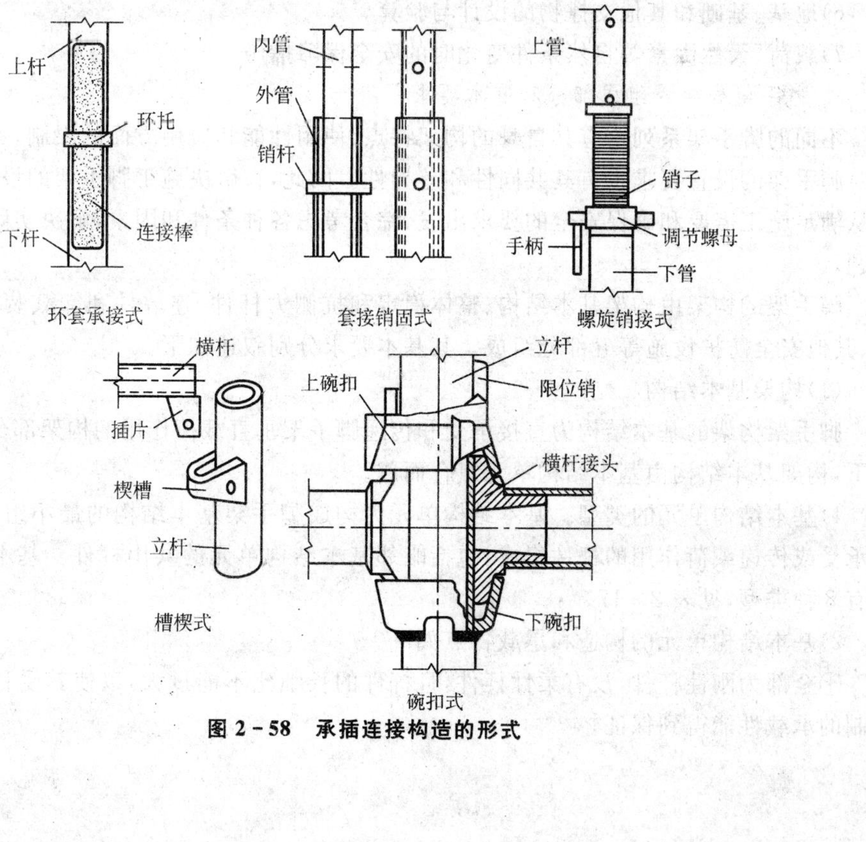

图 2-58 承插连接构造的形式

2)扣接式脚手架。使用扣件箍紧连接的脚手架,即靠拧紧扣件螺栓所产生的摩擦作用构架和承载的脚手架。

3)销栓式脚手架。采用对穿螺栓或销杆连接的脚手架,此种型式已很少使用。

此外,还按脚手架的材料划分为竹脚手架、木脚手架、钢管或金属脚手架;按使用对象或场合划分为高层建筑脚手架、烟囱脚手架、水塔脚手架、凉水塔脚手架以及外脚手架、里脚手架。还有定型与非定型、多功能与单功能之分,但均非严格的界限。

(二)脚手架工程的技术要求

1. 脚手架产品或材料的技术要求

1)杆配件、连接件材料和加工的质量要求。

2)构架方式和节点构造。

3)杆配件、连接件的工作性能和承载能力。

4)搭设、拆除的程序,操作要求和安全要求。

5)检查验收标准和使用中的维护要求。

6)应用范围和对不同应用要求的适应能力。

7)运输、储存和保养要求。

2. 脚手架工程的技术要求

1)满足使用要求的构架设计。

2)特殊部位的技术处理和安全保证措施(加强构造、拉结措施等)。

3)整架、局部构架、杆配件和节点承载能力的验算。

4)连墙件和其他支撑、约束措施的设置及其验算。

5)安全防、围护措施的设置要求及其保证措施。

6)地基、基础和其他支撑物的设计与验算:

7)载荷、天然因素等自然条件变化时的安全保障措施。

3. 脚手架构架的组成部分和基本要求

不同的脚手架系列均有其自身的构架特点、使用性能和应用方面的限制,不同的建筑工程对脚手架的设置要求也有其共同性和差异性。因此,在解决施工脚手架的设置问题时,必须从满足施工需要和确保安全的要求出发,综合考虑各种条件和因素,解决实际存在的各种问题。

脚手架的构架由构架基本结构、整体稳定和抗侧力杆件、连墙件和卸载装置、作业层设施、其他安全防护设施等五部分组成。其基本要求分别叙述如下。

(1)构架基本结构

脚手架构架的基本结构为直接承受和传递脚手架垂直载荷作用的构架部分。在多数情况下,构架基本结构由基本结构单元组合而成。

1)基本结构单元的类型。基本结构单元为构成脚手架基本结构的最小组成部分,由可以承受或传递载荷作用的杆件组成,包括毗邻基本结构单元的共用杆件。基本结构单元大致有 8 种类型,见表 2-17。

2)基本结构单元的构造和承载特点如下。

①全部为刚性杆件,没有柔性杆件,且杆件的长细比不能过大,以使其受稳定性和变形控制的承载性能得到保证;

表 2-17　脚手架基本结构单元

序号	基本结构单元类型		构架名称和形式	构架组合	
	名　称	图　示		方　式	作　用
1	平面框格	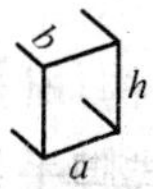	单排脚手架	双向	整体作用
		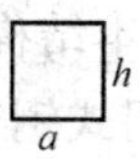	防(挡)护架		
2	立体格构	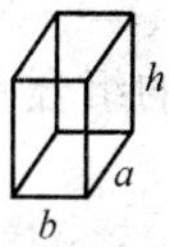	双排脚手架	双向	整体作用
			满堂脚手架	三向	
3	门形架	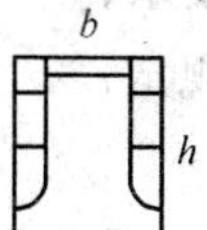	双排脚手架	双向	并列作用
			满堂脚手架	三向	
6	其他专用的平面框格	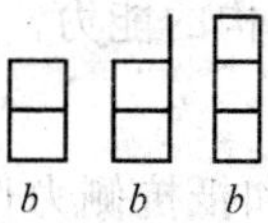	挑脚手架	单向	并列作用
5	三角形平面支架	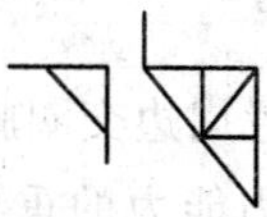	单层挑挂脚手架	单向	并列作用
			悬挑支架、卸载架		
6	平面桁架	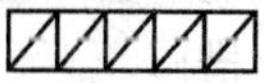	桥式脚手架	单向	并列作用
			栈桥梁	单独使用	
7	“┌”形架	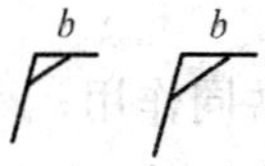	靠墙里脚手架	单向	并列作用
8	支柱	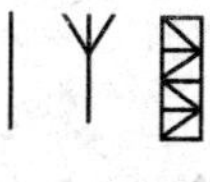	模板支撑架	单独使用或高度方向组合	并列作用

注:1. 单向组合:沿一个方向扩展;双向组合:沿高度和宽度(或长度)两个方向扩展;三向组合:沿高度、宽度和长度三个方向扩展。

2. 整体作用:与毗邻单元杆件共用,形成整体承受载荷作用;并列作用:以直立式片式构架承受垂直载荷作用,其间连系杆则主要起连系、约束和分配载荷作用。

②主要承受和传递垂直(竖向)载荷作用。

③节点一般都具有一定的抗弯能力,即节点为刚性或半刚性,但在计算时则按最不利的情况考虑。

3)基本结构单元组合的特点和要求如下。

①组合形式:

单向组合——基本结构单元沿一个方向组合,构成“单条式”架、组合柱或塔架;

双向组合——基本结构单元沿两个方向组合、构成“板(片)式”架，例如单排和双排脚手架；

三向组合——基本结构单元沿三个方向组合，构成“块式”架，例如满堂脚手架。

②组合的承载特点：

整体作用组合——基本结构单元组成一个整体结构，毗连基本结构单元的杆件共用，没有不是基本结构单元杆件的连系杆件，通常的多立杆式脚手架都属于这种情况。

并联作用组合——为平行的平面结构的组合。基本结构单元之间的连系杆件只起一定的约束作用，而不直接承受和传递垂直载荷作用。像门式钢管脚手架(在门架之间仅设有交叉支撑)就属于这种情况。

混合作用组合——既有整体作用，也有并联作用的组合。

4)对构架基本结构的一般要求如下。

①杆部件的质量和允许缺陷应符合规范和设计要求；

②节点构造尺寸和承载能力应符合规范和设计规定；

③具有稳定的结构；

④具有可满足施工要求的整体、局部和单肢的稳定承载能力；

⑤具有可将脚手架载荷传给地基基础或支撑结构的能力。

(2)整体稳定和抗侧力杆件

这是附加在构架基本结构上的、加强整体稳定和抵抗侧力作用的杆件，如剪刀撑、斜杆、抛撑以及其他撑拉杆件。

此外，“一”字形脚手架的整体稳定性较差。设置周边交圈脚手架，在角部相接处加强整体性连接措施，是增强脚手架的整体稳定性和抗侧力能力的重要措施。而其中增设的连接杆件也属于这类杆件。

这类杆件设置的基本要求为：

①设置的位置和数量应符合规定和需要；

②必须与基本结构杆件进行可靠连接，以保证共同作用；

③抛撑以及其他连接脚手架体和支撑物的支、拉杆件，应确保杆件和其两端的连接能满足撑、拉的受力要求；

④撑拉件的支撑物应具有可靠的承受能力。

(3)连墙件、挑挂和卸载设施

1)连墙件。

采用连墙件实现的附壁联结，对于加强脚手架的整体稳定性，提高其稳定承载能力和避免出现倾倒或坍塌等重大事故具有很重要的作用。

连墙件构造的形式：

①柔性拉结件。采用细钢筋、绳索、双股或多股铁丝进行拉结，只承受拉力，主要起防止脚手架外倾的作用，而对脚手架稳定性能(即稳定承载力)的帮助甚微。此种方式一般只能用于10层以下建筑的外脚手架中，且必须相应设置一定数量的刚性拉结件，以承受水平压力的作用。

②刚性拉结件。采用刚性拉杆或构件，组成既可承受拉力、又可承受压力的连接构造。

其附墙端的连接固定方式可视工程条件确定，一般有：

a. 拉杆穿过墙体，并在墙体两侧固定；

b. 拉杆通过门窗洞口，在墙两侧用横杆夹持和背楔固定；

c. 在墙体结构中设预埋铁件，与装有花篮螺栓的拉杆固接，用花篮螺栓调节拉结间距和脚手架的垂直度；

d. 在墙体中设预埋铁件，与定长拉杆固结。

对附墙连接的基本要求如下：

①确保连墙点的设置数量，一个连墙点的覆盖面为 20～50 m^2。脚手架越高，则连墙点的设置应越密。连墙点的设置位置遇到洞口、墙体构件、墙边或窄的窗间墙、砖柱等时，应在近处补设，不得取消；

②连墙件及其两端连墙点，必须满足抵抗最大计算水平力的需要；

③在设置连墙件时，必须保持脚手架立杆垂直，避免产生不利的初始侧向变形；

④设置连墙件处的建筑结构必须具有可靠的支撑能力。

2)挑、挂设施。

①悬挑设施的构造形式一般有三种：

a. 上拉下支式。即简单的支挑架，水平杆穿墙后锚固，承受拉力；斜支杆上端与水平杆连接、下端支在墙体上，承受压力；

b. 双上拉底支式。常见于插口架，它的两根拉杆分别从窗洞的上下边沿伸入室内，用竖杆和别杠固定于墙的内侧。插口架底部伸出横杆支顶于外墙面上；

c. 底锚斜支拉式。底部用悬挑梁式杆件(其里端固定到楼板上)，另设斜支杆和带花篮螺栓的拉杆，与挑脚手架的中上部联结。

②靠挂式设施。即靠挂脚手架的悬挂件，其里端预埋于墙体中或穿过墙体后予以锚固。

③悬吊式设施。用于吊篮，即在屋面上设置的悬挑梁，用绳索或吊杆将吊篮悬吊于悬挑梁之下。

④挑、挂设施的基本要求：

a. 应能承受挑、挂脚手架所产生的竖向力、水平力和弯矩；

b. 可靠地固结在工程结构上，且不会产生过大的变形；

c. 确保脚手架不晃动(对于挑脚手架)或者晃动不大(对于挂脚手架和吊篮)。吊篮需要设置定位绳。

3)卸载设施。

卸载设施是指将超过搭设限高的脚手架载荷部分地卸给工程结构承受的措施，即在立杆连续向上搭设的情况下，通过分段设置支顶和斜拉杆件以减小传至立杆底部的载荷。

将立杆断开，设置挑支构造以支撑其上部脚手架的办法，实际上已成为挑脚手架，它不属于卸载措施的范围。

卸载设施的种类有：

①无挑梁上拉式，即仅设斜拉(吊)杆；

②无挑梁下支式，即仅设斜支顶杆；

③无挑梁上拉、下支式，即同时设置拉杆和支杆。

对卸载设施的基本要求为：

①脚手架在卸载措施处的构造常需予以加强；

②支拉点必须工作可靠；

③支撑结构应具有足够的支撑能力，并应严格控制受压杆件的长细比。

卸载措施实际承受的载荷难以准确判断，在设计时须按较小的分配值考虑。

(4)作业层设施

作业层设施包括扩宽架面构造、铺板层、侧面防(围)护设施(挡脚板、栏杆、围护板网)以及其他设施，如梯段、过桥等。

作业层设施的基本要求：

①采用单横杆挑出的扩宽架面的宽度不宜超过300 mm，否则应进行构造设计或采用定型扩宽构件。扩宽部分一般不堆物料并限制其使用载荷。外立杆一侧扩宽时，防(围)护设施应相应外移；

②铺板一定要满铺，不得花铺，且脚手板必须铺放平稳，必要时还要加以固定；

③防(围)护设施应按规定的要求设置，间隙要合适、固定要牢固。

(三)脚手架工程的安全管理工作

1. 脚手架安全管理工作的基本内容

①制订对脚手架工程进行规范管理的文件(规范、标准、工法、规定等)；

②编制施工组织设计、技术措施以及其他指导施工的文件；

③建立有效的安全管理机制和办法；

④检查验收的实施措施；

⑤及时处理和解决施工中所发生的问题；

⑥事故调查、定性、处理及其善后安排；

⑦施工总结。

2. 脚手架工程中的安全事故及其防止措施

建筑脚手架在搭设、使用和拆除过程中发生的安全事故，一般都会造成程度不同的人员伤亡和经济损失，甚至出现导致死亡3人以上的重大事故，带来严重的后果和不良的影响。这些事故给予我们的教训是深刻的，从对事故的分析中可以得到许多有益的启示，帮助我们改进技术和管理工作，防止或减少事故的发生。

(1)脚手架工程多发事故的类型

1)整架倾倒或局部垮架；

2)整架失稳、垂直坍塌；

3)人员从脚手架上高处坠落；

4)落物伤人(物体打击)；

5)不当操作事故(闪失、碰撞等)。

(2)引发事故的直接原因

在造成事故的原因中，有直接原因和间接原因。这两方面原因都很重要，都要查找。在直接原因中有技术方面的、操作和指挥方面的以及自然因素的作用。

诱发以下两类多发事故的主要直接原因如下。

1)整架倾倒、垂直坍塌或局部垮架。

①构架缺陷：构架缺少必需的结构杆件，未按规定数量和要求设连墙件等；

②在使用过程中任意拆除必不可少的杆件和连墙件；

③构架尺寸过大、承载能力不足或设计安全度不够与严重超载；

④地基出现过大的不均匀沉降。

2)人员高空坠落。

①作业层未按规定设置围挡防护；

②作业层未满铺脚手板或架面与墙之间的间隙过大；

③脚手板和杆件因搁置不稳、扎结不牢或发生断裂而坠落；

④不当操作产生的碰撞和闪失。不当操作大致有以下情形：

a. 用力过猛，致使身体失去平衡；

b. 在架面上拉车退着行走；

c. 拥挤碰撞；

d. 集中多人搬运重物或安装较重的构件；

e. 架面上的冰雪未清除，造成滑跌。

(3)事故教训提供的启示和防止事故发生的措施

1)必须确保脚手架的构架和防护设施达到承载可靠和使用安全的要求。在编制施工组织设计、技术措施和施工应用中，必须对以下方面作出明确的安排和规定：

①对脚手架杆配件的质量和允许缺陷的规定；

②脚手架的构架方案、尺寸以及对控制误差的要求；

③连墙点的设置方式、布点间距，对支撑物的加固要求(需要时)以及某些部位不能设置时的弥补措施；

④在工程体形和施工要求变化部位的构架措施；

⑤作业层铺板和防护的设置要求；

⑥对脚手架中载荷大、跨度大、高空间部位的加固措施；

⑦对实际使用载荷(包括架上人员、材料机具以及多层同时作业)的限制；

⑧对施工过程中需要临时拆除杆部件和拉结件的限制以及在恢复前的安全弥补措施；

⑨安全网及其他防(围)护措施的设置要求；

⑩脚手架地基或其他支撑物的技术要求和处理措施。

2)必须严格地按照规范、设计要求和有关规定进行脚手架的搭设、使用和拆除，坚决制止乱搭、乱改和乱用情况。在这方面出现的问题很多，难以全面地归纳起来，大致归纳如下。

有关乱改和乱搭问题：

①任意改变构架结构及其尺寸；

②任意改变连墙件设置位置，减少设置数量；

③使用不合格的杆配件和材料；

④任意减少铺板数量、防护杆件和设施；

⑤在不符合要求的地基和支撑物上搭设；

⑥不按质量要求搭设，立杆偏斜，连接点松弛；

⑦不按规定的程序和要求进行搭设和拆除作业，在搭设时未及时设置拉撑杆件，在拆除时过早地拆除拉结杆件和连接件；

⑧在搭、拆作业中未采取安全防护措施，包括不设置防(围)护和不使用安全防护用品；

⑨不按规定要求设置安全网。

有关乱用问题：

①随意增加上架的人员和材料，引起超载；

②任意拆去构架的杆配件和拉结；

③任意抽掉、减少作业层脚手板；

④在架面上任意采取加高措施，增加了载荷，加高部分无可靠固定、不稳定，防护设施也未相应加高；

⑤站在不具备操作条件的横杆或单块板上操作；

⑥工人进行搭设和拆除作业不按规定使用安全防护用品；

⑦在把脚手架作为支撑和拉结的支撑物时，未对构架采用相应的加强措施；

⑧在架上搬运超重构件和进行安装作业；

⑨在不安全的天气条件(六级以上风天、雷雨天和雪天)下继续施工；

⑩在长期搁置以后未作检查的情况下重新启用。

3)必须健全规章制度，加强规范管理，制止和杜绝违章指挥和违章作业。

4)必须完善防护措施和提高施管人员的自我保护意识和素质。

3. 防止脚手架事故的技术与管理措施

(1)加强脚手架工程的技术与管理措施

加强建筑脚手架工程的技术和管理措施，不仅应注意前述常见问题，还应特别注意以下6个方面可能出现的新的情况和问题：

①随着高层和高难度施工工程的大量出现，多层建筑脚手架的构架做法已不能适应和满足它们的施工要求，不能仅靠工人的经验进行搭设，必须进行严格的设计计算，并使施管人员掌握其技术和施工要求，以确保安全；

②对于首次使用，没有先例的高、难、新脚手架，在周密设计的基础上，还需要进行必要的载荷试验，检验其承载能力和安全储备，在确保可靠后才能正式使用；

③对于高层、高耸、大跨建筑以及有其他特殊要求的脚手架，由于在安全防护方面的要求相应提高，因此，必须对其设置、构造和使用要求加以严格的限制，并认真监控；

④建筑脚手架多功能用途的发展，对其承载和变形性能(例如作模板支撑架时，将同时承受垂直和侧向载荷的作用)提出了更高的要求，必须予以考虑；

⑤按提高综合管理水平的要求，除了技术的可靠性和安全保证性外，还要考虑进度、工效、材料的周转与消耗等综合性管理要求；

⑥对已经落后或较落后的架设工具的改造与更新要求。

(2)加强脚手架工程的规范化管理

为了确保脚手架工程的施工安全，预防和杜绝事故的发生，必须加强以确保安全为基本要求的规范化管理。这就需要尽快完善有关脚手架方面的施工安全标准，需要施工企业和项目经理部建立起相应的管理细则和管理人员。

脚手架安全技术规范是实施规范化管理的依据，其编制工作已进行近20年，目前已公布实施的有《建筑施工扣件式钢管脚手架安全技术规范》(JGJ 130－2001)、《建筑施工门式钢管脚手架安全技术规范》(JGJ 128－2000)以及对附着升降脚手架管理的暂行规定等。

二、脚手架构架与设置和使用要求的一般规定

(一)脚手架构架和设置要求的一般规定

脚手架的构架设计应充分考虑工程的使用要求、各种实施条件和因素，并符合以下各项规定。

1. 构架尺寸规定

1)双排结构脚手架和装修脚手架的立杆纵距和平杆步距应≤2.0 m。

2)作业层距地(楼)面高度≥2.0 m 的脚手架，作业层铺板的宽度不应小于：外脚手架为 750 mm，里脚手架为 500 mm。铺板边缘与墙面的间隙应≤300 mm、与挡脚板的间隙应≤100 mm。当边侧脚手板不贴靠立杆时，应予可靠固定。

2. 连墙点设置规定

当架高≥6 m 时，必须设置均匀分布的连墙点，其设置应符合以下规定。

1)门式钢管脚手架：当架高≤20 m 时，不小于 50 m^2 一个连墙点，且连墙点的竖向间距应≤6 m；当架高＞20 m 时，不小于 30 m^2 一个连墙点，且连墙点的竖向间距应≤4 m。

2)其他落地(或底支托)式脚手架：当架高≤20 m 时，不小于 40 m^2 一个连墙点，且连墙点的竖向间距应≤6 m；当架高＞20 m 时，不小于 30 m^2 一个连墙点，且连墙点的竖向间距应≤4 m。

3)脚手架上部未设置连墙点的自由高度不得大于 6 m。

4)当设计位置及其附近不能装设连墙件时，应采取其他可行的刚性拉结措施予以弥补。

3. 整体性拉结杆件设置规定

脚手架应根据确保整体稳定和抵抗侧力作用的要求，按以下规定设置剪刀撑或其他有相应作用的整体性拉结杆件。

1)周边交圈设置的单、双排木、竹脚手架和扣件式钢管脚手架，当架高为 6～25 m 时，应于外侧面的两端和其间按≤15 m 的中心距并自下而上连续设置剪刀撑；当架高＞25 m 时，应于外侧面满设剪刀撑。

2)周边交圈设置的碗扣式钢管脚手架，当架高为 9～25 m 时，应按不小于其外侧面框格总数的 1/5 设置斜杆；当架高＞25 m 时，按不小于外侧面框格总数的 1/3 设置斜杆。

3)门式钢管脚手架的两个侧面均应满设交叉支撑。当架高≤45 m 时，水平框架允许间隔一层设置；当架高＞45 m 时，每层均满设水平框架。此外，架高≥20 m 时，还应每隔 6 层加设一道双面水平加强杆，并与相应的连墙件层同高。

4)“一”字形单双排脚手架按上述相应要求增加 50%的设置量。

5)满堂脚手架应按构架稳定要求设置适量的竖向和水平整体拉结杆件。

6)剪刀撑的斜杆与水平面的交角宜在 45°～60°之间，水平投影宽度应不小于 2 跨或4 m 和不大于 4 跨或 8 m。斜杆应与脚手架基本构架杆件加以可靠连接，且斜杆相邻连接点之间杆段的长细比不得大于 60。

7)在脚手架立杆底端之上 100～300 mm 处一律遍设纵向和横向扫地杆，并与立杆连接牢固。

4. 杆件连接构造规定

脚手架的杆件连接构造应符合以下规定。

1)多立杆式脚手架左右相邻立杆和上下相邻平杆的接头应相互错开并置于不同的构架框格内。

2)搭接杆件接头长度:扣件式钢管脚手架应≥10.8 m;搭接部分的结扎应不少于2道,且结扎点间距应≤0.6 m。

3)杆件在结扎处的端头伸出长度应不小于0.1 m。

5. 安全防(围)护规定

脚手架必须按以下规定设置安全防护措施,以确保架上作业和作业影响区域内的安全。

1)作业层距地(楼)面高度≥2.5 m时,在其外侧边缘必须设置挡护高度≥1.1 m的栏杆和挡脚板,且栏杆间的净空高度应≤0.5 m。

2)临街脚手架,架高≥25 m的外脚手架以及在脚手架高空落物影响范围内同时进行其他施工作业或有行人通过的脚手架,应视需要采用外立面全封闭、半封闭以及搭设通道防护棚等适合的防护措施。封闭围护材料应采用密目安全网、塑料编织布、竹笆或其他板材。

3)架高9~25 m的外脚手架,除执行1)的规定外,可视需要加设安全立网维护。

4)挑脚手架、吊篮和悬挂脚手架的外侧面应按防护需要采用立网围护或执行2)的规定。

5)遇有下列情况时,应按以下要求加设安全网。

①架高≥9 m,未作外侧面封闭、半封闭或立网封护的脚手架,应按以下规定设置首层安全(平)网和层间(平)网:

a. 首层网应距地面4 m设置,悬出宽度应≥3.0 m。

b. 层间网自首层网每隔3层设一道,悬出高度应≥3.0 m。

②外墙施工作业采用栏杆或立网围护的吊篮,架设高度≤6.0 m的挑脚手架、挂脚手架和附墙升降脚手架时,应于其下4~6 m起设置两道相隔的3.0 m的随层安全网,其距外墙面的支架宽度应≥3.0 m。

6)上下脚手架的梯道、坡道、栈桥、斜梯、爬梯等均应设置扶手、栏杆或其他安全防(围)护措施并清除通道中的障碍,确保人员上下的安全。

采用定型的脚手架产品时,其安全防护配件的配备和设置应符合以上要求;当无相应安全防护配件时,应按上述要求增配和设置。

6. 搭设高度限制和卸载规定

脚手架的搭设高度一般不应超过表2-18的限值。当需要搭设超过表2-18规定高度的脚手架时,可采取下述方式及其相应的规定解决。

表2-18 脚手架搭设高度的限值

序次	类别	型式	高度限值(m)	备注
1	木脚手架	单排	30	架高≥30 m时,立杆纵距≤1.5 m
		双排	60	
2	竹脚手架	单排	25	
		双排	50	
3	扣件式钢管脚手架	单排	20	
		双排	50	

续表

序次	类别	型式	高度限值(m)	备注
4	碗扣式钢管脚手架	单排	20	架高≥30 m时，立杆纵距≤1.5 m
		双排	60	
5	门式钢管脚手架	轻载	60	施工总载荷≤3 kN/m²
		普通	45	施工总载荷≤5 kN/m²

1)在架高 20 m 以下采用双立杆和在架高 30 m 以上采用部分卸载措施。

2)架高 50 m 以上采用分段全部卸载措施。

3)采用挑、挂、吊型式或附着升降脚手架。

7. 脚手架的计算规定

建筑施工脚手架，凡有以下情况之一者，必须进行计算或进行 1∶1 实架段的载荷试验，验算或检验合格后，方可进行搭设和使用。

1)架高≥20 m，且相应脚手架安全技术规范没有给出不必计算的构架尺寸规定。

2)实际使用的施工载荷值和作业层数大于以下规定：

①结构脚手架施工载荷的标准值取 3 kN/m²，允许不超过 2 层同时作业；

②装修脚手架施工载荷的标准值取 2 kN/m²，允许不超过 3 层同时作业。

3)全部或局部脚手架的形式、尺寸、载荷或受力状态有显著变化。

4)作支撑和承重用途的脚手架。

5)吊篮、悬吊脚手架、挑脚手架和挂脚手架。

6)特种脚手架。

7)尚未制订规范的新型脚手架。

8)其他无可靠安全依据搭设的脚手架。

8. 单排脚手架的设置规定

单排脚手架的设置应遵守以下规定。

1)单排脚手架不得用于以下砌体工程中：

①墙厚小于 180 mm 的砌体；

②土坯墙、空斗砖墙、轻质墙体、有轻质保温层的复合墙和靠脚手架一侧的实体厚度小于 180 mm 的空心墙；

③砌筑砂浆强度等级小于 M1.0 的墙体。

2)在墙体的以下部位不得留脚手眼：

①梁和梁垫下及其左右各 240 mm 范围内；

②宽度小于 480 mm 的砖柱和窗间墙；

③墙体转角处每边各 360 mm 范围内；

④施工图上规定不允许留洞眼的部位。

3)在墙体的以下部位不得留尺寸大于 60 mm×60 mm 的脚手眼：

①砖过梁以上与梁端成 60°角的三角形范围内；

②宽度小于 620 mm 的窗间墙；

③墙体转角处每边各 620 mm 范围内。

9. 使用其他杆配件进行加强的规定

一般情况下，禁止不同材料和连接方式的脚手架杆配件混用。当所用脚手架杆件的构架能力不能满足施工需要和确保安全、而必须采用其他脚手架杆配件或其他杆件予以加强时，应遵守下列规定：

1)混用的加强杆件，当其规格和连接方式不同时，均不得取代原脚手架基本构架结构的杆配件；

2)混用的加强杆件，必须以可靠的连接方式与原脚手架的杆件连接；

3)大面积采取混用加强立杆时，混用立杆应与原架立杆均匀错开，自基地向上连续搭设，先使用同种类平杆和斜杆形成整体构架并与原脚手架杆件可靠连接，确保起到分担载荷和加强原架整体稳定性的作用；

4)混用低合金钢和碳钢钢管杆件时，应经过严格的设计和计算，且不得在搭设中设错(见后述)。

(二)脚手架杆配件的一般规定

脚手架的杆件、构件、连接件、其他配件和脚手板必须符合以下质量要求，不合格者禁止使用。

1. 脚手架杆件

钢管件采用镀锌焊管，钢管的端部切口应平整。禁止使用有明显变形、裂纹和严重锈蚀的钢管。使用普通焊管时，应内外涂刷防锈层并定期复涂以保持其完好。

2. 脚手架连接件

应使用与钢管管径相配合的、符合我国现行标准的可锻铸铁扣件。使用铸钢和合金钢扣件时，其性能应符合相应可锻铸铁扣件的规定指标要求。严禁使用加工不合格、锈蚀和有裂纹的扣件。

3. 脚手架配件

1)加工应符合产品的设计要求。

2)确保与脚手架主体构架杆件的连接可靠。

4. 脚手板

1)各种定型冲压钢脚手板、焊接钢脚手板、钢框镶板脚手板以及自行加工的各种型式金属脚手板，自重均不宜超过 0.3 kN，性能应符合设计使用要求，且表面应具有防滑、防积水构造。

2)使用大块铺面板材(如胶合板、竹笆板等)时，应进行设计和验算，确保满足承载和防滑要求。

(三)脚手架搭设、使用和拆除的一般规定

1. 脚手架的搭设规定

脚手架的搭设作业应遵守以下规定。

1)搭设场地应平整、夯实并设置排水措施。

2)立于土地面之上的立杆底部应加设宽度≥200 m，厚度≥50 mm 的垫木、垫板或其他刚性垫块，每根立杆的支垫面积应符合设计要求且不得小于 0.15 m^2。

3)底端埋入土中的木立杆，其埋置深度不得小于 500 mm，且应在坑底加垫后填土夯实。使用期较长时，埋入部分应作防腐处理。

4)在搭设之前，必须对进场的脚手架杆配件进行严格的检查，禁止使用规格和质量不合格的杆配件。

5)脚手架的搭设作业，必须在统一指挥下，严格按照以下规定程序进行。

①按施工设计放线、铺垫板、设置底座或标定立杆位置。

②周边脚手架应从一个角部开始并向两边延伸交圈搭设；"一"字形脚手架应从一端开始并向另一端延伸搭设。

③应按定位依次竖起立杆，将立杆与纵、横向扫地杆连接固定，然后装设第 1 步的纵向和横向平杆，随校正立杆垂直之后予以固定，并按此要求继续向上搭设。

④在设置第一排连墙件前，"一"字形脚手架应设置必要数量的抛撑，以确保构架稳定和架上作业人员的安全。边长≥20 m 的周边脚手架，亦应适量设置抛撑。

⑤剪刀撑、斜杆等整体拉结杆件和连墙件应随搭升的架子一起及时设置。

6)脚手架处于顶层连墙点之上的自由高度不得大于 6 m。当作业层高出其下连墙件 2 步或 4 m 以上且其上尚无连墙件时，应采取适当的临时撑拉措施。

7)脚手板或其他作业层铺板的铺设应符合以下规定。

①脚手板或其他铺板应铺平铺稳，必要时应予绑扎固定。

②脚手板采用对接平铺时，在对接处，与其下两侧支撑横杆的距离应控制在 100～200 mm 之间；采用挂扣式定型脚手板时，其两端挂扣必须可靠地接触支撑横杆并与其扣紧。

③脚手板采用搭设铺放时，其搭接长度不得小于 200 mm，且应在搭接段的中部设有支撑横杆。铺板严禁出现端头超出支撑横杆 250 mm 以上未作固定的探头板。

④长脚手板采用纵向铺设时，其下支撑横杆的间距不得大于：竹串片脚手板为 0.75 m；木脚手板为 1.0 m；冲压钢脚手板和钢框组合脚手板为 1.5 m(挂扣式定型脚手板除外)。纵铺脚手板应按以下规定部位与其下支撑横杆绑扎固定：脚手架的两端和拐角处；沿板长方向每隔 15～20 m；坡道的两端；其他可能发生滑动和翘起的部位。

⑤采用以下板材铺设架面时，其下支撑杆件的间距不得大于：竹笆板为 400 mm，七夹板为 500 mm。

8)当脚手架下部采用双立杆时，主立杆应沿其竖轴线搭设到顶，辅立杆与主立杆之间的中心距不得大于 200 mm，且主辅立杆必须与相交的全部平杆进行可靠连接。

9)用于支托挑、吊、挂脚手架的悬挑梁、架必须与支撑结构可靠连接。其悬臂端应有适当的架设起拱量，同一层各挑梁、架上表面之间的水平误差应不大于 20 mm，且应视需要在其间设置整体拉结构件，以保持整体稳定。

10)装设连墙件或其他撑拉杆件时，应注意掌握撑拉的松紧程度，避免引起杆件和架体的显著变形。

11)工人在架上进行搭设作业时，作业面上宜铺设必要数量的脚手板并予临时固定。工人必须戴安全帽和佩挂安全带。不得单人进行装设较重杆配件和其他易发生失衡、脱手、碰撞、滑跌等不安全的作业。

12)在搭设中不得随意改变构架设计、减少杆配件设置和对立杆纵距作≥100 mm 的构架尺寸放大。确有实际情况，需要对构架作调整和改变时，应提交或请示技术主管人员解决。

2. 脚手架搭设质量的检查验收规定

脚手架搭设质量的检查验收工作应遵守以下规定。

1)脚手架的验收标准规定。

①构架结构符合前述的规定和设计要求,个别部位的尺寸变化应在允许的调整范围之内。

②节点的连接可靠。其中扣件的拧紧程度应控制在扭力矩达到 40～60 N·m;碗扣应盖扣牢固(将上碗扣拧紧);8 号钢丝十字交叉扎点应拧 1.5～2 圈后箍紧,不得有明显扭伤,且钢丝在扎点外露的长度应≥80 mm。

③钢脚手架立杆的垂直度偏差应≤1/300,且应同时控制其最大垂直偏差值:当架高≤20 m 时为不大于 50 mm;当架高>20 m 时为不大于 75 mm。

④纵向钢平杆的水平偏差应≤1/250,且全架长的水平偏差值应不大于 50 mm。木、竹脚手架的搭接平杆按全长的上皮走向线(即各杆上皮线的折中位置)检查,其水平偏差应控制在 2 倍钢平杆的允许范围内。

⑤作业层铺板、安全防护措施等均应符合前述要求。

2)脚手架的验收和日常检查按以下规定进行,检查合格后,方允许投入使用或继续使用:

①搭设完毕后;

②连续使用达到 6 个月;

③施工中途停止使用超过 15 天,在重新使用之前;

④在遭受暴风、大雨、大雪、地震等强力因素作用之后;

⑤在使用过程中,发现有显著的变形、沉降、拆除杆件和拉结以及安全隐患存在的情况时。

3. 脚手架的使用规定

脚手架的使用应遵守以下规定。

1)作业层每 1 m² 架面上实际的施工载荷(人员、材料和机具重量)不得超过以下的规定值或施工设计值。施工载荷(作业层上人员、器具、材料的重量)的标准值,结构脚手架取 3 N/m²;装修脚手架取 2 kN/m²;吊篮、桥式脚手架等工具式脚手架按实际值取用,但不得低于 1 kN/m²。

2)在架板上堆放的标准砖不得多于单排立码 3 层;砂浆和容器总重不得大于 1.5 kN;施工设备单重不得大于 1 kN,使用人力在架上搬运和安装的构件的自重不得大于 2.5 kN。

3)在架面上设置的材料应码放整齐稳固,不得影响施工操作和人员通行。按通行手推车要求搭设的脚手架应确保车道畅通。严禁上架人员在架面上奔跑、退行或倒退拉车。

4)作业人员在架上的最大作业高度应以可进行正常操作为度,禁止在架板上加垫器物或单块脚手板以增加操作高度。

5)在作业中,禁止随意拆除脚手架的基本构架杆件、整体性杆件、连接紧固件和连墙件。确因操作要求需要临时拆除时,必须经主管人员同意,采取相应弥补措施,并在作业完毕后,及时予以恢复。

6)工人在架上作业中,应注意自我安全保护和他人的安全,避免发生碰撞、闪失和落物。严禁在架上嬉闹和坐在栏杆上等不安全处休息。

7)人员上下脚手架必须走设安全防护的出入通(梯)道,严禁攀援脚手架上下。

8)每班工人上架作业时,应先行检查有无影响安全作业的问题存在,在排除和解决后方许开始作业。在作业中发现有不安全的情况和迹象时,应立即停止作业进行检查,解决以后才能恢复正常作业;发现有异常和危险情况时,应立即通知所有架上人员撤离。

9)在每步架的作业完成之后,必须将架上剩余材料物品移至上(下)步架或室内;每日收工前应清理架面，将架面上的材料物品堆放整齐，垃圾清运出去；在作业期间，应及时清理落入安全网内的材料和物品。在任何情况下，严禁自架上向下抛掷材料物品和倾倒垃圾。

4. 脚手架的拆除规定

脚手架的拆除作业应按确定的拆除程序进行。连墙件应在位于其上的全部可拆杆件都拆除之后才能拆除。在拆除过程中，凡已松开连接的杆配件应及时拆除运走，避免误扶和误靠已松脱连接的杆件。拆下的杆配件应以安全的方式运出和吊下，严禁向下抛掷。在拆除过程中，应作好配合、协调动作，禁止单人进行拆除较重杆件等危险性的作业。

5. 模板支撑架和特种脚手架的规定

(1)模板支撑架

使用脚手架杆配件搭设模板支撑架和其他重载架时，应遵守以下规定。

1)使用门式钢管脚手架构配件搭设模板支撑架和其他重载架时，数值≥5 kN 集中载荷的作用点应避开门架横梁中部 1/3 架宽范围，或采用加设斜撑、双榀门架重叠交错布置等可靠措施。

2)使用扣件式和碗扣式钢管脚手架杆配件搭设模板支撑架和其他重载架时，作用于跨中的集中载荷应不大于以下规定值：相应于 0.9 m、1.2 m、1.5 m 和 1.8 m 跨度的允许值分别为 4.5 kN、3.5 kN、2.5 kN 和 2 kN。

3)支撑架的构架必须按确保整体稳定的要求设置整体性拉结杆件和其他撑拉、连墙措施。并根据不同的构架、载荷情况和控制变形的要求，给横杆件以适当的起拱量。

4)支撑架高度的调节宜采用可调底座或可调顶托解决。当采用搭接立杆时，其旋转扣件应按总抗滑承载力不小于 2 倍设计载荷设置，且不得少于 2 道。

5)配合垂直运输设施设置的多层转运平台架应按实际使用载荷设计，严格控制立杆间距，并单独构架和设置连墙、撑拉措施，禁止与脚手架的杆件共用。

6)当模板支撑架和其他重载架设置上人作业面时，应按前述规定设置安全防护。

(2)特种脚手架

凡不能按一般要求搭设的高耸、大悬挑、曲线形和提升等特种脚手架，应遵守下列规定。

1)特种脚手架只有在满足以下各项规定要求时，才能按所需高度和形式进行搭设：

①按确保承载可靠和使用安全的要求，经过严格的设计计算，在设计时必须考虑风载荷的作用；

②有确保达到构架要求质量的可靠措施；

③脚手架的基础或支撑结构物必须具有足够的承受能力；

④有严格确保安全使用的实施措施和规定。

2)在特种脚手架中用于挂扣、张紧、固定、升降的机具和专用加工件，必须完好无损和无故障，且应有适量的备用品，在使用前和使用中应加强检查，以确保其工作安全可靠。

6. 脚手架对基础的要求

良好的脚手架底座和基础、地基，对于脚手架的安全极为重要，在搭设脚手架时，必须加设底座、垫木(板)或基础并作好对地基的处理。

(1)一般要求

1)脚手架地基应平整夯实；

2)脚手架的钢立柱不能直接立于土地面上，应加设底座和垫板(或垫木)，垫板(木)厚度

不小于 50 mm;

3)遇有坑槽时,立杆应下到槽底或在槽上加设底梁(一般可用枕木或型钢梁);

4)脚手架地基应有可靠的排水措施,防止积水浸泡地基;

5)脚手架旁有开挖的沟槽时,应控制外立杆距沟槽边的距离:当架高在 30 m 以内时,不小于 1.5 m;架高为 30~50 m 时,不小于 2.0 m;架高在 50 m 以上时,不小于 2.5 m。当不能满足上述距离时,应核算土坡承受脚手架的能力,不足时可加设挡土墙或其他可靠支护,避免槽壁坍塌危及脚手架安全;

6)位于通道处的脚手架底部垫木(板)应低于其两侧地面,并在其上加设盖板;避免扰动。

(2)一般作法

1)30 m 以下的脚手架,其内立杆大多处在基坑回填土之上,回填土必须严格分层夯实。垫木宜采用长 2.0~2.5 m、宽不小于 200 mm、厚 50~60 mm 的木板,垂直于墙面放置(用长 4.0 m 左右平行于墙放置亦可),在脚手架外侧挖一浅排水沟排除雨水,如图2-59 所示。

2)架高超过 30 m 的高层脚手架的基础作法为(图 2-60):

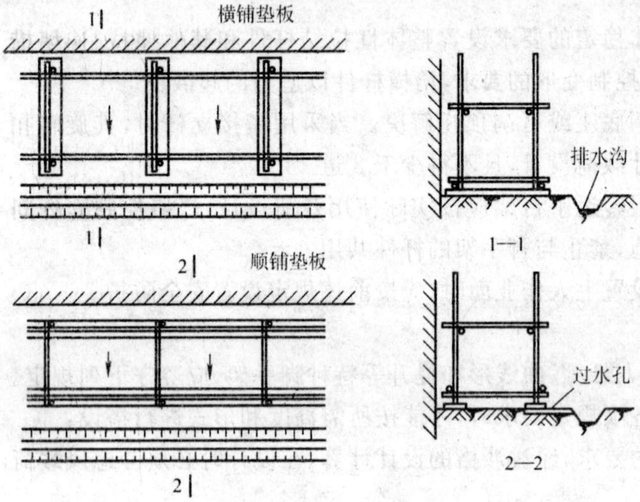

图 2-59 普通脚手架基底作法

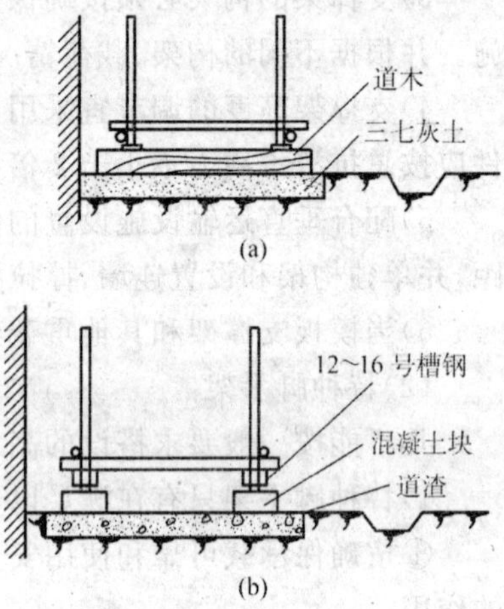

图 2-60 高层脚手架基底作法

(a)垫道木;(b)垫槽钢

①采用道木支垫;

②在地基上加铺 20 cm 厚道渣后铺混凝土预制块或硅酸盐砌块,在其上沿纵向铺放 12~16 号槽钢,将脚手架立杆坐于槽钢上。

若脚手架地基为回填土,应按规定分层夯实,达到密实度要求,并自地面以下 1 m 深改作三七灰土。

三、脚手架设计和计算的一般方法

脚手架既具有同类建筑结构的一些共同属性,又具有自身的特殊性。不同的脚手架系列,由于杆件材料和构架方式的不同,在设计计算方面,有其共同性,同时也有差异。

（一）脚手架设计计算的统一规定

1. 脚手架的设计计算要求和方法

(1)脚手架的设计内容

建筑施工脚手架的设计包含以下三项相互关联的内容。

1)设置方案的选择，包括：①脚手架的类别；②脚手架构架的形式和尺寸；③相应的设置措施[基础、支撑、整体拉结和附墙连接、进出(或上下)措施等]。

2)承载可靠性的验算，包括：①构架结构和杆件验算；②地基、基础和其他支撑结构的验算；③专用加工件验算。

3)安全使用措施，包括：①作业面的防(围)护；②整架和作业区域(涉及的空间环境)的防(围)护；③进行安全搭设、移动(升降)和拆除的措施；④安全使用措施。

(2)脚手架构架结构的计(验)算项目

1)构架的整体稳定性计算。可转化为立杆稳定性计算。

2)单肢立杆的稳定性计算。当单肢立杆稳定性计算已包括在整体稳定性计算中，且立杆未显著超出构架的计算长度和使用载荷时，可以略去此项计算。

3)平杆的强度、稳定和刚度计算。

4)附着和连墙件的强度和稳定验算。

5)抗倾覆验算。

6)悬挂件、挑支撑拉件的验算(根据其受力状态确定验算项目)。

7)地基基础和支撑结构的验算。

(3)脚手架结构设计采用的方法

各种脚手架结构都属于临时(设)性建筑结构范畴，因此，一律采用《建筑结构设计统一标准》(GBJ 68－1984)[新标准为《建筑结构可靠度设计统一标准》(GB 50068－2001)]规定的“概率极限状态设计法”，其基本概念扼要介绍如下：不论什么结构，当其整个结构或结构的一部分超过某一特定状态就不能满足设计规定的某一功能要求时，这个特定状态就称为该功能的极限状态。

结构的极限状态有两类。

1)承载能力极限状态。结构或结构构件达到其最大承载能力或出现不适于继续承载的变形的某一特定的状态。对于建筑工程结构，当出现下列状态时，即认为超过了承载能力极限状态：

①整个结构或结构的一部分作为刚体失去平衡(如倾覆等)；

②结构构件或连接节点构造的承载因超过材料的强度而破坏(包括疲劳)或因出现过度的塑性变形而不适于继续承载；

③结构转变为机动体系；

④结构或构件丧失稳定(如压屈等)。

2)正常使用极限状态。结构或构件达到正常使用或耐久性能的某项规定限值的特定状态。对于建筑工程结构，当出现下列状态之一时，即认为超过了正常使用状态：

①影响正常使用的外观的变形；

②影响正常使用的耐久性能的局部损坏(包括裂缝)；

③影响正常使用的振动；

④影响正常使用的其他特定状态。

对于建筑脚手架结构(包括使用脚手架材料组装的支撑架)来说,由于对构架杆配件的质量和缺陷都作了规定,且在出现正常使用极限状态时会有明显的征兆和发展过程,有时间采取相应措施而不会出现突发性事故。因此,在脚手架设计时一般不考虑正常使用极限状态,而主要考虑其承载能力极限状态。

在上述 4 种承载能力极限状态中,倾覆问题可通过加强结构的整体性和附墙拉结来解决(对拉结件进行抗水平力作用的计算);转变为机动体系的问题也可用合理的构造(如加设适量的斜杆和剪刀撑)来解决而不必计算。因此应考虑的是强度和稳定的计算。而脚手架整体或局部丧失稳定破坏是脚手架破坏的主要危险所在,因而是最主要的设计计算项目。

对于结构的各种极限状态,均应规定或给予明确的标志或限值,即给定或预先规定用以量度结构的可靠度的可靠指标。

结构在规定的时间内和规定的条件下完成预定功能(即设计要求)的概率,称为结构的可靠度。它是结构可靠性的概率量度,并采用以概率理论为基础的极限状态设计方法确定。在各种因素的影响下,结构完成预定功能的能力不能事先确定,只能用概率来描述,这是从统计数学出发的、比较科学的方法。

能够完成预定功能的概率称为"可靠概率"(p_s),不能完成预定功能的概率为"失效概率"(p_f),$p_s+p_f=1$。p_s 和 p_f 都可以用来度量结构的可靠性,而一般习惯于采用后者。但计算 p_f 比较复杂,需要通过多维积分,因而采用可靠指标 β 来代替 p_f 具体量度结构的可靠性。

p_f 和 β 的计算式由结构的"极限状态方程"($Z=R-S=0$,Z 为结构的功能函数,S 为作用效应,R 为结构抗力)导出。设 R、S 均为正态变量,则 Z 亦为正态变量。

因
$$p_f = p(Z<0) = \frac{1}{2\pi}\int_{\infty}^{-\frac{\mu_Z}{\sigma_Z}} \exp\left(-\frac{x^2}{2}\right)\mathrm{d}x = \Phi\left(-\frac{\mu_Z}{\sigma_Z}\right)$$

令
$$\beta=\frac{\mu_Z}{\sigma_Z}=\frac{\mu_R-\mu_S}{\sqrt{\sigma_R^2+\sigma_S^2}} \tag{2-1}$$

则
$$p_f=\Phi(-\beta)$$

式中 $\Phi(\cdot)$——保准正态分布函数;

μ_Z——功能函数的平均值;

σ_Z——功能函数的标准值。

$$\sigma_Z=\sqrt{\frac{1}{n-1}\sum_{i=1}^{n}(Z_i-\mu_Z)} \tag{2-2}$$

β 和 p_f 的对应关系列入表 2-19 中。可以看出,β 愈大,p_f 愈小,结构愈可靠,故称 β 为"可靠指标"。

表 2-19 β 和 p_f 的对应关系

β	2.0	2.5	3.0	3.5	4.0
p_f	22.8×10^{-3}	6.2×10^{-3}	13.5×10^{-4}	2.3×10^{-4}	3.2×10^{-5}

该标准确定的结构构件设计应达到的 β 值(历史经验总结)列入表 2-20 中。

表 2-20 承载能力极限状态设计应取的 β 值

破坏类型	可靠指标 β(相应的 p_f)		
	安全等级		
	Ⅰ	Ⅱ	Ⅲ
延性	3.7(11×10^{-5})	3.2(6.8×10^{-4})	2.7(3.5×10^{-3})
脆性	4.2(1.3×10^{-5})	3.7	3.2

注:脚手架结构的安全等级采用3个等级。

Ⅰ级——重要建筑物,破坏后果很严重;

Ⅱ级——一般建筑物,破坏后果严重;

Ⅲ级——次要建筑物,破坏后果不严重。

由于"概率极限状态设计法"中所涉及的作用效应和抗力值等都是以大量的统计数据为基础并经过概率分析后确定的,而对于各种脚手架结构来说,虽然也作了一些工作,但远远达不到用概率理论确定它的数据的程度。为了与现行建筑结构规范的计算理论和方法衔接,以便可以利用它们的计算方法和有关适合的数据,就必须给脚手架的计算穿上概率极限状态设计的"外衣",而所用的计算方法实际上仍是半理论和半经验的,有待以后继续积累数据,向真正的极限状态设计法过渡。

因此,建筑脚手架结构可靠度的校核方法规定为:按概率极限状态设计法计算的结果,在总体效果上应与脚手架使用的历史经验大体一致。亦即按新方法设计的脚手架结构,如按原《工业与民用建筑载荷规范》(TJ9－1974)、原《薄壁型钢结构技术规范》(TJ18－1975)和原《木结构设计规范》(GBJ5－1973)进行安全度校核,其单一安全系数应满足下列要求:

强度计算　$K\geqslant1.5$;

稳定计算　$K\geqslant2.0$。

当不能满足上述要求时,主要应通过调整材料强度附加分项系数 γ_m(γ'_a、γ'_t、γ'_b)来解决。必要时,也可采取其他有效措施(调整构架结构、卸载等)。

2. 脚手架按概率极限状态设计的表达式

(1)脚手架结构设计的基本计算模式

根据概率极限状态设计法的规定,脚手架结构设计的基本计算模式如下:

$$\gamma_0 S\leqslant R \tag{2-3}$$

式中　载荷效应

$$S=\gamma_G S_{Gk}+\gamma_Q\psi(S_{Qk}+S_{Wk}) \tag{2-4}$$

结构抗力

$$R=R\left(\frac{f_{mk}}{\gamma_m\cdot\gamma'_m},a_k,\cdots\right)$$

$$=R\left(\frac{f_{md}}{\gamma'_m},a_k,\cdots\right) \tag{2-5}$$

总的载荷效应 S(即载荷作用下所产生的内力——轴力、弯矩、剪力扭矩等)等于所有恒载作用效应 S_{Gk} 和活载荷作用效应 S_{Qk} 的组合。组合时分别乘以相应的载荷分项系数 γ_G、γ_Q 和载荷效应组合系数 ψ。

载荷分项系数按《建筑结构载荷规范》(GB 50007—2001)规定:对恒载荷,一般情况下取 $\gamma_G=1.2$,但抗倾覆验算时取 $\gamma_G=0.9$;对施工载荷和风载荷,取 $\gamma_Q=1.4$。

载荷效应组合系数 ψ,当不考虑风载荷而仅考虑施工载荷时,取 $\psi=1.0$;当同时考虑风载荷与施工载荷时，取 $\psi=0.85$。

结构抗力 R 为结构材料的强度设计值 $f_{md}=\frac{f_{mk}}{\gamma_m}$（$f_{mk}$ 是材料强度的标准值，γ_m 是相应的抗力分项系数。其脚标 m，相应于钢材、木材和竹材分别取 a、t 和 b）。

对于用于脚手架的 $\phi48\times3.5$、$\phi51\times3.0$ 及其他管径和壁厚小于此值的钢管，其强度设计值 $f_{ad}=\frac{f_{ak}}{\gamma_a}$ 按《薄壁型钢结构技术规程》(GB 50018—2002)采用，对于木材，其强度设计值 $f_{td}=\frac{f_{tk}}{\gamma_t}$ 按《木结构设计规范》(GB 50005—2002)采用；对于竹材，其强度设计值按 $f_{bd}=\frac{f_{bk}}{\gamma_b}$ 试验资料经统计并参照国外标准确定。

材料强度附加分项系数 γ'_m 为考虑脚手架露天重复使用的不利条件下满足上述可靠度要求的系数。γ'_m 可从两种设计方法的系数比较中加以确定，其计算式列于表 2-21 中。

表 2-21 钢管脚手架 γ'_m 的取值或计算式

构件类别	γ'_m，当载荷组合情况为	
	不组合风载荷	组合风载荷
受弯构件	$\gamma'_m=1.19\frac{1+\eta}{1+1.17\eta}$	$\gamma'_m=1.19\frac{1+0.9(\eta+\lambda)}{1+\eta+\lambda}$
轴心受压构件	$\gamma'_m=1.59\frac{1+\eta}{1+1.17\eta}$	$\gamma'_m=1.59\frac{1+0.9(\eta+\lambda)}{1+\eta+\lambda}$

注：式中 $\eta=\frac{S_{Qk}}{S_{Gk}}$，$\lambda=\frac{S_{Wk}}{S_{Gk}}$，即 η、λ 分别为活载、风载标准作用效应与恒载标准值作用效应的比值。

在 1993 年制定的"统一规定"中，对按承载能力确定的脚手架的搭设高度 H_0 先乘以搭设高度降低系数 K_H（$K_H=\frac{1}{1+0.005H_0}$），式中 H_0 为以米计的计算搭设高度、无量纲）予以降低后，然后按前述 $K\geqslant2.0$ 或 1.5 的要求进行第二次验算，并通过调整 γ'_m 的取值使其满足，其验算较为麻烦。在 1997 年制定的"统一规定"（修订稿）中，取消了系数 K_H 的第一次调整，统一用一个系数 γ'_m 来解决，简化了验算步骤。同时对规定作了一点说明：当各本脚手架标准的编制组认为有必要时，可对实用搭设高度 H 超过限定高度 H_j（其值由相应标准确定）的脚手架，提高其结构设计可靠度的标准。即当 $H\leqslant H_j$ 时，仍采用 $K=2$；而当 $H>H_j$ 时，采用一个新的搭设高度调整系数 K'_H，以使 $K>2$（并随高度的增加而增加）。K'_H 的计算式为

$$K'_H=\frac{1}{1+0.005(H-H_j)} \tag{2-6}$$

式中 H、H_j 的值均以米计，但无量纲。

K'_H 用于调整 γ'_m 的值，即当 $H>H_j$ 时，取 $\frac{\gamma'_m}{K'_H}$。

(2)钢管脚手架结构的通用设计表达式

一般情况下，可采用以下通用设计表达式。

1)对于受弯构件。

不组合风载
$$1.2S_{Gk}+1.4S_{Qk}\leqslant\frac{f_w}{0.9\gamma'_m} \tag{2-7}$$

组合风载 $$1.2S_{Gk}+1.4\times0.85(S_{Qk}+S_{Wk})\leqslant\frac{f_w}{0.9\gamma_m'} \quad (2-8)$$

2)对于轴心受压构件。

不组合风载 $$1.2S_{Gk}+1.4S_{Qk}\leqslant\frac{\phi fA}{0.9\gamma_m'} \quad (2-9)$$

组合风载 $$1.2\frac{S_{Gk}}{\phi}+1.4\times0.85\left(\frac{S_{Qk}}{\phi}+S_{Wk}\right)\leqslant\frac{fA}{0.9\gamma_m'} \quad (2-10)$$

以上式中 S_{Gk}、S_{Qk}、S_{Wk}——分别为恒载、活载(施工载荷)、风载标准值的作用效应。

四、脚手架结构模板支撑架的构造和设计

采用脚手架杆配件搭设模板支撑架是常用的施工方法之一。此类模板支撑架(主要是梁板模板支撑架)承受的载荷作用既不同于又显著大于相应的脚手架,必须加强构造和按脚手架结构进行设计和计算,以满足施工要求和确保使用安全。

(一)脚手架结构模板支撑架的类别和构造要求

1. 类别

用脚手架材料可以搭设各类模板支撑架,包括梁模、板模、梁板模和箱基模等,并大量用于梁板模板的支架中。在板模和梁板模支架中,支撑高度>4.0 m者,称为“高支撑架”,有早拆要求及其装置者,称为“早撑模板体系支撑架”。

扣件式、碗扣式和门式钢管脚手架材料均可用于构造模板支撑架,并各具特点。按其构造情况可作以下分类。

1)按构造类型划分为以下4种。

①支柱式支撑架(支柱承载的构架)。

②片(排架)式支撑架(由一排有水平拉杆联结的支柱形成的构架)。

③双排支撑架(两排立杆形成的支撑架)。

④空间框架式支撑架(多排或满堂设置的空间构架)。

2)按杆系结构体系划分为以下2种。

①几何不可变杆系结构支撑架(杆件长细比符合桁架规定、竖平面斜杆设置不小于均占两个方向构架框格的1/2的构架)。

②非几何不可变杆系结构支撑架(符合脚手架构架规定,但有竖平面斜杆设置的框格低于其总数1/2的构架)。

3)按支柱类型划分为以下4种。

①单立杆支撑架。

②双立杆支撑架。

③格构柱群支撑架(由格构柱群体形成的支撑架)。

④混合支柱支撑架(混用单立杆、双立杆、格构柱的支撑架)。

4)按水平构架情况划分为以下2种。

①水平构造层不设或少量设置斜杆或剪力撑的支撑架。

②有1或数道水平加强层设置的支撑架,又可分为:

a. 板式水平加强层(每道仅为单层设置,斜杆设置≥1/3水平框格);

b. 桁架式水平加强层(每道为双层,并有竖向斜杆设置)。

此外,单双排支撑架还有设附墙拉结(或斜撑)与不设之分,后者的支撑高度不宜大于4 m。支撑架所受载荷一般为竖向载荷,但箱基模板(墙板模板)支撑架则同时受竖向和水平载荷作用。

2. 设置要求

支撑架的设置应满足可靠承受模板载荷,确保沉降、变形、位移均符合规定,绝对避免出现坍塌和垮架的要求,并应特别注意确保以下三点:

①承力点应设在支柱或靠近支柱处,避免水平杆跨中受力;

②充分考虑施工中可能出现的最大载荷作用,并确保其仍有2倍的安全系数;

③支柱的基底绝对可靠,不得发生严重沉降变形。

3. 构造的一般要求

(1)梁模板支撑架的构造形式

梁模板支撑架的常见构造形式有以下5种(图2-61):

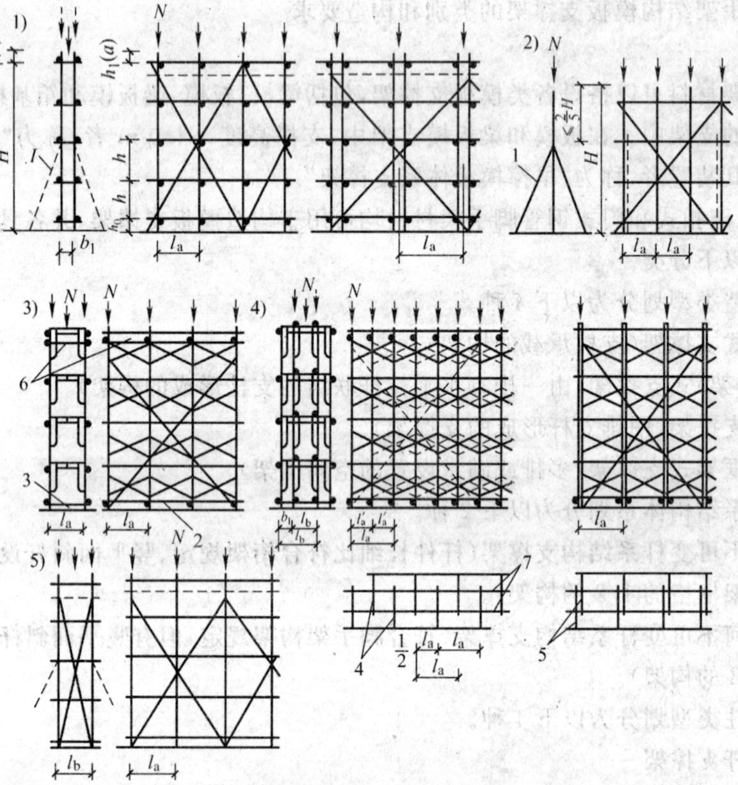

图2-61 梁模板支撑架构造形式

1)劲性支柱构造;2)密设单立杆排架构造;3)单列门架构造;4)交错重叠双列门架构造;5)双排支架构造

1—侧向支撑;2—扫地杆;3—封口杆;4—交错间隔布置门架;5—交错重叠布置门架;6—门架上部加强杆;7—门架顶面加强杆

注:上述3)~5)三种形式支架的高度一般不宜大于10 m,否则应考虑采取扩座(即加宽底部构造,以加强其整体稳定性)措施。当支架边侧有相距较近(例如≤2.0 m)的墙体结构可供设置附墙拉结时,支架高度可以超过10 m。

1)由劲性支柱(如4根立杆的"格构柱"、双立杆的"梯形柱"和"粗管柱"等)加多层水平拉杆和剪力撑构成的"支柱式结构",其支撑(架)高度超过4 m时,应视需要加设侧向(出平面)斜撑(即"抛撑");

2)由密设(取较小的立杆纵距)的单立杆与水平杆、斜杆或剪刀撑构成的单排(片式)构架,支架高度不宜超过 4 m,并视需要设置侧向斜撑;

3)由单列多层门架与相应的水平架、交叉支撑、纵向扫地杆、封口杆(设于首层门架底部的横向扫地杆)和纵向水平加强杆构成的单列门式支撑架,其构造相近于双排立杆支架。在需要时加设外侧长剪刀撑;

4)由相互交错或交错重叠布置的双列多层门架与相应交叉拉杆和以扣件连接的纵向水平杆、扫地杆、封口杆组成的双列重叠门式支撑架,其构造相近于四排立杆支架。在需要时加设外侧长剪刀撑;

5)采用单立杆或双立杆的双排模板支架。

(2)梁板模板支撑架的构造形式

梁板模板支撑架是梁模板支撑架和(楼)板模板支撑架的组合,构成整体空间框架(图 2-62)。当楼板梁(框架梁、肋梁、井字梁)的截面和梁间距较大时,需要梁下支撑立杆的间距显著小于板下支撑立杆的间距,即需要采用支架立杆的变距布置;当楼板梁的截面和梁间距较小时,则常可采用支架立杆的等距布置。而采用等距布置,但即使采用不同的立杆(单立杆、双立杆、组合立杆)时,也能适应梁和板的载荷相差较大的情况。

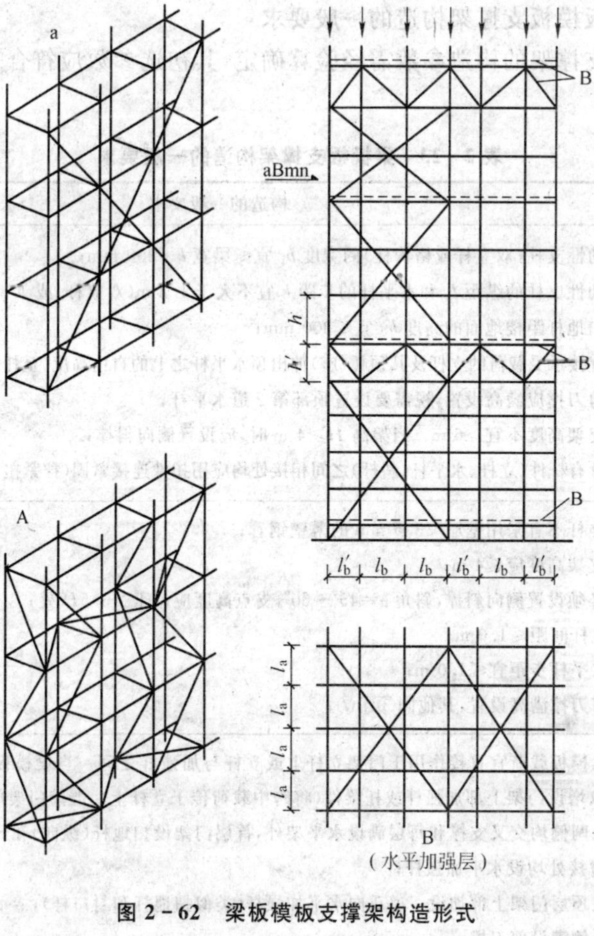

图 2-62 梁板模板支撑架构造形式

A—几何不可变杆系结构;a—非几何不可变杆系结构;B—有水平加强层;m—变杆距;n—变步距

高度≤4 m者，称为“普通梁板模板支撑架”，高度>4 m者，称为“梁板模板高支撑架”，高支撑架需要相应缩小构架的柱距（立杆纵距、横距）、步距（水平杆竖向间距）和增加斜杆、剪刀撑的设置，当高度超过10 m时，还应视需要设置一到数层水平加强层构造。

梁板模板支撑架，采用整体空间框架结构时的构造形式，按4种构架因素组合，可形成表2-22所示的14种。

表2-22 空间框架结构支架的构造因素和构造形式

支架构造因素	代号	支架构造形式	
1. 几何不可变杆系结构	A	①ABMN；	⑧abmn；
2. 非几何不可变杆系结构	a	②ABMn；	⑨abmN；
3. 有水平加强构造层	B	③ABmn；	⑩abMN；
4. 无水平加强构造层	b	④Abmn；	⑪BMN；
5. 立杆等距（双向或单向）	M	⑤AbMN；	⑫aBMn；
6. 立杆不等距（双向或单向）	m	⑥BAbmN；	⑬aBmn；
7. 水平杆等步距（各层）	N	⑦AbMn；	⑭原表有移动，看不清。
8. 水平杆变步距（各层）	n		

(3)梁模板、梁板模板支撑架构造的一般要求

梁和梁板模板支撑架的构造参数需经验算确定，其初选参数应符合表2-23和表2-24的构造要求。

表2-23 梁模板支撑架构造的一般要求

构造形式	构造的一般要求
劲性支柱构造	①劲性支柱（双立杆或格构柱）的宽度 b_1 宜≤梁宽 b+300 mm； ②劲性支柱的纵距 l_a 和水平杆的步距 h 宜不大于1.2 m（双立杆）或1.5 m（格构柱）； ③扫地杆距楼地面的高度 h_0 宜≤300 mm； ④直接承受载荷的立杆及其顶托（座）伸出顶水平杆之上的自由高度（至托座板面）h_1 宜≤400 mm； ⑤剪刀撑应满高设置，视需要设置顶部第2道水平杆； ⑥支架高度不宜>6 m。当架高 H≥4 m时，应设置侧向斜撑； ⑦所有杆件（立杆、水平杆、斜杆）之间相接处均应用扣件连接紧固（拧紧扭力矩为40～60 N·m）；
密设单立杆排架	⑧立杆不宜采用壁厚<3.5 mm的薄壁钢管； ⑨支架高度应≤4 m； ⑩必须设置侧向斜撑，斜角 α=45°～60°，支点高度应位于>3/5H处； ⑪立杆间距≤1.0 m； ⑫水平杆步距宜≤1.0 m； ⑬剪刀撑满高设置，其他同③④⑦；
单列门架构造	⑭梁模板载荷宜直接作用于门架立杆上或立杆与加强杆之间。当梁模板载荷居于门架中部时，应采取增设门架上部加强杆或托梁件（将跨中载荷传于立杆上），严禁门架单侧支柱受力； ⑮除两侧均交叉支撑和每层满设水平架外，首层门架设扫地杆（纵向）和封口杆（横向），各层门架立杆对接处均设水平加强杆； ⑯在顶层门架上部加设一道双向水平加强杆（类似扫地杆和封口杆）； ⑰外侧满设剪刀撑；

续表

构造形式	构造的一般要求
交错重叠双列门架构造	⑱两列门架横向交错(使梁的载荷落于双列门架所形成的内立杆之间)和纵向间距(相邻门架间距为 $0.5l_a$)或重叠(门架排距为 l_a); ⑲交叉支撑满设; ⑳水平加强杆设于门架两边侧立杆和中部门架横梁之上; ㉑长剪刀撑视需要设置;
单(双)立杆双排支架	㉒立杆横距 l_b≤11.0 m; ㉓立杆纵距 l_a≤1.5 m; ㉔支架高度不宜>8 m,当架高≥6 m时,应设侧向斜撑。其他同③④⑤⑦。

表 2-24 梁板模板支撑架构造的一般要求

序次	构造要求事项	几何不可变杆系结构		非几何不可变杆系结构	
		支架高度			
		≤4 m	>4 m	≤4 m	>4 m
1	设斜杆(含剪刀撑)的框格占构架框格总数的比例	≥1/2		<1/2	
2	扫地杆	双向满设		双向满设	
3	立杆杆距 l_a、l_b	≤1.5 m	≤1.2 m	≤1.2 m	≤1.0 m
4	水平杆步距 h	≤1.5 m	≤1.2 m	≤1.2 m	≤1.0 m
5	水平加强层设置	不设	顶部、底部和变步距处等	不设	顶部、底部和变步距处等
6	水平加强层间距	—	6~8 m	—	6~8 m

注:1. 水平加强层的作用为加强支架整体刚度和分布不均匀的集中载荷,其下的竖向斜杆一般只设于周边;
2. 非几何不可变杆系结构的剪刀撑和斜杆设置不低于相应脚手架的构造规定;
3. 依承载需要和计算结果决定是否采用变杆距和变步距。

(二)脚手架结构模板支撑架的一般构造

1. 使用碗扣架材料搭设的模板支撑架

用碗扣式脚手架系列构件可以组装各种类型的支撑架。其一般组架结构见图 2-63,由立杆垫座(或立杆可调座)、立杆、顶杆、可调托撑以及横杆和斜杆(或斜撑、剪刀撑)等组成。使用不同长度的横杆可组成不同立杆间距的支撑架。当所需要的立杆间距与标准横杆长度(或现有横杆长度)不符时,可采用两组或多组组架交叉叠合布置,横杆错层连接(图 2-64)。

对于楼板等载荷较小,但支撑面积较大的模板支架,一般不必把所有立杆连成整体,可分成几个独立支架,只要高宽(以窄边计)比小于 3∶1 即可,但至少应有两跨(即三根立杆)连成一整体。对一些重载支撑架或支撑高度较高(大于 10 m)的支撑架,则需把所有立杆连成一整体,并根据具体情况适当加设斜撑、横托撑或扩大底部架(图 2-65)。

可调横托撑可用作侧向支撑(图 2-66),应与横杆相对,并两侧对称设置。

位于支架外侧面的斜杆可设于节点处。但支架中间立杆节点处的碗扣中因已有横杆装入,可装于立杆的其他碗扣接头中或采用扣件式钢管杆件。

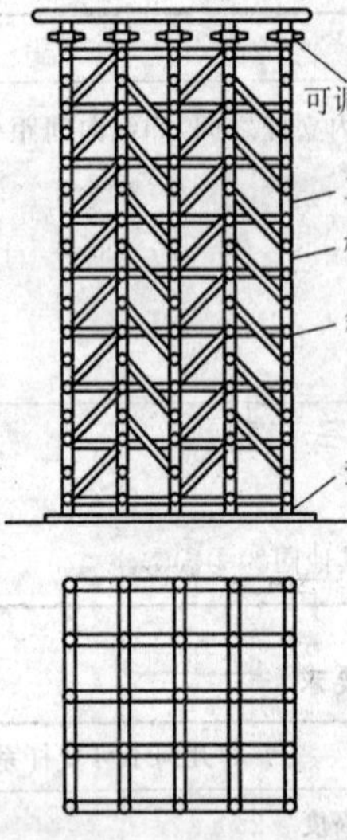

图 2-63 支撑架结构

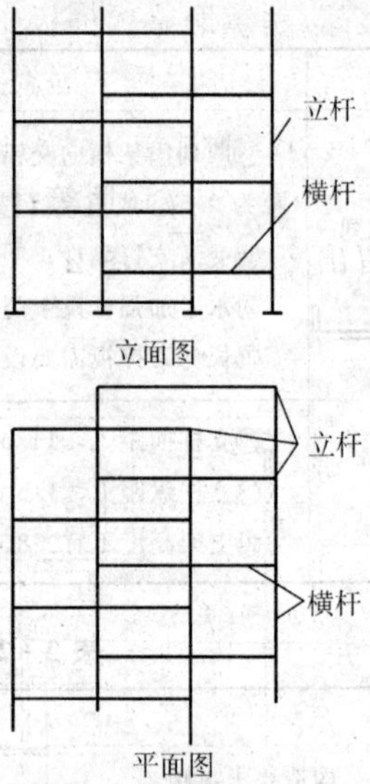

图 2-64 支撑架交叉布置

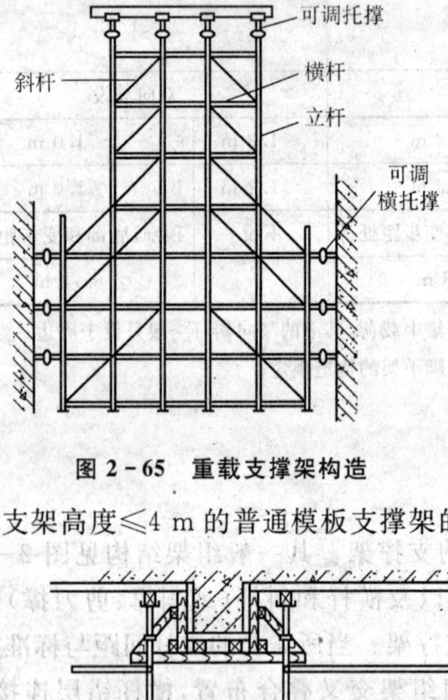

图 2-65 重载支撑架构造

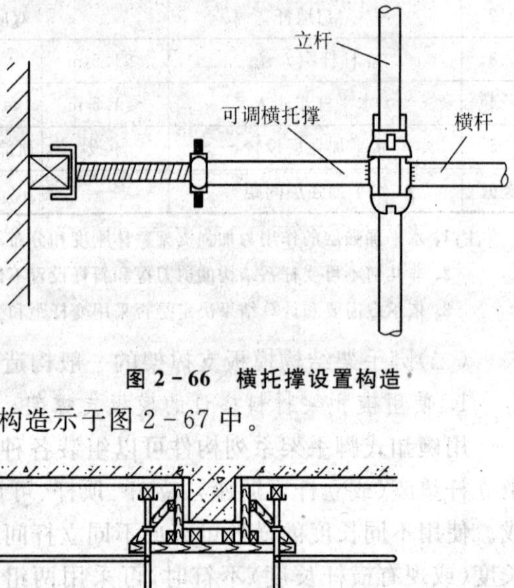

图 2-66 横托撑设置构造

支架高度≤4 m的普通模板支撑架的一般构造示于图 2-67 中。

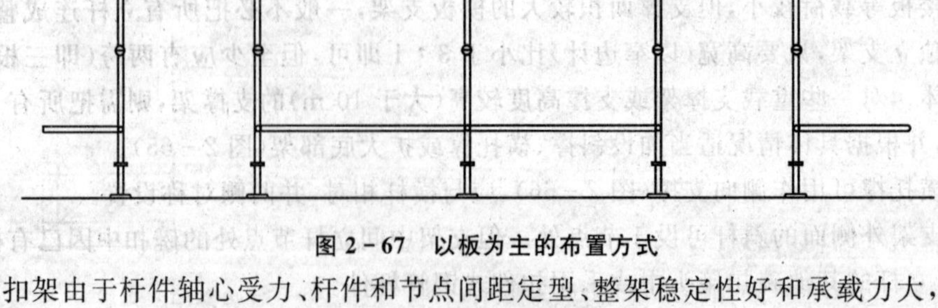

图 2-67 以板为主的布置方式

碗扣架由于杆件轴心受力、杆件和节点间距定型、整架稳定性好和承载力大，而特别适合于构造超高、超重的梁板模板支撑架，用于高大厅堂(如电视台的演播大厅、宾馆门厅、剧院等)、结构转换层和道桥工程施工中。图 2－68 所示即为一箱型截面桥梁模板的支撑架，其设计载荷达 30 kN/m^2，立杆沿桥梁横向布置，依上部载荷要求采用变杆距(0.6 m、0.9 m、1.2 m 和 1.5 m)，纵向采用等杆距，以利于水平杆的设置。当施工期间要求不断交通时，可视需要留出车辆通道(图 2－69)，对通道两侧载荷显著增大的支架部分则采用密排(杆距

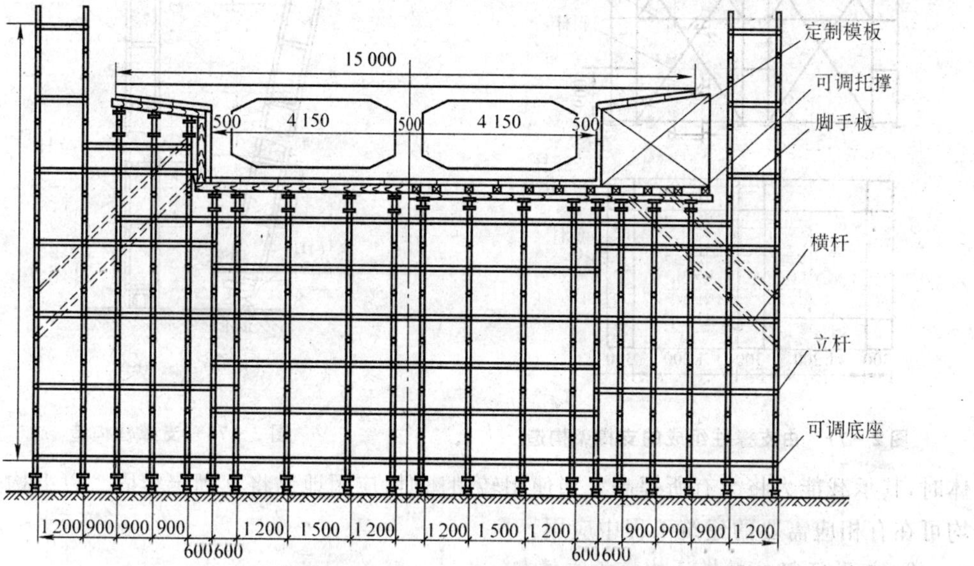

图 2－68　现浇箱型截面钢筋混凝土桥梁模板支撑架

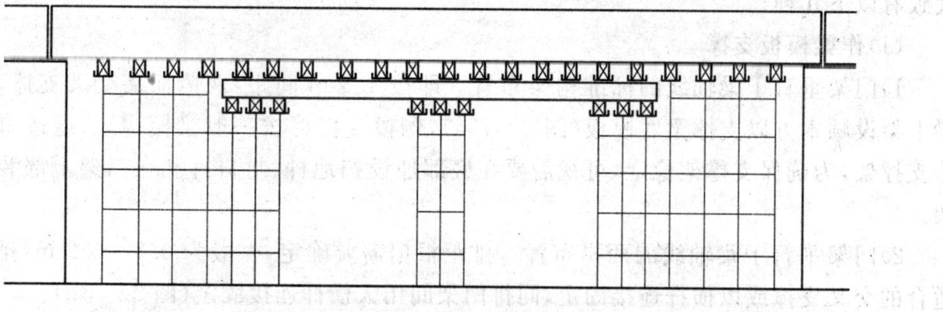

图 2－69　不中断交通的桥梁支撑架

0.6～0.9 m)设置，亦可用格构式支柱组成支墩(图 2－70)或支撑架(图 2－71)。格构式支撑柱由立杆、顶杆和 0.30 m 横杆组成(横杆步距 0.6 m)，在其底部设支座(有普通垫座、可调垫座和转角座，转角座用于斜支撑柱的底座)，顶部设可调座(图 2－72)。支撑柱的允许载荷随高度的加大而降低：$H \leqslant 5$ m 时为 140 kN；5 m$<H \leqslant 10$ m 时为 120 kN；10 m$<H \leqslant 15$ m 时为 100 kN。当支撑柱间用横杆连成整

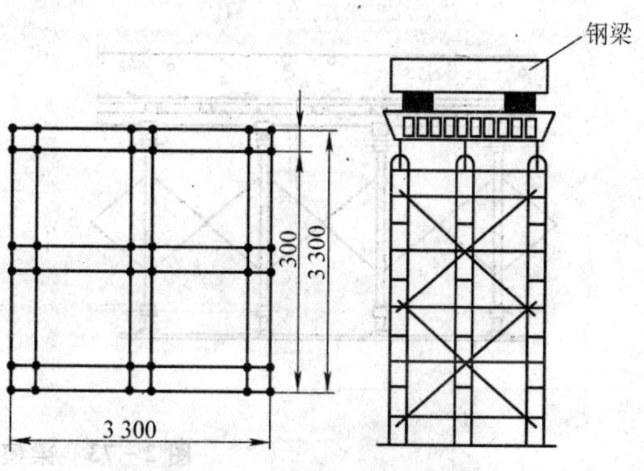

图 2－70　栓焊钢梁支撑墩

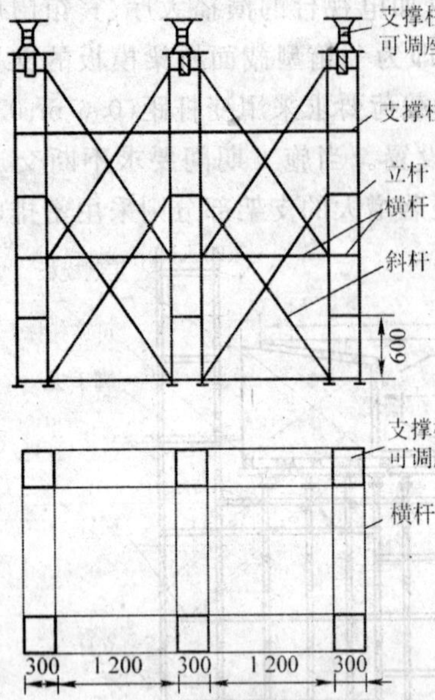

图 2－71　由支撑柱组成的支撑架构造

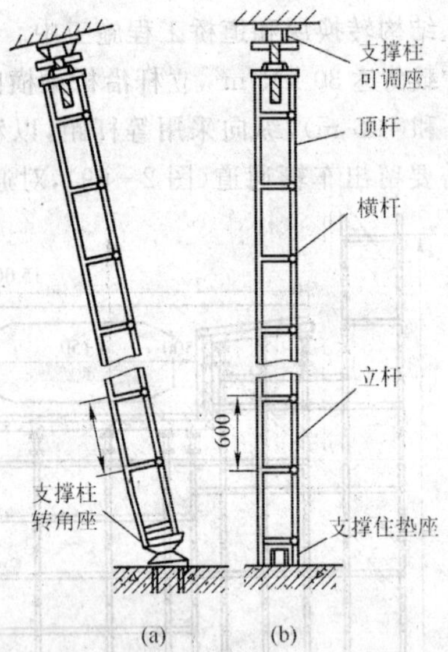

图 2－72　支撑柱构造

体时，其承载能力将会有所提高。当使用转角座时，应用地锚将其固定牢固。以上构造形式均可在有相应需要的建筑工程中应用。

2. 使用门架材料搭设的模板支撑架

用门架构造模板支撑架时，其构架根据施工要求和载荷情况确定，其构造形式按其用途大致有以下几种。

(1)作梁模板支撑

1)门架垂直于梁轴线的标准构架布置。即按 1.8 m 间距，两侧面装交叉支撑，门架横梁上架设顺木方以支撑梁底模板(图 2－73a)，侧模支撑可按一般梁模构造、通过斜撑杆传给支撑架，为确保支撑架稳定，可视需要在底部加设扫地杆、封口杆和在门架上部装上水平架。

2)门架平行于梁轴线的两排布置。排距根据需要确定，一般为 0.8～1.2 m，排间装以适合的交叉支撑或以横杆连接固定，同排门架间用大横杆连接固定(图 2－73b)。

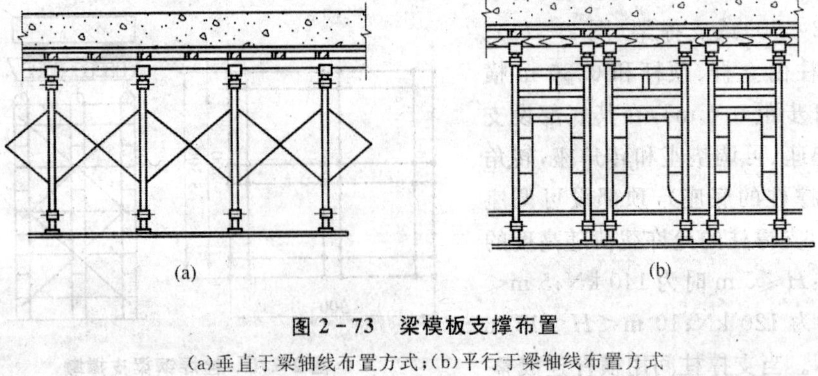

图 2－73　梁模板支撑布置

(a)垂直于梁轴线布置方式；(b)平行于梁轴线布置方式

3)门架垂直于梁轴线的交错布置。这种布置可使梁的集中载荷作用点避开门架的跨中,以适应大型梁的支撑要求。布置形式可以采用叠合或错开,即用两对(架距 0.9 m)或 3 对(架距 0.6 m)门架按标准构架尺寸交错布置并全部装设交叉支撑,并视需要在纵向和横向设拉杆连接固定和加强(图 2-74)。

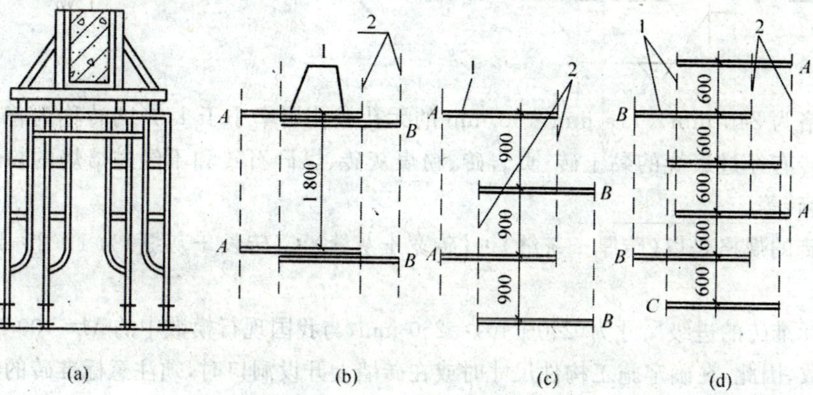

图 2-74 梁模板支撑的门架交错布置

(a)立面图;(b)两对门架重叠布置;(c)两对门架交错布置;(d)3 对门架交错布置

1—门架;2—交叉支撑

(2)作梁、板模板支撑

楼板的支撑可按满堂脚手架构造,梁的支撑可按上述构造,在设计时注意它们之间的整体组合和拉结。

第三章 普通砖砌体施工技术与质量控制

将规格为 240 mm×115 mm×53 mm 的无孔或孔洞率小于 15%的砖称为普通砖。

普通砖有经过焙烧的黏土砖、页岩砖、粉煤灰砖、煤矸石砖和不经过焙烧的粉煤灰砖、炉渣砖、灰砂砖等。

普通砖的规格是以(砖厚+灰缝):(砖宽+灰缝):(砖长+灰缝)为 1:2:4 的基本原则制定的。

普通标准砖的进级尺寸为(240+10)=250 mm,与我国现行模数中的 M=100 mm 的基本模数不一致,因此,在确定施工构件尺寸时或在砖墙上开设洞口时,须注意标准砖的这一特性。

第一节 普通砖砌体结构的构造

普通砖砌体结构的主要特征是砖墙承重。当采用普通砖砌筑填充墙和隔墙时,墙体只承受自身重量。

对于一般房屋,承重墙用的砖,强度等级常采用 MU10、MU7.5;砂浆一般采用 M5、M7.5;受力较大的部位可采用 M10。

一、墙体的作用和要求

(一)墙体的作用

砖混结构房屋的墙体具有承重、围护和分隔的作用。

墙体承受楼(屋面)板传来的载荷、自重载荷和风载荷的作用,要求其具有足够的承载力和稳定性;外墙起着抵御自然界各种因素对室内侵袭的作用,要求其具有保温、隔热、防风、挡雨等方面的能力;内墙把房屋内部划分为若干房间和使用空间,起着分隔的作用。

(二)墙体的功能要求

根据功能要求,经济合理地选择墙体材料,确定其厚度和构造措施,保证墙体合理使用,是墙体设计的基本任务。

1. 满足承载力和稳定性要求

1)在设计墙体时,首先应确定墙体的厚度。

2)当设计的墙厚不能满足要求时,常采用提高材料强度,增设墙垛、壁柱、圈梁等措施来增加墙体的稳定性。

3)墙体的稳定性与墙的高度、长度、厚度有关。

4)墙体的承载力取决于墙体所用的材料。

2. 满足保温、隔热、隔声、防火等要求

(1)保温要求

墙体应具有足够的保温能力,以减少室内热量损失,避免室温过低,防止空气中的水蒸气在墙的内表面或内部凝结。通常可采取以下构造措施来满足保温要求。

1)增加墙体的厚度。

墙的保温能力与墙的厚度成正比,室内外温差越大,墙就越厚。增加墙的厚度能提高墙的内表温度,减少墙内表面与室内空气的温差,降低水蒸气在墙的内部及内表面凝结的可能性。

2)选择导热系数小的材料砌墙。

要增加墙体的保温性能,通常选用导热系数小的材料,如泡沫混凝土、加气混凝土、陶粒混凝土、膨胀珍珠岩混凝土、浮石混凝土等材料砌墙。

当采用几种不同材料层组砌时,把导热系数小的材料放在低温一侧,导热系数大的材料放在高温一侧。

3)设置隔汽层等构造措施。

冬季,由于外墙两侧存在温度差,高温一侧的水蒸气随着空气一同向外渗透,遇到低温界面时则会凝结,从而使墙的内部产生凝结水,大大地降低了墙体的保温效果。

为了防止墙体内部产生凝结,常在墙体高温一侧,设置一道隔汽层。隔汽层一般采用的沥青、卷材、隔汽涂料、铝箔等防潮、防水材料。

(2)隔热要求

墙体应具有隔热能力,以减少太阳辐射热传入室内,避免夏季室内过热。常采用用导热系数小的材料砌墙、在墙中设置空气间层、墙表面刷浅色涂料等构造措施。

(3)隔声要求

墙体应具有隔声的能力,以保证安静的工作和休息环境。常采用用面密度大的材料砌筑、加大墙体的厚度、在墙中设置空气间层等构造措施。对一般无特殊隔声要求的建筑,双面抹灰的半砖墙已基本满足分隔墙的隔声要求。

(4)防火要求

墙体应具有防火的能力,墙体材料及墙的厚度,应符合防火规范规定的燃烧性能和耐火极限的要求。在较大的建筑和重要的建筑中,还应按规定设置防火墙,将房屋分成若干段,以防止火灾蔓延。

3. 减轻自重、降低造价

发展轻质高强的墙体材料,是建筑材料发展的总体趋势。在进行墙的构造设计时,应力求选用密度小、强度较大的材料。

4. 适应建筑工业化的生产要求

要逐步改革以普通黏土砖为主的砌块材料,发展预制装配式墙体材料,为生产工厂化、施工机械化创造条件。

(三)砖墙的标志厚度

1. 墙厚名称

墙厚的名称习惯以砖长的倍数来称呼,根据砖块的尺寸和数量可组合成不同厚度的墙体,如表 3-1 所示。

2. 砖墙的承载力

砖墙的承载力取决于砖和砂浆的强度。砖的强度在砖墙的承载力中的作用比砂浆的作用大,在工程实践中宜优先采用提高砖的强度的办法来提高砌体的强度。

表 3-1 墙厚名称

墙厚名称	习惯称呼	标志尺寸(mm)	构造尺寸(mm)	墙厚名称	习惯称呼	标志尺寸(mm)	构造尺寸(mm)
半砖墙	12 墙	120	115	一砖半墙	37 墙	370	365
3/4 砖墙	18 墙	180	178	二砖墙	49 墙	490	490
一砖墙	24 墙	240	240	二砖半墙	62 墙	620	615

二、砌体结构按承重体系分类

由于墙所在的位置、作用和采用的材料不同而具有不同的类型。

(一)按平面上所处位置不同分类

按平面上所处位置的不同,有内墙和外墙之分。具体又可细分为外横墙(又称山墙)、内横墙、外纵墙(又称檐墙)、内纵墙等,如图 3-1 所示。

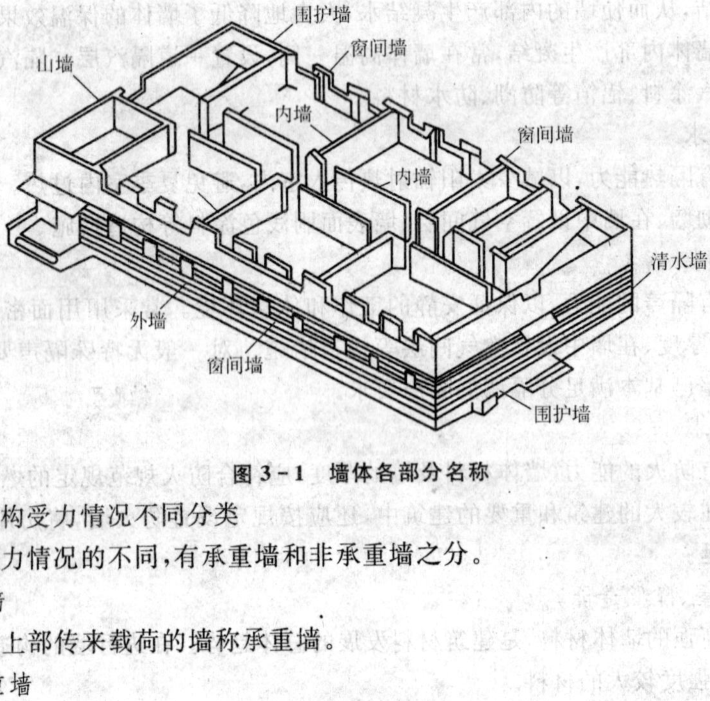

图 3-1 墙体各部分名称

(二)按结构受力情况不同分类

按结构受力情况的不同,有承重墙和非承重墙之分。

1. 承重墙

直接承受上部传来载荷的墙称承重墙。

2. 非承重墙

凡不承受外来载荷的墙称非承重墙。非承重墙又分为自承重墙和隔墙。

(1)自承重墙

凡不承受外来载荷,仅承受自身重量的墙称自承重墙。

(2)隔墙

自身重量也由楼板和梁承受的墙称隔墙。

3. 按墙体所用的材料和制品不同分类

按墙体所用材料和制品的不同分为砖墙、石墙、砌块墙、板材墙等。

三、砌体的力学性能

砌体的力学性能主要包括抗压强度、抗拉强度、弯曲抗拉强度和抗剪强度。

(一)抗压强度

砌体每单位面积上能抵抗压力的能力称为抗压强度。砌体的抗压强度是由标准试件经一定条件的养护后,在大型压力机上试压,通过试件破坏时所进行的系列强度的统计平均值而确定的。

抗压强度值,就是在砌体水平截面单位面积上所能承受的最大压力值。抗压强度单位为兆帕(MPa)。

砌体的抗压强度与砖的强度和砂浆的强度有直接的关系。砖和砂浆的强度高,砌体的强度也就高,反之,砖和砂浆的强度低,砌体的强度也就低。

(二)抗拉强度

当某一段砌体的两端各受到一个相同的拉力,使砌体拉裂时,砌体受拉截面的单位面积上所承受的拉力称为砌体的抗拉强度。计量单位同抗压强度。

砌体轴心受拉时,一般沿竖向和水平灰缝成锯齿形或阶梯形拉断破坏,如图 3-2 所示。这种形式的破坏,是由于砖与砂浆之间黏结强度及砂浆层本身的强度不足所造成的,称为砌体沿齿缝截面破坏。

另一种轴心受拉破坏是沿竖向灰缝和砖块本身一起断裂,如图 3-3 所示。这种沿砖截面破坏的主要原因是由于砖的抗拉强度较小。

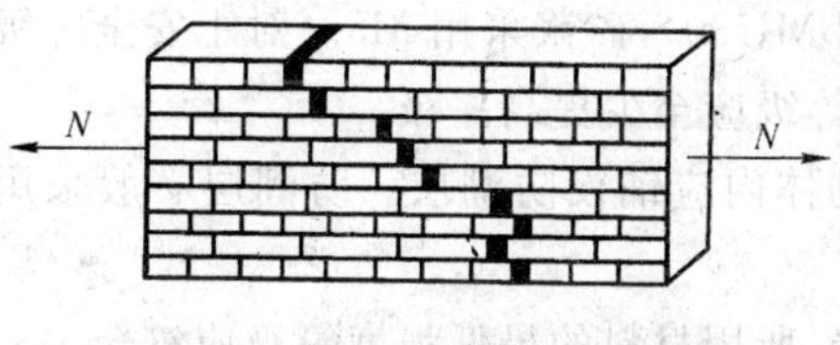

图 3-2　砌体轴心受拉沿齿缝破坏

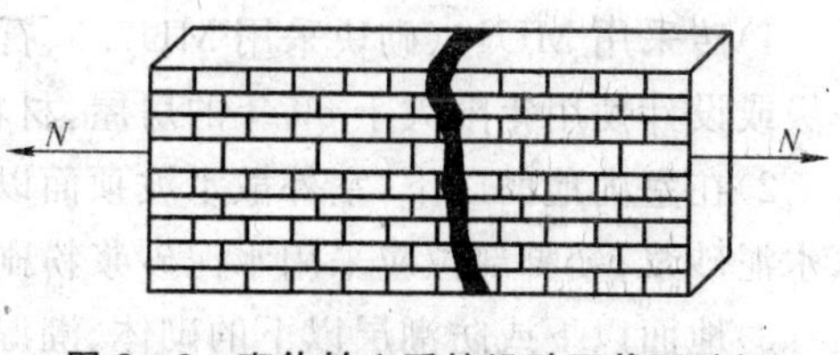

图 3-3　砌体轴心受拉沿砖石截面破坏

(三)弯曲抗拉强度

如图 3-4 所示一段受弯的墙体,在墙体的一侧断面内产生拉应力,另一侧断面内产生压应力。产生拉应力的这部分墙体所能承受的最大拉应力,称为砌体的弯曲抗拉强度。

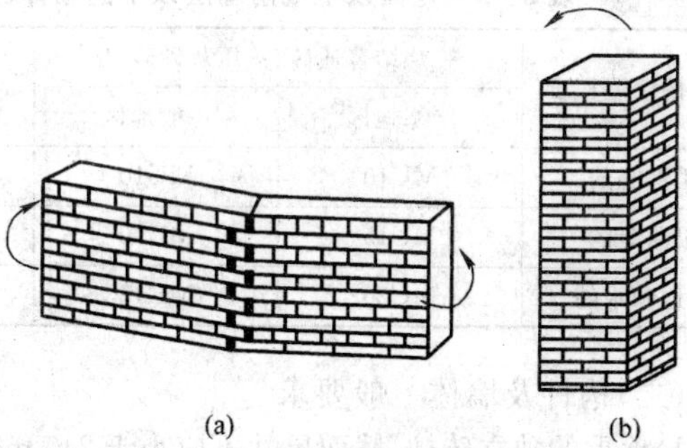

图 3-4　受弯的墙体

(a)沿齿缝拉裂破坏　(b)沿通缝拉裂破坏

(四)抗剪强度

如一个砖柱受到水平方向的外力 N,如图 3-5(a)、(b)所示,在受力点以下的砌体内受到水平的剪力。这时下部可能有两种破坏形式,一是沿水平灰缝破坏,另一种是沿竖直灰缝和水平灰缝成阶梯形破坏。还有一种砌体在弯曲时发生剪切破坏的情形,如钢筋砖过梁由于上部载荷的作用,在过梁的两端产生竖向剪力,这个剪力由砖砌体来承担,当载荷过大或砌体强度不足则会造成过梁受剪破坏。它的破坏,一般沿灰缝成阶梯形,如图 3-5(c)所示。

总之,砌体的剪切破坏,主要与砂浆强度和饱满度有直接关系。

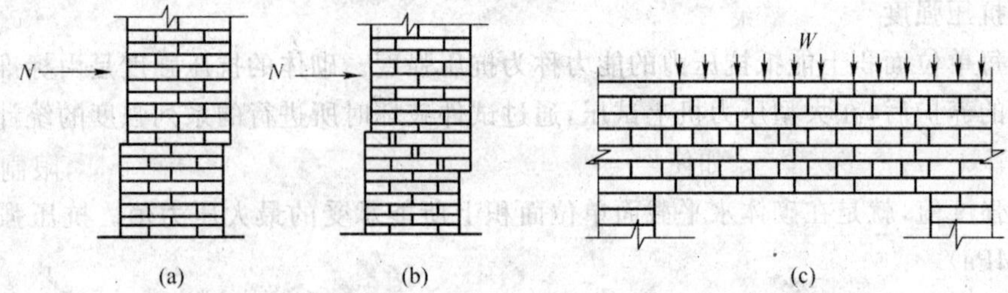

图 3-5 砖砌体的受剪破坏

(a)沿通缝截面受剪破坏 (b)沿阶梯形截面受剪破坏 (c)门窗砖过梁沿阶梯形截面受剪破坏

四、砌体结构的一般构造要求

砌体结构组成建筑物或构筑物，要满足使用要求和安全要求，就必须满足一定的构造要求。设计时有些必须经过计算，有的有成熟经验时，为简化计算，就做出了构造要求规定。

砌体结构房屋除进行承载体力和高厚比验算外，尚应满足砌体结构的一般构造要求，如采取防止墙体开裂的措施，保证房屋的整体性、耐久性和空间刚度。

(一)材料强度等级要求

五层及以上房屋的墙，受振动或层高大于 6 m 的墙、柱所用材料的最低强度等级要求如下。

1)砖采用 MU10(砌块采用 MU7.5、石材采用 MU30)，砂浆采用 M5。对于安全等级为一级或设计使用年限大于 50 年的房屋，材料强度等级应至少提高一级。

2)在室内地面以下，室外散水坡顶面以上的砌体内应铺设防潮层。防潮层一般采用防水水泥砂浆；勒脚部位应采用水泥砂浆粉刷。

3)地面以下或防潮层以下的砌体、潮湿房间墙，所用材料的最低强度等级应符合表3-2的要求。

表 3-2 地面以下或防潮层以下的砌体、潮湿房间墙所用材料的最低强度等级

基土的潮湿程度	烧结普通砖、蒸压灰砂砖		混凝土砌块	石材	水泥砂浆
	严寒地区	一般地区			
稍潮湿的	MU10	MU10	MU7.5	MU30	M5
很潮湿的	MU15	MU10	MU7.5	MU30	M7.5
含饱和水的	MU20	MU15	MU10	MU40	M10

(二)构件及墙体一般要求

1)承重的独立砖柱，截面尺寸不应小于 240 mm ×370 mm。毛石墙厚度不宜小于350 mm，毛料石柱较小边长不宜小于 400 mm，当有振动载荷时，墙、柱不宜采用毛石砌体。

2)跨度大于 6 m 的屋架及大于 4.8 m 或 4.2 m(对砌块砌体)的梁，其支撑面下的砌体应设置钢筋混凝土垫块，当与圈梁相遇时，应与圈梁浇成整体，当 240 mm 厚砖墙承受 6 m 大梁、砌块墙和 180 mm 厚砖墙承受 4.8 m 大梁时，则应加设壁柱。跨度大于 9m 的屋架、预制梁，其端部与砌体应采用锚固措施。

3)预制钢筋混凝土板的支撑长度，在墙上不宜小于 100 mm；在圈梁上不宜小于 80 mm。预制钢筋混凝土梁在墙上的支撑长度不宜小于 240 mm。

4)山墙处的壁柱宜砌至山墙顶部，屋面构件应与山墙可靠拉结。

(三)砌体结构的抗震要求

在抗震地区的砌体结构房屋,除满足强度、高厚比等要求外,还应执行《建筑抗震设计规范》(GB 50011－2001)规定的一系列提高砌体房屋结构延性和抗震性能的构造措施,使砌体结构具备必要的抗震性能。如使用圈梁和构造柱提高其延性,合理布置墙体,限制房屋高度(或层数),加强整体构造措施;再如使用砖的强度应不小于 MU10,砂浆的强度应不小于 M5;混凝土小型砌块的强度不小于 MU7.5,使用砌筑砂浆的强度应不小于 M7.5。

1. 砌体结构抗震设计的一般规定

(1)多层砌体房屋的总高度和层数、房屋最大高宽比

一般情况下,多层砌体房屋的总高度和层数、房屋最大高宽比不应超过表 3-3、表 3-4 的要求。

1)房屋的层数和高度(m)限值。

对医院、教学楼等横墙较少(指同一楼层内开间大于 4.2 m 的房间占该层总面积的 40%以上)的砖房总高度应比表 3-3 中规定的相应降低 3 m,层数相应减少一层。

表 3-3　房屋的层数和高度(m)限值

房屋类别		最小墙厚度(mm)	地震烈度							
			6		7		8		9	
			高度	层数	高度	层数	高度	层数	高度	层数
多层砌体	普通砖	240	24	8	21	7	18	6	12	4
	多孔砖	240	21	7	21	7	18	6	12	4
	空心砖	190	21	7	18	6	15	5	—	—
	小砌块	190	21	7	21	7	18	6	—	—

2)多层房屋的总高度与总宽度的最大比值,宜符合表 3-4 的要求。

表 3-4　多层房屋的最大高宽比

烈度	6	7	8	9
最大高宽比	2.5	2.5	2.0	1.5

(2)房屋抗震横墙的间距

房屋抗震横墙的间距,不应超过表 3-5 的要求。

表 3-5　房屋抗震横墙的最大间距(m)

房屋类别		烈度			
		6	7	8	9
多层砌体	现浇或装配式钢筋混凝土楼、屋盖	18	18	15	11
	装配式钢筋混凝土楼、屋盖	15	15	11	7
	木楼、屋盖	11	11	7	4
底部框架-抗震墙	上部各层	同多层砌体房屋			—
	底层或底部两层	21	18	15	—
多排柱内框架		25	21	18	—

(3)房屋中砌体墙段的局部尺寸

房屋中砌体墙段的局部尺寸限值，应符合表3-6的要求。

表3-6 房屋的局部尺寸限值(m)

部位	6	7	8	9
承重窗间墙最小宽度	1.0	1.0	1.2	1.5
承重外墙尽端至门窗洞边的最小距离	1.0	1.0	1.2	1.5
非承重外墙尽端至门窗洞边的最小距离	1.0	1.0	1.0	1.0
内墙阳角至门窗洞边的最小距离	1.0	1.0	1.5	2.0
无锚固女儿墙(非出入口)的最大高度	0.5	0.5	0.5	0.0

(4)多层砌体房屋的结构体系

多层砌体房屋的结构体系应优先采用横墙承重或纵、横墙共同承重的结构体系。纵、横墙的布置宜均匀对称，沿平面宜对齐、沿竖向应上下连续；同一轴线上的窗间墙宽度宜均匀。楼梯不宜设在房屋的尽端和转角处。

(5)防震缝的设置

地震烈度为8度和9度且有下列情况之一时，宜设置防震缝，缝两侧均应设置墙体，缝宽50～100 mm：

1)房屋立面高差在6 m以上；

2)房屋楼面有错层或楼板标高差在0.6 m及其以上；

3)房屋各部分结构刚度、质量差异较大。

第二节 普通砖的砌筑

一、砖砌体的砌筑方法

(一) 砌砖的基本功

砖砌体是由砖和砂浆共同组成的。每砌一块砖，需经铲灰、铺灰、取砖、摆砖四个动作来完成。这四个动作就是砌筑工的基本功。

1. 铲灰

铲灰常用的工具为瓦刀、大铲、小灰桶、灰斗。在小灰桶中取灰，最适宜于披灰法砌筑。若手法正确、熟练，灰浆就容易铺得平整和饱满。用瓦刀铲灰时，一般不将瓦刀贴近灰斗的长边，而应顺长边取灰，同时还要掌握好取灰的数量，尽量做到一刀灰一块砖。

2. 铺灰

砌砖速度的快慢和砌筑质量的好坏与铺灰有很大关系。初学者可单独在一块砖上练习铺灰，砖平放、铲一刀灰，顺着砖的长方向放上去，然后用挤浆法砌筑。

3. 取砖

砌墙时，操作者应顺墙斜站，砌筑方向是由前向后退着砌。这样易于随时检查已砌好的墙是否平直。

用挤浆法操作时，铲灰和取砖的动作应该一次完成，这样不仅节约时间，而且减少了弯腰的次数，使操作者能比较持久地操作。

取砖时包括选砖，操作者对摆放在身边的砖要进行全面的观察，初学时可以用一块木砖练习，将砖平托在左手掌上，使掌心向上，砖的大面贴在手心，这时用该手的食指或中指稍勾砖的边棱，依靠四指向大拇指方向的运动，配合抖腕动作，砖就在左掌心旋转起来了。操作者可观察砖的四个面（两个条面、两个丁面），然后选定最合适的面朝向墙的外侧。

4. 摆砖

摆砖是完成砌砖的最后一个动作，砌体能不能做到横平竖直、错缝搭接、灰浆饱满、整洁美观，关键在摆砖上。练习时可单独在一段墙上操作，操作者的身体同墙皮保持 20 cm 左右的距离，手必须握住砖的中间部分，摆放前用瓦刀粘少量灰浆刮到砖的端头上，抹上“碰头灰”，使竖向砂浆饱满。摆放时要注意手指不能碰撞准线，特别是砌顺砖的外侧面时，一定要在砖将要落墙时的一瞬间跷起大拇指。砖摆上墙以后，如果高出准线，可以稍稍揉压砖块，也可用瓦刀轻轻叩打。灰缝中挤出的灰可用瓦刀随手刮起甩入竖缝中。

5. 砍砖

砍砖的动作虽然不在砌筑的四个动作之内，但为了满足砌体的错缝要求，砖的砍凿是必要的。砍凿一般用瓦刀或刨锛作为砍凿工具，当所需形状比较特殊且用量较多时，也可利用扁头钢凿、尖头钢凿配合手锤开凿。开凿尺寸的控制一般是利用砖作为模数来进行划线的，其中七分头用得最多，可以在瓦刀柄和刨锛把上先量好位置，刻好标记槽，以利于提高工效。

（二）砖砌体砌筑操作方法

我国广大建筑工人在长期的操作实践中，积累了丰富的砌筑经验，并总结出各种不同的操作方法。这里介绍目前常用的几种操作方法。

1. 瓦刀披灰法

瓦刀披灰法又称满刀灰法或带刀灰法，是指在砌砖时，先用瓦刀将砂浆抹在砖黏结面上和砖的灰缝处，然后将砖用力按在墙上的方法，见图 3-6。该法是一种常见的砌筑方法，适用于砌空斗墙、1/4 砖墙、平拱、弧拱、窗台、花墙、炉灶等的砌筑。但其要求稠度大、黏性好的砂浆与之配合，也可使用黏土砂浆和白灰砂浆。

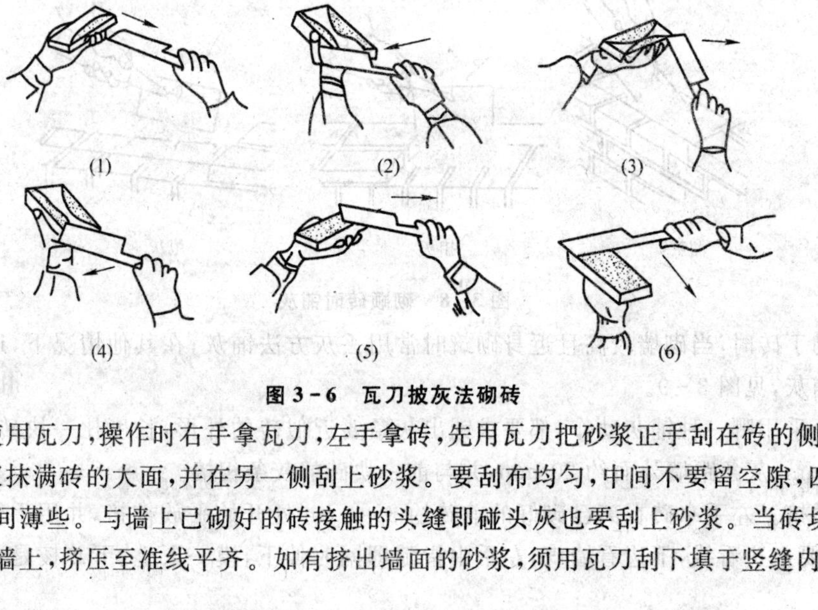

图 3-6　瓦刀披灰法砌砖

通常使用瓦刀，操作时右手拿瓦刀，左手拿砖，先用瓦刀把砂浆正手刮在砖的侧面，然后反手将砂浆抹满砖的大面，并在另一侧刮上砂浆。要刮布均匀，中间不要留空隙，四周可以厚一些，中间薄些。与墙上已砌好的砖接触的头缝即碰头灰也要刮上砂浆。当砖块刮好砂浆后，放在墙上，挤压至准线平齐。如有挤出墙面的砂浆，须用瓦刀刮下填于竖缝内。

用瓦刀披灰法砌筑，能做到刮浆均匀、灰缝饱满，有利于初学砖瓦工者的手法锻炼。此法历来被列为砌筑基本工训练之一。但其工效低，劳动强度大。

2."三一"砌砖法

"三一"砌砖法的基本操作是"一铲灰、一块砖、揉一揉"。

1)步法。操作时人应顺墙体斜站，左脚在前，离墙约 15 cm 左右，右脚在后，距墙及左脚跟30～40 cm。砌筑方向是由前往后退着走，这样操作可以随时检查已砌好的砖是否平直。砌完3～4块砖后，左脚后退一大步（约 70～80 cm），右脚后退半步，人斜对墙面可砌约 50 cm，砌完后左脚后退半步，右脚后退一步，恢复到开始砌砖时位置，见图 3－7。

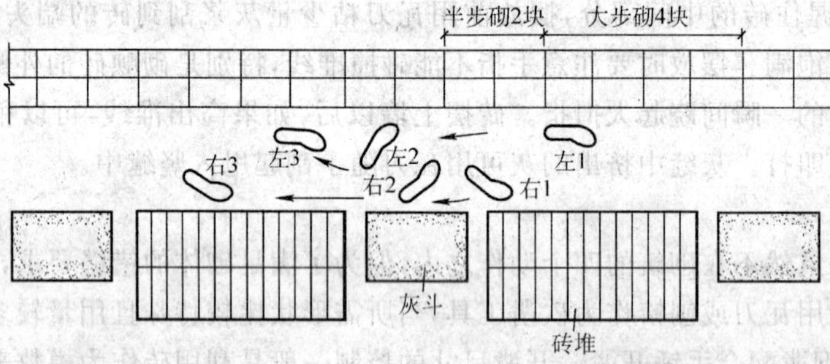

图 3－7 "三一"砌砖法步法平面

2)铲灰取砖。铲灰时应先用铲底摊平砂浆表面（便于掌握吃灰量），然后用手腕横向转动来铲灰，减少手臂动作，取灰量要根据灰缝厚度，以满足一块砖的需要量为准。取砖时应随拿砖随挑选好下一块砖。左手拿砖，右手拿砂浆，同时拿起来，以减少弯腰次数，争取砌筑时间。

3)铺灰。将砂浆铺在砖面上的动作可分为甩、溜、丢、扣等几种。

在砌顺砖时，当墙砌得不高且距操作处较远时，一般采用溜灰方法铺灰；当墙砌得较高且近身砌砖时，常用扣灰方法铺灰。此外，还可采用甩灰方法铺灰，见图 3－8。

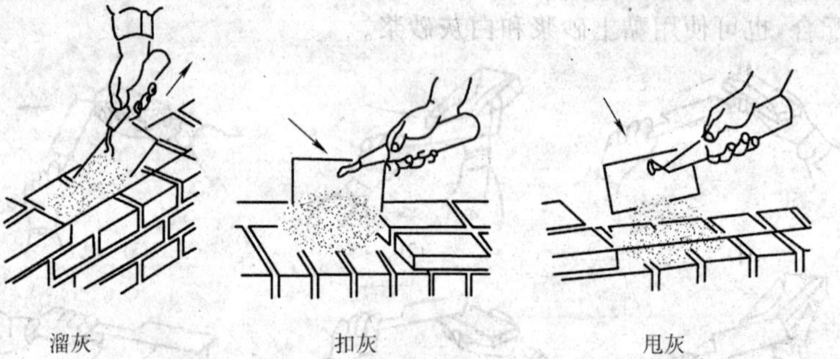

图 3－8 砌顺砖时铺灰

在砌丁砖时，当砌墙较高且近身砌筑时常用丢灰方法铺灰；在其他情况下，还经常用扣灰方法铺灰，见图 3－9。

不论采用哪一种铺灰动作，都要求铺出灰条要近似砖的外形，长度比一块砖稍长，宽约 80～90 mm，灰条距墙外面约 20 mm，并与前一块砖的灰条相接。

4)揉挤。左手拿砖在离已砌好的前砖约 3～4 cm 处开始平放推挤，并用手轻揉。在揉砖时，眼要上边看线，下边看墙皮，左手中指随即同时伸下，摸一下上、下砖棱是否齐平。砌好一块砖后，随即用铲将挤出的砂浆刮回，放在竖缝中或随手投入灰斗中。揉砖的目的是使砂浆饱满。铺在砖上的砂浆如果较薄，揉的劲要小些；砂浆较厚时，揉的劲要稍大一些，并且根据已铺砂浆的位置要前后揉或左右揉，总之以揉到下齐砖棱上齐线为适宜，要做到平开、轻放、轻揉，见图 3-10。

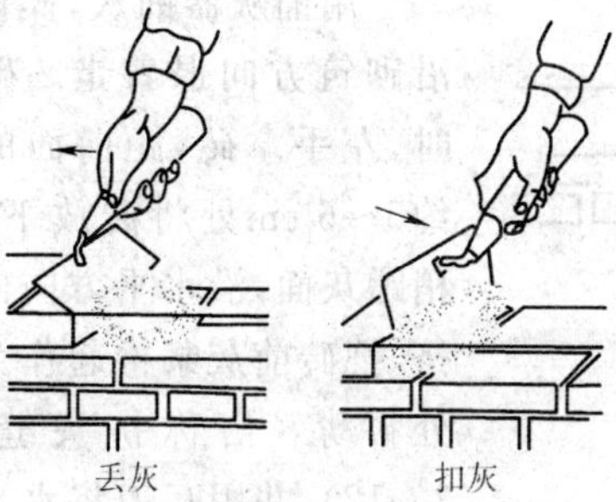

图 3-9　砌丁砖铺灰

图 3-10　揉砖

"三一"砌砖法的优点是：由于铺出来的砂浆面积相当于一块砖的大小，并且随即揉砖，因此灰缝容易饱满，黏结力强，能保证砌筑质量；在挤砌时随手刮去挤出的砂浆，使墙保持清洁。缺点是：一般是个人操作，操作时取砖、铲灰、铺灰、转身、弯腰等烦琐动作较多，影响砌筑效率，因而可用两铲灰砌三块砖或三铲灰砌四块砖的办法来提高效率。

这种操作方法适合于砌窗间墙、砖柱、砖垛、烟囱等较短的部位。

3. 坐浆砌砖法（又称摊尺砌砖法）

坐浆砌砖法是指在砌砖时，先在墙上铺 50 cm 左右的砂浆，用摊尺找平，然后在已铺设好的砂浆上砌砖的方法，见图 3-11。该法适用于砌门窗洞较多的砖墙或砖柱。

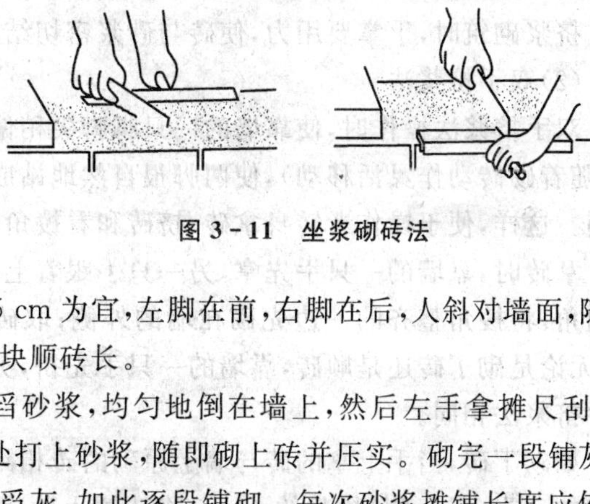

图 3-11　坐浆砌砖法

(1)操作要点

操作时人站立的位置以距墙面 10～15 cm 为宜，左脚在前，右脚在后，人斜对墙面，随着砌筑前进方向退着走，每退一步可砌 3～4 块顺砖长。

通常使用瓦刀，操作时用灰勺和大铲舀砂浆，均匀地倒在墙上，然后左手拿摊尺刮平。砌砖时左手拿砖，右手用瓦刀在砖的头缝处打上砂浆，随即砌上砖并压实。砌完一段铺灰长度后，将瓦刀放在最后砌完的砖上，转身再舀灰，如此逐段铺砌。每次砂浆摊铺长度应依气温高低、砂浆种类及砂浆稠度而定，每次砂浆摊铺长度不宜超过 75 cm（气温在 30 ℃以上时，不超过 50 cm）。

(2)注意事项

在砌筑时应注意，砖块头缝的砂浆另外用瓦刀抹上去，不允许在铺平的砂浆上刮取，以免影响水平灰缝的饱满程度。摊尺铺灰砌筑时，当砌一砖墙时，可一人自行铺灰砌筑；墙较厚时，可组成二人小组，一人铺灰，一人砌墙，分工协作，密切配合，这样会提高工效。

这种方法，因摊尺厚度同灰缝一样为 10 mm，故灰缝厚度能够控制，便于掌握砌体的水平缝平直。又由于铺灰时摊尺靠墙阻挡砂浆流到墙面，所以墙面清洁美观，砂浆耗损少。但由于砖只能摆砌，不能挤砌；同时铺好的砂浆容易失水变稠干硬，因此黏结力较差。

4. 铺灰挤砌法

铺灰挤砌法是采用一定的铺灰工具，如铺灰器等，先在墙上用铺灰器铺一段砂浆，然后将砖紧压砂浆层，推挤砌于墙上的方法。铺灰挤砌法分为单手挤浆法和双手挤浆法两种。

(1)单手挤浆法

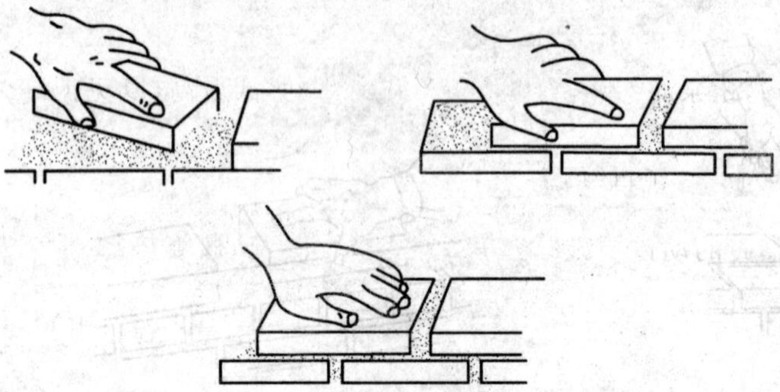

图 3-12 单手挤浆法

用铺灰器铺灰，操作者应沿砌筑方向退着走。砌顺砖时，左手拿砖，距前面的砖块约5～6 cm处将砖放下，砖稍稍蹭灰面，沿水平方向向前推挤，把砖前灰浆椎起作为立缝处砂浆（俗称挤头缝）（图3-12），并用瓦刀将水平灰缝挤出墙面的灰浆刮清甩填于立缝内。

当砌丁砖时，将砖擦灰面放下后，用手掌横向往前挤，挤浆的砖口要略倾斜，用手掌横向往前挤，到将接近一指缝时，砖块略向上翘，以便带起灰浆挤入立缝内，将砖压至与准线平齐为止，并将内外挤出的灰浆刮清，甩填于立缝内。

当砌墙的内侧顺砖时，应将砖由外向里靠，水平向前挤推，这样立缝处砂浆容易饱满，同时用瓦刀将反面墙水平缝挤出的砂浆刮起，甩填于挤砌的立缝内。

挤浆砌筑时，手掌要用力，使砖与砂浆密切结合。

(2)双手挤浆法

双手挤浆法操作时，使靠墙的一只脚脚尖稍偏向墙边，另一只脚向斜前方踏出 40 cm 左右（随着砌砖动作灵活移动），使两脚很自然地站成“T”字形。身体离墙约 7 cm，胸部略向外倾斜。这样，便于操作者转身拿砖、挤砖和看棱角。

拿砖时，靠墙的一只手先拿，另一只手跟着上去，也可双手同时取砖；两眼要迅速查看砖的边角，将棱角整齐的一边先砌在墙的外侧；取砖和选砖几乎同时进行。为此操作必须熟练，无论是砌丁砖还是顺砖，靠墙的一只手先挤，另一只手迅速跟着挤砌。其他操作方法与单手挤浆法相同。

如砌丁砖，当手上拿的砖与墙上原砌的砖相距 5～6 cm 时；如砌顺砖距离约 13 cm 时，把砖的一头（或一侧）抬起约 4 cm，将砖插入砂浆中，随即将砖放平，手掌不要用力挤压，只需依靠砖的倾斜自坠力压住砂浆，平推前进。若竖缝过大，可用手掌稍加压力，将灰缝压实至 1 cm 为止。然后看准砖面，如有不平，用手掌加压，使砖块平整。由于顺砖长，因而要特别注意砖块下齐边棱上平线，以防墙面产生凹进凸出和高低不平现象（图 3-13）。

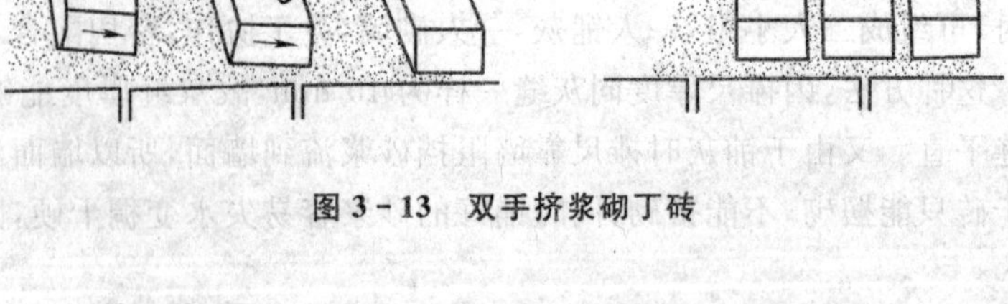

图 3-13 双手挤浆砌丁砖

这种方法，在操作时减少了砌每块砖要转身、铲灰、弯腰、铺灰等动作，可大大减轻劳动强度。并还可组成两人或三人小组，铺灰、砌砖分工协作，密切结合，提高工效。

此外，由于挤浆时平推平挤，使灰缝饱满，充分保证了墙体质量。但要注意，如砂浆保水性能不好时，砖湿润又不合要求，操作不熟练，推挤动作稍慢，往往会出现砂浆干硬，造成砌体黏结不良。

因此在砌筑时要求快铺快砌，挤浆时严格掌握平推平挤，避免前低后高，以免把砂浆挤成沟槽使灰浆不饱满。

5. 快速砌筑法

快速操作法就是把砌筑工砌砖的动作过程归纳为两种步法、三种弯腰姿势、八种铺灰手法、一种挤浆动作，叫做“快速砌砖动作规范”，简称快速操作法。

快速砌筑法中的两种步法，即操作者以丁字步与并列步交替退行操作；三种身法，即操作过程中采用侧弯腰、丁字步弯腰与并列步弯腰三种弯腰姿势进行操作；八种铺灰手法，即砌条砖采用甩、扣、溜、泼 4 种手法和砌丁砖采用扣、溜、泼、一带二等 4 种手法；一种挤浆动作，即平推挤浆法。

快速砌筑法把砌砖动作复合为 4 个：即双手同时铲灰和拿砖→转身铺灰→挤浆和接→刮余灰→甩出余灰，大大简化了操作，使身体各部肌肉轮流运动，减少疲劳。

(1)两种步法

砌砖时采用“拉槽取法”，操作者背向砌砖前进方向退步砌筑。开始砌筑时，人斜站成丁字步，左足在前、右足在后，后腿紧靠灰斗。这种站立方法稳定有力，可以适应砌筑部位的远近高低变化，只要把身体的重心在前后之间变换，就可以完成砌筑任务。

后腿靠近灰斗以后，右手自然下垂，就可以方便地在灰斗中取灰。右足绕足跟稍微转动一下，又可以方便地取到砖块。

砌到近身以后，左足后撤半步，右足稍稍移动即成为并列步，操作者基本上面对墙身，又可完成 50 cm 长的砖墙砌筑。在并列步时，靠两足的稍稍旋转来完成取灰和取砖的动作。

一段砌筑全部砌完后，左足后撤半步，右足后撤一步，第二次又站成丁字步，再继续重复前面的动作。每一次步法的循环，可以完成 1.5 m 的墙体砌筑，所以要求操作面上灰斗的排放间距也是 1.5 m。这一点与“三一”砌筑法是一样的。

(2)三种弯腰姿势

1)侧身弯腰。当操作者站成丁字步的姿势铲灰和取砖时，应采取侧身弯腰的动作，利用后腿微弯、斜肩和侧身弯腰来降低身体的高度，以达到铲灰和取砖的目的。侧身弯腰时动作时间短，腰部只承担轻度的负荷。在完成铲灰取砖后，可借助伸直后腿和转身的动作，使身体重心移向前腿而转换成正弯腰(砌低矮墙身时)。

2)丁字步正弯腰。当操作者站成丁字步，并砌筑离身体较远的矮墙身时，应采用丁字步正弯腰的动作。

3)并列步正弯腰。丁字步正弯腰时重心在前腿，当砌到近身砖墙并改换成并列步砌筑时，操作者就取并列步正弯腰的动作。三种弯腰姿势的动作分解如图 3-14 所示。

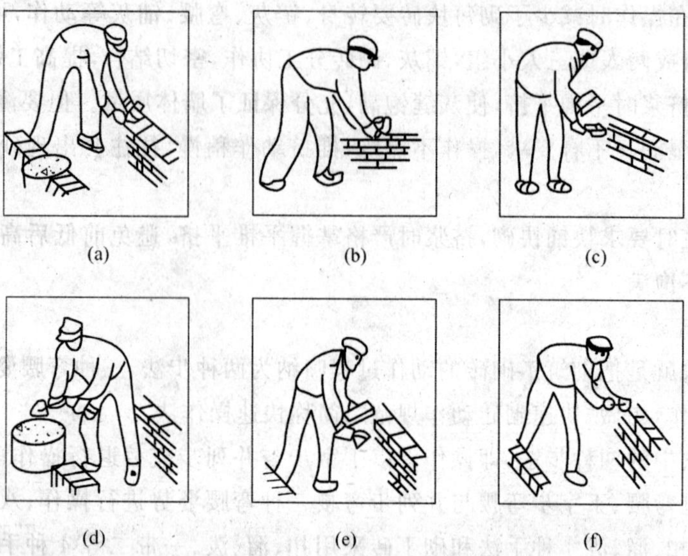

图 3－14 三种弯腰的动作分解

(a)丁字步弯腰 (b)丁字步弯腰 (c)并列步正弯腰 (d)侧身弯腰 (e)侧身弯腰 (f)丁字步弯腰

(3)八种铺灰手法

1)砌条砖时的三种手法。

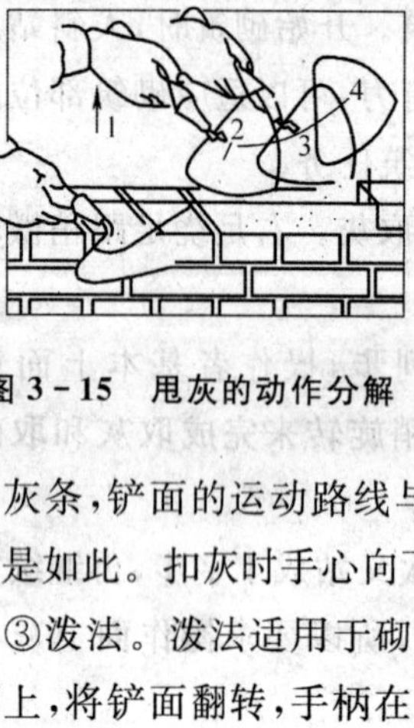

图 3－15 甩灰的动作分解

①甩法。甩法是“三一”砌筑法中的基本手法，适用于砌离身体部位低而远的墙体。铲取砂浆要求呈均匀的条状，当大铲提到砌筑位置时，将铲面转 90°，使手心向上，同时将灰顺砖面中心甩出，使砂浆呈条状均匀落下，甩灰的动作分解如图 3－15 所示。

②扣法。扣法适用于砌近身和较高部位的墙体，人站成并列步。铲灰时以后腿足跟为轴心转向灰斗，转过身来反铲扣出灰条，铲面的运动路线与甩法正好相反，也可以说是一种反甩法，尤其在砌低矮的近身墙时更是如此。扣灰时手心向下，利用手臂的前推力落砂浆，其动作形式如图 3－16 所示。

③泼法。泼法适用于砌近身部位及身体后部的墙体，用大铲铲取扁平状的灰条，提到砌筑面上，将铲面翻转，手柄在前，平行向前推泼出灰条，其手法如图 3－17 所示。

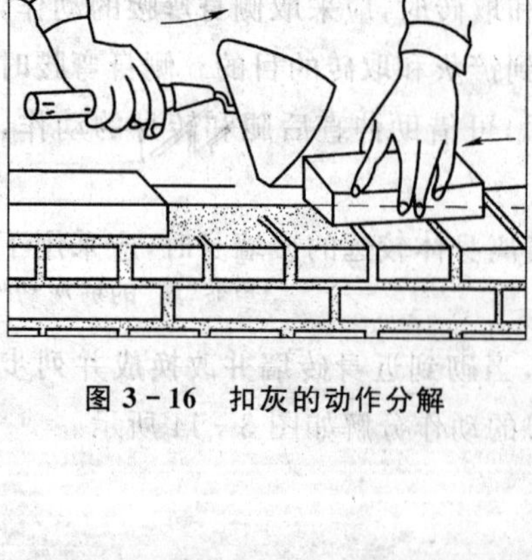

图 3－16 扣灰的动作分解

图 3－17 泼灰动作分解

2)砌丁砖时的三种手法。

①砌里丁砖的溜法。

溜法适用砌一砖半墙的里丁砖，铲取的灰条要求呈扁平状，前部略厚，铺灰时将手臂伸过准线，使大铲边与墙边取平，采用抽铲落灰的办法，如图 3－18 所示。

②砌丁砖的扣法。

铲灰条时要求做到前部略低，扣到砖面上后，灰条外口稍厚，其动作如图 3－19 所示。

图 3－18　砌里丁砖的溜法

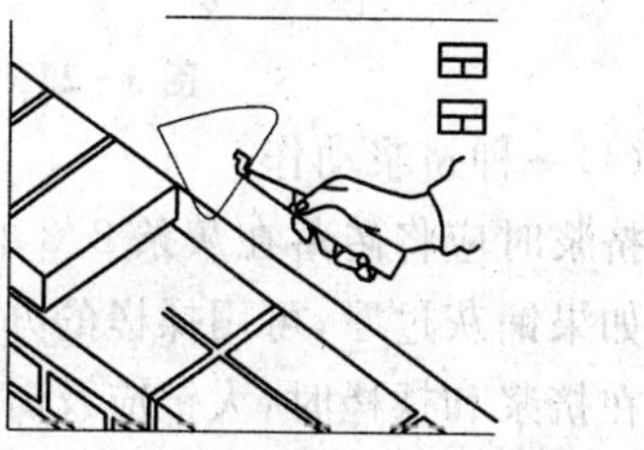

图 3－19　砌里丁砖“扣”的铺灰动作

③砌外丁砖的泼法。

当砌三七墙外丁砖时可采用泼法。大铲铲取扁平状的灰条，泼灰时落点向里移一点，可以避免反面刮浆的动作。砌离身体较远的砖可以平拉反泼，砌近身处的砖采用正泼，其手法如图 3－20 所示。

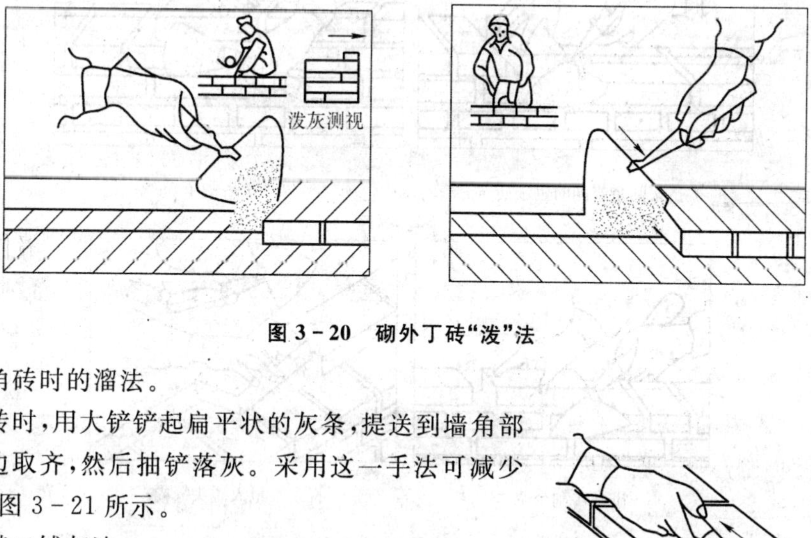

图 3－20　砌外丁砖“泼”法

3)砌角砖时的溜法。

砌角砖时，用大铲铲起扁平状的灰条，提送到墙角部位并与墙边取齐，然后抽铲落灰。采用这一手法可减少落地灰，如图 3－21 所示。

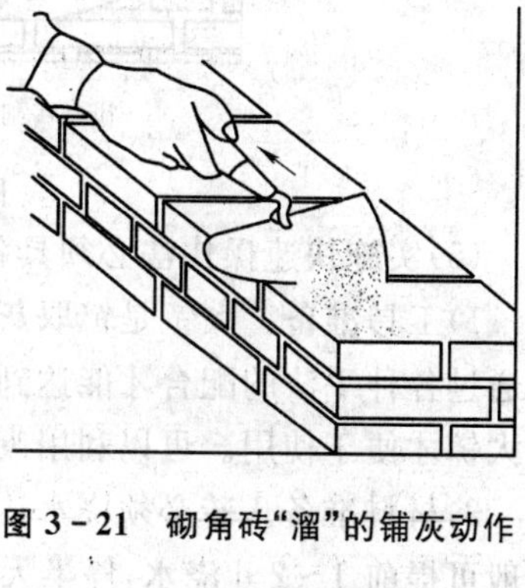

图 3－21　砌角砖“溜”的铺灰动作

4)一带二铺灰法。

由于砌丁砖时，竖缝的挤浆面积比条砖大一倍，外口砂浆不易挤严，可以先在灰斗处将丁砖的碰头灰打上，再铲取砂浆转身铺灰砌筑，这样做就多了一次打灰动作。一带二铺灰法是将这两个动作合并起来，利用在砌筑面上铺灰时，将砖的丁头伸入落灰处接打碰头灰。这种做法铺灰后要摊一下砂浆才可摆砖挤浆，在步法上也要作相应变换，其手法如图 3－22 所示。

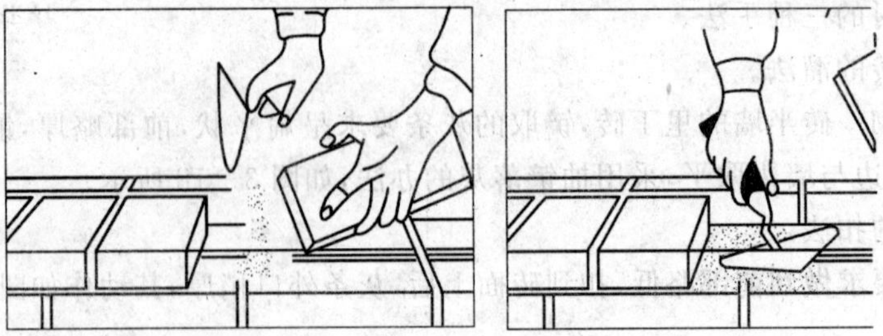

图 3-22 “一带二”铺灰动作(适用于砌外丁砖)

(4)一种挤浆动作

挤浆时应将砖落在灰条 2/3 的长度或宽度处，将超过灰缝厚度的那部分砂浆挤入竖缝内。如果铺灰过厚，可用揉槎的办法将过多的砂浆挤出。

在挤浆和揉槎时，大铲应及时接刮从灰缝中挤出的余浆并甩入竖缝内，当竖缝严实时也可甩入灰斗中。

如果是砌清水墙，可以用铲尖稍稍伸入平缝中刮浆，这样不仅刮了浆，而且减少了勾缝的工作量和节约了材料，挤浆和刮浆的动作如图 3-23 所示。

挤浆刮余浆同时砌丁砖　　砌外条砖刮余浆

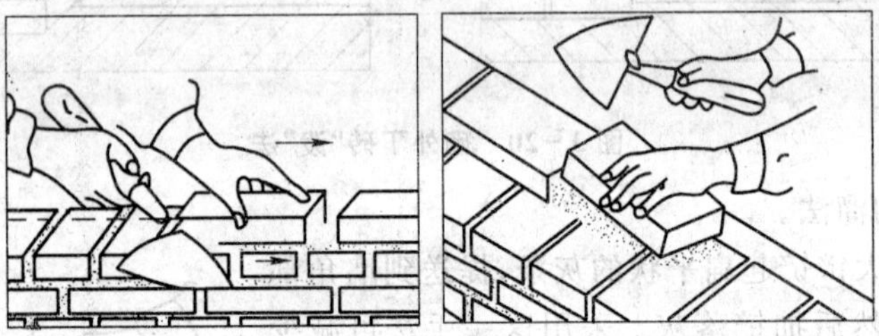

砌条砖刮余浆　　将余浆甩入碰头缝内

图 3-23 挤浆和刮余浆的动作

(5)实施快速操作法必须具备的条件

1)工具准备。大铲是铲取灰浆的工具，砌筑时，要求大铲铲起的灰浆刚好能砌一块砖，再通过各种手法的配合才能达到预期的效果。铲面呈三角形、铲边弧线平缓、铲柄角度合适的大铲才便于使用。可以利用废带锯片根据各人的条件和需要自行加工。

2)材料准备。砖必须浇水达到合适的程度，即砖的里层吸够一定水分，而且表面阴干。一般可提前 1～2 d 浇水，停半天后使用。吸水合适的砖，可以保持砂浆的稠度，使挤浆顺利进行。砂子一定要过筛，不然在挤浆时会因为有粗颗粒而造成挤浆困难。除了砂浆的配合比和稠度必须符合要求外，砂浆的保水性也很重要，离析的砂浆很难进行挤浆操作。

3)操作面的要求。同"三一"砌筑法。

(三)砌砖的基本操作要点

1. 选砖

砌筑中必须学会选砖，尤其是砌清水墙面。砖面的选择很重要，砖选好，砌出墙来好看；选不好，砌出的墙粗糙难看。

选砖时，将一块砖拿在手中用手掌托起，将砖在手掌上旋转(俗称滑砖)或上下翻转，在转动中察看哪一面完整无损。有经验者，在取砖时，挑选第一块砖就选出第二块砖，做到"执一备二眼观三"，动作轻巧自如，得心应手，才能砌出整齐美观的墙面。当砌清水墙时，应选用规格一致颜色相同的砖，把表面方整光滑不弯曲和不缺棱掉角的砖放在外面，砌出的墙才能颜色灰缝一致。因此，必须练好选砖的基本功，才能保证砌筑墙体的质量。

2. 放砖

砌在墙上的砖必须放平。往墙上按砖时，砖必须均匀水平地按下，不能一边高一边低，造成砖面倾斜。如果养成这种不好的习惯，砌出的墙会向外倾斜(俗称往外张或冲)或向内倾斜(俗称向里背或眠)。也有的墙虽然垂直，但因每皮砖放不平，每层砖出现一点马蹄楞形成鱼鳞墙，使墙面不美观，而且影响砌体强度。

3. 跟线穿墙

砌砖必须跟着准线走，叫"上跟线下跟棱，左右相跟要对平"。就是说砌砖时，砖的上棱边要与线约离 1 mm，下棱边要与下层已砌好的砖棱对平，左右前后位置要准。当砌完一皮砖时，看墙面是否平直，有无高出、低洼、拱出或拱进准线的现象，有了偏差应及时纠正。

不但要跟线，还要做到用眼"穿墙"。即从上面第一块砖往下穿看，穿到底，每层砖都要在同一平面上，如果有出入，应及时修理。

4. 自检

在砌筑中，要随时随地进行自检。一般砌三层砖用线锤吊大角看直不直，五层砖用靠尺靠一靠墙面，检查垂直度及平整度。俗语叫"三层一吊，五层一靠"。当墙砌起一步架时，要用托线板全面检查一下垂直及平整度，特别要注意墙大角要绝对垂直平整，发现有偏差应及时纠正。

5. 不能砸不能撬

砌好的墙千万不能砸或撬。如果墙面砌出鼓肚，用砖往里砸使其平整，或者当墙面砌出洼凹，往外撬砖，都不是好习惯。因砌好的砖砂浆与砖已黏结，甚至砂浆已凝固，经砸和撬以后砖面活动，黏结力破坏，墙就不牢固，如发现墙有大的偏差，应拆掉重砌，以保证质量。

6. 留脚手眼

砖墙砌到一定高度时，就需要脚手架。当使用单排立杆架子时，它的排木的一端就要支放在砖墙上。为了放置排木，砌砖时就要预留出脚手眼。一般在 1 m 高处开始留，间距 1 m 左右一个。脚手眼孔洞见图3-24。采用铁排木时，在砖墙上留一顶头大小孔洞即可，不必留大孔洞。脚手眼的位置不能随便乱留，必须符合质量要求中的规定。

图 3-24　留脚手眼

1—木排木脚手眼；2—铁排木脚手眼

7. 留施工洞口

在施工中经常会遇到管道通过的洞口和施工用洞口。这些洞口必须按尺寸和部位进行预留。不允许砌完砖后凿墙开洞。凿墙开洞震动墙身，会影响砖的强度和整体性。

对大的施工洞口，必须留在不重要的部位。如窗台下的墙可暂时不砌，作为内外通道用；或在山墙（无门窗的山墙）中部预留洞，其形式是高度不大于 2 m，下口宽 1.2 m 左右，上头成尖顶形式，才不致影响墙的受力。

8. 浇砖

在常温施工时，使用的砖必须在砌筑前一、二天浇水浸湿，一般以水浸入砖四边 1 cm 左右为宜。不要当时用当时浇，更不能在架子上及地槽边浇砖，以防止造成塌方或架子增加重量而沉陷。

浇砖是砌好砖的重要一环。如果用于砖砌墙，砂浆中的水分会被干砖全部吸去，使砂浆失水过多。这样不易操作，也不能保证水泥硬化所需的水分，从而影响砂浆强度的增长。这对整个砌体的强度和整体性都不利。反之，如果把砖浇得过湿或当时浇砖当时砌墙，表面水还未能吸进砖内，这时砖表面水分过多，形成一层水膜，这些水在砖与砂浆黏结时，反使砂浆增加水分，使其流动性变大。这样，砖的重量往往容易把灰缝压薄，使砖面总低于挂的小线，造成操作困难，更严重的会导致砌体变形。此外稀砂浆也容易流淌到墙面上弄脏墙面。所以这两种情况对砌筑质量都不能起到积极作用，必须避免。

浇砖还能把砖表面的粉尘、泥土冲干净，对砌筑质量有利。砌筑灰砂砖时亦可适当洒水后再砌筑。冬季施工由于浇水砖会发生冰冻，在砖表面结成冰膜不能和砂浆很好结合，此外冬季水分蒸发量也小，所以冬季施工不要浇砖。

9. 文明操作

砌筑时要保持清洁，文明操作。当砌混水墙时要当清水墙砌。每砌至十层砖高（白灰砂浆可砌完一步架），墙面必须用刮缝工具划好缝，划完后用扫帚扫净墙面。在铺灰挤浆时注意墙面清洁，不能污损墙面。砍砖头不要随便往下砍扔，以免伤人。落地灰要随时收起，做到工完、料净、场清，确保墙面清洁美观。

综上所述，砌砖操作要点概括为："横平竖直，注意选砖，灰缝均匀，砂浆饱满，上下错缝，咬槎严密，上跟线，下跟棱，不游顶，不走缝。"总之，要把墙砌好，除了要掌握操作的基本知识、操作规则以及操作方法外，还必须在实践中注意练好基本功，好中求快，逐渐达到熟练、优质、高效的程度。

二、砖砌体的组砌方法

（一）砖的加工与摆放

在砌筑时根据需要打砍加工的砖，按其尺寸不同可分为"七分头"、"半砖"、"二寸头"、"二寸条"，如图 3-25 所示。

砌入墙内的砖，由于摆放位置不同，又分为卧砖（也称顺砖或眠砖）、陡砖（也称侧砖）、立砖以及顶砖，如图 3-26 所示。

砖与砖之间的缝统称灰缝。水平方向的叫水平缝或卧缝；垂直方向的缝叫立缝（也称头缝）。

在实际操作中，运用砖在墙体上的位置变换排列，有各种叠砌方法。

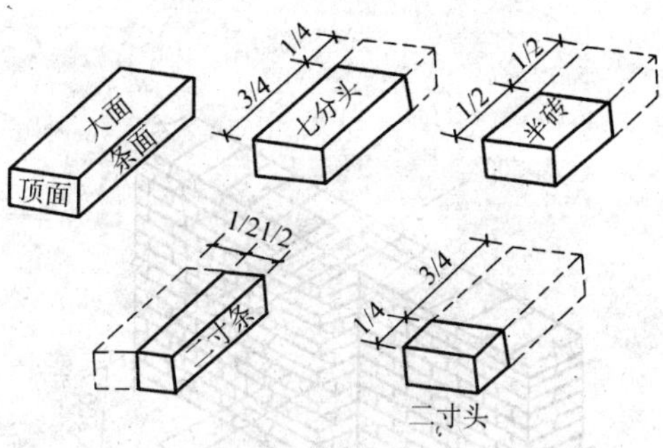

图 3－25　打砍砖

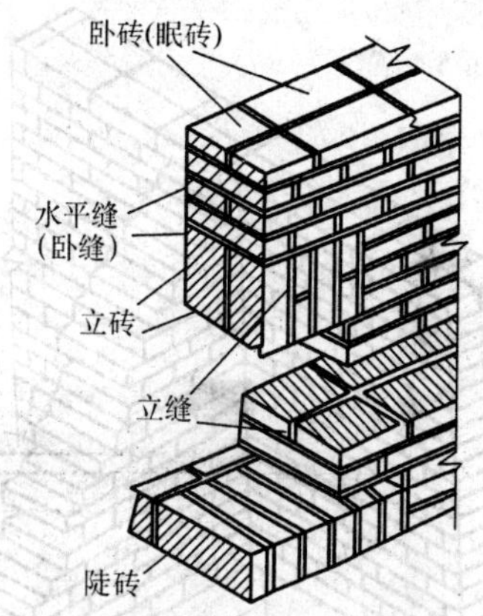

图 3－26　卧砖、陡砖、立砖图

(二)砖砌体的组砌原则

砖砌体的组砌,要求上下错缝,内外搭接,以保证砌体的整体性和稳定性。同时组砌要有规律,少砍砖,以提高砌筑效率,节约材料。组砌方式必须遵循下面三个原则。

1. 砌体必须错缝

砖砌体是由一块一块的砖,利用砂浆作为填缝和黏结材料,组砌成墙体和柱子。为避免砌体出现连续的垂直通缝,保证砌体的整体强度,必须上下错缝,内外搭砌,并要求砖块最少应错缝 1/4 砖长,且不小于 60 mm。在墙体两端采用“七分头”、“二寸条”来调整错缝,如图3－27所示。

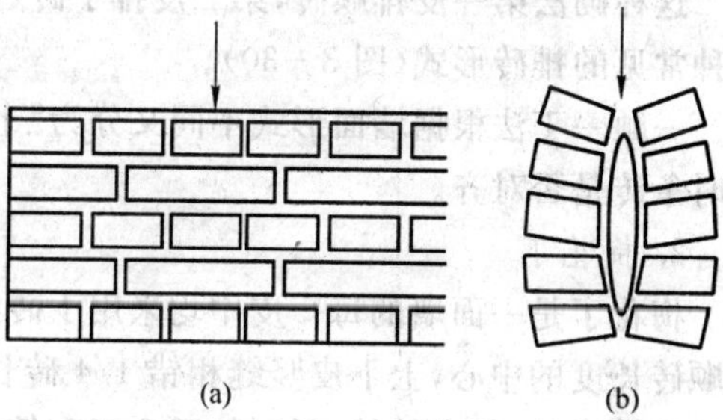

图 3－27　砖砌体错缝

(a)咬合错缝(力分散传递)　(b)不咬合(砌体压散)

2. 墙体连接必须有整体性

为了使建筑物的纵横墙相连搭接成一整体,增强其抗震能力,要求墙的转角和连接处要尽量同时砌筑;如不能同时砌筑,必须先在墙上留出接槎(俗称留槎),后砌的墙体要镶入接槎内(俗称咬槎)。

砖墙接槎的砌筑方法合理与否、质量好坏,对建筑物的整体性影响很大。

正常的接槎按规范规定采用两种形式:一种是斜槎,俗称“退槎”或“踏步槎”,方法是在墙体连接处将待接砌墙的槎口砌成台阶形式,其高度一般不大于 1.2 m,长度不少于高度的 2/3。

另一种是直槎,俗称“马牙槎”,是每隔一皮砌出墙外 1/4 砖,作为接槎之用,高度每隔 500 mm 加 2ϕ6 拉结钢筋,每边伸入墙内不宜小于 500 mm。斜槎的做法如图 2－28 所示,直槎的做法如图 3－29 所示。

3. 控制水平灰缝厚度

砌体水平方向的缝叫卧缝或水平缝。砌体水平灰缝规定为 8～12 mm,一般为 10 mm。如果水平灰缝太厚,会使砌体的压缩变形过大,砌上去的砖会发生滑移,对墙体的稳定性不利。

水平灰缝太簿则不能保证砂浆的饱满度和均匀性,对墙体的黏结、整体性产生不利影响。

砌筑时,在墙体两端和中部架设皮数杆、拉通线来控制水平灰缝厚度。同时要求砂浆的饱满程度应不低于 80%。

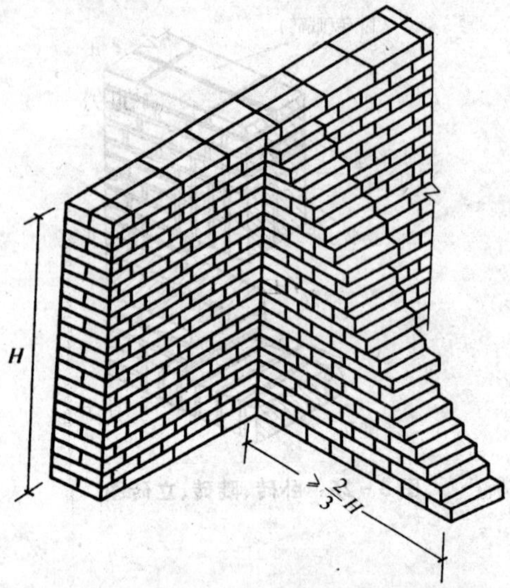

图 3-28 斜槎

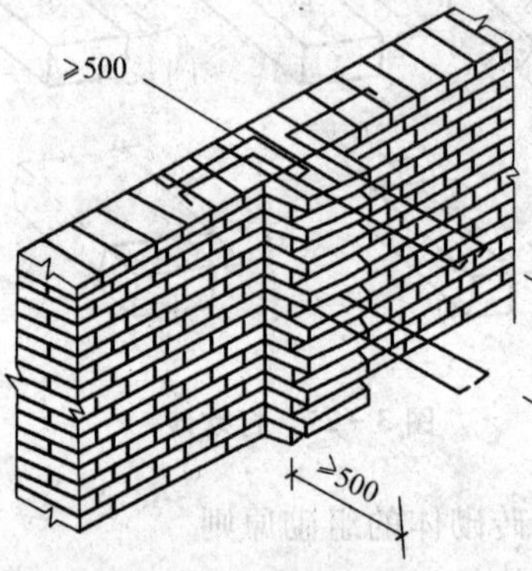

图 3-29 直槎

(三)单片墙的组砌方法

1. 一顺一丁法(又叫满丁满条法)

这种砌法第一皮排顺砖,第二皮排丁砖,操作方便,施工效率高,又能保证搭接错缝,是一种常见的排砖形式(图 3-30)。

一顺一丁法根据墙面形式不同又分为"十字缝"和"骑马缝"两种。两者的区别仅在于顺砌时条砖是否对齐。

2. 梅花丁

梅花丁是一面墙的每一皮中均采用丁砖与顺砖左右间隔砌成,每一块丁砖均在上下两块顺砖长度的中心,上下皮竖缝相错 1/4 砖长(图 3-31)。该砌法灰缝整齐,外表美观,结构的整体性好,但砌筑效率较低,适合于砌筑一砖或一砖半的清水墙。当砖的规格偏差较大时,采用梅花丁砌法有利于减少墙面的不整齐性。

图 3-30 一顺一丁

图 3-31 梅花丁

3. 三顺一丁

三顺一丁是一面墙的连续三皮中全部采用顺砖与一皮中全部采用丁砖上下间隔砌成,

上下相邻两皮顺砖间的竖缝相互错开 1/2 砖长(125 mm)，上下皮顺砖与丁砖间竖缝相互错开 1/4 砖长(图 3 - 32)。该砌法因砌顺砖较多，所以砌筑速度快，但因丁砖拉结较少，结构的整体性较差，在实际工程中应用较少，适合于砌筑一砖墙和一砖半墙(此时墙的另一面为一顺三丁)。

4. 两平一侧

两平一侧是一面墙连续两皮平砌砖与一皮侧立砌的顺砖上下间隔砌成。当墙厚为 3/4 砖时，平砌砖均为顺砖，上下皮平砌顺砖的竖缝相互错开 1/2 砖长，上下皮平砌顺砖与侧砌顺砖的竖缝相错 1/2 砖长；当墙厚为 $1\frac{1}{4}$砖时，只上下皮平砌丁砖与平砌顺砖或侧砌顺砖的竖缝相错 1/4 砖长，其余与墙厚为 3/4 砖的相同(图 3 - 33)。两平一侧砌法只适用于 3/4 砖和 $1\frac{1}{4}$砖墙。

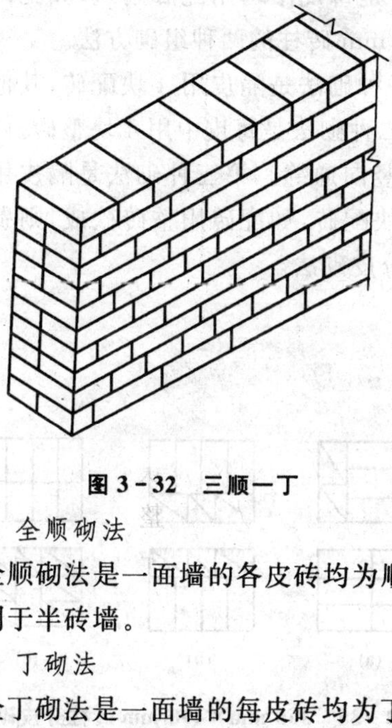

图 3 - 32　三顺一丁

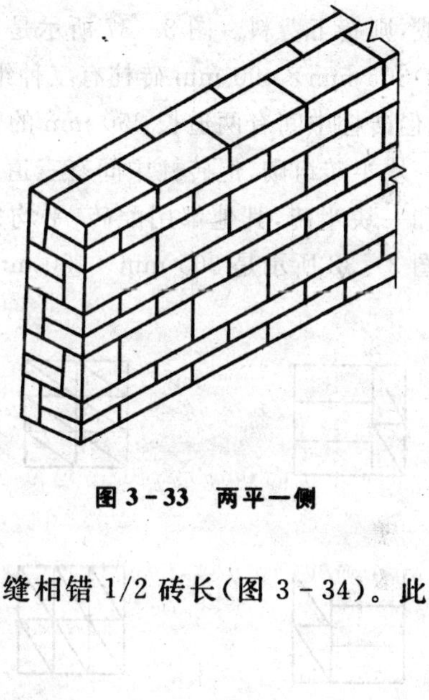

图 3 - 33　两平一侧

5. 全顺砌法

全顺砌法是一面墙的各皮砖均为顺砖，上下皮竖缝相错 1/2 砖长(图 3 - 34)。此砌法仅适用于半砖墙。

6. 丁砌法

全丁砌法是一面墙的每皮砖均为丁砖，上下皮竖缝相错 1/4 砖长，适于砌筑一砖、一砖半、二砖的圆弧形墙、烟囱筒身和圆井圈等(图 3 - 35)。

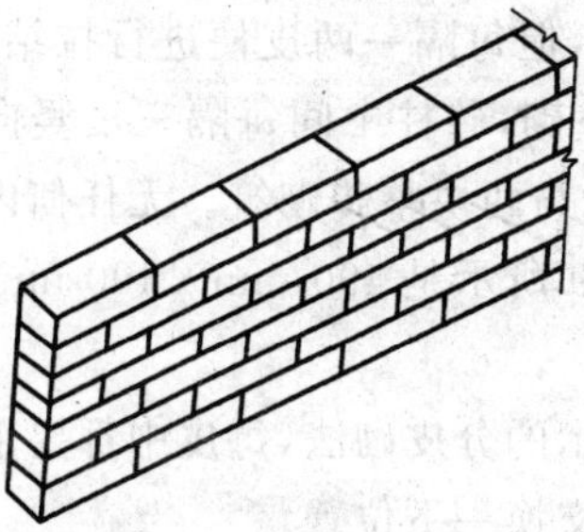

图 3 - 34　全顺

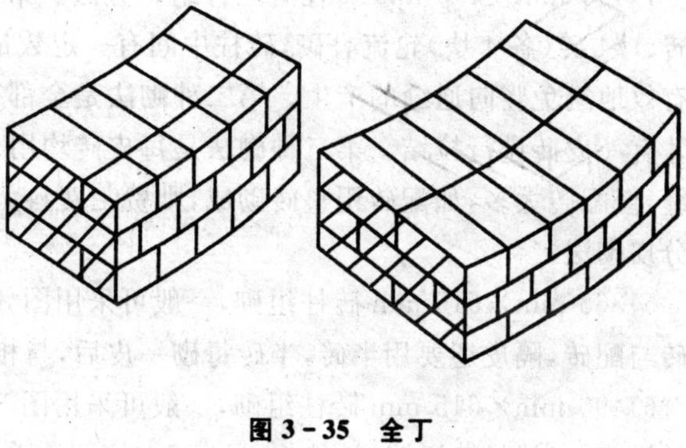

图 3 - 35　全丁

(四)矩形砖柱的组砌方法

砖柱一般分为矩形、圆形、正多角形和异形等几种。矩形砖柱分为独立柱和附墙柱两类;圆形柱和正多角形柱一般为独立砖柱;异型砖柱较少,现在通常由钢筋混凝土柱代替。

普通矩形砖柱截面尺寸不应小于 240 mm×365 mm。

1)240 mm×365 mm 砖柱组砌,只用整砖左右转换叠砌,但砖柱中间始终存在一道长 130 mm的垂直通缝,一定程度上削弱了砖柱的整体性,这是一道无法避免的竖向通缝;如要承受较大载荷时每隔数皮砖在水平灰缝中放置钢筋网片。图 3-36 所示是 240 mm×365 mm 砖柱的分皮砌法。

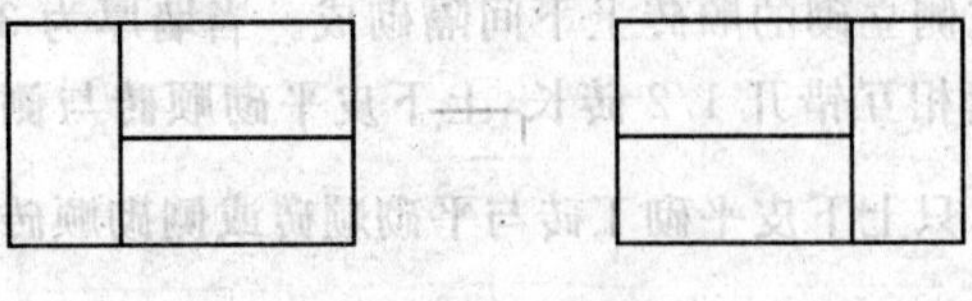

图 3-36 240 mm×365 mm 砖柱分皮砌筑

2)365 mm ×365 mm 砖柱有两种组砌方法,一种是每皮中采用三块整砖与两块配砖组砌,但砖柱中间有两条长 130 mm 的竖向通缝;另一种是每皮中均用配砖砌筑,如配砖用整砖砍成,则费工费料。图 3-37 所示是 365 mm×365 mm 砖柱的两种组砌方法。

3)365 mm×490 mm 砖柱有三种组砌方法。第一种砌法是隔皮用 4 块配砖,其他都用整砖,但砖柱中间有两道长 250 mm 的竖向通缝。第二种砌法是每皮中用 4 块整砖、两块配砖与一块半砖组砌,但砖柱中间有三道长 130 mm 的竖向通缝。第三种砌法是隔皮用一块整砖和一块半砖,其他都用配砖,平均每两皮砖用 7 块配砖,如配砖用整砖砍成,则费工费料。图 3-38 所示是 365 mm×490 mm 砖柱的三种分皮砌法。

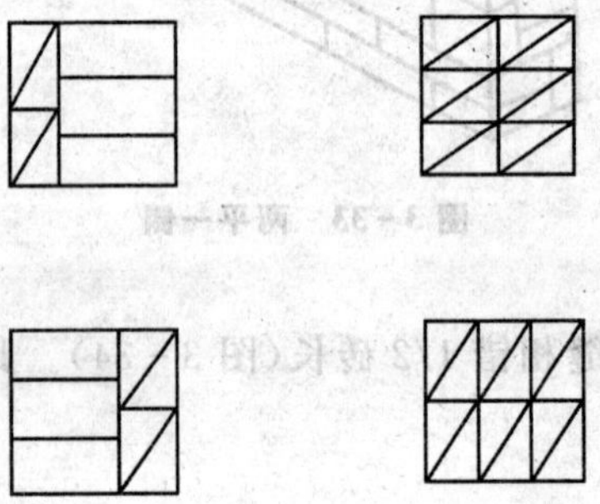

图 3-37 365 mm×365 mm 砖柱分皮砌筑

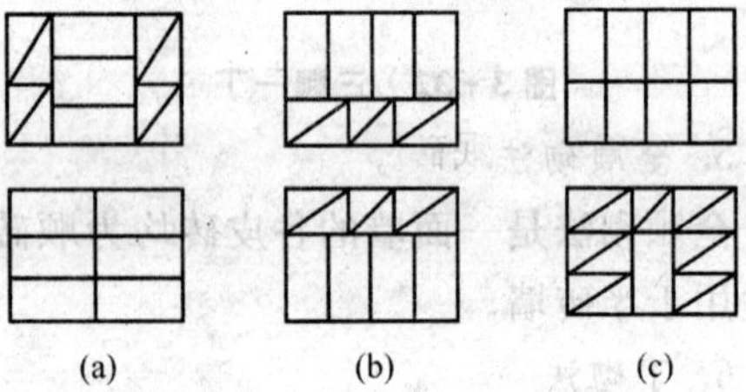

图 3-38 365 mm×490 mm 砖柱分皮砌筑

a) 第一种砌法 (b)第二种砌法 (c)第三种砌法

4)490 mm×490 mm 砖柱有三种组砌方法。第一种砌法是两皮全部整砖与两皮整砖、配砖、1/4 砖(各 4 块)轮流叠砌,砖柱中间有一定数量的通缝,但每隔一两皮便进行拉结,使之有效地避免竖向通缝的产生。第二种砌法是全部由整砖叠砌,砖柱中间每隔三皮竖向通缝才有一皮砖进行拉结。第三种砌法是每皮砖均用 8 块配砖与两块整砖砌筑。无任何内外通缝,但配砖太多,如配砖用整砖砌成,则费工费料。图 3-39 所示是 490 mm×490 mm 砖柱分皮砌法。

5)365 mm×615 mm 砖柱组砌,一般可采用图 3-40 所示的分皮砌法,每皮中都要采用整砖与配砖,隔皮还要用半砖,半砖每砌一皮后,与相邻丁砖交换一下位置。

6)490 mm×615 mm 砖柱组砌,一般可采用图 3-41 所示分皮砌法。砖柱中间存在两条长 60 mm 的竖向通缝。

（五）空斗墙的组砌方法

空斗墙是指墙的全部或大部分采用侧立丁砖和侧立顺砖相同砌筑而成，在墙中由侧立丁砖、顺砖围成许多个空斗，所有侧砌斗砖均用整砖。空斗墙的组砌方法有以下几种（图3－42）。

1. 无眠空斗

无眠空斗是全部由侧立丁砖和侧立顺砖砌成的斗砖层构成的，无平卧丁砌的眠砖层。空斗墙中的侧立丁砖也可以改成每次只砌一块侧立丁砖。

2. 一眠一斗

一眠一斗是由一皮平卧的眠砖层和一皮侧砌的斗砖层上下间隔砌成的。

3. 一眠二斗

一眠二斗是由一皮眠砖层和二皮连续的斗砖层相间砌成的。

4. 一眠三斗

一眠三斗是由一皮眠砖层和三皮连续的斗砖层相间砌成的。

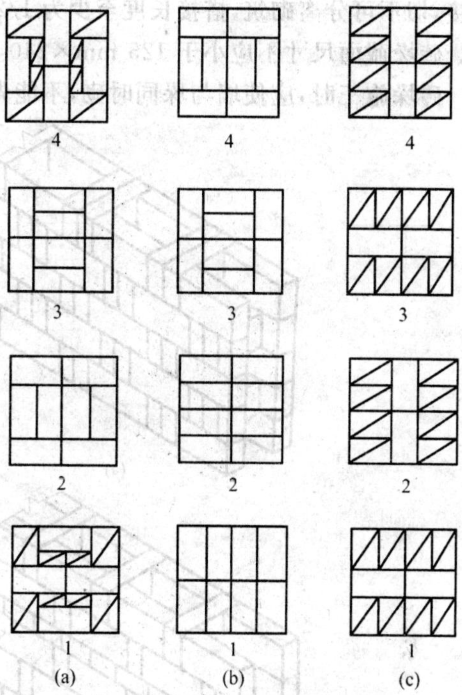

图 3－39　490 mm×490 mm 砖柱分皮砌法

（a）第一种砌法　（b）第二种砌法　（c）第三种砌法

无论采用哪一种组砌方法，空斗墙中每一皮斗砖层每隔一块侧砌顺砖必须侧砌一块或两块丁砖，相邻两皮砖之间均不得有连通的竖缝。

空斗墙一般用水泥混合砂浆或石灰砂浆砌筑。在有眠空斗墙中，眠砖层与丁砖层接触处以及丁砖层与眠砖层接触处，除两端外，其余部分不应填塞砂浆。空斗墙的水平灰缝厚度和竖向灰缝宽度一般为 10 mm，但不应小于 8 mm，也不应大于 12 mm。空斗墙中留置的洞口，必须在砌筑时留出，严禁砌完后再行砍凿。

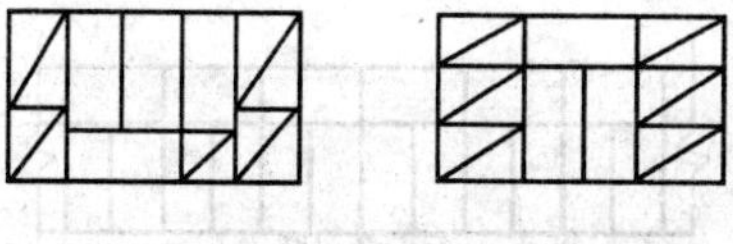

图 3－40　365 mm×615 mm 砖柱分皮砌法

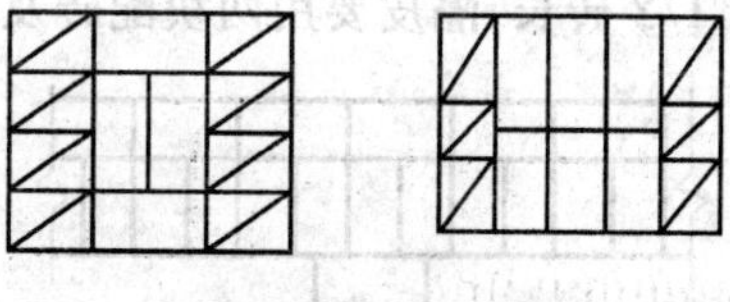

图 3－41　490 mm×615 mm 砖柱分皮砌法

空斗墙在下列部位应用眠砖或丁砖砌成实心砌体：墙的转角处和交接处；室内地坪以下的全部砌体；室内地坪和楼板面上要求砌三皮实心砖；三层房屋的外墙底层的窗台标高以下部分；楼板、圈梁、搁栅和檩条等支撑面下 2～4 皮砖的通长部分，且砂浆的强度等级不低于 M2.5；梁和屋架支撑处按设计要求的部分；壁柱和洞口的两侧 240 mm 范围内；楼梯间的墙、防火墙、挑檐以及烟道和管道较多的墙及预埋件处；作框架填充墙时，与框架拉结筋的连接宽度内；屋檐和山墙压顶下的二皮砖部分。

（六）砖垛的组砌方法

砖垛的砌筑方法，要根据墙厚不同及垛的大小而定，无论哪种砌法都应使垛与墙身逐皮搭接，切不可分离砌筑，搭接长度至少为 1/2 砖长。垛根据错缝需要，可加砌七分头砖或半砖。砖垛截面尺寸不应小于 125 mm×240 mm。

砖垛施工时，应使墙与垛同时砌，不能先砌墙后砌垛或先砌垛后砌墙。

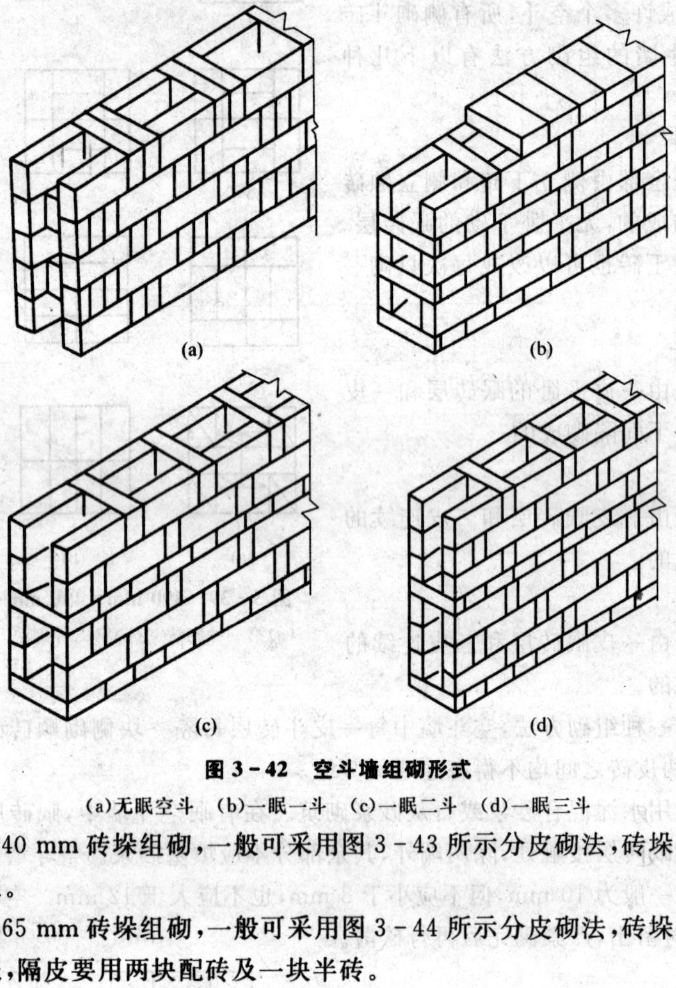

图 3-42 空斗墙组砌形式

(a)无眠空斗 (b)一眠一斗 (c)一眠二斗 (d)一眠三斗

125 mm×240 mm 砖垛组砌，一般可采用图 3-43 所示分皮砌法，砖垛的丁砖隔皮伸入砖墙内 1/2 砖长。

125 mm×365 mm 砖垛组砌，一般可采用图 3-44 所示分皮砌法，砖垛的丁砖隔皮伸入砖墙内 1/2 砖长，隔皮要用两块配砖及一块半砖。

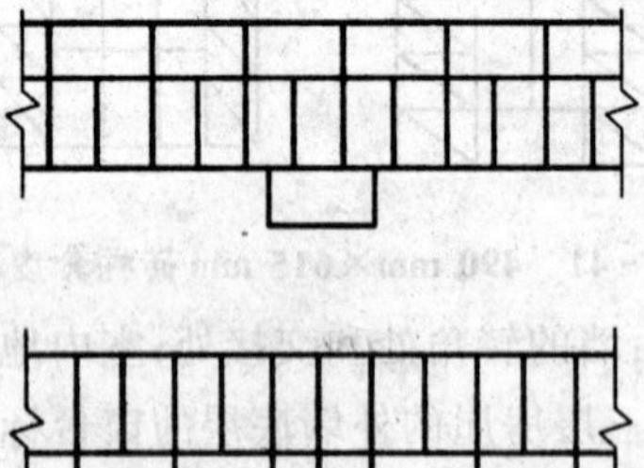

图 3-43 125 mm×240 mm 砖垛分皮砌法

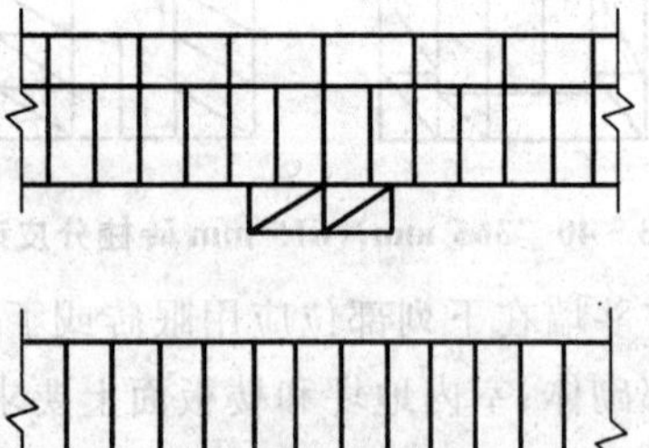

图 3-44 125 mm×365 mm 砖垛分皮砌法

125 mm×490 mm 砖垛组砌，一般采用图 3-45 所示分皮砌法，砖垛丁砖隔皮伸入砖墙内 1/2 砖长，隔皮要用两块配砖及一块半砖。

240 mm×240 mm 砖垛组砌，一般采用图 3-46 所示分皮砌法。砖垛丁砖隔皮伸入砖墙内 1/2 砖长，不用配砖。

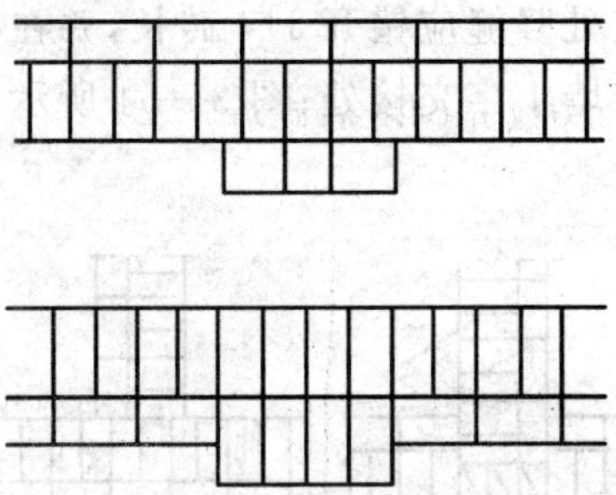

图 3－45　125 mm×490 mm 砖垛分皮砌法

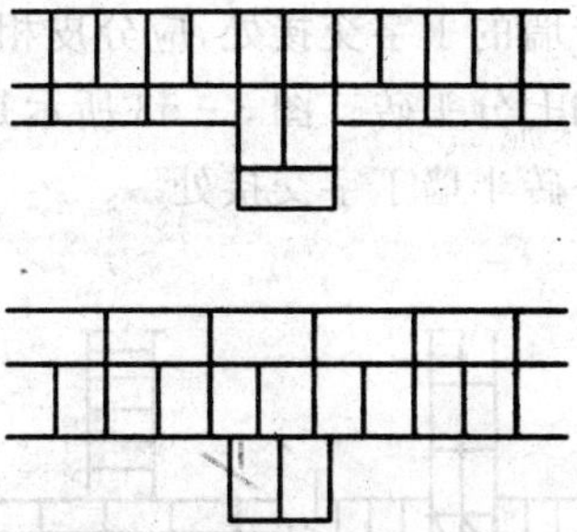

图 3－46　240 mm×240 mm 砖垛分皮砌法

240 mm×365 mm 砖垛组砌，一般采用图 3－47 所示分皮砌法。砖垛丁砖隔皮伸入砖墙内 1/2 砖长，隔皮要用两块配砖。砖垛内有两道长 120 mm 的竖向通缝。

240 mm×490 mm 砖垛组砌，一般采用图 3－48 所示分皮砌法。砖垛丁砖隔皮伸入砖墙内 1/2 砖长，隔皮要用两块配砖及一块半砖。砖垛内有三道长 120 mm 的竖向通缝。

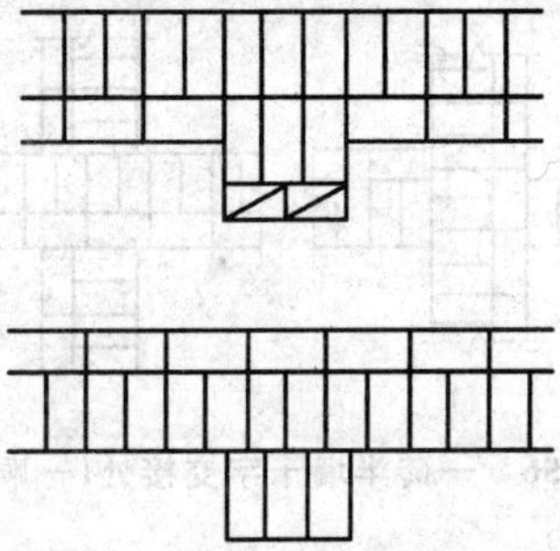

图 3－47　240 mm×365 mm 砖垛分皮砌法

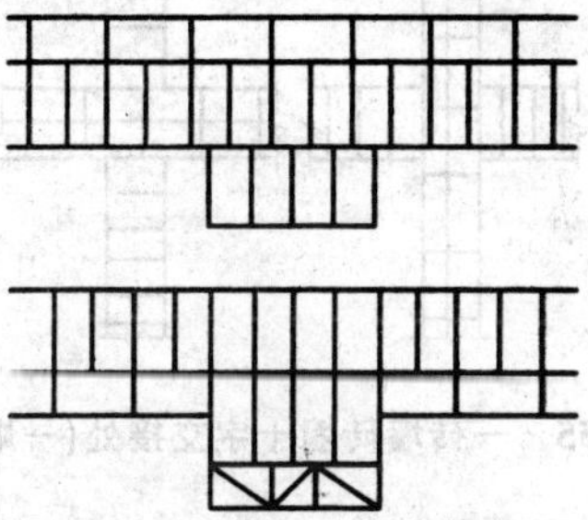

图 3－48　240 mm×490 mm 砖垛分皮砌法

（七）砖砌体转角及交接处的组砌方法

1. 砖砌体转角的组砌方法

砖墙的转角处，为了使各皮间竖缝相互错开，必须在外角处砌七分头砖。当采用一顺一丁组砌时，七分头的顺面方向依次砌顺砖，丁面方向依次砌丁砖。图 3－49 所示是一顺一丁砌一砖墙转角；图 3－50 所示是一顺一丁砌一砖半墙转角。

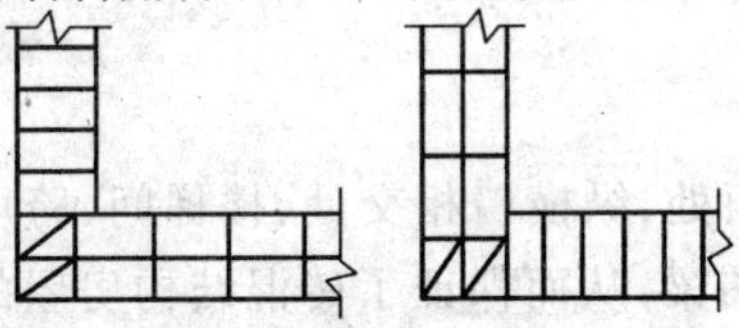

图 3－49　一砖墙转角（一顺一丁）

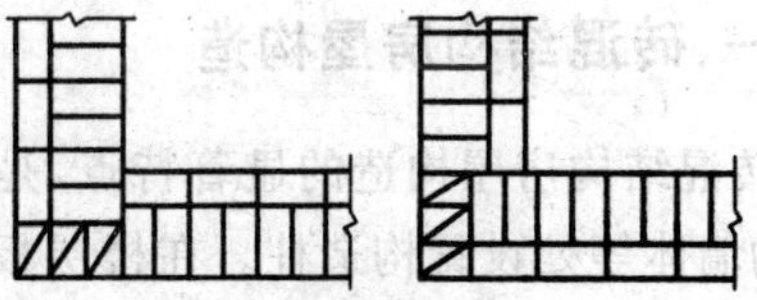

图 3－50　一砖半墙转角（一顺一丁）

当采用梅花丁组砌时，在外角仅砌一块七分头砖，七分头砖的顺面相邻砌丁砖，丁面相邻砌顺砖。图 3－51 所示是梅花丁砌一砖墙转角；图 3－52 所示是梅花丁砌一砖半墙转角。

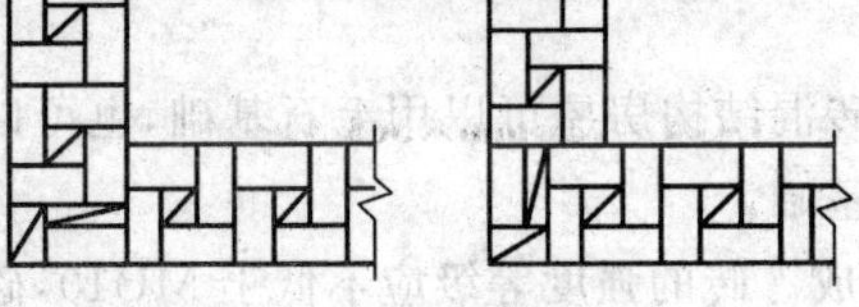

图 3－51　一砖墙转角（梅花丁）

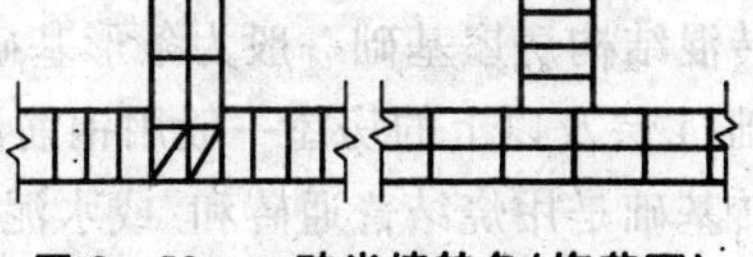

图 3－52　一砖半墙转角（梅花丁）

2. 砖砌体交接处的组砌方法

在砖墙的丁字交接处，应分皮相互砌通，内角相交处竖缝应错开 1/4 砖长，并在横墙端头处加砌七分头砖。图 3-53 所示是一顺一丁砌一砖墙丁字交接处；图 3-54 所示是一顺一丁砌一砖半墙丁字交接处。

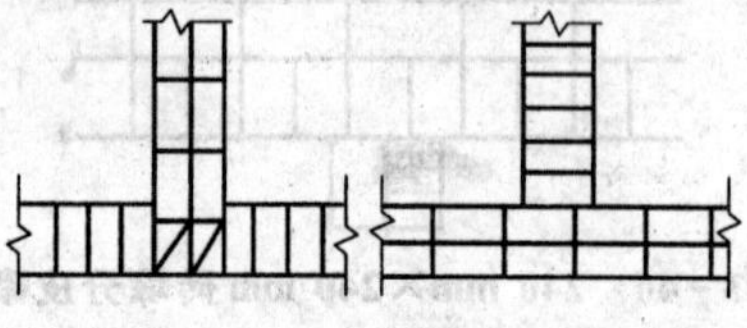

图 3-53 砖墙丁字交接处(一顺一丁)

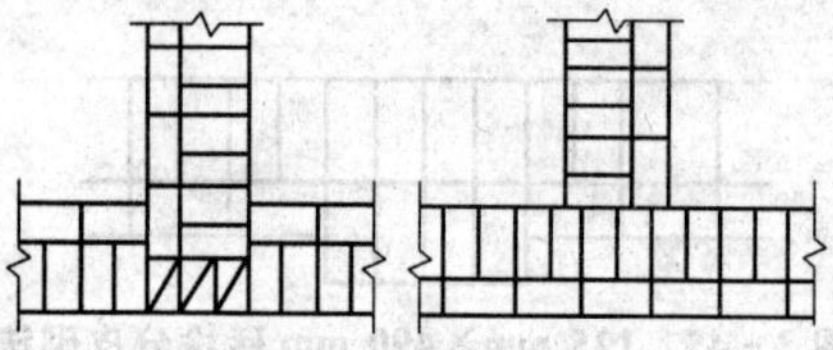

图 3-54 一砖半墙丁字交接处(一顺一丁)

砖墙的十字交接处，应分皮相互砌通，交角处的竖缝相互错开 1/4 砖长。图 3-55 所示是一顺一丁一砖墙砖墙十字交接处；图 3-56 所示是一顺一丁一砖半墙十字交接处。

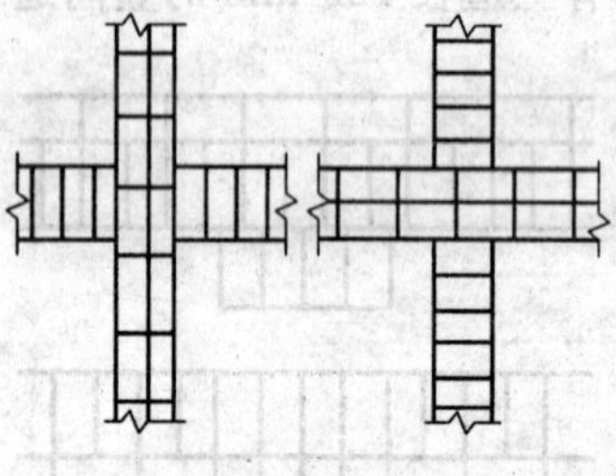

图 3-55 一砖墙砖墙十字交接处(一顺一丁)

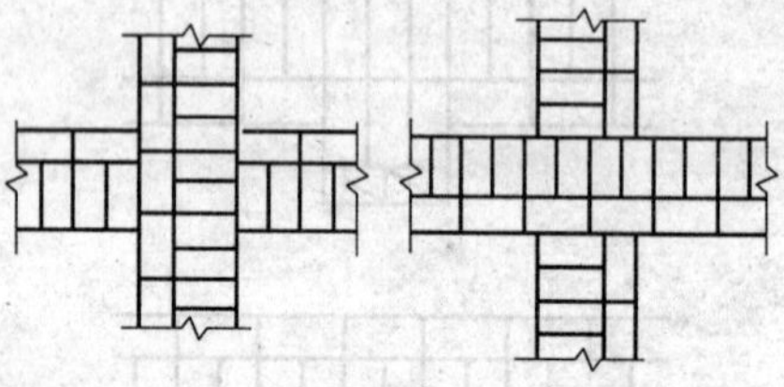

图 3-56 一砖半墙十字交接处(一顺一丁)

第三节 砖混结构房屋施工技术与质量控制

砖混结构房屋是在纯砖砌体结构房屋的基础上发展起来的。与框架结构房屋以及纯砖砌体结构房屋相比，工程造价比框架结构要便宜很多，而抗震性能比纯砖砌体结构房屋要好很多，因此被广泛采用。

一、砖混结构房屋构造

砖混结构房屋构造的显著特点，是在墙体的转角处、纵横墙相交处、楼梯间、跨度大于 5 m的墙体等处设置构造柱。在楼层板面以下设置圈梁，从而保证了砖混结构房屋的整体稳定性。

(一)砖混结构房屋的主要组成

砖混结构房屋一般由基础、砖混结构墙体、混凝土梁板楼面、混凝土梁板屋面、楼梯、门窗、阳台等主要部分组成。

1. 基础

砖混结构房屋基础一般为条形基础。2～3 层砖混结构房屋可以用毛石基础，也可以用砖基础；4 层及以上的房屋一般用钢筋混凝土条形基础。

砖基础是用烧结普通砖和/或水泥砂浆砌筑而成。砖的强度等级应不低于 MU10，砂浆强度等级应不低于 M5。

砖基础有条形基础和独立基础。条形基础一般设在砖墙下，独立基础一般设在砖柱下。

普通砖基础由墙基和大放脚两部分组成。墙基与墙身同厚，大放脚即墙基下面的扩大部分，有等高式和间隔式两种。等高式大放脚是两皮一收，每收一次两边各收进 1/4 砖长；间隔式大放脚是两皮一收与一皮一收相间隔，每收一次两边各收进 1/4 砖长。

大放脚的底宽应根据设计而定。大放脚各皮的宽度应为半砖长的整倍数(包括灰缝)。

在大放脚下面为基础垫层，垫层一般用灰土、碎砖三合土或混凝土等。

在墙基顶面应设防潮层，防潮层宜用 1∶2.5(质量比)水泥砂浆加适量防水剂铺设，其厚度一般为 20 mm，位置在底层室内地面以下 60 mm 处。

2. 墙体

砖混结构房屋的墙体一般用普通砖砌筑，厚度大多为 24 墙，也有 37 墙，北方地区甚至有 49 墙。

为增加房屋的整体稳定，一般在房屋的转角处、纵横墙相交处、楼梯间等部位设置构造柱，当单面墙体长度达到 5 m 时，一般也加设构造柱。

在每层房屋的楼板处往往设置圈梁。当单面墙体高度达到 4 m 时，一般加设构造梁。

3. 梁板楼面

砖混结构房屋的载荷传递系统是：作用在楼面上的载荷通过梁板传递到墙上，通过房屋基础传递到地基上，墙体、梁板在载荷传递过程中都起着重要作用。

砖混结构房屋的梁板大多为现浇钢筋混凝土结构，在农房建设中也有采用预制钢筋混凝土结构的。现浇钢筋混凝土结构砖混结构房屋整体性好，有利于抗震设防。

4. 屋面

不管是坡屋面还是平屋面，现浇钢筋混凝土屋面无论是抗震设防还是屋面防水都值得提倡。

出于屋面排水的需要，屋面必须找坡。设计图上往往表明采用结构找坡或采用建筑找坡。当设计采用结构找坡时，必须在结构施工时采取措施，可以考虑在砌筑时就进行找坡，也可以考虑在梁板施工时进行找坡。当设计采用建筑找坡时，则在结构施工时不予考虑，而在施工屋面保温层时采取措施。

5. 楼梯

砖混结构房屋一般都采用现浇钢筋混凝土结构板式楼梯。

6. 门窗

砖混结构房屋的门窗有木制品、金属制品、塑料制品多种材料。其安装方法以后塞口法居多。

7. 阳台

阳台都是采用现浇钢筋混凝土结构的，一般和楼层梁板浇筑成整体。

(二)砖砌体房屋抗震构造措施

1. 圈梁、构造柱的设置和构造要求

在多层砖混结构房屋中，墙体常常不是孤立的，它的四周一般均与左右垂直墙体及上下楼板层或屋顶相互联系以增加墙体的稳定性。当墙身由于承受集中载荷、开洞和考虑地震的影响，使砖混结构房屋整体性、稳定性降低时，必须设置圈梁和构造柱来加强。在砖混结构的房屋中，应按要求设置钢筋混凝土圈梁和构造柱。

(1)圈梁

圈梁又称腰箍,是沿外墙四周及部分内横墙设置的连续封闭的梁。其作用是提高建筑物的空间刚度及整体性,增强墙体的稳定性,减少由于地基不均匀沉降引起的墙身开裂。对于防震地区,利用圈梁加固墙身更加必要。

1)圈梁的设置。

圈梁的设置与房屋的高度、层数、地基状况和地震烈度有关,见表 3-7。

圈梁的位置与数量有关。当只设一道时应在屋盖附近;增设时应与预制板设在同一标高处或紧靠板底,必要时圈梁可兼作过梁。

表 3-7 砖房现浇钢筋混凝土圈梁设置要求

墙类	烈度		
	6.7	8	9
外墙和内纵墙	屋盖处及每层楼盖处	屋盖处及每层楼盖处	屋盖处及每层楼盖处
内横墙	同上;屋盖处间距不应大于 7 m;楼盖处间距不应大于 15 m;构造柱对应部位	同上;屋盖处沿所有横墙,且间距不应大于 7 m;楼盖处间距不应大于 7 m;构造柱对应部位	同上;各层所有横墙

2)附加圈梁的设置。

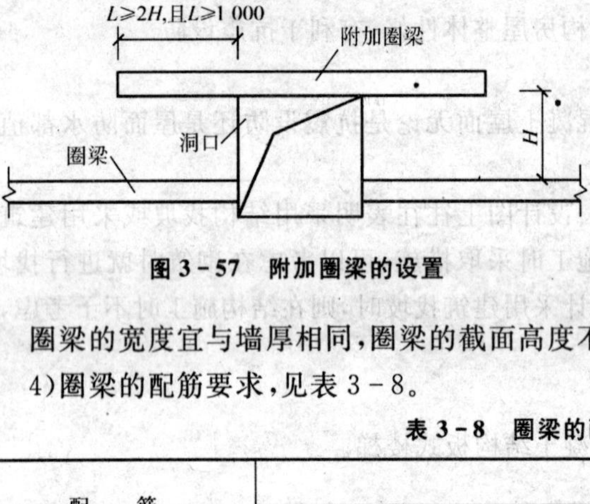

图 3-57 附加圈梁的设置

圈梁连续地设在同一水平面上,并形成封闭状。当圈梁被门窗过梁截断时,应在洞口上面增设相同截面的附加圈梁。附加圈梁与圈梁的搭接长度不应小于其垂直间距的二倍,且不得小于 1 m(见图 3-57)。

3)圈梁的尺寸。

圈梁的宽度宜与墙厚相同,圈梁的截面高度不应小于 120 mm。

4)圈梁的配筋要求,见表 3-8。

表 3-8 圈梁的配筋要求

配筋	地震烈度		
	6.7 度	8 度	9 度
最小纵筋	$4\phi10$	$4\phi12$	$4\phi14$
最大箍筋间距(mm)	250	200	150

(2)构造柱

圈梁是在水平方向将楼板和墙体箍住,构造柱则是从竖向加强层与层间墙体的连接。构造柱和圈梁共同形成空间骨架,以增强房屋的整体刚度,提高墙体抵抗变形的能力,做到裂而不倒。

1)构造柱的设置。

在砖混结构的房屋中,应按表 3-9 的要求设置钢筋混凝土构造柱。对医院、教学楼等横墙较少的房屋,外廊式和单面走廊式的多层房屋,应根据房屋增加一层后的层数执行。

表 3-9　砖墙构造柱的设置部位

房屋层数				设置部位	
6度	7度	8度	9度		
四、五	三、四	二、三		外墙四角，错层部位横墙与外纵墙交接处，大房间内外墙交接处，较大洞口两侧	7、8度时，楼、电梯间的四角； 隔 15 m 或单元横墙与外纵墙交接处
六、七	五	四	二		隔开间横墙(轴线)与外墙交接处， 山墙与内纵墙交接处； 7～9度时，楼、电梯间的四角
八	六、七	五、六	三、四		内墙(轴线)与外墙交接处， 内墙的局部较小墙垛处； 7～9度时，楼、电梯间的四角； 9度时内纵墙与横墙(轴线)交接处

2)构造柱的尺寸和钢筋配置(见图 3-58)。

构造柱的截面不应小于 240 mm×180 mm，一般为 240 mm×240 mm。纵向钢筋宜采用 4ϕ12 筋，间距不宜大于 250 mm，且在柱上下端适当加密；设防烈度为 7 度、房屋超过 6 层时或设防烈度为 8 度、房屋超过 5 层时或设防烈度为 9 度时，构造柱纵向钢筋宜采用 4ϕ12，箍筋间距不宜大于 200 mm。

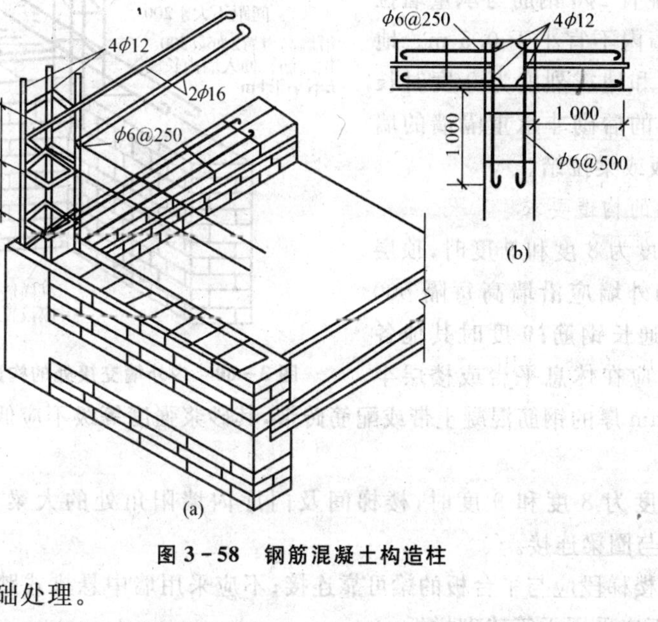

图 3-58　钢筋混凝土构造柱

3)构造柱的基础处理。

构造柱可不单独设置基础，但应伸入室外地面以下 500 mm，或锚固于浅于 500 mm 的基础圈梁之内。

4)构造柱与墙、圈梁的连接。

构造柱与墙连接处应砌成马牙槎，并应沿墙高每隔 500 mm 设 2ϕ6 拉结筋，且每边伸入墙内不宜小于 1 m。

构造柱与圈梁连接处，构造柱的纵筋应穿过圈梁，保证构造柱纵筋上下贯通。

5)构造柱的施工要求。

构造柱施工时必须先砌墙，随着墙体的上升而逐段现浇钢筋混凝土构造柱。

2. 楼、屋盖的构造要求

1)现浇钢筋混凝土楼板或屋面板伸进纵、横墙内的长度，均不应小于 120 mm。

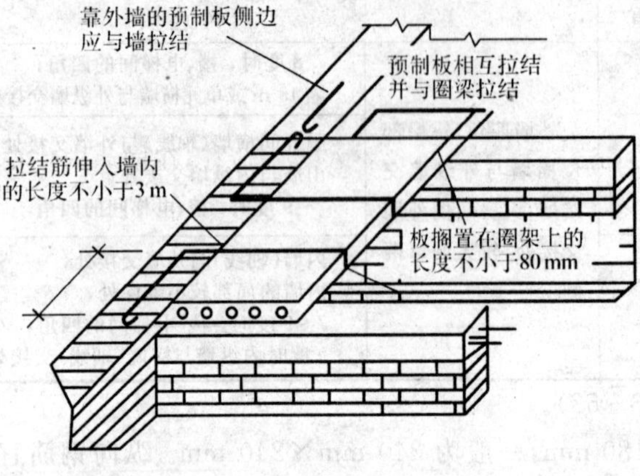

图 3-59 预制板与墙的拉结

2)当板的跨度大于 4.8 m 并与外墙平行时，靠外墙的预制板侧边应与墙或圈梁拉结，见图 3-59。

3)在房屋端部大房间的楼盖处，地震烈度为 8 度时房屋的屋盖和地震烈度为 9 度时房屋的楼盖、屋盖处，当圈梁设在板底时，钢筋混凝土预制板应相互拉结，并应与梁、墙或圈梁拉结。

3. 墙体的构造要求

地震烈度为 7 度时长度大于 7.2 m的大房间及地震烈度为 8 度和地震烈度为 9 度时外墙转角及内外墙交接处，应沿墙高每隔 500 mm 配置 2ϕ6 拉结钢筋，并每边伸入墙内不宜小于 1 m(见图 3-60)。后砌的非承重砖墙应沿墙高每隔500 mm 配置 2ϕ6 钢筋与承重墙拉结，每边伸入墙内不宜小于 0.5 m。地震烈度为 8 度和地震烈度为 9 度时长度大于 5.1 m 的后砌非承重隔墙的墙顶，尚应与楼板或梁拉结。

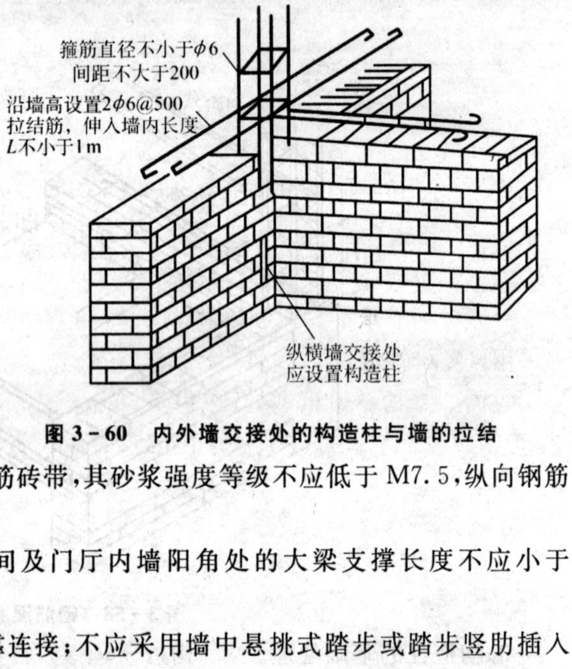

图 3-60 内外墙交接处的构造柱与墙的拉结

4. 楼梯间的构造要求

1)地震烈度为 8 度和 9 度时，顶层楼梯间横墙和外墙应沿墙高每隔 500 mm 配置 2ϕ6 通长钢筋；9 度时其他各层楼梯间墙体应在休息平台或楼层半高处设置 60 mm 厚的钢筋混凝土带或配筋砖带，其砂浆强度等级不应低于 M7.5，纵向钢筋不应少于 2ϕ10。

2)地震烈度为 8 度和 9 度时，楼梯间及门厅内墙阳角处的大梁支撑长度不应小于 500 mm，并应与圈梁连接。

3)装配式楼梯段应与平台板的梁可靠连接；不应采用墙中悬挑式踏步或踏步竖肋插入墙体的楼梯，不应采用无筋砖砌拦板。

4)突出屋顶的楼、电梯间，构造柱应伸到顶部，并与顶部圈梁连接，内外墙交接处应沿墙高每隔 500 mm 配置 2ϕ6 拉结钢筋，且每边伸入墙内不应小于 1 m。

5. 加强措施的设置

横墙较少的砖混结构中，房屋总高度和层数接近或达到一定的规定限值，应采取的加强措施。

1)房屋的最大开间尺寸不宜大于 6.6 m。

2)同一结构单元内横墙错位数量不宜超过横墙总数的 1/3，且连续错位不宜多于两道；

错位的墙体交接处均应增设构造柱，且楼、屋面板应采用现浇钢筋混凝土板。

3）横墙和内纵墙上洞口的宽度不宜大于 1.5 m；外纵墙上洞口的宽度不宜大于 2.1 m 或开间尺寸的一半；且内外墙上洞口位置不应影响内外纵墙与横墙的整体连接。

4）所有纵横墙均应在楼、屋盖标高处设置加强的现浇钢筋混凝土圈梁；圈梁的截面高度不宜小于 150 mm，上下纵筋各不应少于 3ϕ10，箍筋不小于 ϕ6，间距不大于 300 mm。

5）所有纵横墙交接处及横墙的中部，均应增设满足下列要求的构造柱；在横墙内的柱距不宜大于层高，在纵墙内的柱距不宜大于 4.2 m，最小截面尺寸不宜小于 240 mm×240 mm，配筋应符合表 3-10 的要求。

表 3-10　增设构造柱的纵筋和箍筋设置要求

位置	纵向钢筋			箍筋		
	最大配筋率	最小配筋率	最小直径	加密区范围	加密区间距	最小直径
角柱	1.8%	0.8%	14 mm	全高	100 mm	6 mm
边柱		0.6%	14 mm	上端 700 下端 500		
中柱	1.4%		12 mm			

6）同一结构单元的楼、屋面板应设置在同一标高处。

7）房屋底层和顶层的窗台标高处，宜设置沿纵横墙通长的水平现浇钢筋混凝土带；其截面高度不小于 60 mm，宽度不小于 240 mm，纵向钢筋不少于 3ϕ6。

6. 其他构造要求

1）门窗洞口处不应采用无筋砖过梁；过梁支撑长度，6～8 度时不应小于 240 mm，9 度时不应小于 360 mm。

2）预制阳台应与圈梁和楼板的现浇板带可靠连接。

3）后砌的非承重砌体隔墙应符合轻质、均匀对称布置和主体结构有可靠的柔性连接，不得采用嵌砌砌体墙。

4）同一结构单元的基础（或桩承台），宜采用同一类型的基础，底面宜埋置在同一标高上，否则应增设基础圈梁并应按 1∶2 的台阶逐步放坡。

（三）砖混结构房屋的细部构造

1. 外墙的细部构造

墙体的细部构造包括勒脚、防潮层、散水、明沟、门窗过梁、窗台、圈梁和构造柱等。

（1）勒脚

外墙与室外地面结合部位的构造做法称勒脚。

1）勒脚的作用。

一是保护墙脚不受外界雨、雪的侵蚀；二是加固墙身，防止各种机械碰撞；三是对建筑物的立面处理产生一定的效果。

2）勒脚的高度。

主要取决于防止地面水上溅和室内地潮的影响，并适当考虑立面造型的要求，常与室内地面齐平。有时，为了考虑立面处理的需要，也可将勒脚做到与第一层窗台齐平。

3）勒脚的构造做法。

勒脚的构造做法常有以下几种（见图 3-61）。

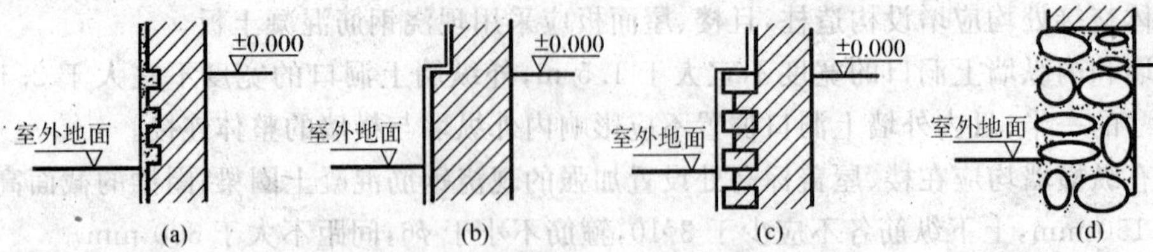

图 3-61 勒脚构造

(a)抹水泥砂浆或水刷石；(b)墙体加厚并抹灰；(c)镶砌石材；(d)石材砌筑

①抹 20～30 mm 厚水泥砂浆或做水刷石。

②选用既防水又坚实的天然石材砌筑。

③镶贴天然石材等防水和耐久材料。

④将墙体加厚 60～120 mm，再抹水泥砂浆或做水刷石。

(2)墙身防潮层

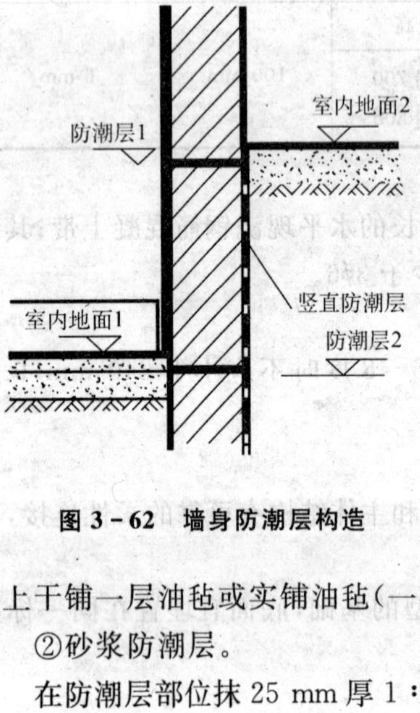

图 3-62 墙身防潮层构造

墙身水平防潮层应设置在室外地面以上，底层室内地面以下 60 mm 处；当底层内墙两侧房间室内地面有高差时，水平防潮层应设置两道，分别为两侧地面以下 60 mm，并在两道防潮层之间较高地面一侧加设一道竖向防潮层(见图 3-62)。防潮层应连续设置，不得间断。

1)墙身防潮层的作用。

防止地下潮气及地表积水对墙体的侵蚀而设置连续的水平阻水层。

2)墙身防潮层的构造做法。

水平防潮层的构造做法常有以下几种。

①油毡防潮层。

在防潮层部位抹 20 mm 厚水泥砂浆找平层，找平层上干铺一层油毡或实铺油毡(一毡二油)。由于破坏了墙的整体性，不能用于地震区。

②砂浆防潮层。

在防潮层部位抹 25 mm 厚 1∶2 或 1∶2.5 水泥砂浆，加入占水泥用量 3%～5%的防水剂。

③细石混凝土防潮层。

在防潮层部位采用 60 mm 厚与墙等宽的细石混凝土带，内配 3ϕ6 或 3ϕ8 钢筋。

(3)散水

把外墙四周的排水坡称为散水。

1)作用。

把由屋面下泻的无组织雨水排至墙脚以外，使墙基不受雨水的侵蚀。

2)宽度和坡度。

散水坡度一般为 3%～5%，宽一般不小于 600 mm，当屋顶有出檐时，其宽度较出檐大 150～200 mm。

3)构造做法。

散水可用混凝土、砖、块石等材料。当散水材料采用混凝土时，散水每隔 6～12 m 应设伸缩缝，伸缩缝及散水与外墙接缝处，均应用热沥青填充(其构造做法见图 3-63)。

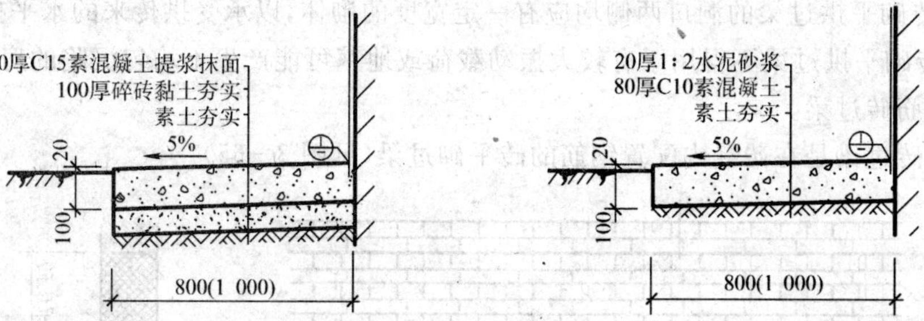

图 3-63 散水构造

(4)明沟

把外墙四周或散水四周的排水沟称为明沟(或阳沟)。

1)作用。

将屋面雨水有组织地导向集水井，排入地下排水道。

2)坡度。

明沟纵向坡度不小于 1%。

3)构造做法。

明沟可用混凝土、砖、块石等材料砌筑，通常用混凝土浇筑成宽 180 mm、深 150 mm 的沟槽，外抹水泥砂浆。

(5)门窗过梁

门窗过梁是指门窗洞口上的横梁，其作用是支撑洞口上砌体的重量和搁置在洞口砌体上的梁、板传来的载荷，并将这些载荷传递给墙体。

过梁的种类较多，目前常用的有砖砌平拱过梁、钢筋砖过梁和钢筋混凝土过梁三类。

1)砖砌平拱过梁。

砖砌平拱过梁又称平碹，是我国砖石工程中的一种传统做法，它是用砖立砌或侧砌成对称于中心而倾向两边的拱(见图3-64)。

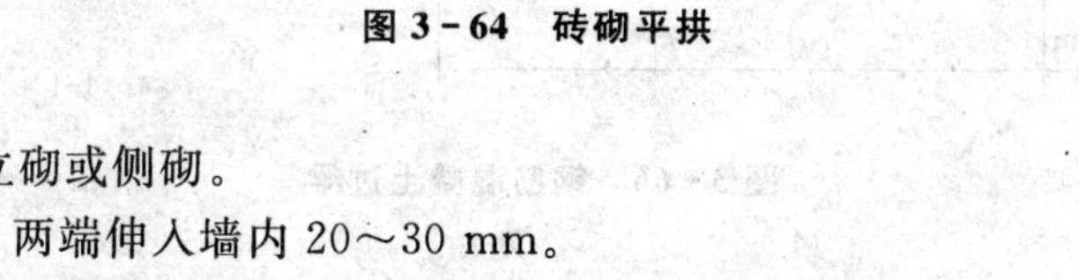

图 3-64 砖砌平拱

①构造做法。

A. 砌筑。砖立砌或侧砌。

B. 伸入长度。两端伸入墙内 20～30 mm。

C. 灰缝。灰缝上宽下窄，最宽不大于 20 mm，最窄不小于 5 mm。

D. 起拱。中部砖块提高约为跨度的 1/100，待受力下陷后恰成水平。

②跨度和高度。

砖砌平拱过梁的跨度一般为 1.5 m 以下，过梁的高度不应小于 240 mm。

③注意事项。

A. 砖砌平拱过梁的洞口两侧均应有一定宽度的砌体，以承受拱传来的水平推力。

B. 砖砌平拱过梁不得用于有较大振动载荷或地基可能产生不均匀沉陷的房屋。

2)钢筋砖过梁。

钢筋砖过梁是在砖缝内配置钢筋的砖平砌过梁(见图 3-65)。

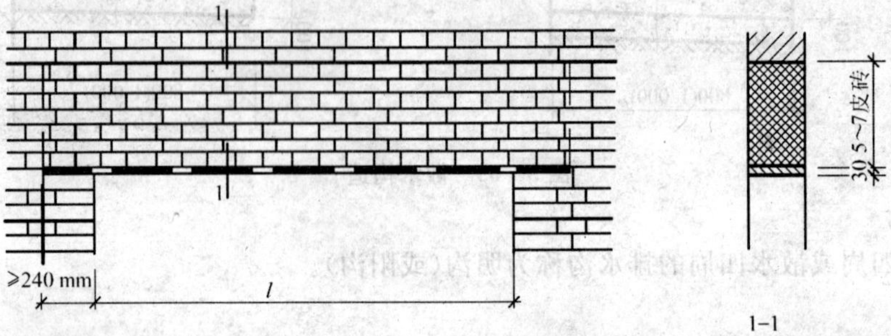

图 3-65 钢筋砖过梁

①构造做法。

A. 砌筑。

过梁底的第一皮砖以丁砌为宜，用不低于 M5 的砂浆砌筑。

B. 钢筋。

每 120 mm 一墙厚不少于 1ϕ5 的钢筋常放在第一皮砖下的砂浆层内，砂浆厚 30 mm；钢筋伸入墙内至少 240 mm，并加弯钩。

②跨度和高度。

钢筋砖过梁的跨度一般为 2 m 以下，过梁的高度不应小于 5 皮砖，同时不小于洞口跨度的 1/5。

3)钢筋混凝土过梁。

当门窗洞口的宽度较大或洞口上出现集中载荷时，常采用钢筋混凝土过梁(见图 3—66)。

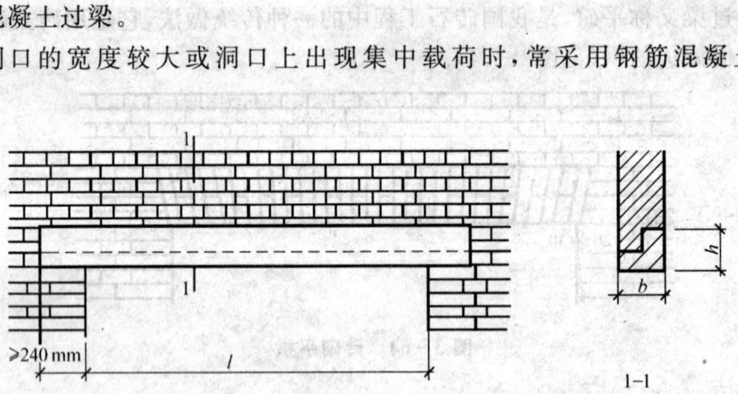

图 3-66 钢筋混凝土过梁

①种类。

钢筋混凝土过梁根据施工方法的不同可分为现浇和预制两种，截面常见的形式有矩形和 L 形。

②高度和宽度。

梁宽应与墙厚相适应，梁高与砖的皮数相配合，常采用 60、120、180、240 mm 等。

③支撑长度。

过梁两端伸入墙内的长度不应小于 240 mm。

④图集代码。

过梁的图集代码表示方法，见图 3－67。

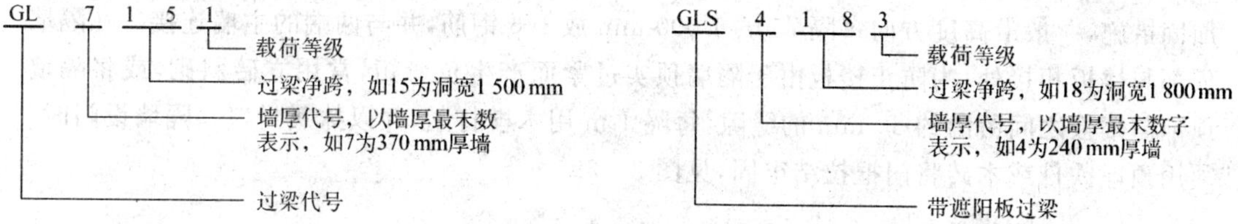

图 3－67　过梁图集代码

(6)窗台

1)作用。

防止雨水沿窗台下的砖缝侵入墙身或透进室内而设置的泻水构件。

2)类型。

窗台按材料的不同有砖砌窗台和预制混凝土窗台之分；按所处的位置不同有外窗台和内窗台之别；按砖砌窗台施工方法不同有平砌和侧砌两种。

3)构造做法(见图 3－68)。

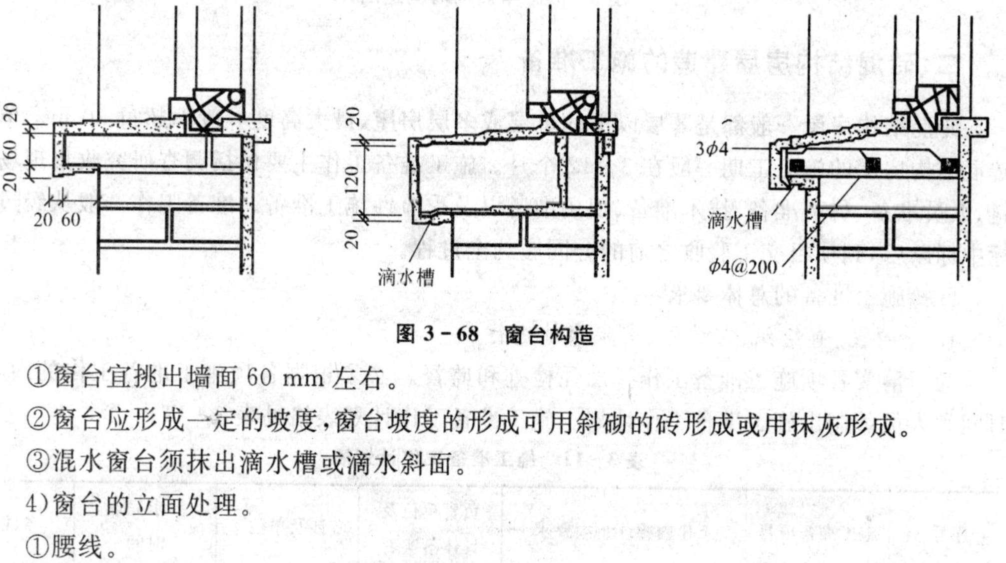

图 3－68　窗台构造

①窗台宜挑出墙面 60 mm 左右。

②窗台应形成一定的坡度，窗台坡度的形成可用斜砌的砖形成或用抹灰形成。

③混水窗台须抹出滴水槽或滴水斜面。

4)窗台的立面处理。

①腰线。

将几扇窗或所有的窗台线联系在一起处理形成腰线。

②窗套。

将窗台沿窗扇四周挑出形成窗套。

2. 砖隔墙的细部构造

砖隔墙按厚度分有 1/4 砖厚和 1/2 砖厚隔墙两种。

(1)1/4 砖隔墙的细部构造

1/4 砖隔墙，一般用于不设门洞或面积较小的部位，如厨房、卫生间之间的隔墙。砌筑砂浆不应低于 M5。由于墙身稳定性差，对于面积较大且开设门窗洞口者，须采取加固措施，在水平方向每隔900～1 200 mm设C20细石混凝土柱一根，高度方向每隔500 mm在墙内砌入2ϕ4（或1ϕ6）钢筋，并与两端主墙连接牢固。墙下应设200 mm×200 mm钢筋混凝土止水带。

（2）1/2砖隔墙的细部构造

1/2砖隔墙，砌筑砂浆一般不应低于M5。当墙高大于3 m或墙长大于5 m时，应采取加固措施，一般沿高度方向每隔750～1 000 mm放1ϕ6钢筋，并与两端的主墙连接。在隔墙顶部与楼板相接处，为防止楼板由于隔墙顶实过紧而产生负弯矩，常用立砖斜砌，或将隔墙顶部与楼板之间留出约30 mm的缝隙，每隔1 m用木楔打紧，并以抹灰封口。隔墙设门时，须用预埋铁件或木砖将门框拉结牢固，见图3-69。

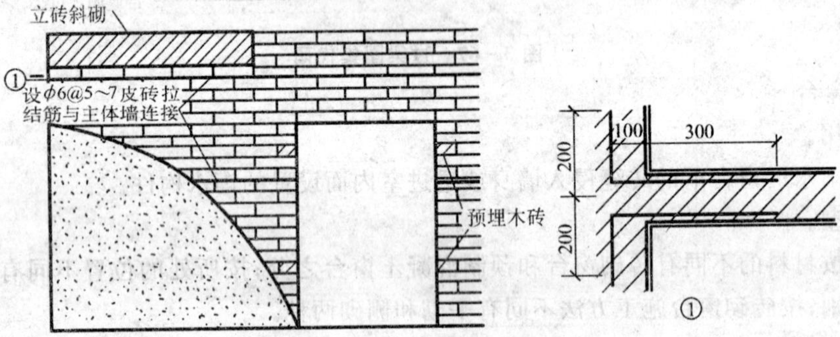

图3-69 半砖隔墙构造图

二、砖混结构房屋建造的施工准备

砖混结构房屋一般都是8层以下的单层或多层房屋，最大高度一般不超过30 m。单幢砖混结构房屋的施工工期一般在3～12个月。施工准备工作主要包括调查研究收集现场资料、人员准备、材料准备、技术准备、现场准备以及季节性施工准备。准备工作一般从经过投标中标以后，到项目交工验收之前的合同履约全过程。

（一）施工准备的总体要求

1. 分阶段、有组织、有计划、有步骤地进行

为了落实各项施工准备工作。加强检查和监督。必须根据各项施工准备工作的内容、时间和人员编制出施工准备工作计划。施工准备工作计划表格见表3-11。

表3-11 施工准备工作计划表

序号	施工准备项目	工作内容	要求	负责单位及具体落实者	涉及单位	要求完成时间	备注
1							
2							

由于各准备工作之间有相互依存的关系，除用上述表格编制施工准备工作计划外，还可采用编制施工准备工作网络计划的方法，以明确各项准备工作之间的关系，找出关键路线，并在网络计划图上进行施工准备期的调整，尽量缩短准备工作的时间，使各项工作有领导、有组织、有计划和分期分批地进行。

2. 建立严格的责任制

由于施工准备工作范围广、项目多，故必须有严格的责任制度。把施工准备工作的责任

落实到有关部门和个人，以便按计划要求的内容和时间进行工作。现场施工准备工作应由项目经理部全权负责，施工准备工作的一般内容见图 3-70。

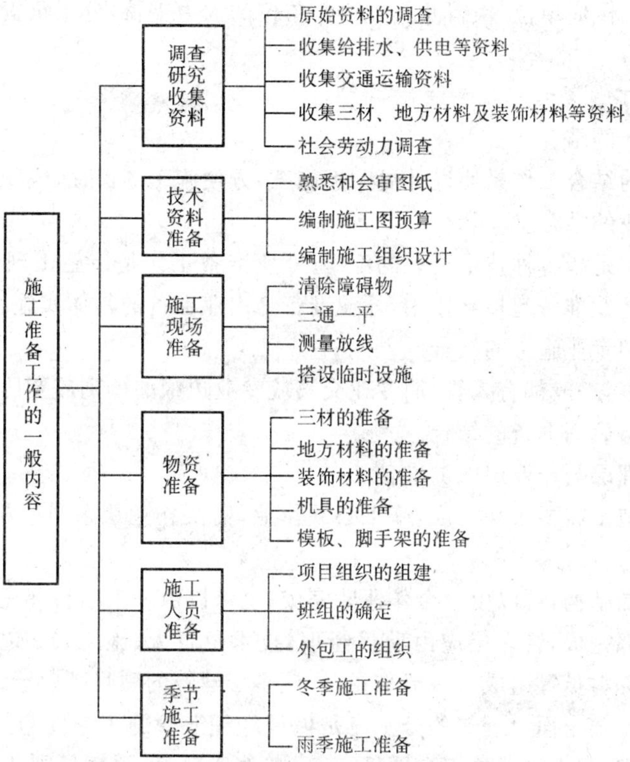

图 3-70 施工准备工作的内容

3. 建立检查制度

在施工准备工作实施过程中，应定期进行检查，可按周、半月、月、季度进行检查。主要检查施工准备工作计划的执行情况。如果没有完成计划要求，应进行分析，找出原因，排除障碍。协调施工准备工作进度或调整施工准备工作计划。检查的方法可用实际与计划进行对比；或相关单位和人员在一起开会，检查施工准备工作情况，当场分析产生问题的原因，提出解决问题的办法。后一种方法见效快，解决问题及时，现场采用较多。

4. 实行开工报告和审批制度

当施工准备工作完成到具备开工条件后，项目经理部应申请开工报告，报上级主管部门批准后才能开工。实行建设监理的工程，企业还应将开工报告送监理工程师审批，由监理工程师签发开工通知书，在限定时间内开工，不得拖延。

5. 必须贯穿于施工全过程

工程开工以后，要随时做好作业条件的施工准备工作。施工顺利与否，就看施工准备工作的及时性和完善性。因此，企业各职能部门要面向施工现场，像重视施工活动一样重视施工准备工作，及时解决施工准备工作中的技术、机械设备、材料、人力、资金、管理等各种问题，以提供工程施工的保证条件。

项目经理应十分重视施工准备工作，加强施工准备工作的计划性，及时做好协调、平衡工作。

6. 取得协作单位的支持和配合

由于施工准备工作涉及面广，因此，除了施工单位本身的努力外，还要取得建设单位、监理单位、设计单位、供应单位、银行及其他协作单位的大力支持，分工负责，统一步调，共同做施工准备工作。

7. 施工准备工作要做好几个结合

1)施工和设计的结合。

施工和设计的结合工作是使设计更贴近施工，方便施工的保证，应积极进行设计结合。

2)内业和外业的结合。

内业准备工作是指各种技术资料的汇编；外业准备工作是指施工现场的准备和物资准备。内业准备对外业准备起指导作用，外业准备是内业准备的具体实施。

3)土建施工和专业施工的结合。

各专业内的事，一般都有人管，而专业交叉或专业边缘的事则需要协调、结合。

4)前期准备与后期准备的结合。

(二)施工管理层与作业层人员准备

砌体结构的施工需要人来完成，施工必须作业，需要作业层人员。施工也必须管理，也需要管理层人员。

一幢多层砖混结构，可以由一个作业队完成，也可以由一个项目部完成。

如果由项目部完成，管理层应由项目经理、技术负责人、施工员、质检员、安全员、预算员、材料设备员、资料员等组成。一般来说，一幢多层建筑的项目部由于组成人员少，要求人员的管理技术则比较全面。理想的分工应是项目经理兼管施工进度与施工平面；技术负责人则兼管质量检查、安全文明施工和图纸、工程文件资料等；预算员则兼管财务、后勤、材料送验等工作。

如果由作业队完成，管理层则应有队长、技术员等。

一幢砖混结构的房屋施工作业层应由砌筑班组、钢筋班组和混凝土班组、模板班组、架子班组等组成。当然，作业人员人数的确定，还应考虑业主的工期要求。原则是不窝工，不赶工，科学合理地组织施工。

一项工程完成的好坏，很大程度上取决于承担这一工程的施工人员的素质。现场施工人员包括施工的组织指挥者和具体操作者两大部分。这些人员的选择和组合，将直接关系到工程质量、施工进度及工程成本。因此，施工现场人员的准备是开工前施工准备的一项重要内容。

(1)项目组的组建

施工组织机构的建立应遵循以下原则。

1)根据工程规模、结构特点和复杂程度，确定施工组织的领导机构名额和人选。

2)坚持合理分工与密切协作相结合的原则。

3)把有施工经验、有创新精神、工作效率高的人选入领导机构。

4)认真执行因事设职、因职选人的原则。

对于一般单位工程可设一名工地负责人，再配施工员、质检员、安全员及材料员等即可。对大型的单位工程或群体项目，则需配备一套班子，包括技术、材料、计划等管理人员。

(2)基本施工班组的确定

基本施工班组应根据工程的特点、现有的劳动力组织情况及施工组织设计的劳动力需要量计划来确定选择。各有关工种工人的合理组织,一般有以下几种参考形式。

1)砖混结构的房屋。

以混合施工班组的形式较好。在结构施工阶段,主要是砌筑工程,应以瓦工为主,配备适量的架子工、木工、钢筋工、混凝土工以及小型机械工等。装饰阶段则以抹灰、油漆工为主,配备适当的木工、管道工和电工等。

这些混合施工班组的特点是:人员配备较少的衔接比较紧凑,因而劳动效率较高。

2)全现浇结构房屋。

以专业施工班组的形式较好。主体结构要浇灌大量的钢筋混凝土,故模板工、钢筋工、混凝土工是主要工种。装饰阶段须配备抹灰、油漆、木工等。

3)预制装配式结构房屋。

以专业施工班组的形式较好。这种结构的施工以构件吊装为主,故应以吊装起重工为主。因焊接量较大,电焊工要充足,同时配以适当的木工、钢筋工、混凝土工;根据填充墙的砌筑量配备一定数量的瓦工。装修阶段须配备抹灰工、油漆工、木工等专业班组。

(3)外包工的组织

由于建筑市场的开放,用工制度的改革,施工单位仅仅靠自身的基本队伍来完成施工任务已不能满足需要,因而往往要联合其他建筑队伍(一般称外包施工队)共同完成施工任务。

1)组织形式。

①外包工队独立承担单位工程的施工。

对于有一定的技术管理水平、工种配套并拥有常用的中小型机具的外包施工队伍,可独立承担某一单位工程的施工。而企业只须抽调少量的管理人员对工程进行管理,并负责提供大型机械设备、模板和架设工具及供应材料。在经济上,可采用包工、包材料消耗的方法,即按定额包人工费,按材料消耗定额结算材料费,结余有奖,超耗受罚,同时提取一定的管理费。

②外包工队承担某个分部(分项)工程的施工。

这实质上就是单纯提供劳务,而管理人员以及所有的机械和材料,均由本企业负责提供。

③临时施工队伍与本企业队伍混编使用。

就是将本身不具备施工管理能力,只拥有简单的手动工具,仅能提供一定数量的个别工种的施工队伍,编排在本企业施工队伍之中,指定一批技术骨干带领他们操作,以保证质量和安全,共同完成施工任务。

使用临时施工队伍时,要进行技术考核,对达不到技术标准、质量没有保证的不得使用。

(4)施工队伍的教育

施工前,企业要对施工队伍进行劳动纪律、施工质量和安全教育,要求本企业职工和外包施工队人员必须做到遵守劳动时间,坚守工作岗位,遵守操作规程,保证产品质量,保证施工工期及安全生产,服从调动,爱护公物。同时,企业还应做好职工、技术人员的培训和技术更新工作,只有不断提高职工、技术人员的业务技术水平,才能从根本上保证建筑工程质量,不断提高企业的竞争力。此外,对于某些采用新工艺、新结构、新材料、新技术的工程,应该先将有关的管理人员和操作工人组织起来培训,使之达到标准后再上岗操作。这也是施工队伍准备工作的内容之一。

(三)施工现场调查

1. 调查研究的内容

调查研究、收集有关施工资料,是施工准备工作的重要内容之一。尤其是当施工单位进入一个新的城市或地区时,此项工作显得更加重要,它关系到施工单位全局的部署与安排。

原始资料的调查主要是对工程条件、工程环境特点和施工条件等施工技术与组织的基础资料进行调查,以此作为项目准备工作的依据。

(1)施工现场的调查

这项调查包括工程的建设规划图、建设地点区域地形图、场地地形图、控制位与水准基点的位置及现场地形、地貌特征等资料。这些资料一般可作为设计施工平面图的依据。

(2)工程地质、水文的调查

这项调查包括工程钻孔布置图、地质剖面图、地基各项物理力学指标试验报告、地质稳定性资料、暗河及地下水水位变化、流向、流速及流量和水质等资料。这些资料一般可作选择基础施工方法的依据。

(3)气象资料的调查

这项调查包括全年、各月平均气温,最高与最低气温,5 ℃及 0 ℃以下气温的天数和时间;雨季起止时间,最大及月平均降水量及雷暴时间,主导风向及频率,全年大风的天数及时间等资料。这些资料一般可作为确定冬、雨期季节施工的依据。

(4)周围环境及障碍物的调查

这项调查包括施工区域现有建筑物、构筑物、沟渠、水井、古墓、文物、树木、电力架空线路、人防工程、地下管线、枯井等资料。这些资料可作为布置现场施工平面的依据。

2. 收集给排水、供电等资料

(1)收集当地给排水资料

调查施工现场用水与当地现有水源连接的可能性、供水能力、接管距离、地点、水压、水质及水费等资料。若当地现有水源不能满足施工用水要求,则要调查附近可作施工生产、生活、消防用水的地面水或地下水源的水质、水量、取水方式、距离等条件。还要调查利用当地排水设施排水的可能性、排水距离、去向等资料。这些可作为选用施工给排水方式的依据。

(2)收集供电资料

调查可供施工使用的电源位置、引入工地的路径和条件、可以满足的容量;电压及电费等资料或建设单位、施工单位自有的发变电设备、供电能力。这些资料可作为选择施工用电方式的依据。

(3)收集供热、供气资料

调查冬季施工时附近蒸汽的供应量、接管条件和价格;建设单位自有的供热能力以及当地或建设单位可以提供的煤气、压缩空气、氧气的能力和它们至工地的距离等资料。这些资料是确定施工供热、供气的依据。

3. 收集交通运输资料

建筑施工中主要的交通运输方式一般有铁路、公路、水运和航运等。

收集交通运输资料是调查主要材料及构件运输通道的情况,包括道路、街巷、途经的桥面宽度、高度,允许载重量和转弯半径限制等资料。

有超长、超高、超宽或超重的大型构件、大型起重机械和生产工艺设备需整体运输时,还要调查沿途架空电线、天桥的高度，并与有关部门商议避免大件运输对正常交通产生干扰的路线、时间及解决措施。

4. 收集三材、地方材料及装饰材料等资料

(1)“三材”

“三材”即钢材、木材和水泥。一般情况下应摸清三材市场行情。

(2)地材

地材，即地方材料。了解地方材料如砖、砂、灰、石等材料的供应能力、质量、价格、运费情况。

(3)成品与半成品加工与运输能力

当地构件制作、木材加工、金属结构、钢木门窗、商品混凝土、建筑机械供应与维修、运输等情况。

(4)周转材料

脚手架、定型模板和大型工具租赁等能提供的服务项目、能力、价格等条件。

(5)装饰材料

收集装饰材料、特殊灯具，防水、防腐材料等市场情况。

这些资料用作确定材料的供应计划、加工方式、储存和堆放场地及建造临时设施的依据。

5. 社会劳动力和生活条件调查

1)建设地区的社会劳动力和生活条件调查主要是了解当地能提供的劳动力人数、技术水平、来源和生活安排。

2)能提供作为施工用的现有房屋情况。

3)当地主副食产品供应、日用品供应、文化教育、消防治安、医疗单位的基本情况以及能为施工提供的支援能力。

这些资料是拟订劳动力安排计划、建立职工生活基地、确定临时设施的依据。

(四)施工技术准备

技术准备即通常所说的室内准备(内业准备)，它是施工准备工作的核心。任何技术差错和隐患都可能引起人身安全和质量事故，造成生命财产和经济的巨大损失，因此，必须做好技术准备工作。

主要内容包括：①熟悉与会审图纸；②编制施工组织设计；③编制施工图预算和施工预算。

1. 熟悉与会审图纸

(1)熟悉与会审图纸的目的

①保证能够按设计图纸的要求进行施工。

②使从事施工和管理的工程技术人员充分了解和掌握设计图纸的设计意图、构造特点和技术要求。

③通过审查发现图纸中存在的问题和错误，为拟建工程的施工提供一份准确、齐全的设计图纸。

(2)熟悉与自审图纸

熟悉及掌握施工图纸应抓住以下重点。

①基础及地下室部分。

核对建筑、结构、设备施工图中关于基础留口、留洞的位置及标高的相互关系是否处理恰当；排水及下水的去向；变形缝及人防出口做法；防水体系的做法要求；特殊基础形式做法以及防雷接地的设计及要求。

②主体结构部分。

弄清建筑物墙体轴线的布置；主体结构各层的砖、砂浆、混凝土构件的强度标号有无变化；阳台、雨棚、挑檐的细部做法；楼梯间的构造；卫生间的构造；对标准图有无特殊说明和规定等。

③装修部分。

弄清有几种不同的材料、做法及其标准图说明；地面装修与工程结构施工的关系；变形缝的做法及防水处理的特殊要求；防火、保温、隔热、防尘、高级装修等的类型和技术要求。

在学习和审查图纸过程中，对发现的问题应做出标记，做好记录，以便在图纸会审时提出。

(3)会审图纸

图纸会审由建设单位组织，设计、施工单位参加。设计单位进行图纸技术交底后，各方面提出意见、经充分协商后形成图纸会审纪要，由建设单位正式行文，参加会议各单位加盖公章，作为设计图纸的修改文件。

对施工过程中提出的一般问题，经设计单位同意，即可采用工程联系单的形式办理手续进行修改。涉及到技术和经济的较大问题，则必须经建设单位、设计单位和施工单位共同协商，由设计单位修改，向施工单位签发设计变更单，方可有效。

审查设计图纸及其他技术资料时、应注意以下问题。

①设计图纸是否符合国家有关的技术规范要求。

②核对图纸说明是否齐全，有无矛盾，规定是否明确，图纸有无遗漏，图纸之间有无矛盾。

③核对主要轴线、尺寸、位置、标高有无错误和遗漏。

④总图的建筑物坐标位置与单位工程建筑平面是否一致；基础设计与实际地质是否相符；建筑物与地下构造物及管线之间有无矛盾。

⑤设计图本身的建筑构造与结构构造之间、结构与各构件之间以及各种构件、配件之间的联系是否清楚。

⑥建筑安装与建筑施工的配合上存在哪些技术问题，能否合理解决。

⑦设计中所采用的各种材料、配件、构件等能否满足设计要求。

⑧对设计技术资料有什么合理化建议及其他问题。

2. 学习与熟悉技术规范、规程和有关技术规定

技术规范、规程是由国家有关部门制定的实践经验的总结。在技术管理上是具有法令性、政策性和严肃性的建设法规。施工各部门必须按规范与规程施工。建筑施工中常用的技术规范、规程主要有以下几种。

①建筑施工质量验收规范。

②建筑安装工程有关标准。

③施工操作规程、工法。

④设备维护及检修规程。

⑤安全技术规程。

⑥上级部门所颁发的其他技术规范与规定。

⑦企业颁发的技术标准、工作标准、管理标准。

各级工程技术人员在接受任务后，一定要结合本工程实际，认真学习、熟悉有关技术规范、规程，为保证优质、安全、按时完成工程任务打下坚实的技术基础。

3. 编制施工组织设计

施工组织设计是指导拟建工程从施工准备到施工完成的组织、技术、经济的一个综合性技术文件。它对施工的全过程起指导作用。它既要体现基本建设计划和设计的要求，又要符合施工活动的客观规律，对建设项目、单项及单位工程的施工全过程起到部署和安排的双重作用。

由于建筑施工的技术经济特点，建筑施工方法、施工机具、施工顺序等因素有不同的安排。所以，每个工程项目都需要分别编制施工组织设计，作为组织和指导施工的重要依据。

4. 编制施工图预算和施工预算

建筑工程预算是反映工程经济效果的技术经济文件，在我国现阶段也是确定建筑工程预算造价的法定形式。

建筑工程预算按照不同的编制阶段和不同的作用，可以分为设计概算、施工图预算和施工预算三种。

(1)设计概算

设计概算是按照施工图确定的工程量、施工组织设计所拟定的施工方法、建筑工程预算定额及其取费标准编制的确定建筑安装工程造价和主要物资需要量的经济文件。

(2)施工预算

施工预算是根据施工图预算、施工图纸、施工组织设计、施工定额等文件进行编制的。它是企业内部经济核算和班组承包的依据，是企业内部使用的一种预算。

(3)施工图预算

施工图预算与施工预算存在很大的区别：施工图预算是甲乙双方确定预算造价、发生经济联系的技术经济文件；而施工预算则是施工企业内部经济核算的依据。施工预算直接受施工图预算的控制。

5. 技术、安全交底

(1)交底的目的

把拟建过程的设计内容、施工计划、施工技术要点和安全等级要求，按分项内容或按阶段向施工队、组交待清楚。

(2)交底的时间

拟建过程开工前或各个施工阶段开工前。

(3)技术交底的层次与内容

技术交底一般分为三个层次。

①由项目技术负责人向项目管理人员及工长进行施工组织设计交底。

②由施工员或工长向班组长进行施工方案、质量要求、安全注意事项和施工配合交底。

③由班组长向工人进行操作工艺、保证质量安全目标实现的方法交底。

6."四新"试验、试制的技术准备

"四新"是指新技术、新结构、新材料、新工艺。"四新"等项目的试验和试制是保证工程质量和安全的必要条件。

(五)季节性施工准备

1. 砌体结构冬期施工

我国地域广阔,东西南北各地的气温相差很大,很多地区受内陆和海上高低压及季风交替影响,气候变化较大。在东北、华北、西北、青藏高原地区的许多省份处于亚温带地区,每年冬期持续时间长达3~6个月,在工程建设中,为加快工程进度,都不可避免地要进行冬期施工。东南、华南沿海一带,受海洋暖湿气流影响,雨水频繁,并伴有台风、暴雨和潮汛。冬期的低温和雨期的降水,给施工带来很大的困难,常规的施工方法已不能适应。在冬期和雨期施工时,除了在施工中要严格执行国家的有关标准、规范、规程外,冬雨期的施工质量决不可忽视,必须从当地的具体条件出发,选择合理的施工方法,制定具体的措施,确保工程质量,降低工程费用。

(1)砌体结构冬期施工的概念

当室外日平均气温连续5 d稳定低于5 ℃时,砌体工程应采取冬期施工措施。气温根据当地气象资料统计确定。冬期施工期限以外,当日最低气温低于0 ℃时,也应按冬期施工的有关规定进行。

1)冬期施工的特点。

①冬期施工期是质量事故多发期。在冬期施工中,长时间的持续负低温、大的温差、强风、降雪和反复的冰冻,经常造成建筑施工的质量事故。据资料分析,有2/3的工程质量事故发生在冬期。

②冬期施工质量事故具有滞后性。冬期发生质量事故往往不易觉察,到春天解冻时,一系列质量问题才暴露出来。这种事故的滞后性给处理解决质量事故带来很大的困难。

③冬期施工的计划性和准备工作时间性很强。冬期施工时,常由于时间紧仓促施工,发生质量事故。

2)冬期施工的原则。

为了保证冬期施工的质量,在选择分项工程具体的施工方法和拟定施工措施时,必须遵循下列原则:确保工程质量;经济合理,使增加的措施费用最少;所需的热源及技术措施材料有可靠的来源,并使消耗的能源最少;工期能满足规定要求。

砌筑工程的冬期施工最突出的一个问题就是砂浆遭受冻结,砂浆遭受冻结后会产生如下一些的现象。

①使砂浆的硬化暂时停止,并且不产生强度,失去了胶结作用。

②砂浆塑性降低,使水平灰缝和垂直灰缝的紧密度减弱。

③解冻的砂浆,在上层砌体的重压下,可能引起不均匀沉降。

因此,在冬期砌筑时,为了保证墙体的质量,必须采取有效措施,控制雨、雪、霜对墙体材料(砖、砂、石灰等)侵袭,对各种材料集中堆放,并采取保温措施。冬期砌筑时主要就是解决砂浆遭受冻结或是使砂浆在负温下亦能增长强度问题,满足冬期砌筑施工要求。

3)冬期施工的准备工作。

为了保证冬期施工的质量,砌筑工程在冬期施工前应作好以下准备工作。

①搜集有关气象资料作为选择冬期施工技术措施的依据。

②进入冬期施工前一定要编制好冬期施工技术文件，它包括如下。

A. 冬期施工方案。

a. 冬期施工生产任务安排及部署。根据冬期施工项目、部位，明确冬期施工中前期、中期、后期的重点及进度计划安排。

b. 根据冬期施工项目、部位列出可考虑的冬期施工方法及执行的国家有关技术标准文件。

c. 热源、设备计划及供应部署。

d. 施工材料(保温材料、外加剂等)计划进场数量及供应部署。

e. 劳动力计划。

f. 冬期施工人员的技术培训计划。

g. 工程质量控制要点。

h. 冬期施工安全生产及消防要点。

B. 施工技术措施。

a. 工程任务概况及预期达到的生产指标。

b. 工程项目的实物量和工作量、施工程序、进度安排。

c. 分项工程在各冬期施工阶段的施工方法及施工技术措施。

d. 施工现场准备方案及施工进度计划。

e. 主要材料、设备、机具和仪表等需用量计划。

f. 工程质量控制要点及检查项目、方法。

g. 冬期安全生产和防火措施。

h. 各项经济技术控制指标及节能、环保等措施。

③凡进行冬期施工的工程项目，必须会同设计单位复核施工图纸，核对其是否能适应冬期施工要求，如有问题应及时提出并修改设计。

④根据冬期施工工程量，提前准备好施工的设备、机具、材料及劳动防护用品。

⑤冬期施工前对配制外加剂的人员、测温保温人员、锅炉工等，应专门组织技术培训，经考试合格后方准上岗。

砌筑工程的冬期施工方法有外加剂法、冻结法和暖棚法等。

砌筑工程的冬期施工应以外加剂法为主。对保温、绝缘、装饰等方面有特殊要求的工程，可采用冻结法或其他施工方法。

(2)外加剂法

冬期砌筑采用外加剂法时，可使用氯盐或亚硝酸钠等盐类外加剂拌制砂浆。掺入盐类外加剂拌制的水泥砂浆、水泥混合砂浆等称为掺盐砂浆。采用这种砂浆砌筑的方法称为掺外加剂法。氯盐应以氯化钠为主。当气温低于−15 ℃时，也可与氯化钙复合使用。

1)外加剂法的原理。

外加剂法是在砌筑砂浆内掺入一定数量的抗冻剂，来降低水的冰点，以保证砂浆中有液态水存在，使水泥水化反应能在一定负温下进行，砂浆强度在负温下能够继续缓慢增长；同时，由于降低了砂浆中水的冰点，砌体的表面不会立即结冰而形成冰膜，故砂浆和砌体能较好的黏结。

2)外加剂法的适用范围。

外加剂法具有施工方便、费用低等优点，因此，在砌体工程冬期施工中被普遍使用。外加剂法又以掺盐砂浆法为主。但是，由于氯盐砂浆吸湿性大，使结构保温性能和绝缘性能下降，并有析盐现象产生等。对下列有特殊要求的工程不允许采用掺盐砂浆法施工：

①对装饰工程有特殊要求的建筑物；

②使用湿度大于80%的建筑物；

③配筋、钢埋件无可靠的防腐处理措施的砌体；

④接近高压电线的建筑物（如变电所、发电站等）；

⑤经常处于地下水位变化范围内，以及在地下未设防水层的结构。

对于这一类不能使用掺有氯盐砂浆的砌体，可选择亚硝酸钠、碳酸钾等盐类作为砌体冬期施工的抗冻剂。

3)对砌筑材料的要求。

砌体工程冬期施工所用材料应符合下列规定：

①石灰膏、电石膏等应防止受冻，如遭冻结，应经融化后使用；

②拌制砂浆用砂，不得含有冰块和大于10 mm的冻结块；

③砌体用砖或其他块材不得遭水浸冻；

④砌筑用砖、砌块和石材在砌筑前，应清除表面冰雪、冻霜等；

⑤拌制砂浆宜采用两步投料法。水的温度不得超过80 ℃，砂的温度不得超过40 ℃；

⑥砂浆宜优先采用普通硅酸盐水泥拌制。冬期砌筑不得使用无水泥拌制的砂浆。

4)砂浆的配制及砌筑施工工艺。

①砂浆的配制。

掺盐砂浆配制时，应按不同负温界限控制掺盐量。当砂浆中氯盐掺量过少，砂浆内会出现大量冻结晶体，水化反应极其缓慢，会降低早期强度。如果氯盐掺量大于10%，砂浆的后期强度会显著降低，同时导致砌体析盐量过大，增大吸湿性，降低保温性能。当气温过低时，可掺入双盐（氯化钠和氯化钙同时掺入）来提高砂浆的抗冻性。不同气温时掺盐砂浆规定的掺盐量见表3－12。

表3－12 氯盐外加剂掺量

氯盐及砌体材料种类			日最低气温（℃）			
			≥－10	－11～－15	－16～－20	－21～－25
氯化钠（单盐）		砖、砌块	3	5	7	—
		砌石	4	7	10	—
	氯化钠	砖、砌石	—	—	5	7
	氯化钙		—	—	2	3

注：掺盐量以无水盐计。

冬期施工砂浆试块的留置，除应按常温规定要求外，尚应增留不少于1组与砌体同条件养护的试块，测试检验28 d强度。

砌筑时掺盐砂浆温度使用不应低于5 ℃。当设计无要求，且最低气温等于或低于－15 ℃时，砌筑承重砌体砂浆强度等级应按常温施工提高1级，同时应以热水搅拌砂浆，当水温超60 ℃时，应先将水和砂拌合，然后再投放水泥。

在氯盐砂浆中掺加微沫剂时，应先加氯盐溶液后加微沫剂溶液。搅拌的时间应比常温季节增加一倍。拌合后砂浆就注意保温。

外加剂溶液应设专人配制，并应先配制成规定浓度溶液置于专用容器中，然后再按规定加入搅拌机中拌制成所需砂浆。

②砌筑施工工艺。

掺盐砂浆法砌筑砖砌体，应采用“三一”砌砖法进行砌筑，要求砌体灰浆饱满，灰缝厚度均匀，水平缝和垂直缝的厚度和宽度应控制在 8～10 mm。

冬期砌筑的砌体，由于砂浆强度增长缓慢，则砌体强度较低。如果一个班次砌体砌筑高度较高，砂浆尚无强度，风载荷稍大时，作用在新砌筑的墙体上易使所砌筑的墙体倾斜失稳或倒塌。冬期墙体采用氯盐砂浆施工时，每日砌筑高度不宜超过 1.2 m，墙体留置的洞口，距交接墙处不应小于 500 mm。

普通砖、多孔砖和空心砖、混凝土小型空心砌块、加气混凝土砌块和石材在气温高于 0 ℃条件下砌筑时，应浇水湿润。在气温低于 0 ℃条件下，可不浇水，但必须适当增大砂浆的稠度。抗震设计烈度为 9 度的建筑物，普通砖和空心砖无法浇水湿润时，无特殊措施，不得砌筑。

采用掺盐砂浆法砌筑砌体时，在砌体转角处和内外墙交接处应同时砌筑，对不能同时砌筑而又必须留置的临时间断处，应砌成斜槎，砌体表面不应铺设砂浆层，宜采用保温材料加以覆盖。继续施工前，应先用扫帚扫净砖表面，然后再施工。

采用氯盐砂浆时，砌体中配置的钢筋及钢预埋件，应预先做好防腐处理。目前较简单的处理方法有：涂刷樟丹 2～3 遍；浸涂热沥青；涂刷水泥浆；涂刷各种专用的防腐涂料。处理后的钢筋及预埋件应成批堆放。搬运堆放时，轻拿轻放，不得任意摔扔，防止防腐涂料损伤掉皮。

(3)冻结法

1)冻结法的原理。

冻结法是采用不掺任何防冻剂的普通砂浆进行砌筑的一种施工方法。冻结法施工的砌体，允许砂浆遭受冻结，用冻结后产生的冻结强度来保证砌体稳定，融化时砂浆强度为零或接近于零，转入常温后砂浆解冻使水泥继续水化，砂浆强度再逐渐增长。

2)冻结法施工的适用范围。

冻结法施工的砂浆，经冻结、融化和硬化三个阶段后，砂浆强度、砂浆与砖石砌体间的黏结力都有不同程度的降低。砌体在融化阶段，由于砂浆强度接近于零，将增加砌体的变形和沉降，严重影响砌体的稳定性。所以对下列结构不宜选用冻结法施工：空斗墙、毛石墙、承受侧压力的砌体、在解冻期间可能受到振动或动力载荷的砌体、在解冻期间不允许发生沉降的砌体(如筒拱支座)。

3)对砂浆的要求。

冻结法施工砂浆的使用温度不应低于 10 ℃；当设计无要求时，且日最低气温高于 −25 ℃时，对砌筑承重砌体的砂浆强度等级应按常温施工时提高 1 级；当日最低气温等于或低于 −25 ℃时，则应提高 2 级。砂浆强度等级不得小于 M2.5，重要结构其等级不得小于 M5。

采用冻结法砌筑时，砂浆使用最低温度应符合表 3－13。

表 3-13 冻结法砌筑时砂浆最低温度

室外空气温度(℃)	砂浆最低温度(℃)	室外空气温度(℃)	砂浆最低温度(℃)
0～-10	10	低于-25	20
-11～-25	15		

4)砌筑施工工艺。

采用冻结法施工时,应按照"三一"砌筑方法砌筑,对于房屋转角处和内外墙交接处的灰缝应特别仔细砌合。砌筑时一般应采用一顺一丁的方法组砌。采用冻结法施工的砌体,在解冻期内应制定观测加固措施,并应保证强度、稳定和均匀沉降要求。在验算解冻期的砌体强度和稳定时,可按砂浆强度为零进行计算。

采用冻结法施工,当设计无规定时,宜采取下列构造措施:

在楼板水平面位置墙的拐角、交接和交叉处应配置拉结筋,并按墙厚计算,每 120 mm 配 1ϕ6。其伸入相邻墙内的长度不得小于 1 m。在拉结筋末端应设置弯钩。每一层楼的砌体砌筑完毕后,应及时吊装(或捣制)梁、板,并应采取适当的锚固措施。采用冻结法砌筑的墙,与已经沉降的墙体交接处,应留沉降缝。

为保证砌体在解冻期间的稳定性和均匀沉降,施工操作时应遵守下列规定。

施工应按水平分段进行,工作段宜划在变形缝处。每日的砌筑高度及临时间断处的高度差,均不得大于 1.2 m。对未安装楼板或屋面板的墙体,特别是山墙,应及时采取加固措施,以保证墙体稳定。跨度大于 0.7 m 的过梁,应采用预制构件。跨度较大的梁、悬挑结构,在砌体解冻前应在下面设临时支撑,当砌体强度达到设计值的 80%时,方可拆除临时支撑。在门窗框上部应留出缝隙,其宽度在砖砌体中不应小于 5 mm,在料石砌体中不应小于 3 mm。留置在砌体中的洞口和沟槽等,宜在解冻前填砌完毕。砌筑完的砌体在解冻前,应清除房屋中剩余的建筑材料等临时载荷。

5)砌体的解冻。

采用冻结法施工时,砌体在解冻期应采取下列安全稳定措施。

①应将楼板平台上设计和施工规定以外的载荷全部清除。

②在解冻期内暂停房屋内部施工作业,砌体上不得有人员任意走动,附近不得有振动的施工作业。

③在解冻前应在未安装楼板或屋面板的墙体处、较高大的山墙处、跨度较大的梁及悬挑结构部位及独立的柱安设临时支撑。

④在解冻期经常注意检查和观测工作。在开冻前需进行检查,开冻过程中应组织观测。如发现裂缝、不均匀下沉等情况,应分析原因并立即采取加固措施。在解冻期进行观测时,应特别注意多层房屋的柱和窗间墙、梁端支撑处、墙交接处和过梁模板支撑处。此外,还必须观测砌体沉降的大小、方向和均匀性及砌体灰缝内砂浆的硬化情况。观测一般需要15 d 左右。

(4)砌体结构冬期施工的其他施工方法

对有特殊要求的工程冬期施工可供选用的其他施工方法还有:暖棚法、快硬砂浆法等。

1)暖棚法。

暖棚法是利用简易结构和廉价的保温材料,将需要砌筑的工作面临时封闭起来,使砌体在正温条件下砌筑和养护。

采用暖棚法施工，块材在砌筑时的温度不应低于5 ℃，距离所砌的结构底面0.5 m处的棚内温度也不应低于5 ℃。

在暖棚内的砌体养护时间，应根据暖棚内温度，按表3-14确定。

表3-14　暖棚法砌体的养护时间

暖棚的温度(℃)	5	10	15	20
养护时间(d)	≥6	≥5	≥4	≥3

由于搭暖棚需要大量的材料、人工，加温时要消耗能源，所以暖棚法成本高、效率低，一般不宜多用。主要适用于地下室墙、挡土墙、局部性事故修复工程的砌筑工程。

2)快硬砂浆法。

快硬砂浆法是用快硬硅酸盐水泥、加热的水和砂拌合制成的快硬砂浆，在受冻前能比普通砂浆获得较高的强度。适用于热工要求高、湿度大于60%及接触高压输电线路和配筋的砌体。

2. 砌体结构雨期施工措施

雨期施工时，气候闷热而潮湿，砖内本身含有大量水分，又兼雨水淋泡，给砌体砌筑带来较大困难。水分过大的砖砌到墙上后，砖体内的水分溢出，使砂浆产生流淌，砌体在自重的影响下容易产生滑动，影响砌体结构质量。所以在雨期施工时，对进场砖块应加遮盖，适当减少砂浆的稠度；施工现场重点应解决好截水和排水问题。截水是在施工现场的上游设截水沟，阻止场外水流入施工现场。雨期施工时排水是在施工现场内合理规划排水系统，并修建排水沟，使雨水按要求排至场外，同时应注意排除场地积水，以免积水浸入砖块内。

(1)雨期施工的特点、要求和准备工作

雨期施工以防雨、防台、防汛为对象，应做好各项准备工作。

1)雨期施工特点。

①雨期施工的开始具有突然性。由于暴雨、山洪等恶劣天气往往不期而至，这就需要雨期施工的准备和防范措施及早进行。

②雨期施工带有突击性。因为雨水对建筑结构和地基基础的冲刷或浸泡具有严重的破坏性，必须迅速及时地防护，才能避免给工程造成损失。

③雨期往往持续时间很长，阻碍了工程(主要包括土方工程、屋面工程等)顺利进行，拖延工期。对这一点应事先有充分估计并作好合理安排。

2)雨期施工的要求。

①编制施工组织计划时，要根据雨期施工的特点，将不宜在雨期施工的分项工程提前或拖后安排。对必须在雨期施工的工程应制定有效的措施，进行突击施工。

②合理进行施工安排。做到晴天抓紧室外工作，雨天安排室内工作，尽量缩小雨天室外作业时间和工作面。

③密切注意气象预报，做好抗台防汛等准备工作，必要时应及时加固在建的工程。

④做好建筑材料防雨防潮工作。

3)雨期施工准备。

①现场排水。施工现场的道路、设施必须做到排水畅通，尽量做到雨停水干。要防止地面水排入地下室、基础、地沟内。要做好对危石的处理，防止滑坡和塌方。

②应做好原材料、成品、半成品的防雨工作。水泥应按“先到先用、后到后用”的原则，避

免久存受潮而影响水泥的性能。木门窗等易受潮变形的半成品应在室内堆放，其他材料也应注意防雨及材料堆放场地四周排水。

③在雨期前应做好施工现场房屋、设备的排水防雨措施。

④备足排水需用的水泵及有关器材，准备适量的塑料布、油毡等防雨材料。

⑤修建排水沟，水沟的横断面和纵向坡度应按照施工期最大流量确定。一般水沟的横断面不小于0.5 m×0.5 m，纵向坡度一般不小于0.3%，平坦地区不小于0.2%。

(2)雨期砌体工程施工工艺要求

1)砖在雨期必须集中堆放，不宜浇水。砌墙时要求干湿砖块合理搭配。砖湿度较大时不可上墙。砌筑高度不宜超过1.2 m。

2)雨期遇大雨必须停工。砌体停工时应在砖墙顶盖一层干砖，避免大雨冲刷灰浆。大雨过后受雨冲刷过的新砌墙体应翻砌最上面两皮砖。

3)稳定性较差的窗间墙、独立砖柱，应加设临时支撑或及时浇筑圈梁，以增加墙体稳定性。

4)砌体施工时，内外墙要尽量同时砌筑，并注意转角及丁字墙间的搭接。遇台风时，应在与风向相反的方向加临时支撑，以保持墙体的稳定。

5)雨后继续施工，须复核已完工砌体的垂直度和标高。

3. 砌体结构夏期施工措施

连续5 d，日平均气温高于30 ℃时，为夏期施工。

夏期气温较高，空气相对较干燥，砂浆和砌体中的水分蒸发较快，容易使砌体脱水，使砂浆的黏结强度降低，为此应做到以下几点。

(1)砖要浇水润湿

在平均气温高于5 ℃时，砖应该浇水润湿，夏期更要注意砖的浇水润湿，使水渗入砖的深度达到20 mm。使用前，应对砖的表面再洒一次水，特别是脚手架及楼面上的砖存放过夜后，应在使用前洒水湿润。

(2)砂浆的配制

夏期砌体砌筑时，为了保证砌体的质量，砂浆拌制时可采取以下措施：

1)加大施工砂浆的稠度，砂浆砌筑的稠度在夏期施工时可增大到80～100 mm；

2)在砂浆内掺加微沫剂、缓凝剂等外加剂，但掺入量和掺法应经试验确定。

(3)砂浆的使用

拌制好的砂浆，如施工时最高气温超过30 ℃应控制在2 h内用完。

(4)砌体的养护

试验证明，在高温干燥季节施工的砌体如不浇水进行养护，其砂浆最后强度只能达到设计强度的50%。因此，在干热季节施工时，砌体应浇水养护。一般上午砌筑的砌体下午就应该养护。养护方法可用水适当浇淋养护，或将草帘浇湿后遮盖养护。

(六)施工现场准备

施工现场的准备即通常所说的室外准备(外业准备)，它是为工程创造有利于施工条件的保证，其工作应按施工组织设计的要求进行。

主要内容有：清除障碍物、三通一平、测量放线、搭设临时设施等。

1. 清除障碍物

施工场地内的一切障碍物，无论是地上的或是地下的，都应在开工前清除。这些工作一般是由建设单位来完成，但也有委托施工单位来完成的。如果由施工单位来完成这项工作，一定要事先摸清现场情况，尤其是在城市的老区内，由于原有建筑物和构筑物情况复杂，而且往往资料不全，在清除前需要采取相应的措施，防止发生事故。

对于房屋的拆除，一般只要把水源、电源切断后即可进行拆除。若房屋较大、较坚固，则有可能采用爆破的方法，这需要由专业的爆破作业人员来承担，并且必须经有关部门批准。

架空电线(电力、通信)、地下电缆(包括电力、通信)的拆除，要与电力部门或通信部门联系并办理有关手续后方可进行。

自来水、污水、煤气、热力等管线的拆除，最好由专业公司来完成。

场地内若有树木需报园林部门批准后方可砍伐。

地下障碍物包括地下光缆电缆、地下管线、地下古墓等必须注意拆除。

拆除障碍物后，留下的渣土等杂物都应清除出场外。运输时，应遵守交通、环保部门的有关规定，运土的车辆要按指定的路线和时间行驶，并采取封闭运输车或在渣土上洒水等措施，以免渣土飞扬而污染环境。

2. 三通一平

在工程用地范围内，接通施工用水、用电、道路和平整场地的工作简称为“三通一平”。其实工地上的实际需要往往不止是水通、电通、路通，有的工地还需要供应蒸汽，架设热力管线，称为“热通”；通煤气，称为“气通”；通电话作为联络通信工具，称为“话通”；还可能因为施工中的特殊要求，有其他的“通”，但最基本的还是“三通”。

(1)平整施工场地

清除障碍物后，即可进行场地平整工作。平整场地工作是根据建筑施工总平面图规定的标高，通过测量、计算出填挖土方工程量，设计土方调配方案，组织人力或机械进行平整工作。如果工程规模较大，这项工作可以分段进行，先完成第一期开工的工程用地范围内的场地平整工作，再依次进行后续的平整工作，为第二期工程项目尽早开工创造条件。

(2)修通道路

施工现场的道路是组织施工物资进场的动脉。为保证施工物资能早日进场，必须按施工总平面图的要求，修好现场永久性道路以及必要的临时道路。为节省工程费用，应尽可能利用已有的道路。为使施工时不损坏路面和加快修路速度，可以先修路基或在路基上铺简易路面，施工完毕后，再铺路面。

(3)通水

施工现场的通水包括给水和排水两个方面。

施工用水包括生产、生活与消防用水。通水应按施工总平面图的规划进行安排。施工给水设施应尽量利用永久性给水线路。临时管线的铺设，既要满足生产用水的需要和使用方便，还要尽量缩短管线。

施工现场的排水也十分重要。尤其是在雨季，场地排水不畅，会影响施工和运输的顺利进行，因此要做好排水工作。

(4)通电

通电包括施工生产用电和生活用电。通电应按施工组织设计要求布设线路和通电设备。电源首先应考虑从国家电力系统或建设单位已有的电源上获得。如供电系统不能满足施工生产、生活用电的需要，则应考虑在现场建立发电系统，以保证施工的连续顺利进行。

施工中如需要通热、通气或通电信，也应按施工组织设计要求，事先完成。

3. 测量放线

施工测量放线是房屋建筑进行施工的先导，也是现场施工准备工作的一项重要内容，它既是施工中必不可少的重要一环，同时又贯穿在整个施工过程中，成为施工质量控制管理技术指导的有效手段。

(1)多层建筑主轴线的测设

主轴线是建筑物细部位置放样的依据，施工前，应在建筑场地测设主轴线。

1)主轴线的布设形式。

根据建筑物的布置情况和施工场地实际条件，主轴线可布置成如图 3－71 所示各种形式。

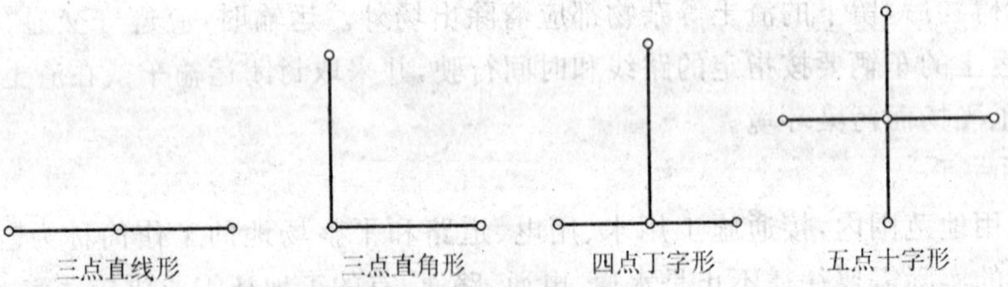

图 3－71　主轴线的布设

无论采用何种形式，主轴线上的点数不得少于 3 个。

2)根据建筑红线测设主轴线。

在城市建设中，新建建筑物均由规划部门给设计或施工单位规定建筑物的边界位置。限制建筑物边界位置的线称为建筑红线。建筑红线一般与道路中心线相平行。

如图 3－72 中的Ⅰ、Ⅱ、Ⅲ三点设为地面上测设的场地边界点，其连线Ⅰ－Ⅱ、Ⅱ－Ⅲ称为建筑红线。建筑物的主轴线 AO、OB 就是根据建筑红线来测定的，由于建筑物主轴线和建筑红线平行或垂直，所以用直角坐标法来测设主轴线就比较方便。

当 A、O、B 三点在地面上标出后，应在 O 点架设经纬仪，检查 $\angle AOB$ 是否等于 90°。OA、OB 的长度也要进行实量检核，如误差在容许范围内，即可作合理的调整。

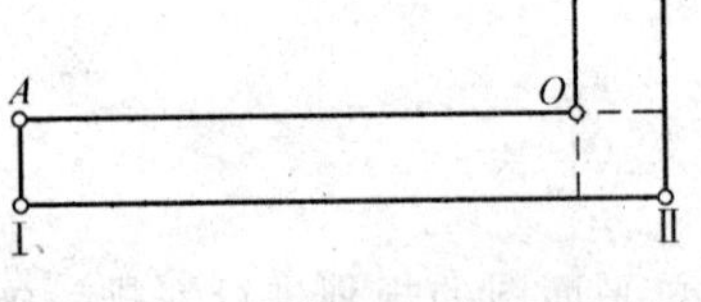

图 3－72　建筑红线测设主轴线

3)根据已有建筑物测设主轴线。

在现有建筑群内新建或扩建时，设计图上通常给出拟建的建筑物与原有建筑物或道路中心线的位置关系数据，主轴线就可根据给定的数据在现场测设。图 3－73 中所表示的是几种常见的情况，画有斜线的为原有建筑物，未画斜线的为拟建建筑物。

图 3－73(a)中拟建的建筑物轴线 AB 在原有建筑物轴线 MN 的延长线上。测设直线

AB 的方法如下：先作 MN 的垂线 MM' 及 NN'，并使 $MM'=NN'$，然后在 M' 处架设经纬仪作 $M'N'$ 的延长线 $A'B'$，再在 A'、B' 处架设经纬仪作垂线得 A、B 两点，其连线 AB，即为所要确定的直线。一般也可以用线绳紧贴 MN 进行穿线，在线绳的延长线上定出 AB 直线。

图 3－73(b)图是按上法，定出 O 点后转 90°，根据坐标数据定出 AB 直线。

图 3－73(c)图中，拟建的建筑物平行于原有的道路中心线，测法是，先定出道路中心线位置，然后用经纬仪作垂线，定出拟建建筑物的轴线。

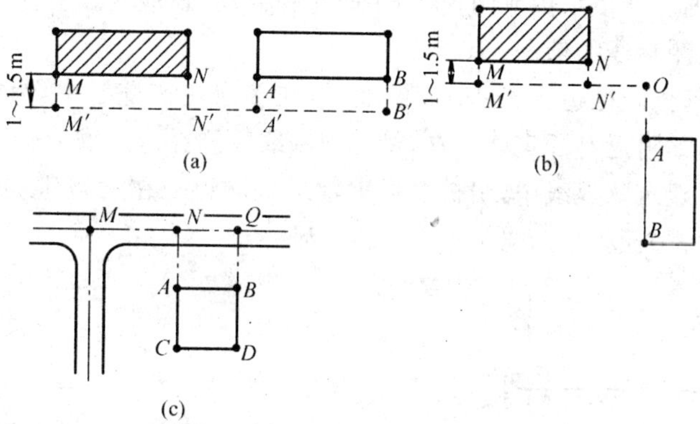

图 3－73　根据建筑物测设主轴线

4)根据建筑方格网测设主轴线。

在施工现场有方格网控制时，可根据建筑物各角点的坐标测设主轴线。

(2)房屋定位测量

1)房屋基础放线。

根据场地上民用建筑主轴线控制点或其他控制点，首先将房屋外墙轴线的交点用木桩测定于地上，并在桩顶钉上小钉作为标志。房屋外墙轴线测定以后，再根据建筑物平面图，将内部开间所有轴线都一一测出。然后检查房屋轴线的距离，其误差不得超过轴线长度的1/2 000。最后根据中心轴线，用石灰在地面上撒出基槽开挖边线，以便开挖。

如同一建筑区各建筑物的纵横边线在同一直线上，在相邻建筑物定位时，必须进行校核调整，使纵向或横向边线的相对偏差在 5 cm 以内。

2)龙门板的设置。

施工开槽时，轴线桩要被挖除。为了方便施工，在一般民用建筑中，常在基槽外一定距离处钉设龙门板(图 3－74)。钉设龙门板的步骤和要求如下。

①在建筑物四角与内纵、横墙两端基槽开挖边线以外约 1～1.5 m(根据土质情况和挖槽深度确定)处钉设龙门桩，龙门桩要钉得竖直、牢固，木桩侧面与基槽平行。

②根据建筑场地水准点，在每个龙门桩上测设±0 标高线。若遇现场条件不许可时，也可测设比±0 高或低一定数值的线。但同一建筑物最好只选用一个标高。如地形起伏选用两个标高时，一定要标注清楚，以免使用时发生错误。

③沿龙门桩上测设的高程线钉设龙门板，这样龙门板顶面的标高就在一个水平面上了。龙门板标高的测定允许偏差为±5 mm。

④根据轴线桩，用经纬仪将墙、柱的轴线投到龙门板顶面上，并钉小钉标明，称为轴线钉。投点允许偏差为±5 mm。

⑤用钢尺沿龙门板顶面检查轴线钉的间距，其相对误差不应超过 1/2 000。经检核合格后，以轴线钉为准，将墙宽、基槽宽标在龙门板上，最后根据基槽上口宽度拉线撒出基槽开挖灰线。

3)引桩(轴线控制桩)的测设。

由于龙门板需用较多木料，而且占用场地，使用机械挖槽时龙门板更不易保存。因此可以采用在基槽外各轴线的延长线上测设引桩的方法(图 3－74a)，作为开槽后各阶段施工中确定轴线位置的依据。即使采用龙门板，为了防止被碰动，也应测设引桩。在多层楼房施工中，引桩是向上层投测轴线的依据。

引桩一般钉在基槽开挖边线 2～4 m 的地方，在多层建筑施工中，为便于向上投点，应在较远的地方测定，如附近有固定建筑物，最好把轴线投测在建筑物上。引桩是房屋轴线的控制桩，在一般小型建筑物放线中，引桩多根据轴线桩测设。在大型建筑物放线时，为了保证引桩的精度，一般都先测引桩，再根据引桩测设轴线桩。

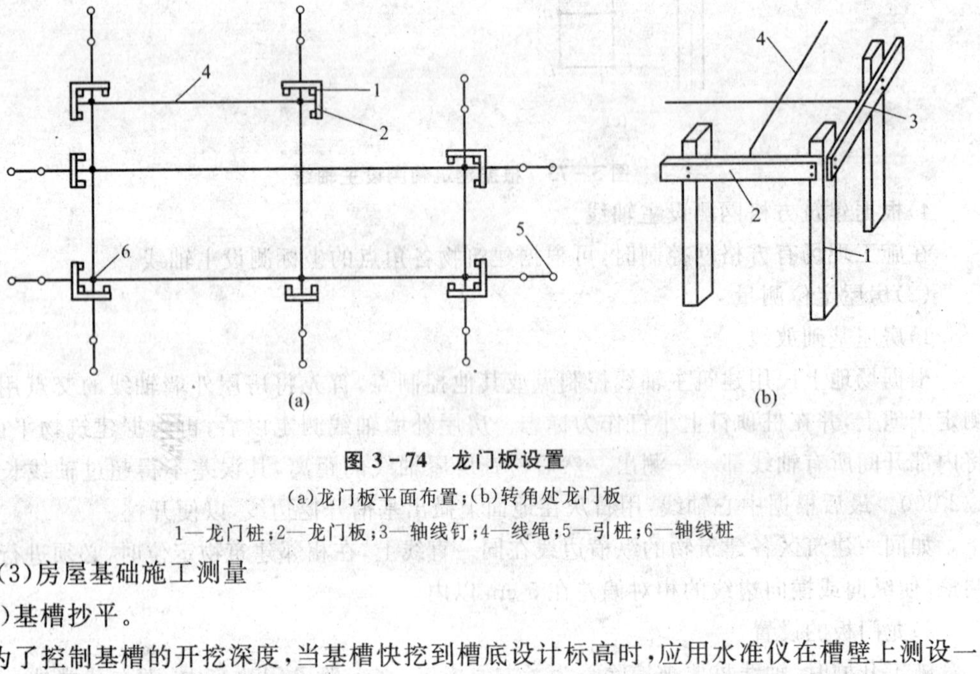

图 3－74 龙门板设置

(a)龙门板平面布置；(b)转角处龙门板

1—龙门桩；2—龙门板；3—轴线钉；4—线绳；5—引桩；6—轴线桩

(3)房屋基础施工测量

1)基槽抄平。

为了控制基槽的开挖深度，当基槽快挖到槽底设计标高时，应用水准仪在槽壁上测设一些水平的小木桩，使木桩的上表面离槽底的设计标高为一固定值。为施工时使用方便，一般在槽壁各拐角处和槽壁每隔 3～4 m 均测设一水平桩，必要时，可沿水平桩的上表面拉上白线绳，作为清理槽底和打基础垫层时掌握高程的依据。标高点的测量允许偏差为±10 mm。

2)垫层中线投测。

垫层打好以后，根据龙门板上的轴线钉或引桩，用经纬仪把轴线投测到垫层上去，然后在垫层上用墨线弹出墙中心线和基础边线，以便砌筑基础。

3)基础皮数杆(线杆)的设置。

立基础皮数杆时，可先在立杆处打一木桩，用水准仪在木桩侧面抄出一条高于垫层标高某一数值(如 10 cm)的水平线，然后将皮数杆上相同的一条标高线对齐木桩上的水平线，并用钉把皮数杆和木桩钉牢在一起，这样立好皮数杆后，即可作为砌筑基础的标高依据。

4)防潮层抄平与轴线投测。

当基础墙砌筑到±0 标高下一层砖时，应用水准仪测设防潮层的标高，其测量允许偏差为±5 mm。防潮层做好后，根据龙门板上的轴线钉或引桩进行投点，其投点允许偏差为±5 mm。然后将墙轴线和墙边线用墨线弹到防潮层面上，并把这些线延伸并画到基础墙的立面上。

(4)墙身皮数杆的设置

墙身皮数杆一般立在建筑物的拐角和内墙处(图 3－75)。为了便于施工，采用里脚手架时，皮数杆立在墙外边；采用外脚手架时，皮数杆应立在墙里边。

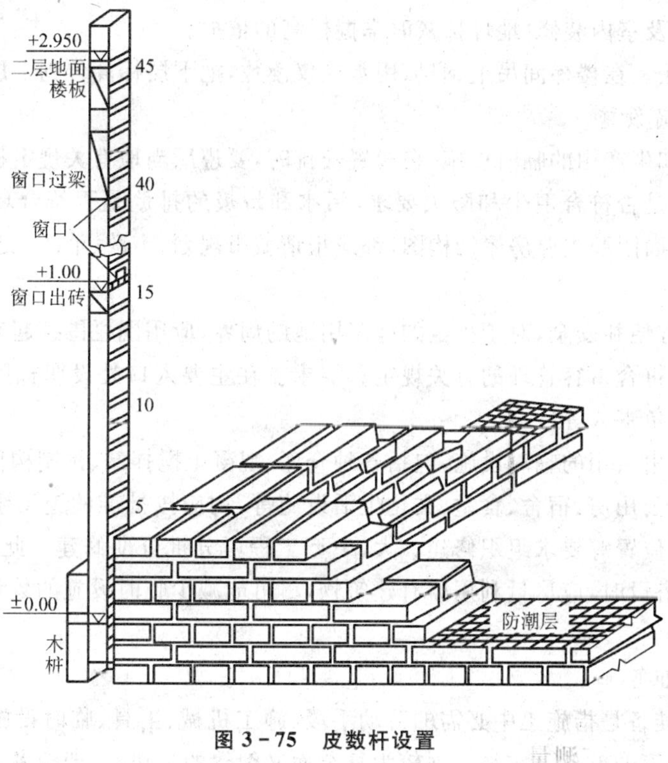

图 3－75　皮数杆设置

立皮数杆时，先在立杆处打一木桩，用水准仪在木桩上测设出±0 标高位置，其测量允许偏差为±3 mm。然后，把皮数杆上的±0 线与木桩上±0 线对齐，并用钉钉牢。为了保证皮数杆稳定，可在皮数杆上加钉两根斜撑。

(5)多层建筑物施工测量

1)轴线投测。

在多层建筑墙身砌筑过程中，为了保证建筑物轴线位置正确，可用经纬仪把轴线投测到各层楼板边缘或柱顶上。每层楼板中心线应测设长(列)线 1～2 条，短线(行线)2～3 条，其投点允许偏差为±5 mm。然后根据由下层投测上来的轴线，在楼板上分间弹线。投测时，把经纬仪安置在轴线控制桩上，后视墙底部的轴线标点，用正倒镜取中的方法，将轴线投到上层楼板边缘或柱顶上。当各轴线投到楼板上之后，要用钢尺测量其间距作为校核，其相对误差不得大于 1/2 000。经校核合格后，方可开始该层的施工。为了保证投测质量，使用的仪器一定要经检验校正，安置仪器一定要严格对中、定平。为了防止投点时仰角过大，经纬仪距建筑物的水平距离要大于建筑物的高度，否则应采用正倒镜延长直线的方法将轴线向外延长，然后再向上投点。

2)高层传递。

多层建筑物施工中，要由下层梯板向上层传递标高，以便使楼板、门窗口、室内装修等工程的标高符合设计要求。标高传递一般可采用以下几种方法进行。

①利用皮数杆传递高程。在皮数杆上自±0起，门窗口、过梁、楼板等构件的标高都已标明。一层楼砌好后，则从一层皮数杆起，一层、一层往上接。

②利用钢尺直接丈量。在标高精度要求较高时，可用钢尺沿某一墙角自±0起向上直接丈量，把标高传递上去。然后根据由下面传递上来的高程立皮数杆，作为该层墙身砌筑和安装门窗、过梁及室内装修、地坪抹灰时掌握标高的依据。

③吊钢尺法。在楼梯间吊上钢尺，用水准仪读数，把下层标高传到上层。

4. 搭设临时设施

现场生活和生产用的临时设施，在布置安排时，要遵照当地有关规定进行规划布置。房屋的间距、标准是否符合卫生和防火要求，污水和垃圾的排放是否符合环境的要求等。因此、临时建筑平面图及主要房屋结构图，都应报请城市规划、市政、消防、交通、环境保护等有关部门审查批准。

为了施工方便和安全，对于指定的施工用地的周界，应用围栏围挡起来，围挡的形式(如材料及高度)应符合市容管理的有关规定和要求。在主要入口处设明标牌，标明工程名称、施工单位、工地负责人等。

各种生产、生活用的临时设施，包括各种仓库、混凝土搅拌站、预制构件场、机修站、各种生产作业棚、办公用房、宿舍、食堂、文化生活设施等，均应按批准的施工组织设计规定的数量、标准、面积、位置等要求组织修建。大、中型工程可分批分期修建。此外，在考虑施工现场临时设施的搭设时，应尽量利用原有建筑物，尽可能减少临时设施的数量，以便节约用地，节省投资。

(七)物资准备

施工物资准备是指施工中必需的劳动手段(施工机械、工具、临时设施)和劳动对象(材料、配件、构件)等的准备。它是一项较为复杂而又细致的工作，一般应考虑以下几方面的内容。

1. 建筑材料的准备

建筑材料的准备主要是根据工料分析，按照施工进度计划的使用要求以及材料储备定额和消耗定额，分别按材料名称、规格、使用时间进行汇总，编出建筑材料需要量计划。建筑材料的准备包括：三材、地方材料、装饰材料的准备。准备工作应根据材料的需要量计划组织货源，确定加工、供应地点和供应方式，签订物资供应合同。

材料的储备应根据施工现场分期分批使用材料的特点，按照以下原则进行材料储备。

首先应按工程进度分期分批进行。现场储备的材料多了会造成积压，增加材料保管的负担，同时也多占用了流动资金；储备少了又会影响正常生产。所以材料的储备应合理、适量。

其次，做好现场保管工作，以保证材料的原有数量和原有的使用价值。

再次，现场材料的堆放应合理。现场储备的材料，应严格按照施工平面布置图的位置堆放，以减少二次搬运，且应堆放整齐，标明标牌，以免混淆。此外，亦应做好防水、防潮、易碎材料的保护工作。

最后应做好技术试验和检验工作，对于无出厂合格证明和没有按规定测试的原材料，一律不得使用。不合格的建筑材料和构件，一律不准出厂和使用，特别对于没有使用经验的材料或进口原材料、某些再生材料更要严格把关。

2. 预制构件和商品混凝土的准备

工程项目施工中需要大量的预制构件、门窗、金属构件、水泥制品以及卫生洁具等。这些构件、配件必须事先提出订制加工单。对于采用商品混凝土现浇的工程，则先要到生产单位签订供货合同，注明品种、规格、数量、需要时间及送货地点等。

3. 施工机具的准备

施工选定的各种土方机械、混凝土、砂浆搅拌设备、垂直及水平运输机械、吊装机械、动力机具、钢筋加工设备、木工机械、焊接设备、打夯机、抽水设备等应根据施工方案和施工进度，确定数量和进场时间。需租赁机械时，应提前签约。

4. 模板和脚手架的准备

模板和脚手架是施工现场使用量大、堆放占地大的周转材料。

模板及其配件规格多、数量大，对堆放场地要求比较高、一定要分规格、型号整齐码放。以便于使用及维修。

大钢模一般要求立放，并防止倾倒，在现场也应规划出必要的存放场地。钢管脚手架、桥式脚手架、吊栏脚手架等都应按指定的平面位置摆放整齐，扣件等零件还应防雨，以防锈蚀。

（八）工程开工

1. 确定施工程序

施工程序是指单位工程中各分部工程或施工阶段的先后次序及其制约关系。工程施工受到自然条件和物质条件的制约，它在不同施工阶段的不同的工作内容按照其固有的、不可违背的先后次序循序渐进地向前开展，它们之间有着不可分割的联系，既不能相互代替，也不允许颠倒或跨越。

1）严格执行开工报告制度。

单位工程开工前必须做好各项施工准备工作，具备开工报告后，写出开工报告，经上级主管部门批准后才能开工。

2）遵守“先地下后地上”、“先土建后设备”、“先主体后围护”、“先结构后装饰”的原则。

3）合理安排土建施工与设备安装的施工程序。

合理安排土建工程与工艺设备安装工程之间的施工程序。一般有三种施工程序。

①封闭式施工：是指土建主体结构完成之后（或装饰工程完成之后）即可进行设备安装。它适用于一般机械工业厂房（如精密仪器厂房）。

②敞开式施工：是指先建造施工设备基础，安装工艺设备，然后建造厂房。它适用于冶金、电站等工业的某些重型工业厂房（如冶金工业厂房中的高炉间）。

③设备安装与土建施工同时进行。这样土建施工可以为设备安装创造必要的条件，同时又可采取防止设备被砂浆、垃圾等污染的保护措施，从而加快了工程的进度。例如，在建造水泥厂时经济效益最好的施工程序便是两者同时进行。

2. 确定施工流程

施工流程是指单位工程在平面或空间上施工的开始部位及其展开方向。主要取决于生产的需要、工期和质量的要求。它着重强调单位工程粗线条的施工流程，但这粗线条却决定了整个单位工程施工的方法步骤。一般情况下，对单层建筑物，按其施工段简单地确定平面上的施工流向；对多层建筑物，除要确定每层平面上的施工流向外，还要确定其层间（空间上）的施工流向，如多层房屋的内装修。

确定单位工程施工流程，一般应考虑以下因素。

1）施工方法是确定施工流程的关键因素。

2）车间的生产工艺流程也是确定施工流程的主要因素。因此，从生产工艺上考虑，影响其他工程试车投产的工段应该先施工。

3）建设单位对生产和使用的需要。一般应考虑建设单位对生产或使用要求急的工段或部位先施工。

4）单位工程各部分的繁简程度。一般对技术复杂、施工进度较慢、工期较长的工段或部位应先施工。如高层现浇钢筋混凝土结构房屋，主楼部分应先施工，裙房部分后施工。

5）当有高低层或高低跨并列时，应从高低层或高低跨并列处开始。

6）工程现场条件和施工方案。施工场地大小、道路布置和施工方案所采用的施工方法和机械也是确定施工流程的主要因素。

7）施工组织的分层分段。划分施工层、施工段的部位，如伸缩缝、沉降缝、施工缝，也是决定其施工流程应考虑的因素。

3. 确定施工顺序

施工顺序是指分项工程或工序之间施工的先后次序。它的确定既是为了按照客观的施工规律组织施工，也是为了解决工种之间在时间上的搭接和在空间上的利用问题。在保证质量与安全施工的前提下，充分利用空间，争取时间，实现缩短工期的目的。合理地确定施工顺序是编制施工进度计划的需要。确定施工顺序时一般应考虑以下因素。

1）遵循施工程序。施工程序确定了施工阶段或分部工程之间的先后次序，确定施工顺序时必须遵循施工程序。例如先地下后地上的程序。

2）必须符合施工工艺的要求。这种要求反映出施工工艺上存在的客观规律和相互间的制约关系，一般是不可违背的。如预制钢筋砼柱的施工顺序为：支模板—绑钢筋—浇砼—养护—拆模。而现浇钢筋砼柱的施工顺序为：绑钢筋—支模板—浇砼—养护—拆模。

3）与施工方法协调一致。

4）按照施工组织的要求。如安排室内外装饰工程施工顺序时，可按施工组织规定的先后顺序。

5）考虑施工安全和质量。如为了安全施工，屋面采用卷材防水时，外堵装饰安排在屋面防水施工完成后进行；为了保证质量，楼梯抹面在全部场面、地面和天棚抹灰完成之后，自上而下一次完成。

6）受当地气候条件影响。如冬期室内装饰施工时应先安门轴扇和玻璃，后做其他装饰工程。

4. 选择施工机械和施工方法

选择施工方法和施工机械是施工方案中的关键问题。它直接影响施工进度、质量、安全及工程成本。因此,编制施工组织设计时,必须根据建筑结构特点、抗震要求、工程量大小、工期长短、资源供应情况、施工现场情况和周围环境等因素,制定出可行方案并进行技术经济分析比较,确定出最优方案。

(1)选择施工方法

选择施工方法时,应重点考虑影响整个单位工程施工的分部分项工程的施工方法。主要是选择工程量大且在单位工程中占有重要地位的分部分项工程,施工技术复杂或采用新技术、新工艺及对工程质量起关键作用的分部分项工程,不熟悉的特殊结构工程或由专业施工单位施工的特殊专业工程的施工方法,而对于按照常规做法和工人熟悉的分项工程,则不必详细拟订,只提出应注意的一些特殊问题即可。

(2)选择施工机械

选择施工方法必须涉及施工机械的选择问题。机械化施工是改变建筑工业生产落后面貌、实现建筑工业化的基础。因此,施工机械的选择是施工方法选择的中心环节。选择施工机械时应着重考虑以下几方面。

1)适宜。

选择施工机械时,应首先根据工程特点,选择适宜主导工程的施工机械。如在选择装配式单层工业厂房结构安装用的起重机类型时:当工程量较大且集中时,可以采用生产效率较高的塔式起重机;但当工程量较小或工程量虽大却相当分散时,则采用无轨自行式起重机较为经济。在选择起重机型号时应使起重机在起重臂外伸长度一定的条件下,能适应起重量及安装高度的要求。

2)配套。

各种辅助机械或运输工具应与主导机械的生产能力协调配套,以充分发挥主导机械的效率。如土方工程施工中采用汽车运土时,汽车的载重量应为挖土机斗容量的整数倍,汽车的数量应保证挖土机连续工作。

3)型号少。

在同一工地上,应力求建筑机械的种类和型号尽可能少一些,以利于机械管理。因此,工程量大且分散时宜采用多用途机械施工,如挖土机既可用于挖土,又能用于装卸车和打桩。

4)尽量使用自己的机械。

施工机械的选择还应考虑充分发挥施工单位现有机械的能力。当本单位的机械能力不能满足工程需要时,则应购置或租赁所需的新型机械或多用途机械。

5. 制定技术组织措施

技术组织措施是指在技术和组织方面对保证工程质量、安全、节约和文明施工所采用的方法。制定这些方法是施工组织设计编制者带有创造性的工作。

(1)保证工程质量措施

保证工程质量的关键是对施工组织设计的工程对象经常发生的质量通病制订防治措施,可以按照各主要分部分项工程提出质量要求,也可以按照各工种工程提出质量要求。

(2)安全施工措施

安全施工措施应贯彻安全操作规程,对施工中可能发生的安全问题进行预测,有针对性地提出预防措施，以杜绝施工中伤亡事故的发生。

(3)降低成本措施

降低成本措施的制定应以施工预算为尺度，以企业(或基层施工单位)年度、季度降低成本计划和技术组织措施计划为依据进行编制。要针对工程施工中降低成本潜力大的(工程量大、有采取措施的可能性及有条件的)项目，充分开动脑筋，把措施提出来，并计算出经济效益和指标，加以评价、决策。

(4)现场文明施工措施编制方法

工程施工方案是指导施工具体行动的纲领，其安全技术措施是施工方案中的重要组成部分。为了确保工程施工过程中的安全，必须通过预先分析，从而更好地控制、消除工程施工过程中的不安全隐患和危害，保证工程施工顺利进行。

1)对工程施工方案编制人员的要求。

施工方案的编制人员是施工工程的设计师，必须树立“安全第一”的思想，从施工图纸开始就必须认真考虑施工安全问题，尽可能地不给施工和操作人员留下隐患，编制人员应当充分掌握工程概况、施工工期、场地环境条件，根据工程的特点，科学地选择施工方法、施工机械、变配电设施及临时用电线路架设，合理地布置施工平面。安全施工涉及施工的各个环节，因此，工程施工方案编制人员应当了解施工安全的基本规范、标准及施工现场的安全要求，如《农村低压电力技术规程》、《农村低压电气安全工作规程》等，还必须熟悉相应的专业技术知识以后，才能在编制工程施工方案时确立工程施工安全目标，使措施通过现场人员的认真贯彻达到目标要求。

施工方案编制人员，还必须了解施工工程内部及外部给施工带来的不利因素，通过综合分析后，制定具有针对性的安全施工措施，使之起到保证施工进度，确保工程质量和安全、科学、合理、有序地指导施工的作用。

2)安全技术措施编制的主要内容及注意事项。

①安全技术措施编制的主要内容。

a. 从施工工程整体考虑。

线路架设前首先考虑工程施工期间对周围道路、行人及邻近居民、设施的影响(采取相应的防护措施如设立安全区域、标示牌)；安全通道及高处作业对下部和地面人员的影响；临时用电线路的整体布置、架设方法；安装工程中的设备、构配件吊运；起重设备的选择和确定；起重以外安全防护范围等。复杂的吊装工程还应考虑视角、信号、步骤等细节。

b. 季节性工程施工的安全技术措施。

如夏季防暑降温、雨季施工要制定防雷防电措施，冬季防火、防大风等。

②安全技术措施编制的注意事项。

a. 安全技术措施编制内容不拘一格，按其施工项目的复杂、难易程度及施工环境条件，选择安全防范重点，但施工方案必须贯彻“安全第一、预防为主”的原则。为了进一步明确编制安全技术措施的重点，应抓住防高空坠落、防触电、防交通事故、防误操作等4种伤害的防患制定相应的措施，内容要充实，有针对性。

b. 技术措施指的是为保证人员安全施工和设备安全运行，从技术上对设备和人员操作采取的措施。制定技术措施时，应视工作对象和内容，以规程为依据，特别是要根据现场实际情况编写。编写技术措施时，应详细了解施工现场的实际情况，掌握电网运行方式，明确带电设备，对需要检修和处理的设备从技术上采取安全保证，对施工人员要采用的工作方式从技术上加以规范，以保证工作的安全进行。

c. 安全措施应从人员教育、危险点预控、措施落实、安全管理等方面进行详细的安排，尤其要进行深入的危险点分析。实行预控就是要根据作业内容、工作方法、作业环境、人员状况(包括人员情绪)、设备实际等去分析，查找可能导致人为失误事故的危险因素，再依据规程制度逐一制定防范措施，不得照搬规程或套用其他工程安全措施，并在生产现场实施程序化、规范化作业，以达到防止人为失误事故发生的目的。安全措施应详细体现工程施工过程中逐级监督、逐级管理、层层落实安全责任的思想，责任到人，确保各项措施落到实处。对工程施工过程中涉及的较为特殊的作业项目，在安全措施中要加以特别体现。

3)认真做好安全技术交底和检查落实。

①工程开工前，工程负责人应向参加施工的各类人员认真进行安全技术措施交底，使全体人员明白工程施工特点及各时期安全施工的要求，这是贯彻施工安全技术措施的关键。施工单位安全负责人核对现场安全技术措施是否符合施工方案的要求，若存在漏洞不可开工，应对措施进行完善，直至符合要求方可开工。

②施工过程中，现场管理人员应按施工安全措施要求，对操作人员进行详细的工作程序中安全技术措施交底，使全体施工人员懂得各自岗位职责和安全操作方法，这是贯彻施工方案中安全措施的规范的过程。

③安全技术交底要结合规程及安全施工的规范标准进行，避免口号式、无针对性的交底并认真履行交底签字手续，以提高接受交底人员的责任心。同时要经常检查安全措施的贯彻落实情况，纠正违章，使措施方案始终得到贯彻执行，达到既定的施工安全目标。

当施工准备工作完成到具备开工条件后，项目经理部应填写开工报告表，申请开工，报上级主管部门批准后才能开工。实行建设监理的工程，企业还应将开工报告送监理工程师审批，由监理工程师签发开工通知书，在限定时间内开工，不得拖延。

6. 开工前应做的其他工作

(1)各项计划编制情况及交底情况

工程开工前，各项计划必须编制完成并已作好交底。

1)项目划分。

①单位工程划分。

单位工程划分是项目管理的依据，必须引起足够的重视。单位工程划分依据《建筑工程施工质量验收统一标准》(GB 50300－2001)和行业标准规范进行。

由项目工程师(技术负责人)进行单位工程划分，内部讨论统一意见后报送监理单位、建设单位、城建档案管理部门、政府质量监督部门和政府工程管理部门广泛征求意见。在征得各方意见的基础上修改确定，并报送有关单位和部门作为共同遵守的依据。

②分部分项工程划分。

分部分项工程的划分是分部分项工程验收的依据。

单位工程划分确定后，由质检员依据《建筑工程施工质量验收统一标准》(GB 50300—2001)进行分部分项工程划分。

2)施工组织设计的编制与报批。

施工组织设计分标前施工组织设计与标后施工组织设计。所谓标前施工组织设计就是技术标书，主要用于工程投标。所谓标后施工组织设计，是指中标后用于指导工程施工的施工组织设计。这里所说的施工组织设计是指标后施工组织设计。

按照《建设工程项目管理规范》(GB/T 50326—2006)要求，工程开工前应编制《项目管理规划大纲》和《项目管理实施规划》，但在实际工程中，大多还是以施工组织设计的形式出现。

①施工组织设计的编制。

施工组织设计是指导拟建工程从施工准备到施工完成的组织、技术、经济的一个综合性技术文件。它对施工的全过程起指导作用。它既要体现基本建设计划和设计的要求，又要符合施工活动的客观规律，对建设项目、单项及单位工程的施工全过程起到部署和安排的双重作用。

由于建筑施工的技术经济特点，建筑施工方法、施工机具、施工顺序等因素有不同的安排。所以，每个工程项目都需要分别编制施工组织设计，作为组织和指导施工的重要依据。

施工组织设计的主要内容包括：工程概况、施工部署、主要施工方案、施工平面布置、施工进度控制、砌体质量保证措施、质量通病及防治措施、安全生产与文明施工等。其中核心内容为：主要施工方案、施工平面布置和进度计划网络三部分。

在施工组织设计中，还应明确本项目的关键过程(如地基处理、特殊支模等)与特殊过程(如屋面防水工程与抗渗混凝土施工等)，作为独立施工方案的编制依据。必要的情况下，也需要明确重要施工过程，以作为编制质量计划和编制安全计划的依据。

②施工组织设计的报批。

施工组织设计必须经过审批方才有效。一般地说，施工组织设计编制完成后，应由施工企业总工程师审批后，报监理单位，由现场总监批准实施。

3)施工方案的编制。

对施工组织设计中明确的关键过程、特殊过程以及重要过程，都应编制独立的施工方案。施工方案的报批程序与施工组织设计相同。

4)项目质量计划的编制与报批。

采用ISO9000族质量管理模式后，很多单位将项目质量计划设置成独立文本，但目前，大多是在施工组织设计中包括项目质量计划的内容。项目质量计划的报批与施工组织设计相同。

5)安全策划。

为了确保安全生产，很多施工企业正在实施职业安全健康体系标准(OSHMS18001标准)，施工前都进行安全策划。

安全策划的前提是对危险源的识别与评估。这是一项非常好的安全控制方法。

6)技术交底。

工程技术交底分质量交底与安全交底，这里所说的技术交底主要是指技术质量交底。技术交底是将施工管理层的意志在作业层中贯彻实施的有效措施。一般分三个层次。

①技术负责人对项目部人员及工长交底。

主要是交底施工组织设计、施工方案的主要内容。

②施工员(或工长)向班组长交底。

主要交代工种配合以及图纸、规范、标准要求。

③班组长对工人交底。

主要明确任务及分工。

技术交底有多种形式，重要的技术交底应书面交底，填写表格，并进行签字确认。

(2)编制施工总平面图及三通一平

工程开工前，一般应完成现场布置工作。

1)施工总平面图的编制。

施工现场布置要规划好生活区与生产区。生产区布置的首要工作是确定垂直运输设备的位置，同时要合理规划办公地点、仓库及材料堆放场地、施工临时道路、水电线路等。

2)三通一平。

开工前必须保证施工现场水通、路通、电通及场地平整。

(3)工地建立质量管理制度

工程开工前，必须建立健全的工地管理制度。

实行严格的质量责任制，规定各部门质量工作的职责任务、权限，真正做到质量人人有责，任何质量工作均有对应的标准和专人管。

1)公司经理责任制。

公司经理是企业质量管理的最高领导者和决策者，对本公司的工程质量负全面领导责任。

①应组织建立健全企业的质量保证体系，贯彻执行国家的质量政策、方针、法令，并批准本公司贯彻实施办法，组织制订企业质量目标计划，组织讨论或决定重大质量决策。

②及时掌握全企业的工程质量动态，协调各部门、各单位的管理工作的关系。

③坚持对职工进行素质教育，审批质量管理部门提出的重大质量奖惩意见或报告。

2)公司技术负责人责任制。

①在公司经理的领导下，对公司的质量管理工作负全面技术领导责任。

②认真贯彻执行国家有关质量方针政策和上级颁发的技术规程、技术标准、操作规程。组织编制公司内实施上述内容的具体措施。

③组织审核本公司质量计划，并负责组织实施完成。

④参加或组织公司内质量工作会议，组织对重大质量事故的调查分析，审查批准处理方案。

⑤组织单位工程的质量检验评定工作，参加单位工程竣工验收，严格把好质量关，凡不合格工程不得签字交工验收。

⑥组织公司的质量大检查。听取质量保证部门的情况汇报。有权制止任何严重影响质量的实施。有权制止严重违章施工的继续，有权决定返工。

3)项目经理责任制。

①在公司经理的领导下，在公司技术负责人的业务指导下，对确保本单位的工程质量负全面责任。

②认真贯彻执行国家和上级有关工程质量的政策法令、规章制度，严格执行施工验收规范、施工操作技术规程、质量验收评定标准，坚决做到不合格工程不交工。

③牢固树立“质量第一”的观念，经常对职工进行“质量第一”方针的教育，让质量在本单位施工(生产)行使一票否决权，使人人都关心工程质量。

④组织职工开展创“优良”工作(产品)活动,表扬重视质量的好人好事,批评忽视质量的不良倾向;严格执行质量奖罚制度。并按照“四不放过”(事故原因分析不清不放过;事故责任者没有受到处理不放过;群众没有受到教育不放过;没有制订防范措施不放过)的原则,处理本单位的工程(产品)质量事故。

⑤组织单位工程的图纸预审、会审、结构验收和竣工验收,审核工程(产品)质量等级。

⑥严把原材料、成品、半成品和预制构件质量关,做到不符合质量要求和技术标准的不验收、不使用。

⑦充分发挥专职质检员的作用,旗帜鲜明地支持他们对本单位的工程(产品)质量把好关。

4)施工员责任制。

①在公司经理和项目经理的领导下,对所承担施工的单位工程(产品)质量负有直接责任。

②认真学习设计图纸及有关设计说明,严格按图施工,严格按工程建设标准强制性条文进行施工,按行业标准、企业标准和施工组织设计中的质量技术措施要求进行施工。

③组织分项工程技术复核工作,并对单位工程的定位、轴线、水准、标高的测量及定位放线等负直接的技术责任。

④参加单位工程图纸自审、会审;编制单位工程组织设计或施工方案;填写施工日记,在施工过程中按要求认真填写、收集、整理、分类,保管好各项原始记录等技术资料。

⑤组织公司专职质检员、建设(监理)单位、工程质量监督站等部门代表,对单位工程隐蔽、结构分部验收核定,会同有关单位进行竣工验收并作出记录签证。

⑥在分部分项工程施工前,要向具体操作班组进行有关技术和质量指导,检查督促技术交底实施情况。

⑦随时掌握分部分项工程(产品)质量情况,认真指导班组自检、互检;主持班组交接班检查,组织有关人员进行分项检查评定,并要主动协助和支持公司专职质检人员对分项工程执行复检核定。

⑧把住材料质量关。原材料要有出厂合格证和抽样试验资料,凡不符合质量标准的材料坚决不使用。

⑨严格控制混凝土、砂浆的配合比。真正做到施工前有试验室配合比,施工中计量准确,并填好混凝土施工记录,认真按规定组数做好混凝土、砂浆试块。

⑩树立“百年大计,质量第一”的观点,开展创“优良”单位工程(产品)活动,表扬质量好的班组和个人。对质量不合格的要坚决返工,发生质量事故时,要及时报告经理和分公司经理,不得隐瞒不报。

5)专职质检员责任制。

①在经理领导下,担负本单位的工程(产品)质量检查、评定和监督工作。

②开展质量的宣传教育工作,经常深入工地和生产班组检查质量标准的执行情况,指导施工操作,对违反施工规范、操作规程、质量标准的要责令返工修整;对存在事故隐患的分项工程(产品),要向项目经理(施工员)提出纠正意见或发出质量问题通知书,并及时反映给经理。

③负责日常质量检查、评定工作,组织生产班组进行分项工程(产品)检验评定,并对分项、分部工程(产品)质量等级进行评定;经常督促单位工程项目经理(施工员)做好技术资料

管理工作。

④认真实施公司有关规定，对本单位工程(产品)质量严格把关，坚持做到没有单位工程自检记录不给评定分项分部工程质量等级。

⑤参加公司季度大检查，分析质量动态，提供正确数据并提出改正本公司质量措施意见。

⑥参加图纸会审、隐蔽工程检查验收、工程结构验收和竣工验收。

⑦坚持原则，正确掌握质量评定标准，大胆行使权限，协助经理开好质量分析会，参与质量事故的调查处理和报告，当好公司质量管理的参谋。

6)材料采购员责任制。

在项目经理的领导下，应对所采购的原材料、成品、半成品的质量负责。

①确立“百年大计，质量第一”的思想，严格把好原材料、成品、半成品质量关，采购材料的质量要满足设计要求和质量标准。

②坚持原则，对原材料、成品、半成品严格认真地检查，对质量不合格的(结构性能、外观、几何尺寸等)绝不采购，以确保工程质量。

③加强责任心，对采购的原材料、成品、半成品，应向厂方或供货单位索取质量保证书(出厂合格证)，否则不能进行验收入场。

④积极配合工地施工员、仓管员把好原材料、成品、半成品验收关，如发现不符合质量标准的，应负责退回、调换或处理。

⑤经常深入工地，听取工地施工管理人员对原材料、成品、半成品质量上的意见和建议，促进更好地保证采购质量。

7)班组长责任制。

在项目经理(施工员)的领导下，对所担负的分项工程(产品)质量负责。

①组织班组工人严格按图施工，按操作规程和技术交底操作；严格按工程建设标准强制性条文进行施工。

②经常对班组工人进行“质量第一”、“精心操作”的思想教育，牢固树立为下一道工序着想的思想，严格把好每一道工序的操作质量关。

③全面负责班组质量自检、互检和工序交接检工作，发挥兼职质检员的作用，虚心接受施工员和质检员的检查、监督；对不合格的分项工程主动返工重做，直至符合质量标准。

④参加项目经理(施工员)组织的分项工程质量验收评定。

⑤认真把好使用原材料、成品、半成品的质量关，对进场不合格的要拒绝使用，并及时汇报项目经理(施工员)。

⑥经常督促班组工人，严格掌握各种材料配合比，不得套用、乱用配合比或随意改变比例操作，确保工程质量。

⑦对出现质量问题或事故应本着实事求是精神向施工员反映，不得隐瞒。

⑧在施工操作中，不断总结创“优良”工程(产品)的经验，不断提高自身技术素质，帮助班组工人提高操作技术水平。

8)生产工人责任制。

在班组长领导下，在班组质检员的指导下，担负每一道工序保证操作质量的责任。

①努力学习操作技术，做到“二懂三会”，即懂操作规程、懂质量标准；会看图纸、会施工操作、会检测方法；坚持按图纸、按技术交底施工，按质量标准操作。

②做好个人质量自检和班组内质量互检工作，对不合格的分项工程（产品）坚决返工重做，直到符合质量标准。

③牢固树立“质量第一”的思想，严格把好工程质量关，切实做到“三不”，即不合格材料不使用，不合格工序不交班，不合格的分项工程（产品）不交工。

④虚心接受施工员、专职质检员和班组质检员的检查和指导，努力提高操作水平，为确保工程（产品）质量严格把关。

9）总工室责任制。

①贯彻国家和上级颁发的技术政策、规定和有关指标，负责施工图纸的会审和设计变更通知的下达，检查、指导建筑工程施工组织设计（方案）的编制；参加本企业初次采用的新材料、新工艺、新结构和特殊施工技术的研究、运用、总结、推广工作，解决处理提出的施工技术的疑难问题，定期组织质量、安全检查与认定工作，撰写质量、安全动态简报，参加工程质量和伤亡事故的调查、处理，并督促检查补救办法和改进措施的执行。

②根据公司质量规划，具体编制有关质量的管理制度。

③参加单位工程的竣工验收和质量回访工作，做好技术档案的收集与整理工作。

10）工程部责任制。

贯彻执行国家技术方针、政策、规定、规范、规程和上级有关指示，负责工程全面工作，做到有布置、有检查、有总结；参加工程的图纸会审；审查建筑工程的施工组织设计或施工方案中有关技术问题的部分，参加工程的竣工验收；组织工程质量回访工作，组织处理施工生产中发生的质量、安全问题；参加重大质量事故、伤亡事故的调查处理。

11）财务部责任制。

坚决履行经济承包合同中质量与经济奖罚有关规定，办理好技术部、工程部有关质量奖罚划账项目，做到专款专用，不与其他账目混杂并用。

12）人事部责任制。

①有针对性地对职工进行职业道德和质量形势教育，开展质量专题讨论，提高职工的质量意识；利用音像、录像等工具，播放有关事故现场或创优工程实况。

②应把对质量作出突出政绩的施工管理人员作为晋升技术职称或担任干部的重要条件，对因重大质量事故受过记过以上处分列入个人档案。

（4）图纸学习情况

工程开工前，必须完成图纸自审会审工作，将图面存在的问题解决。

（5）基础材料到场情况

工程开工前，基础工程施工的模板必须到场，钢筋必须进场检验并开始制作，其他基础材料必须已到场80%以上。

（6）基地完成情况

临时设施已全部搭设完成，包括生活设施必需的工人宿舍、食堂、仓库、澡堂、厕所等，生产设施的现场办公室、仓库、钢筋加工厂、木材加工厂等均已建设完毕。

（7）质量、安全措施准备及执行情况

质量、安全措施已落实。包括塔吊的安装及安全认证、混凝土或砂浆搅拌设备的计量认证，并已经办理了安全生产许可证及质量监督证等。

(8)其他准备工作中存在问题

包括特殊人员上岗证、开工前的各项准备工作等。

三、砖混结构房屋施工过程控制

(一)砖混结构房屋产品形成过程

砖混结构房屋产品的形成过程，是将图纸转化为实体的过程，主要要经过以下过程：

定位放线——设置龙门桩(龙门板)——放基坑(基槽)开挖边线——土方开挖——地基验槽——浇筑混凝土垫层——基础放线——基础施工——基础验收——回填——抄平——放线——构造柱钢筋安装摆砖——立皮数杆——挂线——墙体砌筑——外墙脚手架搭设——砌筑——构造柱支模——楼面梁板支模——构造柱混凝土浇筑——楼面梁板钢筋安装——楼面预埋管道与预埋件敷设——楼面混凝土浇筑——进行墙体砌筑到楼面混凝土浇筑的循环——屋面混凝土浇筑——结构验收——室内外装修(屋面防水施工)——门窗工程——室内安装工程——室外工程——验收交工

(二)过程实施技术要点

1. 定位放线

根据图纸的定位坐标，在施工场地进行的放线定位工作。一般由当地的测绘部门放线。如果是施工单位进行定位放线，则需要建设单位提供原始坐标点和水准点。

有的地方设计图纸不提供定位坐标，只提供与现有建筑物的相对位置，那么施工单位则应根据现有建筑物位置进行定位放线。

定位点一般设置木桩作为定位标志。

2. 设置龙门桩(龙门板)

由于定位点一般都是轴线相交点，进行基坑(或基槽)开挖时，都会将定位点挖掉，工程中常采用设置龙门桩(或龙门板)的方法将定位点转移。

龙门桩一般用两根 2 m 的短钢管在轴线两侧，距离基坑(基槽)边缘约 2 m 处打入地下(露出部分高于±0.000)，在±0.000 部位加设一横杆，用红油漆在横杆上做一倒三角标记，倒三角的下顶部就是轴线位置，倒三角的水平部位就是±0.000 标高线。

龙门板是用木板制作的，设置方法与作用和龙门桩相同。

3. 放基坑(基槽)开挖边线

基坑(基槽)的开挖边线的确定主要考虑放坡系数与基础施工工作面。一般来说，由于基础施工时间相对较长(需要 20 天，甚至更长的时间)，较大的基坑施工需要设置排水沟。一般地说，基础边缘到混凝土垫层边缘为 100 mm，混凝土垫层边缘到排水沟边缘为 300 mm，排水沟上口宽 300 mm，排水沟边缘到基坑坡底边缘为 300 mm，基坑底部边缘到开挖边线则由土的放坡系数确定。

4. 土方开挖

土方开挖一般采用反铲挖掘机开挖，汽车运土。

大的基坑开挖前应将塔吊安装完毕，并经过安全验收。

机械开挖土方时应留人工清土层。当设计采用桩基础时，清土层建议留 300 mm 厚，避免将桩挖断。当没有桩基础时建议留 100 mm 厚的人工清土层，以减少人工清土量。

人工清土层在地基验槽前，确保垫层混凝土浇筑前无雨的情况下进行。

5. 地基验槽

地基验槽记录是非常重要的施工记录。因此必须认真组织。

土方开挖到设计标高时，施工单位要组织人工清土，并做好地基验槽准备。清土后，如果地基土质均匀并与设计要求相符，则支设混凝土垫层模板，准备好验收资料请监理先行验收。监理复核同意后约请有关人员进行现场验收。

如果清土后发现有异，则必须立即报告监理方，协商处理，确保验槽时一次通过。

注意：我国部分地区地基验槽时还要查看钎探记录，应根据当地质量监督部门要求，先行进行钎探并做好钎探记录。

1)人员组织。

请甲方代表、监理代表、设计人、地质勘探人员、质量监督站、工程管理处等有关方面代表。

2)资料准备。

施工图与设计变更、工程联系单、基坑平面与剖面示意图、验收签证单以及有关材料证明、钎探记录等技术文件资料。

3)现场验收。

有关人员到现场后要查看工程，并进行实测实量。

4)现场验收会议。

由总监主持会议，施工单位汇报基坑开挖施工情况，监理单位汇报监理情况，地质勘探单位说明地基与勘探情况是否相符，设计人说明地基能否满足设计要求。如果没有问题则有关方面当场在地基验槽记录上签字。地基验槽记录至少3份原件。

5)现场签字后立即浇筑混凝土垫层。

6. 浇筑混凝土垫层

地基验槽签字后立即浇筑混凝土垫层。

7. 基础放线

常温下，混凝土垫层浇筑完12 h后可以进行基础放线。

1)用22号钢丝，过龙门桩上三角形顶点绷紧；钢丝的交点就是原定位点。

2)用吊线锤将钢丝交点传递到混凝土垫层上，做出标记。

3)测量轴线的长度与对角线长度，对传递来的轴线定位点进行确认。

4)根据图纸尺寸放基础位置线与基础边线。

8. 基础施工

进行基础施工。

砖基础用烧结普通砖和或水泥砂浆砌筑而成。砖的强度等级应不低于MU10，砂浆强度等级应不低于M5。

砖基础有条形基础和独立基础。条形基础一般设在砖墙下，独立基础一般设在砖柱下。

(1)砖基础构造

普通砖基础由墙基和大放脚两部分组成。墙基与墙身同厚，大放脚即墙基下面的扩大部分，有等高式和间隔式两种。等高式大放脚是两皮一收，每收一次两边各收进1/4砖长；间隔式大放脚是两皮一收与一皮一收相间隔，每收一次两边各收进1/4砖长。

大放脚的底宽应根据设计而定。大放脚各皮的宽度应为半砖长的整倍数(包括灰缝)。

在大放脚下面为基础垫层，垫层一般用灰土、碎砖三合土或混凝土等。

在墙基顶面应设防潮层，防潮层宜用 1∶2.5(质量比)水泥砂浆加适量防水剂铺设，其厚度一般为 20 mm，位置在底层室内地面以下 60 mm 处。

(2)施工准备

1)材料要求。

砖基础工程所用的材料应有产品的合格证书、产品性能检测报告。砖、水泥、外加剂等尚应有材料主要性能的进场复验报告。严禁使用国家或本地区明令淘汰的材料。

2)作业条件。

①基槽或基础垫层已完成，并验收，办完隐检手续。

②置龙门板或龙门桩，标出建筑物的主要轴线，标出基础及墙身轴线及标高，并弹出基础轴线和边线；立好皮数杆(间距为 15～20 m，转角处均应设立)，办完预检手续。

③根据皮数杆最下面一层砖的标高，拉线检查基础垫层、表面标高是否合适，如第一层砖的水平灰缝大于 20 mm 时，应用细石混凝土找平，不得用砂浆或在砂浆中掺细砖或碎石处理。

④常温施工时，砌砖前 1 d 应将砖浇水湿润，砖以水浸入表面下 10～20 mm 深为宜；雨天作业不得使用含水率饱和状态的砖。

⑤砌筑部位的灰渣、杂物应清除干净，基层浇水湿润。

⑥砂浆配合比已经实验室根据实际材料确定。准备好砂浆试模。应按试验确定的砂浆配合比拌制砂浆，并搅拌均匀。常温下拌好的砂浆应在拌和后 3～4 h 内用完；当气温超过 30 ℃时，应在 2～3 h 内用完。严禁使用过夜砂浆。

⑦基槽安全防护已完成，无积水，并通过了质检员的验收。

⑧脚手架应随砌随搭设；运输通道通畅，各类机具应准备就绪。

3)放线尺寸校核。

砌筑基础前，应校核放线尺寸，允许偏差应符合表 3-15 的规定。

表 3-15　放线尺寸的允许偏差

长度 L、宽度 B(m)	允许偏差(mm)	长度 L、宽度 B(m)	允许偏差(mm)
L(或 B)≤30	±5	60＜ L(或 B)≤90	±15
30＜L(或 B)≤60	±10	L(或 B)＞90	±20

4)砌筑顺序。

①基底标高不同时，应从低处砌起，并应由高处向低处搭砌。当设计无要求时，搭接长度不应小于基础扩大部分的高度。

②基础的转角处和交接处应同时砌筑。当不能同时砌筑时，应按规定留槎、接槎。

(3)基础弹线

在基槽四角各相对龙门板的轴线标钉上拴上白线挂紧，沿白线挂线锤，找出白线在垫层面上的投影点，把各投影点连接起来，即基础的轴线。按基础图所示尺寸，用钢尺向两侧量出各道基础底部大脚的边线，在垫层上弹上墨线。如果基础下没有垫层，无法弹线，可将中线或基础边线用大钉子钉在槽沟边或基底上，以便挂线。

(4)设置基础皮数杆

基础皮数杆的位置，应设在基础转角(图 3-76)，内外墙基础交接处及高低踏步处。基础皮数杆上应标明大放脚的皮数、退台、基础的底标高和顶标高以及防潮层的位置等。如果相差不大，可在大放脚砌筑过程中逐皮调整，灰缝可适当加厚或减薄(俗称提灰或杀灰)，但要注意在调整中防止砖错层。

(5)排砖撂底

砌筑基础大放脚时，可根据垫层上弹好的基础线按“退台压丁”的方法先进行摆砖撂底。具体方法是，根据基底尺寸边线和已确定的组砌方式及不同的砂浆，用砖在基底的一段长度上干摆一层，摆砖时应考虑竖缝的宽度，并按“退台压丁”的原则进行，上、下皮砖错缝达 1/4 砖长，在转角处用“七分头”来调整搭接，避免立缝重缝。摆完后应经复核无误才能正式砌筑。为了砌筑时有规律可循，必须先在转角处将角盘起，再以两端转角为标准拉准线，并按准线逐皮砌筑。当大放脚退台到实墙后，再按墙的组砌方法砌筑。排砖撂底工作的好坏，影响到整个基础的砌筑质量，必须严肃认真地做好。

常见撂底排砖方法，有六皮三收等高式大放脚(图 3-77)和六皮四收间隔式大放脚(图 3-78)。

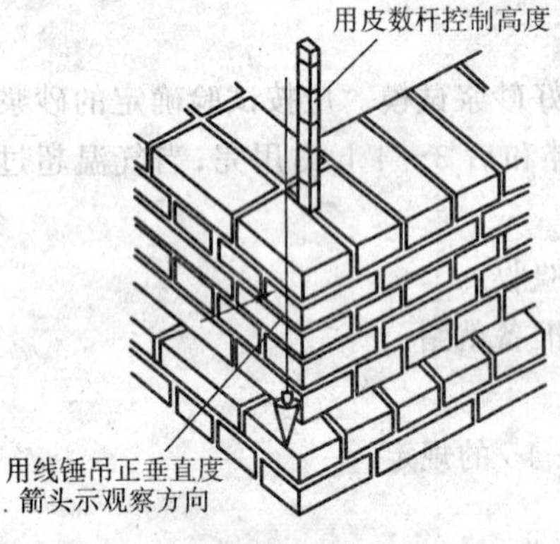

图 3-76 基础皮数杆设置示意

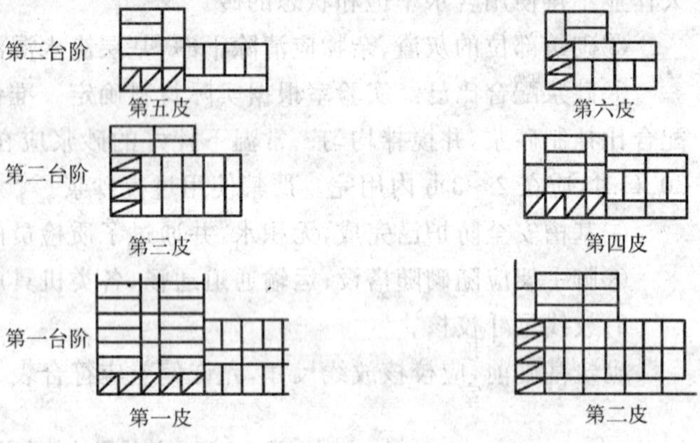

图 3-77 六皮三收等高式大放脚

(6)砌筑

1)盘角。

即在房屋的转角、大角处立皮数杆砌好墙角。每次盘角高度不得超过五皮砖，并需用线锤检查垂直度和用皮数杆检查其标高有无偏差。如有偏差时，应在砌筑大放脚的操作过程中逐皮进行调整(俗称提灰缝或刹灰缝)。在调整中，应防止砖错层，即要避免“螺丝墙”情况。

2)收台阶。

基础大放脚每次收台阶必须用尺量准尺寸，其中部的砌筑应以大角处准线为依据，不能用目测或砖块比量，以免出现误差。在收台阶完成后和砌基础墙之前，应利用龙门板的“中心钉”拉线检查墙身中心线，并用红铅笔将“中”字画在基础墙侧面，以便随时检查复核。

3)砌筑要点。

①内外墙的砖基础均应同时砌筑。如因特殊原因不能同时砌筑时，应留设斜槎(踏步

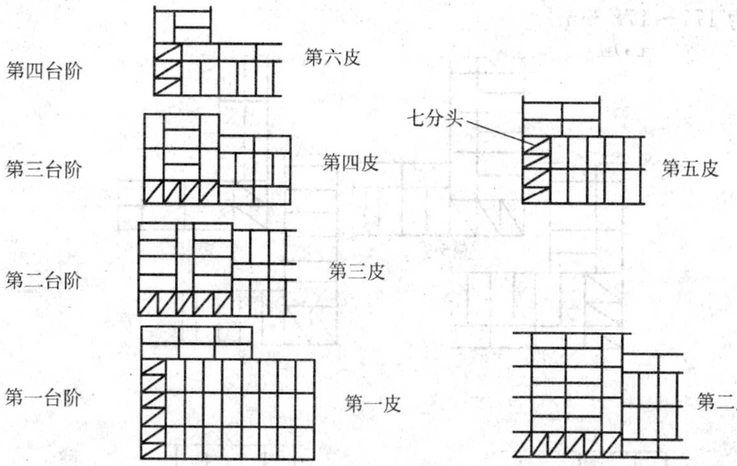

图 3-78 六皮四收间隔式大放脚

槎),斜槎长度不应小于斜槎的高度。基础底标高不同时,应由低处砌起,并由高处向低处搭接;如设计无具体要求时,其搭接长度不应小于大放脚的高度(图 3-79)。

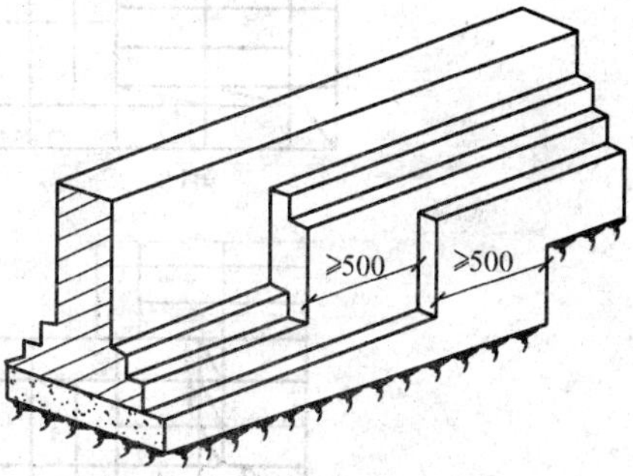

图 3-79 砖基础高低接头处砌法

②在基础墙的顶部、首层室内地面(±0.000)以下一皮砖处 60 mm 处,应设置防潮层。如设计无具体要求,防潮层宜采用 1∶2.5 的水泥砂浆加适量的防水剂经机械搅拌均匀后铺设,其厚度为 20 mm。抗震设防地区的建筑物严禁使用防水卷材作基础墙顶部的水平防潮层。

建筑物首层室内地面以下部分的结构为建筑物的基础,但为了施工的方便,砖基础一般均只做到防潮层。

③基础大放脚的最下一皮砖、每个大放脚台阶的上表层砖,均应采用横放丁砌砖所占比例最多的排砖法砌筑,此时不必考虑外立面上下一顺一丁相间隔的要求,以便增强基础大放脚的抗剪强度。基础防潮层下的顶皮砖也应采用丁砌为主的排砖法。

④砖基础水平灰缝和竖缝宽度应控制在 8～12 mm 之间,水平灰缝的砂浆饱满度用百格网检查不得小于 80%。砖基础中的洞口、管道、沟槽和预埋件等,砌筑时应留出或预埋,宽度超过 300 mm 的洞口应设置过梁。

⑤基底宽度为二砖半的大放脚转角处、十字交接处的组砌方法如图 3-80、图 3-81 所示。T 字交接处的组砌方法可参照十字接头处的组砌方法,即将图中竖向直通墙基础的一端(例如下端)截断,改用七分头砖作端头砖即可。有时为了正好放下七分头砖,需将原直通墙的排砖图上错半砖长。

⑥基础十字形、T 形交接处和转角处组砌的共同特点是:穿过交接处的直通墙基础的应采用一皮砌通与一皮从交接处断开相间隔的组砌型式;T 形交接处、转角处的非直通墙的基础与交接处也应采用一皮搭接与一皮断开相间隔的组砌型式,并在其端头加七分头砖(3/4

砖长，实长应为 177～178 mm)。

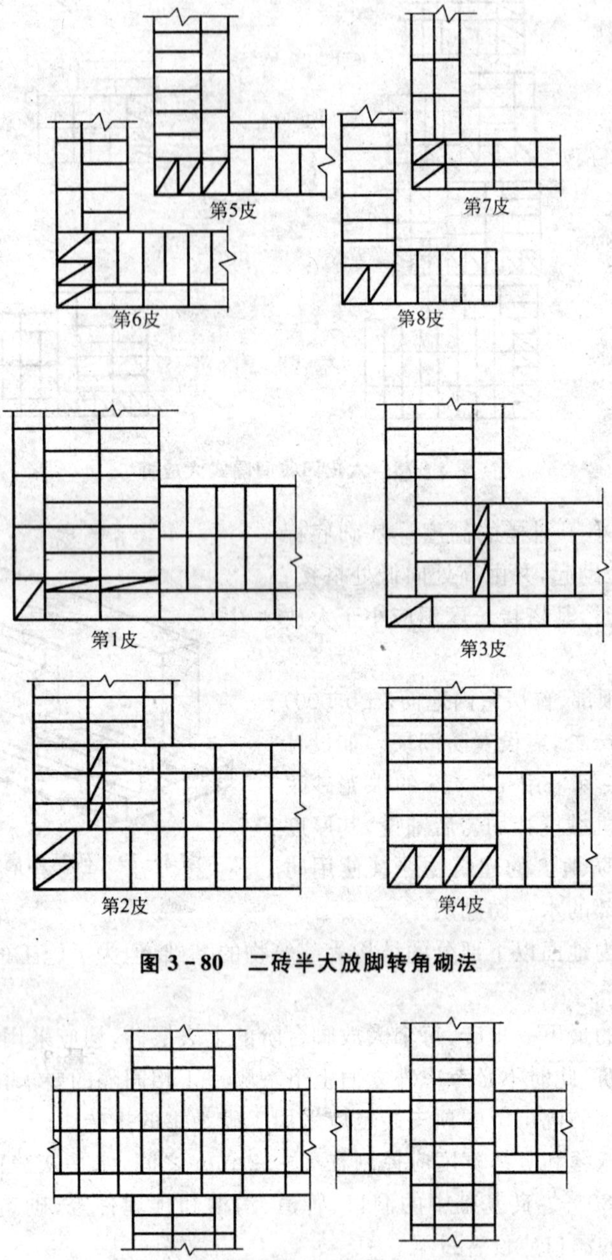

图 3-80 二砖半大放脚转角砌法

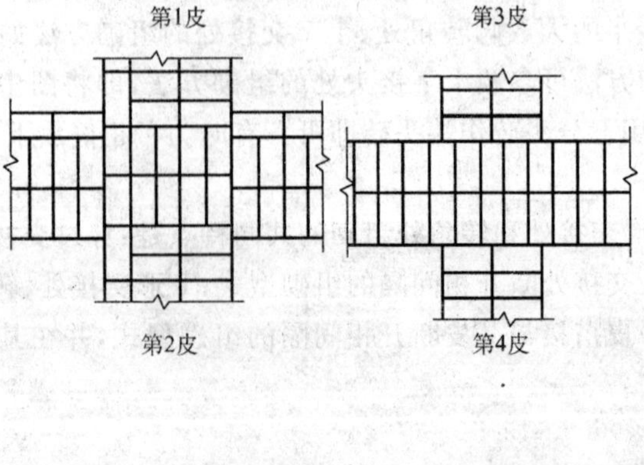

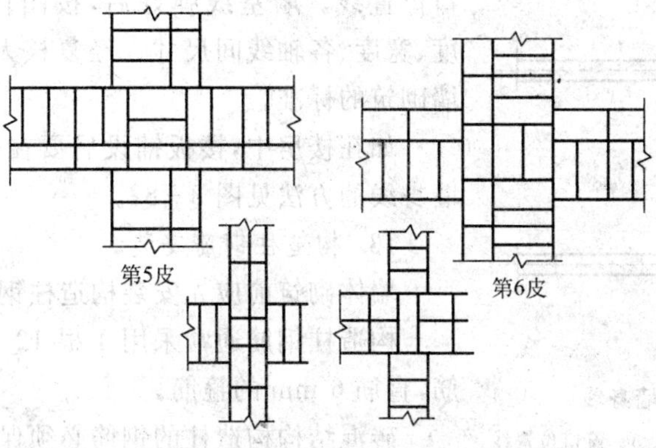

图 3-81　二砖半大放脚砌法

⑦砖基础底标高不同时，应从低处砌起，并应由高处向低处搭砌，当设计无要求时，搭砌长度不应小于砖基础大放脚的高度。

⑧砖基础的转角处和交接处应同时砌筑，当不能同时砌筑时，应留置斜槎。

9. 基础验收

基础施工完毕后，准备回填前，必须组织基础验收。

基础验收方法，可参照地基验槽的方法进行，基础验收应填写分项验收记录表。

10. 回填

基础验收签字后组织回填。

11. 防潮层施工

抹基础防潮层应在基础墙全部砌到设计标高，并在室内回填土已完成时进行。防潮层的设置是为了防止土壤中水分沿基础墙中砖的毛细管上升而侵蚀墙体，造成墙身的表面抹灰层脱落，甚至墙身受潮冻结膨胀而破坏。如果基础墙顶部有钢筋混凝土地圈梁，则可以代替防潮层；如没有地圈梁，则必须做防潮层，即在砖基础上，室内地坪±0.000 以下 60 mm 处设置防潮层，以防止地下水上升。

一般是铺抹 20 mm 厚的防水砂浆。防水砂浆可采用 1：2 水泥砂浆加入占水泥质量 3%～5%的防水剂搅拌而成。如使用防水粉，应先加入占水泥质量 3%～5%的防水剂搅拌而成。如使用防水粉，应先把粉剂和水搅拌成均匀的稠浆再添加到砂浆中去，不允许用砌墙砂浆加防水剂来抹防潮层；也可浇筑 60 mm 厚的细石混凝土防潮层。对防水要求高的，可再在砂浆层上铺油毡，但在抗震设防地区不能用。抹防潮层时，应先在基础墙顶的侧面抄出水平标高线，然后用直尺夹在基础墙两侧，尺面按水平标高线找准，然后摊铺防水砂浆，待初凝后再用木抹子收压一遍，做到平实且表面拉毛。

12. 找平并弹墙身线

砌墙之前，应将基础防潮层或楼面上的灰砂泥土、杂物等清除干净，并用水泥砂浆或豆石混凝土找平，使各段砖墙底部标高符合设计要求；找平时，需使上下两层外墙之间不致出现明显的接缝。随后开始弹墙身线。

弹线的方法：根据基础四角各相对龙门板，在轴线标钉上拴上白线挂紧，拉出纵横墙的中心线或边线，投到基础顶面上，用墨斗将墙身线弹到墙基上，内间隔墙如没有龙门板时，可自外墙轴线相交处作为起点，用钢尺量出各内墙的轴线位置和墙身宽度；根据图样画出门窗

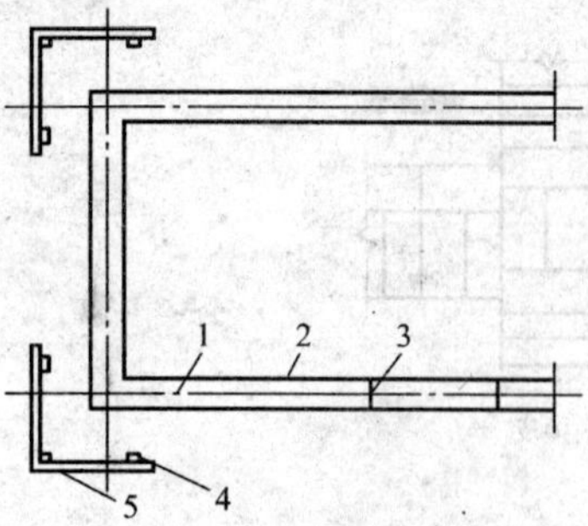

图 3-82 弹墙身线

1—轴线 2—内墙边线 3—窗口位置线
4—龙门桩 5—龙门板

口位置线。墙基线弹好后，按图样要求复核建筑物长度、宽度、各轴线间尺寸。经复核无误后，即可作为底层墙砌筑的标准。

如在楼房中，楼板铺设后要在楼板上弹线定位。弹墙身线的方法见图 3-82。

13. 构造柱钢筋安装

墙体砌筑前应先安装构造柱钢筋。

构造柱钢筋通常采用 4 根 12～14 mm 的钢筋做主筋，直筋 6 mm 的箍筋。

砖混结构构造柱的钢筋必须保证通常顺直。当构造柱钢筋与其他钢筋位置（如圈梁钢筋）发生矛盾时，必须保证构造柱钢筋位置正确。钢筋加工检验批质量验收记录表。

14. 排砖

在砌砖前，要根据已确定的砖墙组砌方式进行排砖撂底，使砖的垒砌合乎错缝搭接要求，确定砌筑所需要块数，以保证墙身砌筑竖缝均匀适度，尽可能做到少砍砖。排砖时应根据进场砖的实际长度尺寸的平均值来确定竖缝的大小。

一般外墙第一层砖撂底时，两山墙排丁砖，前后檐纵墙排条砖。但纵墙是顺砌还是丁砌，应该从窗台部位算起。因为窗台砖必须丁砌，可以由此计算出是否顺砌。

根据弹好的门窗洞口位置线，认真核对窗间墙、垛尺寸，其长度是否符合排砖模数；如不符合模数时，可将门窗口的位置左右移动。若有破活，七分头或丁砖应排在窗口中间、附墙垛或其他不明显的部位。移动门窗口位置时，应注意暖卫立管安装及门窗开启时不受影响。另外，在排砖时还要考虑在门窗口上边的砖墙合拢时也不出现破活。所以排砖时必须做全盘考虑，前后檐墙排第一皮砖时，要考虑甩窗口后砌条砖，窗角上必须是七分头才是好活。

15. 立皮数杆并检查核对

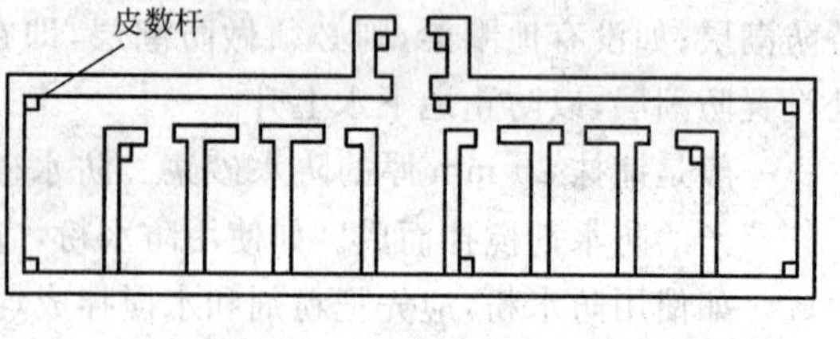

图 3-83 皮数杆设立设置

砌墙前应先立好皮数杆，皮数杆一般应立在墙的转角、内外墙交接处以及楼梯间等突出部位，其间距不应太长，以 15 m 以内为宜，见图 3-83。

皮数杆钉于木桩上，皮数杆下面的 ±0.000线与木桩上所抄测的 ±0.000 线要对齐，都在同一水平线上，所有皮数杆应逐个检查是否垂直，标高是否准确，在同一道墙上的皮数杆是否在同一平面内。核对所有皮数杆上砖的层数是否一致，每皮厚度是否一致，对照图样核对窗台、门窗过梁、雨篷、楼板等标高位置，核对无误后方可砌砖。

16. 挂线

砌筑一砖半墙必须双面挂线，如果长墙几个人均使用一根通线，中间应设几个支线点，小线要拉紧，每层砖都要穿线看平，使水平缝均匀一致，平直通顺，挂线时要把高出的障碍物去掉，中间塌腰的地方要垫一块砖，俗称腰线砖，见图 3-84。垫腰线砖应注意准线不能向上拱起。经检查平直无误后即可砌砖。

每砌完一皮砖后，由两端把大角的人逐皮往上起线。

此外还有一种挂线法。不用坠砖而将准线挂在两侧墙的立线上，俗称挂立线，一般用于砌间墙。将立线的上下两端拴在钉入纵墙水平缝的钉子上并拉紧，见图 3－85。根据挂好的立线拉水平准线，水平准线的两端要由立线的里侧往外拴，两端拴的水平缝线要同纵墙缝一致，不得错层。

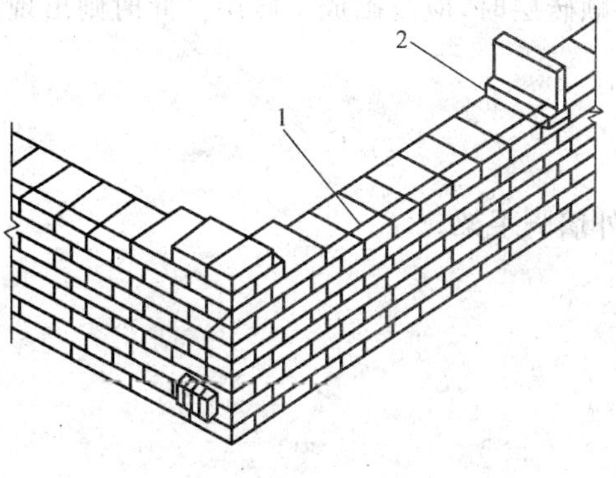

图 3－84　挂线及腰线砖

1—小线　2—腰线砖

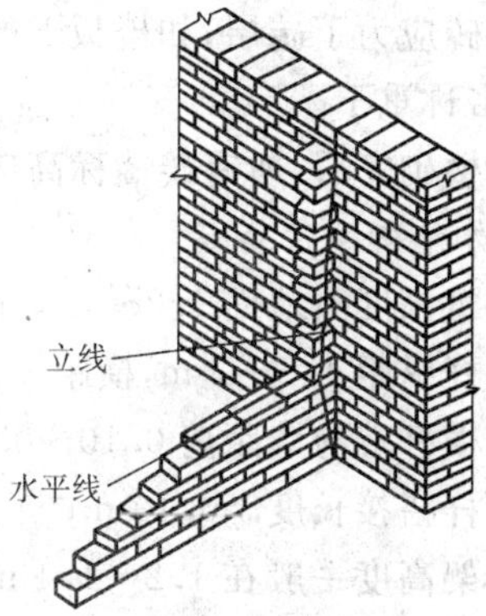

图 3－85　挂立线

17. 墙体砌筑

(1)砌砖工艺要点

1)砌砖宜采用一铁锹灰、一块砖、一挤揉的“三一”砌砖法，即满铺、满挤操作法。砌砖时砖要放平。里手高，墙面就要张；里手低，墙面就要背。

2)砌砖一定要跟线，“上跟线，下跟棱，左右相邻要对平”。

3)水平灰缝厚度和竖向灰缝宽度一般为 10 mm，但不应小于 8 mm，也不应大于12 mm。

4)为保证清水墙面丄缝垂直，不游丁走缝，当砌完一步架高时，宜每隔 2 m 水平间距，在丁砖立楞位置弹两道垂直立线，可以分段控制游丁走缝。

5)在操作过程中，要认真进行自检，如出现偏差，应随时纠正，严禁事后砸墙。

6)清水墙不允许有三分头，不得在上部任意变活、乱缝。

7)砌筑砂浆应随搅拌随使用，一般水泥砂浆必须在 3 h 内用完，水泥混合砂浆必须在 4 h内用完，不得使用过夜砂浆。

8)砌清水墙应随砌随划缝，划缝深度为 8～10 mm。深浅一致，墙面清扫干净。混水墙应随砌随将舌头灰刮尽。

(2)门窗洞口、窗间墙砌法

当墙砌到窗台标高以后，在开始往上砌筑窗间墙时，应对立好的窗框进行检查。察看安立的位置是否正确，高低是否一致，立口是否在一条直线上，进出是否一致，立的是否垂直等。如果窗框是后塞口的，应按图样在墙上画出分口线，留置窗洞。

砌窗间墙时，应拉通线同时砌筑。门窗两边的墙宜对称砌筑、靠窗框两边的墙砌砖时要注意丁顺咬合，避免通缝。并应经常检查门窗口里角和外角是否垂直。

当门窗立上时，砌窗间墙不要把砖紧贴着门窗口，应留出 3 mm 的缝隙，免得门窗框受挤变形。在砌墙时，应将门窗框上下走头砌入卡紧，将门窗框固定。

当塞口时，按要求位置在两边墙上砌入防腐木砖，一般窗高不超过 1.2 m 的，每边放两块，距上下边都为3～4皮砖。木砖应事先做防腐处理。木砖埋砌时，应小头在外，这样不易拉脱。如果采用钢窗，则按要求位置预先留好洞口，以备镶固铁件。

当窗间墙砌到门窗上口时，应超出窗框上皮10 mm左右，以防止安装过梁后下沉压框。

安装完过梁（或发璇）以后，拉通线砌长墙，墙砌到楼板支撑处，为使墙体受力均匀，楼板下的一皮砖应为丁砖层，如楼板下的一皮砖赶上顺砖层时，应改砌成丁砖层。此时则出现两层丁砖，俗称重丁。

一层楼砌完后，所有砖墙标高应在同一水平。

18. 外墙脚手架搭设

当砌筑高度离地面1.2～1.4 m时，应搭设外墙脚手架。

1)立杆纵距1.5～2 m，横距1.05～1.55 m；

2)小横杆端与墙距离0.10～0.15 m；

3)横杆搭接长度＞0.10 m；

4)步架高度一般在1.2～1.4 m；

5)横杆外挑长度小于150 mm。

19. 砌筑

脚手架搭设后，再进行砌筑，直至梁底。砌筑到一段落后应向下一道工序进行交接，并填写交接记录。

20. 构造柱支模

砖墙砌筑完毕即可对构造柱支模，同时进行梁板支撑架设。

21. 楼面梁板支模

按设计要求进行梁板支模。检查验收梁板模板。模板检查验收合格后，应向下一道工序施工班组交接并填写交接记录。

22. 楼面混凝土浇筑

钢筋隐蔽验收后，可以组织混凝土浇筑，填写混凝土工程施工记录表。

23. 进行墙体砌筑到楼面混凝土浇筑的循环

当楼面混凝土浇筑完12 h后，常温下可以在楼面放线并安装构造柱钢筋，但不可以进行砌筑施工。砌筑施工应在24 h后进行，每层施工的重复动作不再赘述。

24. 屋面混凝土浇筑

屋面浇筑混凝土也叫结构封顶，是主体结构施工阶段的重要标志。

25. 结构验收

主体结构施工结束，装饰装修阶段开始之前必须进行砖砌体分项验收和结构验收。主体结构验收必须约请有关单位（包括设计院、建设单位、监理单位、施工单位）和有关政府部门（工程质量监督站和工程管理处等）共同验收，并当场在结构验收记录表上签字。

结构验收时，还需要对砌筑砂浆强度以及混凝土强度进行评定。

26. 室内外装修

主体结构验收完后，可以进行室内外装饰装修，施工完毕应组织验收。

27. 室内安装工程

室内安装工程包括室内给水排水、采暖通风、电气通信等设施安装。一般在装修工程完毕后进行。

28. 室外工程

主要包括室外给水排水、采暖通风、电气通信等，还包括园区内道路工程。

29. 验收交工

各分项工程施工完毕经过验收后，应及时组织分部工程验收。分部工程验收完毕后，应及时整理归档图纸与文件资料，交当地档案部门验收，然后应及时组织单位工程验收。在单位工程验收的基础上，办理交工验收。

应该明白，对于施工单位来说，交工验收越早越好，因为交工验收标志着合同的完成，工程保修服务期限是从交工验收之日开始计算的。只有办理完交工验收才能办理结算。相关文件资料包括分部工程验收汇总表、单位(子单位)工程质量控制资料核查记录表、单位(子单位)工程安全和功能检验资料核查及主要功能抽查记录、单位(子单位)工程观感质量检查记录、单位工程竣工预验收检查记录表、单位(子单位)工程质量竣工验收记录表、单位工程质量核验申请表。

(三)施工合同管理

项目施工合同是项目实施的主要依据，因此，施工合同管理是工程项目管理与控制的第一要务。项目施工人员必须熟悉合同内容。

工程合同一般分通用条款与专用条款，施工人员要关注通用条款，更应关注专用条款。

1)合同管理的内容。

2)合同管理具体做法。

3)合同管理要达到的目标：

①合同交底清楚；

②对合同执行过程中出现的问题报告、研究及时并加以妥善解决；

③对工程分包按公司管理办法执行，经济秩序正常；

④合同台账完整、清楚。

(四)施工进度控制

按照施工进度总网络计划实施进度控制：

1)编制、下达月、周施工计划，定期进行检查考核；

2)深入施工现场，掌握施工动态和动向；

3)召集工程例会，及时调度各种施工资源；协调平行交叉作业中的各种问题；

4)争取业主、监理单位和当地政府主管部门的密切配合，创造良好的外部施工条件；

5)根据施工条件和进度变化情况，及时调整网络计划，抓好关键工序；

6)对非施工原因造成的工期拖延，及时做好变更签证工作。

(五)施工质量控制

为了贯彻实施公司的质量方针，落实工程质量领导责任制和工程质量终身负责制。促进公司工程质量管理工作向科学化、标准化、规范化迈进，特制定本细则。凡公司所属施工单位承建的建筑安装工程项目质量管理，必须遵守本细则。

1. 质量管理组织机构

1)项目经理部设立工程质量检查站，质量检查站受项目经理、技术负责人的领导，并在公司质量处的指导下，完成工程项目的质量检查管理工作。

2)项目经理部质量检查站站长由项目经理聘任，并须报经公司质量处认可后上岗。

3)项目经理部质量检查员必须持证上岗,并保持相对稳定。

2. 质量职责

1)项目经理是工程质量的第一责任人,组织贯彻落实公司的质量方针,组织制订项目质量计划,确保质量保证体系在项目中的有效运行。

2)技术负责人对项目经理负责,主管项目经理部的质量管理工作,负责制订项目质量计划,并组织编制施工组织设计、施工作业设计,大力推广新工艺、新技术,组织质量改进,提高工程质量。

3)质量检查站站长在项目经理部和公司质量处的领导下,负责施工准备阶段的质量管理和施工全过程的质量检查与评定、核定工作的监督管理。

4)质量检查员按设计图纸、施工规范、规程做好过程质量检查,并按国家、行业检验评定标准做好分项、分部工程质量核定工作。

3. 质量管理活动

(1)施工准备阶段的质量管理

1)项目经理部应在开工前组建工程质量检查站、督促专业项目部配备专检员并为其配备必要的资源。

2)项目经理部应制定出本项目的《项目质量计划》,明确关键工序、特殊工序并做好相应的技术准备工作,明确质量目标,明确所使用的规范、标准和规程,划分工程项目,制定检验和实验计划。

3)项目经理部应根据工程的实际情况建立相应的质量工作制度和工程质量奖惩办法。

(2)过程质量检查

1)工程(产品)质量检查必须严格执行三检制,即:自检、专检和交接检,质量检查员在自检的基础上进行专检。项目经理部和专业项目部应随时检查原材料、半成品的标志及检验状态标志。

2)项目经理部和专业项目部应对业主提供的半成品或工程进行验证、验收。对关键工序、特殊工序施工质量进行跟踪检查并做好台账。

3)基槽施工完毕后,单位工程施工负责人必须填写《地基验槽记录》,并及时约请业主代表、监理人员、设计或勘察单位进行验槽,签认后方可进行基础施工。

4)砼浇灌前,浇灌单位必须接到《砼浇灌通知单》方可进行浇灌。500 m^3 以上经专检员检查合格后,由专业项目部技术负责人签发《砼浇灌通知单》,大体积砼或连续浇灌 500 m^3 以上的砼工程经检查合格后,项目经理部技术负责人签发《砼浇灌通知单》。

5)隐蔽工程在隐蔽施工前,单位工程施工负责人应认真填写《隐蔽工程验收记录》,并及时约请业主代表、监理人员进行检查、验收并签署检查意见,认可后方能进行隐蔽。

6)各专业工序之间必须办理中间交接手续,接收单位应对上工序的工程质量进行复查并确认,交接手续完成后,接收单位应对上工序成品予以保护。交接中发现工序失控,项目经理部应下达整改通知单。

7)各种管道、机械设备、电气设备安装工程、工业窑炉工程必须按规定进行检验和签证。

8)施工过程中,专业项目部技术负责人应按月组织对工程技术资料的收集、整理进行检查,如原材料的材质和复检报告是否齐全,以保证工程技术资料与工程进度同步。

(3)工程质量评定与核定

1)分项工程完成后，单位工程施工负责人应及时组织分项工程质量评定，并填写《分项工程质量评定表》，专检员根据专检情况及分项工程质量保证资料核查情况进行质量等级核定。

2)分部工程所包含的分项工程核定完毕后，专业项目部技术负责人应及时组织对分部工程技术资料的审核，并填写《分部工程质量评定表》。专检员根据分项工程质量和工程技术资料进行质量等级核定。

其中，地基与基础分部、主体分部核定完毕后，项目经理负责人约请质监部门进行验收，并签署《地基与基础工程验收记录》、《主体工程结构验收记录》。

3)单位工程竣工后，项目经理部技术负责人组织有关人员进行单位工程质量等级评定：

质量保证资料核查表由项目经理部负责核查填写；

单位工程观感质量评定表，由项目经理部质量检查站组织有关人员填写；

单位工程的综合评定工作由项目经理部技术负责人组织进行。

(4)工程创优管理

1)项目经理部根据公司质量计划创优目标要求，在项目经理和技术负责人的组织下，制订创优计划并以文件形式发各专业项目部，同时报公司质量处。

2)项目经理部技术负责人应根据工程进展情况，组织对工程的中间检查和资料审核，按照划定的分部、分项工程，严格实行质量预控，确保关键的分部、分项工程质量达到优良标准。

3)项目经理部应在施工过程中收集申报优质工程所需的文字、图片和音像资料。

(5)对不合格品的处置

对工程项目出现不合格品后，专业项目部应及时进行评审、处置、验证，制定纠正预防措施，并做好质量记录。对出现的工程质量事故必须及时上报公司质量处，同时做好工程质量事故的调查分析，制定事故处理方案。重大质量事故须在24小时内报送公司质量处。

(6)质量抽查

项目经理部每月应制定检查工作计划，对专业项目部工程质量情况、质量管理活动情况进行抽查。

(7)质量检查总结

项目经理部每月应对检查工作进行总结，并于每月25日前报送公司质量部门。

(六)施工安全控制

施工安全的控制主要包括建立安全管理体系、对危险源的识别、风险评价、确定安全管理目标、制定安全管理计划、对重大危险源的管理、制定安全技术措施、组织安全检查、对安全控制工作的成效进行评价等工作。

1. 建立安全管理体系

主要包括安全生产管理委员会(小组)、安全生产管理机构和专职安全生产管理人员。《建设工程安全生产管理条例》第二十三条规定：“施工单位应当设立安全生产管理机构，配备专职安全生产管理人员。”

(1)施工现场安全生产管理委员会(小组)

施工现场安全生产管理委员会(小组)主要职责包括：负责贯彻执行国家有关安全生产、建设工程安全生产、劳动保护、环境保护、消防等法律法规；对工程项目安全生产的重大事项作出决策；制定工程项目的安全生产规划和各项安全管理制度；定期进行全面的安全生产大检查，召开专门会议，分析安全生产事务，并制定包括消除重大事故隐患的预防措施；协助上级主管部门进行伤亡事故的调查、分析和处理等。

(2)安全生产管理机构

安全生产管理机构职责主要包括：落实国家有关安全生产、建设工程安全生产、劳动保护、环境保护、消防等法律法规、标准规范和工程建设法制性标准；编制并适时更新安全生产管理制度；组织开展全员安全教育培训及安全检查活动；监督安全生产措施的落实；及时整改各种事故隐患以及日常的安全检查等。

(3)专职安全生产管理人员

项目部对专职安全生产管理人员的配置必须满足下列要求。

1)建筑工程、装修工程。

按照建筑面积，1 万 m^2 及以下的工程至少 1 人；1～5 万 m^2 的工程至少 2 人；5 万 m^2 以上的工程至少 3 人，应当设置安全主管，按土建、机电设备等专业设置专职安全生产管理人员。

2)土木工程、线路管道、设备。

①按照安装总造价，5 000 万元以下的工程至少 1 人；5 000 万元～1 亿元的工程至少 2 人；1 亿元以上的工程至少 3 人，应当设置安全主管，按土建、机电设备等专业设置专职安全生产管理人员。

②工程项目采用新技术、新工艺、新材料或致害因素多、施工作业难度大的工程项目，施工现场专职安全生产管理人员的数量应当根据施工实际情况，在上述规定的配置标准上增配。

③劳务分包企业建设工程项目施工人员 50 人以下的，应当设置 1 名专职安全生产管理人员；50～200 人的，应设 2 名专职安全生产管理人员；200 人以上的，应根据所承担的分部分项工程施工危险实际情况增配，并不少于企业总人数的 5%。

④施工作业班组应设置兼职安全巡查员，对本班组的作业场所进行安全监督检查。

2. 对危险源的识别

①选择评价单位，成立危害辨识小组；②危害辨识技能培训；③危害辨识；④建筑工程危险源辨识范围；⑤建筑工程危险源辨识的一般方法。

3. 风险评价

1)从识别出的危险源中，评价出对人员可能造成重大伤害和财产重大损失的风险，通过制定目标、指标，落实管理方案或运行控制程序加以控制。

2)评价时宜采用专家评价法/头脑风暴法。在工程局《危险源识别与风险评价程序》中作出具体规定。

3)评价的结果形成重要危险源清单，工程局/股份公司以第三层次文件的形式发布适用于全局的危险源清单和重要危险源清单，各单位、项目经理部参考该清单进行本单位、本项目的危险源识别与风险评价。

4. 安全目标管理

安全目标管理是贯彻落实安全生产责任制量化考核指标和利用经济手段实现安全生产的重要保证。

安全目标的内容一般包括如下几方面：

1)杜绝重大伤亡、设备、管线、火灾和环境污染事故；

2)一般事故频率控制目标；

3)安全标准化工地创建目标；

4)文明工地创建目标；

5)遵循安全生产、劳动保护、文明施工、环境保护方面有关法律法规和标准规范以及对员工和社会要求的承诺；

6)其他需满足的总体目标。

项目经理部可根据公司年度安全工作计划下达的考核指标，并结合工程规模、施工难易程度、工期、安全、环境、文明施工等实际情况，将上述三项指标进行量化分解，并以责任承包合同形式层层落实到人，定期加以考核，对实现目标管理的责任单位和个人进行表彰奖励，对未实现目标管理的责任单位和个人给予通报批评和实施处罚，具体奖励办法可由项目经理自定。

5. 制定安全管理计划

安全计划的基本内容如下。

1)安全计划的依据。

①国家和地方安全生产、劳动保护、环境保护、消防等法律法规和方针政策。

②国家和地方建设工程安全生产法律法规和方针政策。

③建设工程安全生产技术规范、规程、标准和其他依据等。

2)工程概况。

①本工程项目施工所承担的任务及范围。

②本工程项目性质、地理位置及特殊要求。

③新建、改建、扩建前的职业安全卫生状况。

④主要工艺、材料、设备及主要危害概述等。

3)安全目标。

4)危险源与环境因素的识别、评价和控制计划。

5)适用法律法规、标准规范和其他要求。

6)安全保证体系。

安全保证体系主要包括组织保证体系、制度保证体系、技术保证体系、投入保证体系和信息保证体系等。

7)主要安全措施。

①针对危险源和重要环境因素，编制相应的安全技术措施，制定出具体的防护措施、安全操作规定和作业安全注意事项。

②对专业性强、危险性大的项目，必须编制专项施工方案，制定详细的安全技术和安全管理措施。

③按照爆炸和火灾危险场所的类别、等级、范围选择电气设备的安全距离及防雷、防静电、防止操作等设施。

④对高处作业、临边作业等危险场所、部位，以及冬季、雨期、夏季高温天气、夜间施工等危险期间应采用的安全防护设备、安全设施等安全措施。

⑤对可能发生的事故做出的应急救援预案，落实抢救、疏散和应急等措施。

8)安全检查。

建设工程施工生产中安全检查内容应包括：安全生产责任制、施工组织设计、专项施工方案、建设工程施工安全计划、安全组织机构、安全技术管理、安全教育培训、设备安全管理、安全持证上岗、安全设施、安全警示标志、操作行为、违规管理、安全记录等。

9)文件控制。

施工单位应确定并制定施工过程中应执行的文件、规范，如脚手架工程、模板工程、高空作业、施工机械作业、临时用电、起重吊装工程、动用明火等，并制定具有针对性的安全技术交底文本。

10)安全记录。

施工单位应制定安全记录表格，确定收集、整理和记录各种安全活动的人员和职责。

6. 对重大危险源的管理

(1)建立建筑工地重大危险源的公示和跟踪整改制度

1)加强现场巡视，对可能影响安全生产的重大危险源进行辨识，并进行登记，掌握重大危险源的数量和分布状况，经常性地公示重大危险源名录、整改措施及治理情况。

2)重大危险源登记的主要内容应包括：工程名称、危险源类别、地段部位、联系人、联系方式、重大危险源可能造成的危害、施工安全主要措施和应急预案。

(2)严禁“三违”

对人的不安全行为，要严禁“三违”，加强教育，搞好传、帮、带，加强现场巡视，严格检查、处罚。

(3)淘汰垃圾技术，采用新技术

淘汰落后的技术、工艺，适度提高工程施工安全设防标准，从而提升施工安全技术与管理水平，降低施工安全风险。如过街人行通道、大型地下管沟可采用顶管技术等。

制订和实行施工现场大型施工机械安装、运行、拆卸和外架工程安装的检验检测、维护保养、验收制度。

(4)制订应急预案

对不良自然环境条件中的危险源要制定有针对性的应急预案，并选定适当时机进行演练，做到人人心中有数，遇到情况不慌不乱，从容应对。

(5)进行绩效考评

制订和实施项目施工安全承诺和现场安全管理绩效考评制度，确保安全投入，形成施工安全长效机制。

7. 制定安全技术措施

在编制单位工程施工组织设计时应根据工程的危险源、劳动组织、作业环境等因素考虑保障职业健康、安全文明施工的技术措施，制定相应的安全技术措施方案。

8. 组织安全教育

1)对参加施工的全体人员，必须经三级安全教育后再上岗作业，对特种作业人员必须经有关部门培训并合格后才能持证上岗。

2)有了以上几项软件保证措施后，针对建筑工程安全生产的要点，安全生产监督管理人员必须从如下几个硬件方面重点检查：脚手架的搭设是否符合规范要求，现场临时用电是否安全可靠，各类建筑机械设备是否灵敏有效，安全三件宝的使用、四口、五临边是否防护到位，落实好上面几项措施，就能有效地防止建筑业四大伤害事故的发生(高空坠落、物体打击、触电伤亡、机械损伤)。

3)建立安全生产保证体系是项目经理部的基本任务。建立和实施体系是一个规范的有计划的系统性工作过程。

4)新工人安全须知

①新工人进入工地前必须认真学习本工种安全技术操作规程。未经安全知识教育和培训,不得进入施工现场操作。

②进入施工现场,必须戴好安全帽,扣好帽带。

③在没有防护设施的2 m高处,悬崖和陡坡施工作业必须系好安全带。

④高空作业时,不准往下或向上抛材料和工具等物件。

⑤不懂电器和机械的人员,严禁使用和玩弄机电设备。

⑥建筑材料和构件要堆放整齐稳妥,不要过高。

⑦危险区域要有明显标志,要采取防护措施,夜间要设红灯示警。

⑧在操作中,应坚守工作岗位,严禁酒后操作。

⑨特殊工种(电工、焊工、司炉工、爆破工、起重及打桩司机和指挥、架子工、各种机动车辆司机等)必须经过有关部门专业培训,考试合格发给操作证,方准独立操作。

⑩施工现场禁止穿拖鞋、高跟鞋,赤脚,穿易滑、带钉的鞋和赤膊操作。

⑪施工现场的脚手架、防护设施、安全标志、警告牌、脚手架连接铅丝或连接件不得擅自拆除,需要拆除必须经过加固后经施工负责人同意。

⑫施工现场的洞、坑、井架、升降口、漏斗等危险处,应有防护措施并有明显标志。

⑬任何人不准向下、向上乱丢材、物、垃圾、工具等。不准随意开动一切机械。操作中思想要集中,不准开玩笑,做私活。

⑭不准坐在脚手架防护栏杆上休息和在脚手架上睡觉。

⑮手推车装运物料,应注意平稳,掌握重心,不得猛跑或撒把溜放。

⑯拆下的脚手架、钢模板、轧头或木模、支撑要及时整理,元钉要及时拔除。

⑰砌墙斩砖要朝里斩,不准朝外斩。防止碎砖坠落伤人。

⑱工具用好后要随时装入工具袋。

⑲不准在井架提升后到下面去清理砂浆、混凝土等杂物;不准吊篮久停空中;下班后吊篮必须放在地面处,切断电源。

⑳脚手架上霜、雪、泥等要及时清扫。

㉑脚手板两端间要扎牢、防止空头板(竹脚手片应四点扎牢)。

㉒脚手架超载危险。

砌筑脚手架均布载荷每平方米不得超过270 kN,即在脚手架上堆放标准砖不得超过单行侧放三侧高。20孔多孔砖不得超过单行侧放四侧高,非承重三孔砖不得超过单行平放五皮高,只允许二排脚手架上同时堆放。脚手架连接物拆除危险;坐在防护栏杆上休息危险;搭、拆脚手架、井字架不系安全带危险。

㉓载单梯上部要扎牢,下部要有防滑措施。

㉔挂梯上部要挂牢,下部要绑扎。

㉕人字梯中间要扎牢,下部要有防滑措施,不准人坐在上面,骑马式移动。

㉖高空作业。

从事高空作业的人员，必须身体健康，患有高血压、贫血症、严重心脏病、精神症、癫痫病、深度近视眼（在500度以上）人员，以及经医生检查认为不适合高空作业的人员，不得从事高空作业，对井架、起重工等从事高空作业的工种人员要每年体检一次。

a. 在平台、屋沿口操作时，面部要朝外，系好安全带。

b. 高处作业不要用力过猛，防止失去平衡而坠落。

c. 在平台等处拆木模撬棒要朝里，不要向外，防止人向外坠落。

d. 遇有暴雨、浓雾和六级以上的强风应停止室外作业。

e. 夜间施工必须要有充分的照明。

9. 组织安全检查

安全检查以《建筑施工安全检查标准》(JGJ 59—1999)为依据进行检查。

10. 班前安全活动

班前安全活动是督促作业人员遵章守纪的重要关口，是消除违章冒险作业的关键，因此必须长期坚持执行，班组长应根据每天作业任务的内容，对作业环境和工作特点向作业人员交代安全注意事项，班前活动应填写公司统一印制的《安全活动记录本》并履行签字手续。

11. 特种作业人员持证上岗

特种作业：凡从事对操作者本人，尤其对他人和周围环境安全有重大危害因素的作业，如建筑工地的电工、焊工、架子工、司炉工、爆破工、机械运转工、起重工、打桩机和各种机动车辆的司机等均属特种作业。从事上述作业的人员称特种作业人员。特种作业人员必须经专业的安全技术培训合格后，方能持证上岗作业。施工现场的特种作业人员都必须由用人单位登记建档，报项目经理部安全监督检查站备案。

12. 工伤事故处理

工伤事故是指职工在施工生产过程中不慎发生的人身伤害、急性中毒等事故。

(1)事故分类

工伤事故按严重程度，一般可分为轻伤事故、重伤事故、死亡事故、重大死亡事故四类。

(2)事故报告

施工现场无论发生大小工伤事故，事故单位都必须在15分钟内口头或电话报告项目经理部安全监督检查站；安全监督检查站对重伤以上事故应立即组织抢救和保护好事故现场，同时须在12小时内将事故发生的时间、地点、人员伤亡情况及简要经过电话报告公司总调度室和安全处。并于当月25日前按规定要求如实填写《伤亡事故月报表》向公司安全处书面报告。

(3)事故调查

1)轻伤事故由事故单位组成事故调查组对事故进行调查。

2)重伤事故由项目经理部安全监督检查站和二级公司安全主管部门共同组成事故调查组对事故进行调查。

3)死亡事故必须由公司安全处及相关部门组成事故调查组对事故进行调查。

(4)事故处理

必须严格按照“四不放过”的原则，即：①事故原因不查清不放过；②事故责任者和群众没有受到教育不放过；③没有防范措施不放过；④事故责任者（含单位领导）未受到处理不放过。总之既要严肃认真，又要实事求是，客观公正地进行处理结案。

13. 安全标志

安全标志是建筑工地提醒作业人员对不安全因素（危险源、点）引起高度注意的重要预防措施之一，安全标志主要由安全色、几何图形等符号构成，用以表示特定的安全信息。安全色有以下四种：

①红色用于紧急停止和禁止标志；

②黄色用于警告或警戒标志；

③蓝色用于指令或必须遵守规定的标准颜色；

④绿色用于提示安全的标志。

因此，项目部应根据工程进度的不同时期，对施工现场存在的危险源点责成施工单位悬挂有针对性的安全警示标牌或由项目部统一采购对危险源点加以控制。

14. 外协施工队管理

为适应建筑市场用工组合形式不断发展变化的需要，切实加强工程分包，劳务合作人员（单位）安全生产管理，降低外协施工队人员的伤亡事故发生频率，项目经理部应将外协施工队的安全文明施工管理工作纳入正常的日常管理范围内，并严格按照公司有关规定完善用工手续，检查安全资质，建立相应的管理台账。

1）参加工程建设施工的分包单位和劳务合作单位，必须严格遵守企业有关安全文明施工生产管理的各项规定，自觉接受工程安全监督检查站的监督检查，对成建制的单位还应建立健全安全生产自我约束机制和配备一定数量的安全专（兼）职人员，努力搞好本单位安全文明施工生产日常管理工作，并须按工程规模、施工人数向项目经理部交纳一定数额的安全责任风险保证金，待工程结束后，视考核情况，予以返还。

2）用工单位在按规定与其办理完相应的用工手续后，还应严格审查其《安全资质证书》，同时与其签定《安全施工协议书》，明确双方责任，并报工程安全监督检查站登记备案。对无安全资质的施工队不得使用，对使用后不服从安全监督管理或因自身管理原因发生重大伤害事故的施工队应予以辞退。

15. 文明施工

文明施工现场建设是展示企业两个文明建设成果的窗口，是衡量项目综合管理实力的最终体现，是实现安全生产的前提条件，是占领市场和树立良好社会信誉的根本保证，因此，项目经理部各级领导要引起高度重视，必须在工程开工前研究制定创优规划，对施工现场的整体布局进行统筹协调，努力营造一种宽松的氛围，并以住房和城乡建设部《建筑施工安全检查标准》（JGJ59－1999）中有关文明施工的标准为指导，切实制定出具体措施，把现场文明施工创优达标工作抓紧抓落实。

（1）现场围挡

1）在市区主要路段工地施工，四周要设置 2.5 m 高的围挡；一般路段工地施工，四周要设置 1.8 m 高的围挡。

2）围挡必须沿工地四周连续设置。围挡的材料要坚固，围挡要整洁、稳定美观。若在大中以上城市城区施工，围挡还应做到：上方加盖装饰帽、布置灯饰、外墙上必须绘制山水画或书写公益性标语。

（2）封闭管理

1)施工现场要设置门楼、安装出入口大门(宽 5 m),大门要稳固,开关方便,并设置企业标志。

2)施工现场要有值班室,制定门卫制度,并配备认真负责的值班人员,未配戴工作卡的职工不许进入施工现场。

3)施工现场的正面(临街面)必须用硬质材料和安全网双层封闭,其他方位均应用密目式安全网封闭。

(3)施工现场

1)施工现场道路必须硬化,道口用混凝土实行硬覆盖,宽度不小于大门宽,向外与市政道路连通。

2)施工现场内道路必须畅通无阻,现场无积水,门口要设置冲洗槽、沉淀池,备有冲洗设备,出门车辆必须经冲洗,保证不带泥上路。

3)施工现场内排水管网要畅通,要结合实际采取措施,防止泥浆、污水、废水外流或堵塞下水道。

4)施工现场要设置休息场所、吸烟室,作业人员不得随地吸烟,乱扔烟头。温暖季节要在现场适当位置种植花草。

(4)材料堆放

1)各种机具、设备及建筑材料应按照总平面布置图合理摆放,场内仓库各种器材堆放整齐,且标志清楚、正确、齐全,不得混合堆放,易燃易爆及危险品要按规定分类入库管理。

2)施工现场要保持整洁,应做到工完料尽,清理现场建筑垃圾要按指定区域归堆存放,及时清除,并有标志。

(5)现场住宿

1)施工现场在建的建筑物不得兼作职工宿舍、项目部办公室,生活区必须与施工作业区分开,职工宿舍应有保暖、防煤气中毒、消暑和防蚊虫叮咬的办法与措施。

2)施工现场要落实到责任人管理好宿舍,宿舍内严禁乱接电源线和使用大功率电器及自制电器,做到一室一灯。

3)职工宿舍内床铺应统一,生活用品应摆放整齐,宿舍周围应经常清扫,不留残渣,保持卫生。

(6)现场防火

1)施工现场应制定防火制度,落实防火责任人,贯彻“以防为主,防消结合”的消防方针,配足必要的灭火器材,保证消防水源满足要求(高层建筑要有蓄水设施)。

2)施工现场严禁动火的区域,需动火时必须报有关部门审批,办理动火证,并指定专人实施动火监护。

(7)治安综合治理

1)施工现场的生活区必须设置职工学习和娱乐场所,做到施工时专心,休息时开心。

2)施工现场要制定治安、保卫制度和措施,落实责任人,确保无职工打架斗殴,无盗窃现象发生,让职工在安定的环境中工作与生活。

(8)施工现场标志牌

施工现场必须挂置工程概况牌、管理人员名单及监督电话牌、消防保卫牌、文明施工牌、安全生产牌等五牌和施工总平面图,其内容要齐全。标牌要统一尺寸,达到规范,搭设要整齐、稳固，并经常张贴安全宣传标语，举办宣传栏、公告栏、黑板报等宣传安全生产的重要性，做到警钟常鸣。

(9)生活设施

1)施工现场的食堂与厕所、垃圾箱要保持一定距离(间距不小于 30 m)，食堂应有纱门、纱窗、纱罩；厕所应有冲洗水管和积粪坑，有专人管理，保持清洁卫生，无异味；场内设置带盖的垃圾桶，生活垃圾与建筑垃圾应分开堆放。

2)施工现场必须制定卫生责任制，配备保洁员，经常清除现场垃圾，并教育职工养成良好卫生习惯，保持场内卫生，对随地大小便者有处罚措施，同时要保证供应卫生的饮用水，有封闭完全的职工淋浴室。

(10)保健急救

施工现场必须配备经过培训的医务人员，经常性地开展卫生、防病宣传教育工作，制定急救方案，落实急救措施，备足急救器材、疗伤和保健药品，确保职工的安全和健康。

(11)社区服务

施工现场要制定生产不扰民措施，制定防粉尘、防噪音措施，禁止在现场焚烧有毒有害物质，尽量不要在夜间加班加点施工，如特殊情况，必须报有关部门批准，方能施工。

(12)奖罚办法

市场经济是法制经济，采取必要的经济手段奖优罚劣是维护正常施工生产秩序强有力的保证措施，因此，项目经理部可根据公司《安全生产奖惩办法》的有关规定，从工程款或奖金中提留部分资金和安全监督执法的各类罚金以及外协施工队交纳的安全责任风险保证金等共同作为安全文明施工生产的奖励基金，主要用于对重视安全文明施工生产，认真贯彻落实项目经理部有关安全文明施工生产各项规定的先进单位和个人，以及避免重大事故作出突出贡献人员的奖励，以激励各施工单位和全体施工人员搞好安全文明施工生产的积极性，但同时也应加大对违反安全文明施工管理规定，违章冒险作业、冒险蛮干和因工作失职发生重大事故或造成人员伤亡的有关责任单位和责任者的处罚力度，并视情节轻重给予严厉的经济处罚直至追究其行政、刑事责任。

奖励标准：

对个人暂定为 100～1 000 元；

对单位暂定为 500～5 000 元；

处罚标准：

对个人暂定为 20～200 元；

对单位暂定为 1 000～10 000 元；

1)对违反本办法规定，有下列行为之一的施工单位，项目经理部安全监督检查站有权给予其警告、责令其限期整改，并可视情节处以 1 000～10 000 元罚款：

(a)施工现场达标不合格的；未按规定配备专(兼)职人员和按要求准时参加项目经理部日常安全管理活动的；

(b)未按安全法规标准的规定使用安全防护用具及机械设备的；或使用未经检测检验或者经检测检验不合格的安全防护用具及机械设备等；

(c)未建立安全生产责任制或安全生产责任制不落实的，未按规定持证上岗的；

(d)违章作业、违章指挥，造成伤亡事故的；

(e)发生伤亡事故隐瞒不报,不按规定进行处理的。

2)对违反本办法规定,有下列行为之一的项目经理部,公司安全处将给予警告、责令其限期整改,并视情节处以3 000~30 000元罚款:

(a)安全检查不合格,对隐患不及时整改,不按规定改善劳动环境和作业条件,造成重伤以上事故的;

(b)拆除工程未制定拆除方案擅自进行施工,造成重伤以上事故的;

(c)对安全防护用具及机械设备等检测检验、维修保养制度不健全,造成死亡以上事故的;

(d)对工程分包单位实施安全监督检查不力、造成死亡以上事故的;

(e)对一年内发生一起死亡三人以上事故或者连续发生两起死亡事故的;

发生以上行为之一的,总公司将视情节轻重,对项目经理予以通报批评、行政处分或降低项目经理资质等级。同时对项目经理的年度经营责任目标予以考核处罚。

(七)施工成本控制

1. 项目计划成本管理的内容

1)以项目为对象独立核算的项目经理部(简称一级管理项目经理部)和公司统管工程专业项目部的管理内容:

①根据公司经营管理部或二级单位经营部门下达的项目计划成本按要素分解;

②将项目计划成本下达到各要素对口主管部门实施;

③参与成本活动的分析与考核。

2)公司统管工程非以项目为对象独立核算的项目经理部(简称统管项目经理部)的管理内容:

①代表公司检查落实各专业项目部项目计划成本的实施情况;

②按各专业项目部项目计划成本,管理成本各要素的费用支出;

③严格执行公司有关对成本要素管理的规定。

2. 项目计划成本管理的具体做法

1)一级管理项目经理部和公司统管工程专业项目部的管理内容。

①项目计划成本编制与批准详见公司《工程项目计划成本管理办法》。

②项目计划成本分解。

项目部经营部(组)根据两级公司经营部门批准的计划成本按成本要素即人工、材料、机械台班、其他直接费、临时设施费、现场管理费分解,具体做法如下。

A. 成本要素分解。

根据批准的计划成本按内部施工定额子目逐项作大分析进行分解。

a. 人工量、价分解:按对应定额含量分解出工日数、人工费并分解出各工种工日数、工日单价、工种人工费合计。

b. 材料量、价分解:按对应定额含量分解出材料规格品种、数量、单价、合价,并按工程用料、施工用料归类。

c. 机械台班量、价分解:按对应定额含量分解出机械规格型号、台班数量、台班单价、机械费。

d. 其他直接费分析:按批准的计划成本中的其他直接费所包含的项目分别列出各项目的具体费用。

e. 临时设施费、现场管理费按批准的计划成本计列。

B. 将分解出的成本要素以工序为单位合并，并且：

a. 人工。列出该工序的工种、工日数、工日单价、人工费合计；

b. 材料。列出该工序（按工程用料、施工用料）的材料品种规格、数量、单价、合价；

c. 机械台班。列出该工序的机械规格型号、台班数量、台班单价、机械费合计；

d. 其他直接费。按该工序需要发生的项目计列。

e. 临时设施费、现场管理费由项目部统一安排使用。

C. 将各工序按要素汇总，组成按要素分列的计划成本。

③项目计划成本下达。

A. 项目计划成本分解完，报项目经理审批后以项目计划成本通知单的方式对口下达到各成本要素主办部门作为控制现场成本的目标。

B. 按月下达与月施工计划对应的项目计划成本，作为成本要素各主管部门按月实施的依据，即：月初根据计划要完成的实物量按对应的生产要素下达月计划成本，作为当月成本的控制目标；月末根据实际完成的实物量按生产要素计算出实际完成需要的计划成本，作为当月成本考核的依据。

C. 各专业项目部的项目计划成本在下达的同时报项目经理部。

④项目计划成本补充与调整。

A. 当出现下述情况时对原项目计划成本应进行补充与调整：

a. 经业主签认的工程变更、现场签证、设计变更；

b. 不可预见的因素造成实际成本与计划成本有较大出入；

c. 国家或地方政策性调整。

B. 项目计划成本补充、调整办法：按原项目计划成本编制、审批、分解、下达的程序办理。

2）公司统管项目经理部的具体做法。

①检查各专业项目部项目计划成本管理的体系是否建立、人员是否落实。

②检查各专业项目部项目计划成本管理的具体做法是否符合要求。

③检查各专业项目部是否按项目计划成本对成本各要素进行有效控制。

④分析汇总各专业项目部单位工程的项目计划成本，并按成本要素对口下达到各部门，作为全项目成本管理和资金投入的依据。

⑤分析汇总各专业项目部月项目计划成本并按成本要素对口下达到各部门，作为当月成本管理的依据。

⑥制定开展项目计划成本工作的考评制度，对项目计划成本工作作得好，有实效的给予嘉奖；对工作开展不力，成本有偏差的要及时纠正；对管理不力，成本失控的要予以处罚。

⑦按月将各专业项目部项目计划成本执行情况向公司及二级公司主管部门汇报。

3. 项目计划成本管理要求达到的目标

1）认真按批准的项目计划成本执行。

2）人工、材料、机械台班分析量、价详细、具体、准确。

3）项目计划成本分解下达及时，满足现场成本管理的需要。

4. 项目成本管理工作

(1)项目成本管理

包括项目成本预测、成本计划(目标成本)、成本控制、成本核算、成本分析和考核等工作。

(2)项目成本管理的基本要求

1)在项目开工前应按已掌握的项目工程实物量、施工方案等资料,采用一定的程序和方法,对施工项目预计发生的成本、费用进行预测和推测。

2)在项目成本预测的基础上,再按一定的程序,采用技术节约措施法或据实计算法,确定项目部的项目目标成本。

3)在项目施工过程中,以确定的项目目标成本作为依据,严格控制各种项目成本的支出,对比目标成本、计划成本找出产生量差及价差的原因。

4)按照权责发生制的原则,严格按照项目成本的开支范围,认真进行项目实际成本的核算,并及时登记项目成本管理台账。

5)根据项目成本控制及成本核算的资料,每月应对项目目标成本、计划成本的执行情况进行对比分析。

6)在施工项目的成本管理中,应通过定期和不定期的成本考核,促进项目成本管理工作的健康发展,更好地完成施工项目的成本目标。

四、项目收尾管理

项目收尾阶段是项目管理全过程的最后阶段,包括竣工收尾、验收、结算、决算、保修与善后服务、管理考核评价等方面的内容。

(一)项目竣工收尾

一般工程项目完成后,由于各种原因(有设计遗漏、工程质量缺陷、施工漏项等原因),还有许多未尽事宜需要完善,这些就被称为竣工收尾。竣工收尾尽是琐事、杂事,很多工作耗工耗料却计算不出工程量,因此,无论是施工单位,还是管理者、作业者,都不愿意做竣工收尾工作。而这些工作不完善,工程又无法交工,因此,项目经理部应全面负责竣工收尾工作,组织编制项目竣工计划,报上级主管部门批准后按期完成。

1. 项目竣工计划的编制

项目竣工计划是有组织、有目标完成竣工收尾的指令性文件。编制项目竣工计划主要包括竣工收尾项目的普查、任务安排落实、检查验收等步骤。

(1)竣工收尾项目的普查

竣工收尾项目的普查,应由施工员负责,项目部有关人员以及专业工长(或专业班组长)参加,对工程项目全面普查(包括设计遗漏、工程质量缺陷、施工漏项等)并做好记录。

(2)任务安排落实

将普查的项目分类,如果是设计遗漏,则应通知设计院发补充设计通知。如果是施工缺陷或施工遗漏,则责成专业工长或专业班组限期完成。

(3)检查验收

竣工收尾项目实施过程中要注意检查督促,确保收尾质量。全部收尾项目完成后,要逐一验收。

2. 与项目相关方沟通联系

全部竣工收尾项目的实施过程都要公开，竣工收尾项目普查、任务安排落实以及实施结果都应通报监理公司、甲方以及政府质量监督部门，并虚心听取他们的意见，并及时沟通。

(二)项目竣工验收

项目竣工验收主要包括实体验收、观感验收、试车验收、预算和结算验收和文件资料验收归档，以及总体验收等工作。

1. 实体验收

实体验收包括分项工程验收、分部工程验收与单位工程验收。

(1)分项工程验收

分项工程验收是分部工程验收的基础，是在施工过程中完成的。进行分项工程验收的主要人员是质检员与监理工程师，必须在分项工程完成后及时进行。

(2)分部工程验收

分部工程中的全部分项工程完成并验收后，应及时进行。一般来说，混凝土的强度与砌筑砂浆的强度评定可以不参加分项工程验收，但应参加分部工程验收。

(3)单位工程验收

单位工程中的分部工程全部完成并验收合格后应及时组织单位工程验收。单位工程验收前还应完成厨卫间的淋水试验、室内环境的监测、保温隔热效果的验收等。

2. 工程文件资料验收归档

(1)档案文件资料的整理

工程文件资料的验收归档工作，主要由监理单位组织，建设单位、施工单位、监理单位各自整理所担负的与项目有关的工作过程的文件资料，按照有关标准规范和当地档案主管部门的要求进行。

作为施工单位，主要整理竣工图纸、施工过程记录以及相关文件资料。

文件资料的成卷是按单位工程进行的。这一点全国都一样，所不同的是分卷各地并不统一。有的地方将单位工程中技术管理资料、质量管理资料、质量验收资料分三卷成卷；有的地方将技术管理资料纳入质量管理资料中分两卷成卷，还有的地方分五卷，有的分七卷成卷。总之，工程在哪里施工，就要符合当地档案管理部门的要求。

(2)竣工图整理须知

①如果是由于设计单位因设计图纸出现错、漏、缺等原因造成的设计变更，则设计单位有义务整理竣工图，但晒图费用应由建设单位负担。

②如果是由于建设单位自身提出对设计图纸作修改或增加工程内容等，则建设单位应委托设计单位整理竣工图，一切费用均由建设单位负担。

③如果是由于施工单位提出对设计图纸优化、改良或误施工造成无法挽回的事实等，则施工单位应自行整理竣工图，一切费用均由施工单位负担。

④如果是属于责任很难分清的、造成图纸更改的原因是多方的，则竣工图整理由双方或三方协商解决。

⑤如果图纸没有更改，完全按原图纸进行施工，那么就不用整理竣工图了，可利用原版图重晒后加盖竣工图章即可。

⑥竣工图应干净、清晰，并核对无误，签字盖章完整；不管任何幅面的图纸都应折叠成

A4 规格，并将图签栏反折显露出来后装入标准档案盒内存档。

3. 竣工验收

(1)竣工验收报告

工程实体验收与文件资料归档后，应撰写竣工验收报告，并附本单位验收合格证明。

(2)完成验收

经有关单位、部门核查，项目确实达到验收合格条件的，施工单位填写竣工验收合格证明书，请有关单位与部门签字并盖章。

(三)工程保修与善后服务

1. 工程保修计划

承包人应制定项目保修计划：

1)主管回访保修的部门；

2)执行回访保修的单位；

3)回访时间级主要内容和方式；

4)保修范围、期限、责任和费用。

2. 保修内容与期限

工程保修从竣工验收证明办理完毕开始。内容、期限见工程质量保修书。

第四节　普通砖特殊砌体结构施工

在一些构筑物砌体结构中，普通砖材料有的可以用其他砖或砌块替代(如建筑工地围墙等)，有些是不可替代的(如砖砌烟囱、窨井等)。

一、建筑工地围墙施工

建筑工地的围墙是现场封闭施工的重要措施，是安全文明施工的主要设施之一。建筑工地的围墙、大门及门房都由施工单位的工程技术人员自行设计，自行施工。因此，必须对此有足够的认识。

建筑工地围墙一般包括基础、墙身(包括构造柱)、大门及门房。基础可以用毛石砌筑，也可以用普通砖砌筑。墙身可以用普通砖砌筑，也可以用砌块砌筑。

(一)建筑工地围墙的设计

1. 建筑工地围墙的位置

建筑工地围墙是临时设施，一般工程完工以后予以拆除，使用期一般为一年以内，最长一般不超过 3 年。可以建筑在规划红线的位置。如果施工场地宽松，可以退规划红线 3 m 砌筑。

所谓的规划红线，是政府规划部门在批准建设用地时用红粗线表示的批准了的建设用地标志线。因此，建筑工地围墙不能设在红线以外。

2. 建筑工地围墙基础及构造

(1)毛石基础及构造

毛石基础是用乱毛石或平毛石与水泥混合砂浆或水泥砂浆砌成。乱毛石是指形状不规则的石块；平毛石是指形状不规则，但有两个平面大致平行的石块。

毛石基础可作墙下条形基础或柱下独立基础。

毛石基础按其断面形状有矩形、梯形和阶梯形等。基础顶面宽度应比墙基底面宽度大 200 mm；基础底面宽度依设计计算而定。梯形基础坡角应大于 60°。阶梯形基础每阶高不小于 400 mm，每阶挑出宽度不大于 200 mm，见图 3－86。

(2)砖基础及构造

砖基础用烧结普通砖和或水泥砂浆砌筑而成。砖的强度等级应不低于 MU10，砂浆强度等级应不低于 M5。

砖基础有条形基础和独立基础。条形基础一般设在砖墙下，独立基础一般设在砖柱下。

普通砖基础由墙基和大放脚两部分组成。墙基与墙身同厚，大放脚即墙基下面的扩大部分，有等高式和间隔式两种。等高式大放脚是两皮一收，每收一次两边各收进 1/4 砖长；间隔式大放脚是两皮一收与一皮一收相间隔，每收一次两边各收进 1/4 砖长，见图 3－87。

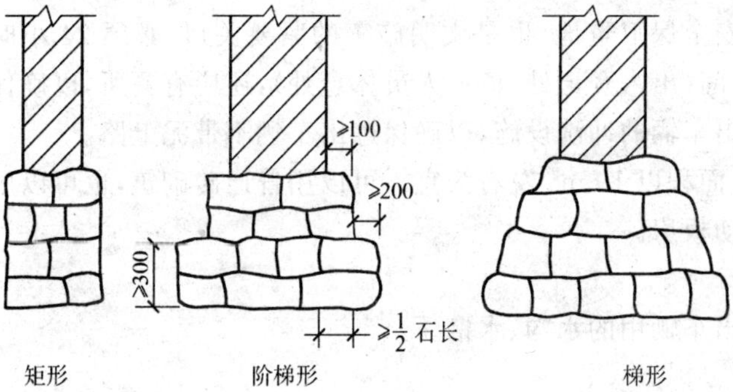

图 3－86　毛石基础

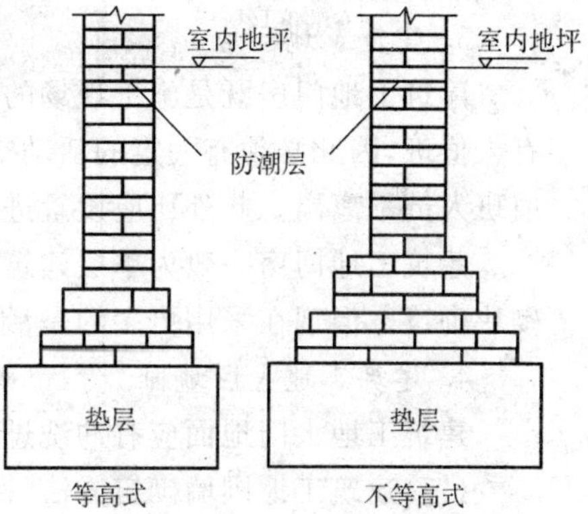

图 3－87　砖基础剖面

大放脚的底宽应根据设计而定。大放脚各皮的宽度应为半砖长的整倍数(包括灰缝)。

在大放脚下面为基础垫层，垫层一般用灰土、碎砖三合土或混凝土等。

在墙基顶面应设防潮层，防潮层宜用 1∶2.5(质量比)水泥砂浆加适量防水剂铺设，其厚度一般为 20 mm，位置在底层室内地面以下 60 mm 处。

3. 建筑工地围墙及构造

(1)高度

建筑工地围墙的高度一般为 2～2.5 m，如果当地政府部门有要求，则按要求的高度砌筑，若没有特殊要求可以按地面以上 2 m 砌筑。由于建筑工地地形起伏变化较大，一般可以随着地形变化砌筑。

(2)厚度

如果用普通砖砌筑，一般采用 24 墙，如果用砌块砌筑，则可以适当增减其厚度。

(3)扶壁柱

一般每隔 4～5 m 设置一道扶壁柱，在转角处和有高度变化处应加设扶壁柱。

用普通砖砌筑的建筑工地围墙，扶壁柱应为 370 mm×370 mm，用砌块砌筑时，扶壁柱的尺寸可以为 1.5 倍墙厚。扶壁柱处的基础也必须与扶壁柱相对应。

4. 建筑工地围墙盖顶

建筑工地围墙盖顶可以有多种设计，但必须满足下列要求：

1)必须将砖缝盖住，不能让雨水冲刷；

2)至少挑出墙面 60 mm，且有一定的斜度；

3)盖顶砖上部用 20～40 mm 厚水泥砂浆覆盖；

4)美观要求。

(二)建筑工地大门洞口设计

1. 建筑工地大门宽度

建筑工地的大门一般为 5～7 m，这样才能保证进出方便。

2. 建筑工地大门门柱

建筑工地大门一般为铁门，重量较大，门柱尺寸一般为 600 mm×600 mm 至 900 mm×900 mm，用水泥砂浆牢砌。砌筑后必须养护一周以上方可上大门。

3. 建筑工地门房

建筑工地门房既是施工现场的安全保卫重地，也是文明施工的紧要关口，必须 24 小时有人值班，因此必须有一定的活动空间(出入登记处、值班人员休息处)，还应有厕所，以确保值班人员不离岗。此外还应设置进出车辆的冲洗设施，以确保进出车辆不带泥上路。

建筑工地门房一般为单层建筑，面积以 10 m^2 左右为宜。可以用普通砖砌筑，也可以用砌块砌筑。但现在采用更多的是活动板房。

4. 建筑工地大门地面

建筑工地大门地面应有冲洗进出车辆用的水沟、水槽。

(三)建筑工地围墙砌筑方法

1. 材料及主要机具

(1)砖

砖的品种、强度等级须符合设计要求，并应规格一致。有出厂证明、试验单。

(2)水泥

一般采用 325 号矿渣硅酸盐水泥和普通硅酸盐水泥。

(3)砂

中砂，应过 5 mm 孔径的筛。配制 M 5 以下的砂浆，砂的含泥量不超过 10%；M5 及其以上的砂浆，砂的含泥量不超过 5%，并不得含有草根等杂物。

(4)掺合料

石灰膏、粉煤灰和磨细生石灰粉等，生石灰粉熟化时间不得少于 7 d。

(5)其他材料

拉结筋、预埋件、防水粉等。

(6)主要机具

应备有砂浆搅拌机、大铲、刨锛、托统板、线坠、钢卷尺、灰槽、小水桶、砖夹子、小线、筛子、扫帚、八字靠尺板、钢筋卡子、铁抹子等。

2. 基础砌筑

(1)作业条件

1)基槽。混凝土或灰土地基均已完成，并办完隐检手续。

2)已放好基础轴线及边线。立好皮数杆(一般间距 15～20 m,转角处均应设立),并办完预检手续。

3)根据皮数杆最下面一层砖的底标高,拉线检查基础垫层表面标高,如第一层砖的水平灰缝大于 20 mm 时,应先用细石混凝土找平,严禁在砌筑砂浆中掺细石代替或用砂浆垫平,更不允许砍砖合子找平。

4)常温施工时,黏土砖必须在砌筑的前一天浇水湿润,一般以水浸入砖四边 1.5 cm 左右为宜。

5)砂浆配合比已经试验室确定,现场准备好砂浆试模(6 块为一组)。

(2)工艺流程

拌制砂浆→确定组砌方法→排砖撂底→砌筑→抹防潮层。

(3)拌制砂浆

1)砂浆配合比应采用重量比,并由试验室确定,水泥计量精度为±2%,砂、掺合料为±5%。

2)宜用机械搅拌,投料顺序为砂→水泥→掺合料→水,搅拌时间不少于 1.5 min。

3)砂浆应随拌随用,一般水泥砂浆和水泥混合砂浆须在拌成后 3 h 和 4 h 内使用完,不允许使用过夜砂浆。

4)基础按一个楼层或每 250 m^3 砌体,对各种砂浆,每台搅拌机至少做一组试块(一组 6 块),如砂浆强度等级或配合比变更时,还应制作试块。

(4)确定组砌方法

1)组砌方法应正确,一般采用满丁满条。

2)里外咬槎,上下层错缝,采用"三一"砌砖法(即一铲灰,一块砖,一挤揉),严禁用水冲砂浆灌缝的方法。

(5)排砖撂底

1)基础大放脚的撂底尺寸及收退方法必须符合设计图纸规定,如一层一退,里外均应砌丁砖;如二层一退,第一层为条砖,第二层砌丁砖。

2)大放脚的转角处,应按规定放七分头,其数量为一砖半厚墙放三块,二砖墙放四块,以此类推。

(6)砌筑

1)砖基础砌筑前,基础垫层表面应清扫干净,洒水湿润。先盘墙角,每次盘角高度不应超过五层砖,随盘随靠平、吊直。

2)砌基础墙应挂线,24 墙反手挂线,37 以上墙应双面挂线。

3)基础标高不一致或有局部加深部位,应从最低处往上砌筑,应经常拉线检查,以保持砌体通顺、平直,防止砌成"螺丝"墙。

4)基础大放脚砌至基础上部时,要拉线检查轴线及边线,保证基础墙身位置正确。同时还要对照皮数杆的砖层及标高,如有偏差时,应在水平灰缝中逐渐调整,使墙的层数与皮数杆一致。

5)各种预留洞、埋件、拉结筋按设计要求留置,避免后剔凿,影响砌体质量。

6)变形缝的墙角应按直角要求砌筑,先砌的墙要把舌头灰刮尽;后砌的墙可采用缩口灰,掉入缝内的杂物随时清理。

7)安装管沟和洞口过梁其型号、标高必须正确,底灰饱满;如坐灰超过 20 mm 厚,用细石混凝土铺垫，两端搭墙长度应一致。

(7)抹防潮层

将墙顶活动砖重新砌好，清扫干净，浇水湿润，随即抹防水砂浆，设计无规定时，一般厚度为15～20 mm，防水粉掺量为水泥质量的3%～5%。

3. 普通砖围墙砌筑组织

围墙砌筑一般2～3人一组，1人砌筑，1～2人供料(包括灰浆与砖的供应)。砌筑时，按砌筑人员划分，一般7～10 m一个砌筑工人，有转角(扶壁柱)处可以5～7 m，同时砌筑。不能同时砌筑时留斜槎。

4. 建筑围墙施工的检查

(1)建筑围墙施工的检查

建筑工地围墙由于属于临时构筑物，设计与施工时要考虑尽可能地降低成本。

1)质量检查。

一般来说，围墙只要不倒就能满足使用功能。因此施工过程中必须严格控制下列质量。

①围墙的地基处理与排水。

A. 地基处理

如果地基处理不好，围墙在使用过程中发生不均匀沉降或基础发生位移，都会导致围墙倒塌。因此，围墙基础砌筑前，项目部必须对地基进行验收。

B. 排水

即使地基处理得合乎要求，但是由于排水不畅，阴雨天围墙基础部位有积水，致使地基土被浸泡，也会导致围墙倒塌。因此必须检查围墙附近的排水是否通畅。

②构造柱设置。

由于没按要求设置构造柱，建筑工地围墙的整体性差，也会导致围墙倒塌。因此，要检查构造柱间距是否小于5 m，构造柱断面和构造柱基础设置是否恰当。

③砂浆黏接力不强。

由于是临时构筑物，施工时用黏土砂浆砌筑，砂浆本身黏接力不强，墙体表面又没有抹灰，黏土砂浆在雨水冲刷下丧失了黏接能力，导致围墙倒塌。因此，要检查砌筑砂浆的质量，如果用黏土砂浆砌筑，则墙体表面必须抹纸筋石灰予以保护。

④通缝太多，围墙整体性不好，导致围墙倒塌。因此必须控制通缝。一般来说，每5 m距离(两构造柱之间)3～6皮的通缝不允许超过6处，7皮砖及以上的通缝不允许出现1处。

2)安全检查。

①脚手架的安全使用。

A. 脚手架的搭设必须严格按照《建筑施工扣件式钢管脚手架安全技术规范》(JGJ 130—2001)、《建筑施工安全检查标准》(JGJ 59—2003)的规定执行，验收合格后方可使用。

B. 搭设脚手架的材料应有合格证，各部件的焊接质量必须检验合格并符合要求。脚手架上的铺板必须严密平整，防滑，固定可靠，孔洞应设盖板封严。

C. 钢管脚手架应用外径48～51 mm，壁厚3～3.5 mm，无严重锈蚀、弯曲、压扁或裂纹的钢管。钢管脚手架的杆件连接必须使用合格的钢扣件，不得使用钢丝和其他材料绑扎。

D. 木脚手架应用小头有效直径不得小于80 mm，无腐朽、折裂、枯节的杉木杆，杉木杆脚手架的杆件绑扎应使用8号钢丝，搭设高度在6 m以下的杉木杆脚手架可使用直径不小于 10 mm 的专用绑扎绳；脚手杆件不得钢木混搭。

E. 脚手架的搭设必须由专业架工操作，脚手架架工应持证上岗，凡患有高血压、心脏病或其他不适应上架操作和疾病未愈者，严禁上架作业。

F. 脚手架必须按楼层与结构拉接牢固，拉结点垂直距离不得超过 4 m，水平距离不超过 6 m。拉结所用的材料强度不得低于双股 8 号钢丝的强度。

G. 脚手架的操作面必须满铺脚手板，高出墙面不得大于 200 mm，不得有空隙和探头板。操作面外侧应设两道护身栏杆和一道挡脚板或设一道护身栏杆，防护高度应为 1 m。

H. 脚手架必须保证整体结构不变形，必须设置斜支撑。

I. 承重脚手架，使用载荷不得超过 2 700 N/m^2。

J. 钢脚手架不得搭设在距离 35 kV 以上的高压线路 4.5 m 以内的地区和距离 1～10 kV高压线路 3 m 以内的地区。钢脚手架在架设和使用期间，要严防与带电体接触，需要穿过或靠近 380 V 以内的电力线路，距离在 2 m 以内时，则应断电或拆除电源，如不能拆除，应采取可靠的绝缘措施。

K. 搭设在旷野、山坡上的钢脚手架，如在雷击区域或雷雨季节时，应设避雷装置，接地电阻不大于 10 Ω。

L. 各种脚手架在投入使用前，必须由施工负责人组织支搭和使用脚手架的负责人及安全人员共同进行检查，履行交接验收手续。特殊脚手架，在支搭、拆装前，要由技术部门编制安全施工方案，并报上一级技术领导审批后，方可施工。

M. 未经施工负责人同意，不得随意拆改脚手架，暂未使用而又不需拆除时，亦应保持其完好性，并应清除架上的材料、杂物。在搭、拆脚手架过程中若杆件尚未绑稳扣牢或绑扣已拆开、松动时，严禁中途停止作业。

N. 在六级以上大风、大雾、暴雨、雷击天气或夜间照明不足时严禁在架上操作。

O. 在脚手架上操作时严禁人员聚集一处，严禁在脚手架上打闹、跑跳。

P. 酒后、穿硬底鞋或拖鞋以及敞袖口、裤口等衣着不整者，不得上架操作。

Q. 坚持三检制度，架子使用中必须坚持自检、互检、交换检和班前检查制度，并落实到人头。若发现有松动、变形处，必须先加固，后使用。大风、大雨、下雪或停工后在使用前，必须进行全面检查。

②基础施工的安全技术及防护措施。

A. 砌基础时，应检查和注意基坑土质的变化情况。堆放砖石材料应离开坑边 1 m 以上。

B. 砌墙高度超过地坪 1.2 m 以上时，应搭设脚手架。架上堆放材料不得超过规定载荷值，堆砖高度不得超过三皮侧砖，同一块脚手板上的操作人员不应超过二人。

C. 人工抬运钢筋钢管等材料时要相互配合，上下传递时不得在同一垂直线上。

③墙体砌筑施工的安全技术及防护措施。

A. 不准站在墙顶上做划线、刮缝及清扫墙面或检查大角垂直等工作。不准用不稳固的工具或物体在脚手板上垫高操作。

B. 砍砖时应面向墙面，工作完毕应将脚手板和砖墙上的碎砖、灰浆清扫干净。

C. 正在砌筑的墙上不准走人。山墙砌完后，应立即安装檩条或临时支撑，防止倒塌。

D. 雨天或每日下班时，应做好防雨准备，以防雨水冲走砂浆，致使砌体倒塌。

E. 冬期施工时，脚手板上如有冰霜、积雪，应先清除后才能上架子进行操作。

F. 不准勉强在超过胸部的墙上进行砌筑，以免将墙体碰撞倒塌或上石时失手掉下造成安全事故。脚手板要钉装牢固，并钉防滑条及扶手栏杆。

G. 对有部分破裂和脱落危险的砌块，严禁起吊；起吊砌块时，严禁将砌块停留在操作人员上空或在空中整修；砌块吊装时，不得在下一层楼面上进行其他任何工作；卸下砌块时应避免冲击，砌块堆放应尽量靠近楼板两端，不得超过楼板的承重能力；砌块吊装就位时，应待砌块放稳后，方可松开夹具。

5. 建筑围墙的验收评价

围墙砌筑完毕后应进行验收，验收合格后方能投入使用。

二、砖砌烟囱施工

烟囱在工业与民用建筑中，是一种比较常见而又比较特殊的构筑物。

一般来说，砖烟囱的高度都在 80 m 以下，超过 50 m 时，就必须采用钢筋混凝土结构。

烟囱从结构上可分为基础、筒座、筒身、筒首几部分。砖烟囱的基础与筒座部分也采用钢筋混凝土结构，另外还有一些附属设施，如爬梯、信号灯平台、避雷装置等都采用钢结构。因此，砖砌烟囱砌筑施工，主要是指砖砌烟囱筒身和内衬砌筑。

（一）烟囱技术质量要求

1）一般耐高温：250 ℃。

2）耐酸性能。

①耐 5%稀酸（硫酸、硝酸、盐酸）、80 ℃温度时，12 d 无变化；

②耐 30%硫酸、80 ℃温度时，15 d 无变化；常温下 30 d 无变化。

3）耐水性：常温浸泡 90 d 无变化。

4）耐剥离性：（急冷急热 250 ℃/水冷反复循环）50 次无变化。

5）抗老化指标：耐湿热试验 500 h 无变化。

6）最长使用年限：13 年。

（二）烟囱基础施工技术要点

1）烟囱的基础多为圆形，也有正方形、六角形和环形等。

2）烟囱基础的埋置深度应为地面筒身高度的 1/20～1/50 左右。

3）基础的实际位置和尺寸对应设计的位置和尺寸，不得超过误差规定值，即基础中心对设计坐标的误差位移值是 15 mm。

4）中心控制桩，根据平面图和烟囱的坐标中心，作互成 90°两个方向的两组控制桩，每组要做两个桩。这里的关键是两组控制桩的延长线相交的 90°角要精确，否则将无法控制筒身的垂直度。

5）中心桩的设置。在基础土方施工前，根据设计图纸的要求，从控制桩定出烟囱的坐标中心点，开挖完土方之后，用“十”字交会法再次固定中心点。在基础砼时，在中心位置埋设一块钢板，基础完成后，根据控制桩，再运用“十”字交会法把中心点定到钢板上，作出中心记号，钢板上的中心点，就是烟囱施工中的中心控制桩。

6）基础完成后，应立即进行验收和基坑的回填，回填土每层厚度不及超过 0.2 m，回填土应分层夯实，最后应稍高出地面，以利排水，做护坡。

（三）烟囱筒身施工时的要点和质量要求

1)砖砌烟囱筒身的高度一般在 80 m 以下，为了美观和节省材料，筒身外表一般做成 2.0%～2.5%倾斜度的空心圆锥体。

2)筒身的构造一般由以下几部分组成。

①筒座。筒座是筒身下部的加大部分，主要作用是承重，将筒身上部的重量传到基础，然后再传到地基。

②筒壁。筒壁是筒身的主体，与内衬及隔热层构成筒身。

③内衬及隔热层。内衬由耐火黏土砖做成，通过隔热层，防止高温传到筒壁，起到隔热作用。

④筒壁紧箍圈。在筒身内配置 $\phi6$ 的水平环钢筋，以承受砌体上的温度应力，防止温度应力对筒身的破坏。

⑤筒首。筒首即是筒身的顶部，筒首一般增加壁厚，并在顶部盖上铸铁或耐酸陶瓷做成的保护罩。

3)内插杆操作平台施工法。

砖砌烟囱筒身的施工方法多种多样，由于各地现场施工的条件和技术水平不同，施工方法也不同。作为砖砌烟囱筒身的施工，我们选择内插杆操作平台的施工方法，这是一种最简单且可靠的施工方法。这样可以省去大量的脚手架搭拆工程和繁重的井架升降设备安装、拆卸。以下着重讲述这种简单可靠的施工方法和要掌握的几个关键问题。

①操作台的铺设。

a. 内插杆。

选用 $\phi73$ 和 $\phi60$ 的钢管各 8 根，长度略比筒身内径小，将小的钢管套在大钢管内，组成 4 组可伸缩的内插杆，插杆上必须有可以限制伸缩的定位螺丝。

b. 操作台。

铺设一次操作台时，安装二组插杆，插杆每端插入砖烟囱的筒壁深度不得小于半砖长，在插杆上铺设脚手板即可使用。砌砖每完成一个步距(一般控制在 1.2 m 左右的砌砖高度)，再将另外二组插杆装上，挂好吊梯，将下面的脚手板移上来，然后拆除下面的插杆，并将插杆眼堵好。这样每完成一个步距的砌砖，便向上倒换一次插杆，操作平台便向上移一个步距。

②上料方法。

利用操作平台装设小吊装架(可选用滑轮组作起重工具)，这种方法的设备简单易行，特别适宜在设备缺乏的条件下施工中小型烟囱，这样既简单又降低成本。

③安全网的铺设：沿烟囱的外壁每隔 1 m 左右安设一个支架(用钢制成)，利用外爬梯将安全网用钢丝绳箍紧在筒身上，能够随操作台向上提升。

4)砖砌烟囱的砌筑及质量要点。

①施工前首先将砖淋湿，保持湿润。挑选完好无缺、没有裂缝的砖砌在筒壁外表面，砌筒壁和内衬的材料要区分清楚，不能混乱。

②筒壁要采用顶砖砌筑，上下层的环缝应交错 1/2 砖，辐射状缝应交错 1/4 砖，水平缝与垂直缝的厚度、宽度均为 10 mm。

③砖砌体的水平层应根据筒壁外表面的坡度，向烟囱中心内倾斜，倾斜度与筒壁外表坡度垂直，倾斜度与筒壁的外坡度配合要经常检查。

④砂浆应按设计要求进行配比，做到随拌随用，一般要求在 3～4 h 内用完。做到浆缝饱满，筒壁外表加浆勾缝，内表刮平。每砌 5 m 要做沙浆试块一组。

⑤筒壁紧箍圈要安装成水平，上下箍的接头要错开，安装前要涂刷防锈漆，待沙浆强度约达 50%时拧紧，使其对筒壁产生一定的压力。

⑥每砌 1.25 m 高时，应对筒壁中心的垂直度及半径进行一次检查，用线锤结合控制桩使用经纬仪来测量检查，半径可用钢尺检查，筒壁坡度用坡度尺随时检查。若发现在允许范围内的偏差应在继续砌筑的过程中逐渐纠正。

5)标高的控制：可在 0.5 m 处设定一个标高作为基准点，用红油漆作标记，每隔 10 m 校核一次，并同时做一次沉降观测记录。筒身完工后，沉降观测还要定时观测，直到沉降基本稳定为止。

6)垂直度的控制：在筒身施工中，烟囱的垂直度主要是靠设在基底的中心点，通过线锤进行控制。同时结合运用两个方向的控制桩用经纬仪进行测量，如果两个方向观测的延长线相交点与操作平台的圆心重合，又和地面基底中心点在一垂上，则烟囱垂直度正确。

(四)各种附属设备的施工及要点

1)爬梯。

爬梯的宽度和梯级的间距均为 300 mm 左右，砖砌烟囱的外爬梯每隔五层砖左右交错埋置一个踏脚，其中心距为 300 mm，埋入砌体内的深度不得少于 240 mm，露外的长度为 200 mm。刚装好的爬梯不得攀登，以免松动发生事故。

2)信号灯平台及标志色。

烟囱高度在 60 m 以下，且没有特殊要求时，中间部位不设信号灯，一般只在顶部设置信号灯。因此要在顶部以下约 5 m 处设置信号灯平台，以备安装和检修信号灯。信号灯装在平台的栏杆上，四个灯互成 90°，或 3 个灯互成 120°。可同时安设二组，其中一组备用。另外，在筒首下 30～50 m 内，每 5 m 分为一段，红、白相间，涂刷航空标志色。

3)避雷装置。

避雷装置由避雷针、引雷环、导线和地极组成。避雷针应高出筒首 1.8 m 以上，避雷针支架直接埋在筒首的砌体内。避雷针用 ϕ38 mm，长 3.5 m 的镀锌钢管制作，顶端装上针尖铜头，下端与导线连接，以铜焊来焊接。导线用 ϕ12 mm 的镀锌圆钢制作，沿外爬梯引至地下，在地面下 0.5 m 高处与地极扁钢带焊接好。扁钢带用 25 mm 的镀锌钢制成，与每根地极连在一起，成为一个整体。地极一般用 ϕ50 mm，长度为 2.5～3.5 m 的镀锌管制成，下端做成尖形，沿烟囱基础周围间隔 5～7 m 埋一根，地极顶端在地面0.5 m以下。

(五)沉降观测

烟囱施工完毕后，我们还要继续进行沉降观测，开始半个月、一个月分别测量一次，最后半年、一年测量一次，直至沉降基本稳定。

(六)安全施工要求

1)一般安全要求。

①对参加烟囱工程施工的人员，必须进行技术培训和安全教育，使其了解本工程施工特点，熟悉本要求和本岗位的安全技术操作规程，并通过考核合格后方能上岗工作，主要施工人员应相对固定。

②烟囱施工人员应先经过医务部门的体检，证明适合高处作业者，才允许进行作业。在

烟囱操作平台的施工人员必须定期进行体检，经医生诊断凡患有高血压、心脏病、贫血、癫痫病及其他不适合高处作业疾病的不得上操作平台工作。

③烟囱施工中应经常与当地气象台、站取得联系，遇到雷雨、6 级和 6 级以上大风时，必须停止施工。停工前做好防护措施，操作台上人员撤离，应对设备、工具、零散材料及可移动的铺板等进行整理、固定并做好防护，全部人员撤离后立即切断通向操作平台的供电电源。

④烟囱施工现场必须具备场地平整、道路通畅、通电、通水的条件，现场布置应按施工组织设计总平面图进行。

⑤在施工的建(构)筑物周围必须划出施工危险警戒区。警戒线至建(构)筑物的距离不应小于施工对象高度的 1/10，且不小于 10 m。当不能满足要求时，应采取有效的安全防护措施。

⑥危险警戒线应设置围栏和明显的警戒标志，出入口应设专人警卫并建立警卫制度。

⑦施工现场的供电、办公及卫生设施等临时建筑和大宗材料的堆放，应布置在危险警戒线外。

⑧危险警戒区内的建筑物出入口、地面通道及机械操作场所，应搭设高度不低于 2.5 m 的安全防护棚。

⑨烟囱工程进行立体交叉作业时，上、下工作面间应搭设隔离防护棚。各种牵拉钢丝绳、滑轮装置、管道、电缆及设备等均应采取防护措施。

⑩防护棚的构造应满足下列要求：

a. 防护结构应通过计算确定；

b. 棚顶一般可采用不小于二层纵横交错的木板或竹夹板组成，重要场所增加一层 2～3 mm厚的钢板；

c. 建(构)筑物的内部防护棚，应从中间向四周留坡，外(四周)防护棚应做成向内留坡(外高内低)，其坡度均不小于 1∶5。

d. 垂直运输设备通过防护棚时，防护棚所留洞口周围应设置围栏和挡板，其高度应不小于 800 mm；

e. 当利用平台、灰斗底板代替防护棚时，在其板面上应采取缓冲措施。

⑪现场垂直运输机械的布置应符合下列要求：

a. 垂直运输用的卷扬机，应布置在危险警戒区以外，并尽量设在能与塔架上、下通视良好的地方；

b. 当采用多台塔吊同场作业时，应防止互相碰撞。

⑫垂直运输设备，应有完善可靠的各种安全保护装置，严禁使用安全保护不完整的垂直运输设备。

⑬在施工中所采用的通信联络方式应简单直接，装置应灵敏可靠。

⑭当操作平台最高部位的高度超过 50 m 时，应根据航空部门的要求设置航空指示信号。

⑮施工现场内的操作平台及各种垂直运输机械等设备应安装防雷装置。

⑯在有排放有毒有害气体地段(如老厂改造、扩建工程等)施工时，应对有毒有害气体的浓度进行定期检测，防止中毒事故。

2)砖砌烟囱施工安全要求。

①砖砌烟囱时必须架设安全网,如在烟囱外上料时,则内外均应设置,有条件时应把安全网挂在操作平台上随之上升。如烟囱下设安全网时,网宽(张开范围)应不小于砖砌高度的1/4,且不小于6 m。

②如安全网不可能全部封闭烟囱,当砌筑高度超过3 m时,应配挂安全带。安全带应牢固挂在操作平台的上方而又不妨碍操作的地方,安全带在使用前要经质安部门检查鉴定合格后才能使用。当转移操作位置或脚手架和工作平台升降后,操作人员必须重新扣挂安全带,并检查扣挂是否牢靠。

③禁止站立或蹲在烟囱壁上进行操作,如果壁厚超过2砖时,而必须站在壁上操作时,则必须扣挂好安全带。

④工作中不得将工具、木料碎砖等物料从高空掉下,砍砖时要向内边打砖。

⑤烟囱施工范围内应设围栏,防止无关人员进入,其范围半径以10 m为宜。井架物料提升机附近要搭设防护挡板。上面的工作平台周围和井架提升机出入口处要设防护栏。

⑥采用烟囱内脚手架时(即利用在砌筑的烟囱墙身作支撑工作台构架的主梁)。主梁每端插入墙身的支撑长度不得少于120 mm。如用木枋作主梁时,应细心挑选坚硬、无疤节、无裂纹、不霉的良好木材。

⑦烟囱砌筑到15 m以上时,要设置临时避雷针并随烟囱砌筑高度而上升,针尖要高出砌筑面2 m以上。

⑧垂直运输的卷扬机位置,要求能直接看到烟囱和井架物料提升机的全部,无视线障碍,同时仰角不应过大以免司机仰望困难。

⑨如工作平台上无专人指挥井架物料提升机升降时,则必须加设自动限位或行程开关,防止吊笼无限制地上升,造成意外。

⑩在筒身以外利用拔杆吊运材料时,接料人员不得站在砌体上接料,而必须站在平台上用钩子勾近身边,搁稳后再取料。

⑪指挥井架物料提升机升降的人员一定要与司机使用统一的信号(可用旗号或对讲机)。

⑫一切人员均不准在刚埋设而灰缝砂浆尚未凝固的爬梯上下,防止铁条摇松以致拔出造成高处坠落。

⑬若以爬梯的形式供操作人员上下之用时,必须加设防护栏。每隔15 m高设置临时简易休息平台一道以便中间稍休,避免过度疲劳。

⑭用钢管外脚手架方式施工,应按该项的安全要求执行。

⑮一切垂直运输设备安装完毕后,要经过超载40%试运转,经检查鉴定合格后,才能正式投入使用。

⑯烟囱施工时所用的塔吊、外用电梯、井架物料提升机、卷扬机等机具操作,均应遵照该项的安全要求执行。

3)筑炉工程施工安全要求。

①向深坑或设备内吊运物料,敞口顶部应设置平台和围栏,内部要设置防护隔离层,向

下送料位置应予固定。

②烟道弧形拱顶砌完后，应先将回填土夯实或拧紧拉杆螺栓，方可拆除拱胎。普通黏土砌筑墙拱时，待砂浆强度达到60%以上方准拆除拱胎。

③砍削砖块，应对着墙体或脚手板，脚手板上碎砖杂物，应随时清除。

④拱胎支架必须牢固。炉窑拱顶必须对称砌筑。在拱胎上堆放砖块和砂浆应均匀对称。

⑤大中型炉窑球形拱顶，应锁紧一环，再砌一环。拱砖放射缝与水平夹角砌角90°时，必须用金属钩子将拱砖固定。

⑥回转筒体内衬砌作业，托板和支撑要均衡紧固。转动时，筒体内不得有人和料具。

⑦大中型耐火砖、耐火混凝土和碳砖砌块吊装砌筑时，吊梁、索具、夹具必须牢固。

⑧进入烟道、烟囱内检查时，应有人监护。

⑨喷涂用的机泵安全阀、压力表必须灵敏可靠。气管与喷枪、喷嘴要连续紧固。操作时禁止喷嘴对人。

⑩熬沥青时，周围不得有易燃物，调制碳素浇热沥青，要防止烫人。

⑪碳砖砌筑时要防止滑落，操作地点应通风良好，捣固工具加热后应放在固定位置。

⑫陶瓷砖板加热或粉末材料烘干地点，要有专人看管，粉末筛选场地，要有除尘措施。

⑬正在砌筑的设备内，不准搅拌耐酸胶泥。

三、窨井施工

窨井包括雨水管道检查井、雨水口、污水管道检查井、污水口等。窨井不单独设置，一般在管道施工过程中施工，属于管道施工的一部分。

雨水管道检查井及雨水口为砖石砌筑(见图3-88、图3-89)，在施工时，井底基础应与管道基础同时浇筑。排水管检查井内的流槽，宜与井壁同时进行砌筑，流槽应与上下游管线底部接顺，井底基础与相邻管道基础同时浇筑，使两者基础浇筑条件一致，同时能减少接缝，避免了因接茬不好的因素，产生裂缝引起不均的沉降。

井内的踏步应随砌随安，位置准确，踏步安装后，未达砌筑强度前不得踩踏。此外，检查井

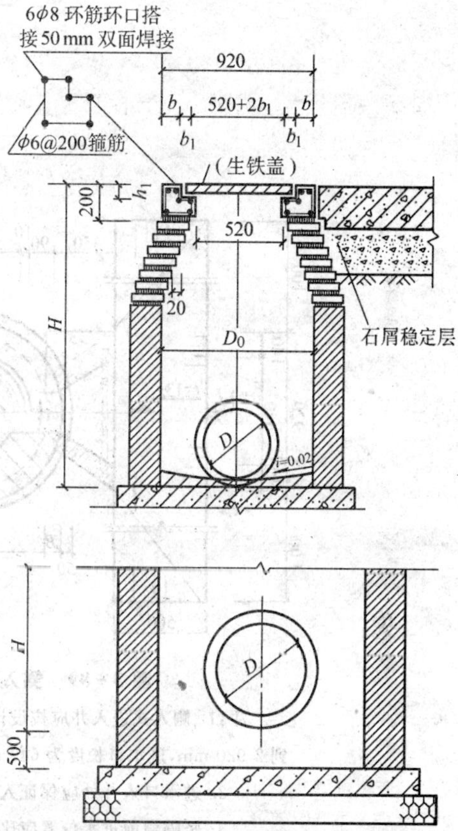

图3-88　检查井、沉砂井、井环、盖

注：

1. 井盖高度与路面高程一致。
2. 井砌完后，应及时装上预制井环。安装前应校核井环面标高与路面标高是否一致。无误后才许坐浆垫稳。
3. 井底应平顺，不得有建筑杂物，管底与井底位置要准确。
4. 一定要保证井的收口砖数，用M10水泥砂浆砌双偶砖，内壁1∶2水泥砂浆批档15厚，且井环的灰缝要平整饱满。
5. 井框、井盖必须完整无损，安装平稳，位置正确。

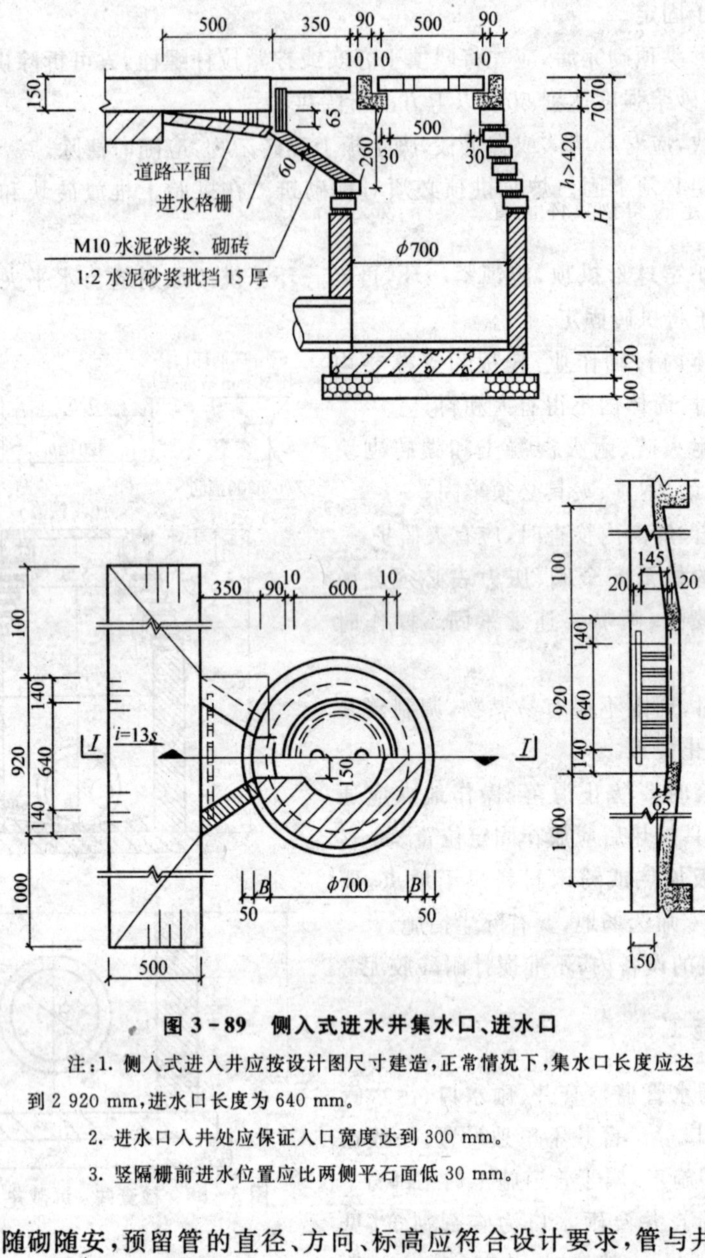

图 3-89 侧入式进水井集水口、进水口

注：1. 侧入式进入井应按设计图尺寸建造，正常情况下，集水口长度应达到 2 920 mm，进水口长度为 640 mm。

2. 进水口入井处应保证入口宽度达到 300 mm。

3. 竖隔栅前进水位置应比两侧平石面低 30 mm。

的预留支管应随砌随安，预留管的直径、方向、标高应符合设计要求，管与井壁衔接处应严密，预留支管口宜用砂浆砌筑封口并抹平。

依据标准图集，雨水管出水口采用垫层、砌石基础，浆砌块石墙身。施工中用挖掘机根据图纸位置及标高挖出施工作业面，并用人工加以修整。浆砌块石采用砂浆将块石人工砌筑形成。砌筑时注意按照图纸尺寸并注意砂浆饱满。

施工时，井底基础应与管道基础同时浇筑，井底基础板为双向受力，采用钢筋笼施工。排水管检查井内的流槽，宜与井壁同时进行砌筑，流槽应与上下游管线底部接顺，井底基础与相邻管道基础同时浇筑，使两者基础浇筑条件一致，同时能减少接缝，避免了因接茬不好的因素，产生裂缝引起不均的沉降。

1. 管道施工流程

测量放线→材料、设备验收及布管→沟槽开挖→管道安装→阀门安装→井室砌筑→管道回填→管道压力试验。

2. 管道施工测量放线

1)工程开工前由项目负责人组织有关人员勘察现场，清点统计管线沿途的地上、地下障碍物，挖探坑确定障碍物具体位置和埋深，如遇问题应及时与设计人员联系协商解决。

2)根据图纸提供的管道中心线控制点进行测量放线，管道中心线上应每隔 50 m 设一中心桩。管道变坡桩、转角桩及附属设施等部位桩应同时放出，各桩点应做好拴桩记录，以便在丢失、破坏时能够及时、准确补测、恢复。

3. 材料验收及运输

(1)管材、管件的质量检查

1)在管材及管件运输前和货到现场后分别对管道进行验收。应检查厂家的生产许可证和质量合格证，并检查管材、管件的内、外表面及接口处是否符合质量要求。

2)不得采用有任何损坏迹象的管道，发现有质量问题的管材和管件应妥善处理。

(2)管材管件的装卸和存放

1)管材、管件装卸过程中应轻装轻放，严禁摔跌或撞击。

2)管道装卸机具的工作位置必须稳定，机具的起吊能力必须可靠。

3)管道可采用一个或两个支撑点起吊，应保证管道在空中均衡，严禁用绳子贯穿其两端装卸管道。

4)装卸采用软吊带，严禁采用钢丝绳或铁链吊装管道。

5)当管道直接存放在地上时，地面应平坦。严禁将管道存放在尖锐硬物上，所有堆放的管道应加木楔防止滚动。

6)管道应按规格分类堆放。每堆一层应垫放枕木，枕木间距应小于 1/2 管道长度；管道堆放高度不得超过 2 m。

(3)管道运输

1)管道运输前应做好管壁和接头的保护。

2)管道在运输时，应使两根管的管壁保持一定距离，并分别在管底嵌入木楔保持稳定。

3)管道在运输车上的堆装高度不得多于 2～3 层。

4. 沟槽开挖

(1)开挖前的准备

1)开挖前进行现场调查以查明以下情况：

①施工期间地下水位、土质情况；

②地上、地下构筑物分布情况，并与甲方洽谈处理方案。

2)制定土方开挖、调运方案及沟槽降水、支撑等安全措施。

(2)土方开挖

1)本工程采用人工开挖、清底的施工方法。

2)沿沟槽底部每隔 10 m 钉(30 mm×30 mm)木桩，以控制槽底高程。沟槽严禁超挖，如个别地方超挖则回填砂砾土回填密实。沟槽开挖过程中及成槽后，槽顶避免出现振动载荷。

3)该工程沟槽均采用人机明开施工。

4)槽底标高位于软土或不稳定土层内且深小于 0.5 m 时,应全部清除并挖至好土层,用砂砾土回填夯实至管道基础底部,密实度不可小于 90%;当深度大于 0.5 m 时,应抛片石至 0.5 m,然后用砂砾土回填夯实至管道基础底部,密实度不得小于 90%。再按管道基础做法铺设 0.15 m 砂垫层。

5)沟槽土的堆放。沟槽土及材料堆在距沟边 0.8 m 以外的位置,土的堆置高度不能超过 1.5 m,以保障施工安全,且不得掩埋已建地下管道的井盖,妨碍其正常使用。

6)沟槽两侧永久性工程设施的稳固。在沟槽开挖期间,必须严格保护沟槽两侧永久性工程设施的稳固,如发现问题,要立即停止施工,并及时通知监理工程师,凡业主提前指出的与管道交叉的各种地下管线,施工开挖时必须严格保护。

7)沟槽开挖允许偏差。中心线位移为±50 mm,高程偏差为±30 mm。

5. 管道施工排水措施

1)凡有地下水的沟槽应及时排水,槽底必须无浸泡现象,以保证管道的干场作业,并使地下水位降至槽底面 0.5 m 以下,且降水作业持续到回填完毕。

2)在沟槽内采用明沟和集水井排水,采用明沟排水方法为沿沟槽每隔一定距离(根据渗透系数计算)设一座砖砌集水井,井径 0.8 m,井底比槽底深 0.5 m,井内稳 2″泥浆泵,集水井之间沿沟槽一侧做排水沟,排水沟为 0.3 m×0.3 m,并以 3‰坡度坡向集水井,沟槽内水应排入指定地点,排水时排水口应做滤网,防止对当地水质污染。

3)施工中遇雨天增设集水井及水泵,集中排水将水位降至沟槽底部以下 0.5 m,确保干场作业,直至回填土超过地下水位高度且不致使空管浮起的高度时,才可停止和拆除降、排水设施,雨季施工还应在沟槽顶部两侧分设挡水堤或截水沟,以防止地面水流入沟槽。

4)沟槽开挖完毕后应请监理工程师验槽,合格后方可进行下道工序。

6. 阀门安装

1)阀门在安装前应根据设计要求核对阀门的型号及法兰、螺栓的规格和数量,复核产品合格证和试验记录。

2)阀门各部件不得有裂纹、气孔、砂眼、浇铸不足等缺陷。

3)阀门在关闭状态下安装,安装时按介质流动方向确定其安装方位。

4)阀门安装应牢固,严密,启闭灵活,与管道轴线垂直。

5)紧固螺栓采用不锈钢螺栓。

7. 管道支墩施工

1)在管道的弯管、变径、三通处应设置固定支墩。支墩应包围住管件,并应设置在原状土上。

2)止推墩的受力一边应支撑在原状土层上,否则土壤应分层夯实。

3)阀门必须有足够的加固,在阀门井内设置卡环、支墩等固定阀门的装置。

4)当沟槽中的地下水对空管道的浮力很大时,应先用绳索将管道固定在砼座或其他固定座上。

5)为保证中砂回填的密实度,可适当洒水分层夯实。

8. 井室砌筑

1)各井室应严格按标准图集中的几何尺寸和技术要求砌筑,各井室基坑开挖后不间断地排水,确保干槽作业,排水方法采用基坑一角挖集水井,集水井内设潜水泵,进行排水,直至井室施工完毕复土后,才能停止排水,防止井室"上浮"。

2)所用材料要有合格证,混凝土砂浆要有配比试验结果,质保、质检资料必须真实齐全。

3)各种井室土建施工过程中,各种预留孔洞、预埋铁等严格按图纸位置预留设置,禁止剔凿现象。

4)各种设备井井墙内外均作防水层。

5)井盖应与其相应道路地平面保持水平,不得高出或低于相应道路地平。

6)各种钢筋绑扎严格按钢筋图进行,遇孔洞处应自行切断。

7)施工完毕及时将井室清理干净。

9. 窨井施工

1)按设计图纸和上海市排水管道通用图取用,向操作人员详细交底,合理安排施工。

2)钢筋混凝土现浇窨井应按设计图纸和图集,参照有关钢筋混凝土结构的技术规程实施。

3)窨井砌筑用的砌砖浆标号必须符合设计要求,设计无法注明时可取用强度为 M10 的砂浆,并按水泥品种选择配合比。

4)在砌筑的基础面上,应铺筑砂浆后方可砌砖墙,砌砖墙应做到砂浆饱满,墙面平直,边角整齐,宽度一致,井体不走样,砌砖应夹角对齐上下错缝,内外搭接。

5)砖墙砌筑至设计高度时,应采用 1∶2 水泥砂浆进行墙体抹灰,粉刷前应将砖墙面洒水湿润,粉刷用水泥砂浆的黄砂应经过筛选,抹面工作应分二道工序进行,先刮糙打底后抹光,抹面宜先外壁后内壁,抹面厚度除设计有特殊要求外一般为 15 mm,刮糙厚度一般控制在 10 mm 内,用直尺刮平,木蟹搓平表面应粗糙或划出纹路,刮糙水泥砂浆终凝后应及时粉刷二道水泥砂浆并压实抹光,抹面终凝后应做好湿治养护,不得有起壳、裂缝等现象,粉刷接缝是渗漏的薄弱环节,故内外墙的粉刷接缝位置不宜在同一截面上,应予错开。

6)窨井流槽用砖砌筑,流槽高度为管径的 1/2,两肩略向中间落水,砖砌流槽必须用 1∶2 水泥砂浆抹面。

7)盖板的四周用 1∶2 水泥砂浆坞牢,抹成 45°三角接缝,缝高为 50 mm,窨井盖座采用防盗盖座。

8)窨井上预留管的管径、方向和标高均应符合设计要求,预留沟管应与墙面接平,窨井与沟管的连接处,应用 1∶2 水泥砂浆抹成 45°三角接缝。

10. 水压试验

1)重力流排水管的水压试验采用闭水试验方法进行。

2)污水管道必须逐段(两检查井之间的管道为一段)作磅水试验;在流砂地区的雨水管道每四段不得少于一段进行磅水试验。

3)公称直径等于或小于 800 mm 的管道可采用磅筒进行闭水,公称直径大于等于 1 000 mm 的管道,用窨井进行磅水试验。

4)磅水试验前,砌筑缝水泥砂浆及混凝土应达到设计要求,并在管道预先充满水 24 h

以上才能进行磅水试验。

5)水压试验前检查如下。

①后背及堵的设计和计算。

②后背平整与管道轴线垂直。

③各部分管件的支墩与加固必须符合受力要求。

④各串水、放气设施完好。

6)闭水试验时应按要求水头高度先加水试压 20 min,待水位稳定后才进行正式闭水试验,计算 30 min 内水位下降的平均值。

7)闭水试验水头为检验段上流管道内顶以上 2 m。对于公称直径大于 800 mm 的管道在采用检查井进行闭水试验时,若其井顶与管内顶的距离小于 2 m 时,则闭水试验水头高度应至检查井顶为止。

11. 管道回填

1)管道按设计标高敷设后须尽快回填,沟内如有积水应排除。

2)管道基础到管顶以上 0.75 m 范围内,必须采用人工回填,且应采用轻夯压实。

3)管区的夯实应从沟槽壁两侧同时开始,逐渐向管道靠近,严禁单侧夯实。

4)回填土内不得含有有机物、砖块及大于 20 mm 的石子。

5)在管道试压前,管顶以上回填土厚度不宜小于 0.5 m,可留出管道接头处 0.2 m 范围内不进行回填,管道弯头、三通等特殊部位在试压前必须回填至设计地面标高。

6)管道试压后大面积回填,宜在管道内充满水的情况下进行。

第五节 配筋砌体施工技术与质量控制

一、配筋砖墙砌体工程施工工艺

(一)配筋砖砌体的构造形式

1)配筋砖柱的主要断面形式有方形、矩形、多角形、圆形等。砖柱组砌方法一般采用满丁满条,里外咬槎,上下层错缝,采用"三一"砌砖法。

2)配筋砖墙体一般采用一丁一顺、梅花丁或三顺一丁砌法。

3)网状配筋砖柱或墙是用普通砖与砂浆砌成的,在砖柱或墙的灰缝中配有钢筋网片。所用砖的强度等级不应低于 MU10,砂浆的强度等级不应低于 M5。钢筋网片有方格网和连弯网两种形式。钢筋位置和数量按设计要求放置。

4)组合砖砌体是由砖砌体和钢筋混凝土面层或钢筋砂浆面层组成的,有组合砖柱和墙。所用砖的强度等级不应低于 MU10,砂浆的强度等级不应低于 M5。面层混凝土强度等级一般采用 C15 或 C20。钢筋、面层混凝土、砂浆具体按设计要求施工。

5)钢筋混凝土填心墙是将采用普通砖和砂浆砌好的两独立墙片,用拉结钢筋连接在一起,在两片之间设置钢筋,并浇筑混凝土而成。所用砖的强度等级不应低于 MU7.5,砂浆的强度等级不应低于 M5。混凝土强度等级一般采用 C15 或 C20。钢筋、混凝土、砂浆具体按设计要求施工。

(二)配筋砖墙砌体材料性能要求

1)砖、蒸压粉煤灰砖、蒸压灰砂砖。

砖的品种、强度等级必须符合设计要求,并应规格一致;产品有出厂合格证及复试单。

2)水泥。

宜采用强度等级 32.5 级普通硅酸盐水泥或矿渣硅酸盐水泥,产品应有出厂合格证及复试报告。

3)砂。

宜用中砂,并通过 5 mm 筛孔。配制 M5(含 M5)以上砂浆,砂的含泥量不应超过 5%;M5 以下砂浆,砂的含泥量不应超过 10%,不得含有草根等杂物。

4)掺合料。

有石灰膏、磨细生石灰粉、电石膏和粉煤灰等,石灰膏的熟化时间不应少于 7 d,严禁使用冻结或脱水硬化的石灰膏。

5)水。

应用自来水或不含有害物质的洁净水。

(三)主要机具设备

1)机具。

应备有砂浆搅拌机、筛砂机和淋灰机等。

2)工具。

应备有大铲、刨锛、瓦刀、泥桶、存灰槽、砖夹、筛子、勾缝条、运砖车、灰浆车、翻斗车和砖笼等。

3)检测工具。

水准仪、经纬仪、钢卷尺、百格网、皮数杆、线坠、水平尺、磅秤、砂浆试模等。

(四)作业条件

1)砌筑前,上道工序应经验收合格。

2)弹好墙体轴线及门窗洞口边线。

3)在墙转角处、楼梯间及内外墙交接处,已按标高立好皮数杆;皮数杆的间距以 15～20 m 为宜,并办好预检手续。

4)砌筑部位(基础或楼板等)的灰渣、杂物清除干净,并浇水湿润。

5)砂浆由试验室做好试配,确定配合比;准备好砂浆试模。

6)搭好砌筑用的脚手架;垂直运输机具准备就绪。

7)项目部建立健全了各项管理制度,管理人员持证上岗;对作业班组进行了质量、安全、技术交底;班组作业人员中、高级工不少于 70%,并应具有同类工程的施工经验。

(五)施工工艺

1. 工艺流程

弹墙线→立皮数杆→确定组砌方法→砖浇水→拌制砂浆→排砖→砌砖墙→在灰缝中放钢筋网片→验收。

2. 施工要点

1)立皮数杆要保持标高一致,砌角时要均匀掌握灰缝,砌筑时小线要拉紧,不得各层线松,以防水平灰缝大小不匀。皮数杆上应标明钢筋网片的位置,以避免漏放。

2)在砌筑过程中,要经常校核墙体的轴线和边线,当挂线过长,应检查是否达到平直通顺一致的要求，以防轴线产生位移。

3)砂浆配合比应由试验室确定，采用质量比，砌筑的砂浆必须机械搅拌均匀，随拌随用。水泥砂浆和混合砂浆分别应在 3 h 和 4 h 内使用完毕。细石混凝土应在 2 h 内用完。

4)水泥砂浆和水泥混合砂浆的搅拌时间不得少于 2 min，掺外加剂的砂浆不得少于 3 min，掺有机塑化剂的砂浆应为 3～5 min。同时还应具有较好的和易性和保水性，一般稠度以 5～7 cm 为宜。外加剂和有机塑化剂的配料精度应控制在±2%以内，其他配料精度应控制在±5%以内。

5)在每一楼层或每 250 m^3 砌体中，对每种强度等级的砂浆或混凝土，应至少制作一组试块(每组 6 块)。如砂浆和混凝土的强度等级或配合比变更时，也应制作试块以便检查。

6)设置在砌体灰缝中钢筋的锚固长度不宜小于 $50d$，且其水平或垂直弯折段的长度不宜小于 $20d$ 和 150 mm；钢筋的搭接长度不应小于 $55d$。

7)构造柱砌筑应注意使构造柱砖墙砌成马牙槎，设置好拉结筋，应从柱脚开始先退后进；当齿深 120 mm 时，上口一皮应按先进 60 mm，后上一皮进 120 mm，以保证混凝土浇灌时上角密实；构造柱内的落地灰、砖渣杂物应清理干净，防止夹渣，以免影响构造柱的整体性。

8)清水墙砌筑排砖时，必须将立缝排匀，砌完一步高架子，每隔 2 m 间距，应在丁砖立棱处用托线板吊直划线，二步架往上继续吊直弹粉线，由底往上所用 2/3 砖的长度应使一致；上层分窗口位置时必须同下层窗口保持垂直，以免墙面出现游丁走缝。

9)应在较大墙上留置施工洞口，其侧边离交接处墙面不应小于 500 mm。洞口净宽度不应超过 1 m。临时施工洞口处补砌时，必须将接槎处表面清理干净，浇水湿润，并填实砂浆，保持灰缝平直。

10)砌筑砖砌体时，砖应提前 1～2 d 浇水湿润。

11)砌砖工程当采用铺砂浆砌筑时，铺浆长度不得超过 750 mm；施工时气温超过 30 ℃时，铺浆长度不得超过 500 mm。

12)240 mm 厚承重墙的每层墙的最上一皮砖，应整砖丁砌。

13)竖向灰缝不得出现透明缝、瞎缝和假缝。

14)不得在下列墙体或部位设置脚手眼。

①120 墙。

②过梁上与过梁成 60°的三角形范围及过梁净跨度 1/2 的高度范围内。

③宽度小于 1 m 的窗间墙。

④砌体门窗洞口两侧 200 mm 和转角处 450 mm 范围内。

⑤梁或梁垫下及其左右 500 mm 范围内。

⑥设计不允许留置脚手眼的部位。

15)施工脚手眼的补砌灰缝应填满砂浆，不得用干砖填塞。

16)砖墙砌筑前应先在防潮层或地圈梁上根据弹了的位置线进行排砖。外出墙第一层应排丁砖，前后纵墙排顺砖。山墙两大角排砖应对称。窗间墙、扶壁柱的位置尺寸应符合排砖模数，若不符合模数时，可用七分头或丁砖排在窗间墙中间或扶壁柱的不明显部位进行调整。门窗洞口两边顺砖层的第一块砖应为七分头，各楼层排砖和门窗洞口位置应与底层一致。

17)砌筑混水墙，应注意溢出墙面的灰渍(舌头灰)应随时刮尽，刮平顺；半头砖应分散使用；首层或楼层的第一皮砖砌筑要查对皮数杆的层数及标高；一砖厚墙砌筑外面要拉线，以防出现墙面沾污、通缝、不平直以及砖墙错层造成螺旋墙等弊病。

18)砌筑时，应根据墙体类别和部位选砖。正面砌筑时，应选尺寸合格、棱角整齐、颜色均匀的砖。

19)砌筑时先盘角，每次不得超过5层，随盘随吊线，使砖的层数、灰缝厚度与皮数杆相符。

20)实心墙体砌筑方法宜采用一顺一丁、梅花丁(沙包式)、三顺一丁、全顺(仅用于半砖墙)和全丁(仅用于圆弧面墙砌筑)等砌筑形式。

21)砌砖宜采用一铲灰、一块砖、一挤揉的“三一”砌砖法或采用铺浆法(包括挤浆法和靠浆法)。砖要砌得横平竖直，灰浆饱满，做到“上跟线，下跟棱，左右相邻要对平”。清水墙面不得有三分头，不得游丁走缝。每砌五皮左右要用靠尺检查墙面垂直度和平整度，随时纠正偏差，严禁事后凿墙。

22)水平和竖向灰缝厚度不小于8 mm，不大于12 mm，一般为10 mm。钢筋网片放在灰缝中，要保证钢筋上下至少有2 mm的砂浆保护层厚度。

23)墙体日砌高度不宜超过1.8 m。雨天不宜超过1.2 m，雨天砌筑时，砂浆稠度应适当减少，收工时应将砌体顶部覆盖好。

24)外墙转角处应同时砌筑，内外墙砌筑必须留斜槎，槎长与高度的比不得小于2/3。临时间断处的高度差不得超过一步脚手架的高度。后砌隔墙、横墙和临时间断处留斜槎有困难时，可留阳槎，并沿墙高每隔500 mm，每120 mm墙厚预埋一根ϕ6 mm钢筋，其埋入长度从留槎处算起，每边均不小于500 mm，末端弯钩90°。

25)木砖、预留孔洞和穿墙管等均应按设计要求留置和砌筑，不得完工后凿墙。墙体抗震拉结筋的位置，钢筋规格、数量、间距，均应按设计要求留置，不应错放、漏放。

26)砌筑门窗口时，若先立门窗框，则砌砖应离开门窗框边3 mm左右。若后塞门窗框，则应按弹好的位置砌筑(一般线宽比门窗实际尺寸大10～20 mm)。

27)墙面勾缝一般宜用1∶2水泥砂浆。勾凹缝时宜按“从上而下，先平(缝)后立(缝)”的顺序勾缝。勾凸缝时宜先勾立缝后勾平缝。勾缝前应清扫墙面上黏结的砂浆灰尘，并洒水湿润。对于瞎缝，应先凿平，深度为6～8 mm，然后勾缝。对缺棱掉角的砖，应用与砖同色的砂浆修补。

28)配筋砖砌体面层的砂浆或混凝土施工前，应清除面层底部的杂物，并浇水湿润砖砌体表面。砂浆面层应分二次完成，第一次主要是刮底，第二次主要是抹面，确保钢筋有一定保护层。混凝土面层应支设模板，混凝土宜分层浇筑。

二、配筋砖墙砌体质量标准

1. 主控项目

1)砖和砂浆的强度等级必须符合设计要求。

2)钢筋的品种、规格和数量应符合设计要求。

3)构造柱、组合砌体构件、配筋砌体剪力墙构件的混凝土或砂浆的强度等级应符合设计要求。

4)构造柱与墙体的连接处应砌成马牙槎,每一马牙槎沿高度方向尺寸不应超过300 mm,马牙槎应先退后进。

5)砌体水平灰缝的砂浆饱满度不得小于80%。

6)砖砌体的转角处和交接处应同时砌筑,严禁无可靠措施内外墙分砌施工。对不能同时砌筑而又必须留置的临时间断处应砌成斜槎,斜槎水平投影长度不应小于高度的2/3。

7)外墙转角处严禁留直槎,其他临时间断处留槎做法必须符合施工质量验收规范的规定。要求留槎正确,拉结钢筋设置数量、直径正确,竖向间距偏差不超过100 mm,留置长度符合规定。

8)砖砌体的位置及垂直度允许偏差应符合表3-16中规定。

9)构造柱的位置及垂直度允许偏差应符合表3-17中规定。

表3-16 砖砌体的位置、垂直度允许偏差

<table>
<tr><th>项次</th><th colspan="3">项目</th><th>允许偏差(mm)</th><th>检查方法</th></tr>
<tr><td>1</td><td colspan="3">轴线位置偏移</td><td>10</td><td>用经纬仪和尺检查或其他测量仪器检查</td></tr>
<tr><td rowspan="3">2</td><td rowspan="3">垂直度</td><td colspan="2">每层</td><td>5</td><td>用2 m托线板检查</td></tr>
<tr><td rowspan="2">全高</td><td>≤10 m</td><td>10</td><td rowspan="2">用经纬仪、吊线和尺检查,或用其他测量仪器检查</td></tr>
<tr><td>>10 m</td><td>20</td></tr>
</table>

表3-17 构造柱的位置、垂直度允许偏差

<table>
<tr><th>项次</th><th colspan="3">项目</th><th>允许偏差(mm)</th><th>检查方法</th></tr>
<tr><td>1</td><td colspan="3">柱中心线位置</td><td>10</td><td>用经纬仪和尺检查或其他测量仪器检查</td></tr>
<tr><td>2</td><td colspan="3">柱层间错位</td><td>8</td><td>用经纬仪和尺检查或其他测量仪器检查</td></tr>
<tr><td rowspan="3">2</td><td rowspan="3">垂直度</td><td colspan="2">每层</td><td>10</td><td>用2 m托线板检查</td></tr>
<tr><td rowspan="2">全高</td><td>≤10 m</td><td>15</td><td rowspan="2">用经纬仪、吊线和尺检查,或用其他测量仪器检查</td></tr>
<tr><td>>10 m</td><td>20</td></tr>
</table>

2. 一般项目

1)设置在砌体水平灰缝内的钢筋,应居中置于灰缝中。水平灰缝厚度应大于水平钢筋4 mm以上。砌体外露面砂浆保护层的厚度不应小于15 mm。

2)网状配筋砌体中,钢筋网及放置间距应符合设计规定。

3)组合砖砌体构件,竖向受力钢筋保护层应符合设计要求,距砖砌体表面距离不应小于5 mm;拉结筋表面应设弯钩,拉结筋及箍筋位置应正确。

4)砖砌体组砌方法应正确,上、下错缝,内外搭砌,砖柱不得采用包心砌法。要求清水墙、窗间墙无通缝;混水墙中长度大于或等于300 mm的通缝每间不超过3处,且不得位于同一面墙体上。

5)砖砌体的灰缝应横平竖直,厚薄均匀。水平灰缝厚度宜为10 mm,但不应小于8 mm,也不应大于12 mm。

6)砖砌体的一般尺寸允许偏差应符合表3-18的规定。

表 3-18　砖砌体的一般尺寸允许偏差

项次	项目		允许偏差(mm)	检查方法
1	基础顶和楼面标高		±15	用水平仪和尺检查
2	表面平整度	清水墙、柱	5	用 2 m 靠尺和楔形塞尺检查
		混水墙、柱	8	
3	门窗洞口高、宽(后塞口)		±5	用尺检查
4	外墙上下窗口偏移		20	以底层窗口为准,用经纬仪或吊线检查
5	水平灰缝平直度	清水墙	7	拉 10 m 线和尺检查
		混水墙	10	
6	清水墙游丁走缝		20	吊线和尺检查,以每层第一皮砖为准

第四章　多孔砖、空心砖施工技术与质量控制

第一节　多孔砖施工技术与质量控制

一、多孔砖施工

(一)施工顺序

清整基面→排砖→砌筑→验收。

(二)施工步骤

1. 清整基面

首先，应清整被砌的基础表面或楼面，并洒水润湿。

2. 排砖

根据设计图纸中各部位的尺寸，进行排砖，以使多L砖的砌筑(或组砌)方法合理。

3. 砌筑

使用符合规定的砌筑砂浆进行多孔砖的砌筑。

(三)施工注意事项

1)在常温条件下，多孔砖应提前1～2 d浇水润湿，砌筑时多孔砖的含水率应控制在10%～20%。

2)砂浆、混凝土应机械搅拌，随拌随用。水泥砂浆和水泥混合砂浆必须分别在拌后3 h和4 h内用完；如施工期间最高气温超过30 ℃，必须在2 h和3 h内用完。混凝土一般应在拌后1.5 h内浇注完。

3)墙体砌筑前，应进行排砖。KP1砖排砖同实心黏土砖；模数多孔砖应根据设计平面图和施工放线位置，按照排砖方法，试排满第一皮砖并确认妥当无误后，方可开始砌筑。

4)砌体施工应设置皮数杆。根据设计要求、砖和灰缝的厚度，在皮数杆上标明皮数及竖向构造的变化部位，以控制竖向高程。

5)砌体应内外搭砌、上下错缝。KP1砖宜采用一顺一丁或梅花丁的砌筑形式；模数多孔砖应顺砌，即长边(190 mm)沿墙体边线，个别边角及构造柱部位可扭转90℃。多孔砖必须竖砌(即多孔砖的孔垂直于地面)，严禁卧砌。

6)砌筑采用“三一一灌缝”砌砖法，即一铲灰、一块砖、一揉压，再增加一灌缝的动作，以保证竖向灰缝饱满度。灰缝应横平竖直，宽度一般为10 mm，不应小于8 mm或大于12 mm；砂浆应饱满，水平灰缝的砂浆饱满度不应小于80%。

7)现场供砖须分规格按比例同时配送。模数多孔砖零头可砍配砖DMP或锯切DM_3、

DM_4。KP1 砖“七分头”应使用“七分砖”或锯切整砖，不宜“砍砖”，现场须备无齿锯。

8）构造柱部位应先砌墙后浇注。马牙槎应先放后收，柱脚处取大断面。柱与墙体间按规定设置拉结筋。包构造柱部位墙体应采取防止浇注混凝土时外鼓的措施。

9）圈梁浇注采用硬架支模施工方法。安装横担、螺栓、钢筋套等孔洞应在砌筑时预留。支模前应在墙体顶面用砌筑砂抹浆一层 10 mm 厚砂浆层，以防止浇注混凝土时灰浆跑人砖孔。

10）浇注构造柱和圈梁混凝土前，应浇水湿润砌体和模板，并清除模板内的落地灰、砖渣等。

11）除构造柱部位外，砌体的转角和交接处应同时砌筑。不能同时砌筑的临时间断处应砌成斜槎，模数多孔砖砌体长度不小于高度的 1/2；KP1 砖不小于 3/8。不同时砌筑又不留斜槎时，应引出阳槎，并按规定放置拉结筋。

12）砌体接槎吋．应清理接槎表面，浇水湿润，填实砂浆，保持灰缝平直。

13）砌体相邻工作段的高度差，不得超出一个楼层或 4 m；工作段的分段设置。宜选在构造缝或门窗口处。砌体临时间断处的高度差，不得超出一部架。施工需要在墙中设置的临时洞口，其侧边距交接处的墙面不应小于 500 mm，顶部应设过梁。

14）设计要求的洞口、管道、沟槽、埋件等，应在砌筑时准确预留或预埋。电管宜随砌随埋，竖向暗管亦可用开槽机，槽口尺寸不大于 60 mm×60 mm。密集处可砌成马牙槎并设拉结筋，后补浇 C20 细石混凝土。不得临时剔凿大于 90 mm×90 mm 的孔洞，不得使用射钉或膨胀螺栓。

15）基础应采用实心黏土砖或其他材料，不得使用多孔砖。

16）砌筑完每一楼层后，应校核砌体的轴线和标高，其偏差应控制在限值允许的范围内，并在圈梁顶面上校正。

17）清水外墙施工应选用边角整齐、色泽均匀的砖砌筑。砌体外侧应保持平直整洁，并随砌随剔出 10～15 mm 深的缝槽。勾缝前应清理墙面，洒水湿润，修补缺棱掉角部位，补砌脚手眼。勾缝砂浆用细砂拌制水泥砂浆，配比 1∶1.5。勾缝应横平竖直、深浅一致、搭接平整并压实抹光。凹缝深度一般 4～5 mm，砖孔不得外露。

18）雨天施工应防止雨水冲刷砂浆，砂浆稠度应适当减小，每日砌筑高度不宜超过 1.2 m，收工时应用防雨材料覆盖新砌砌体。冬季施工应符合有关冬季施工的规定。

二、多孔砖墙体特殊部位的节点结构

1．KP1 型多孔砖墙体

（1）勒脚

KP1 型多孔砖墙体的勒脚砖结构见图 4－1。

（2）承重墙及女儿墙

KP1 型多孔砖承重墙及女儿墙结构，见图 4－2。

（3）构造柱与建筑结构的连接

KP1 型多孔砖墙体构造柱与建筑结构的连接，见图 4－3。

（4）构造柱拉结筋的配置

KP1 型多孔砖墙体构造柱拉结筋的配置，见图 4－4。

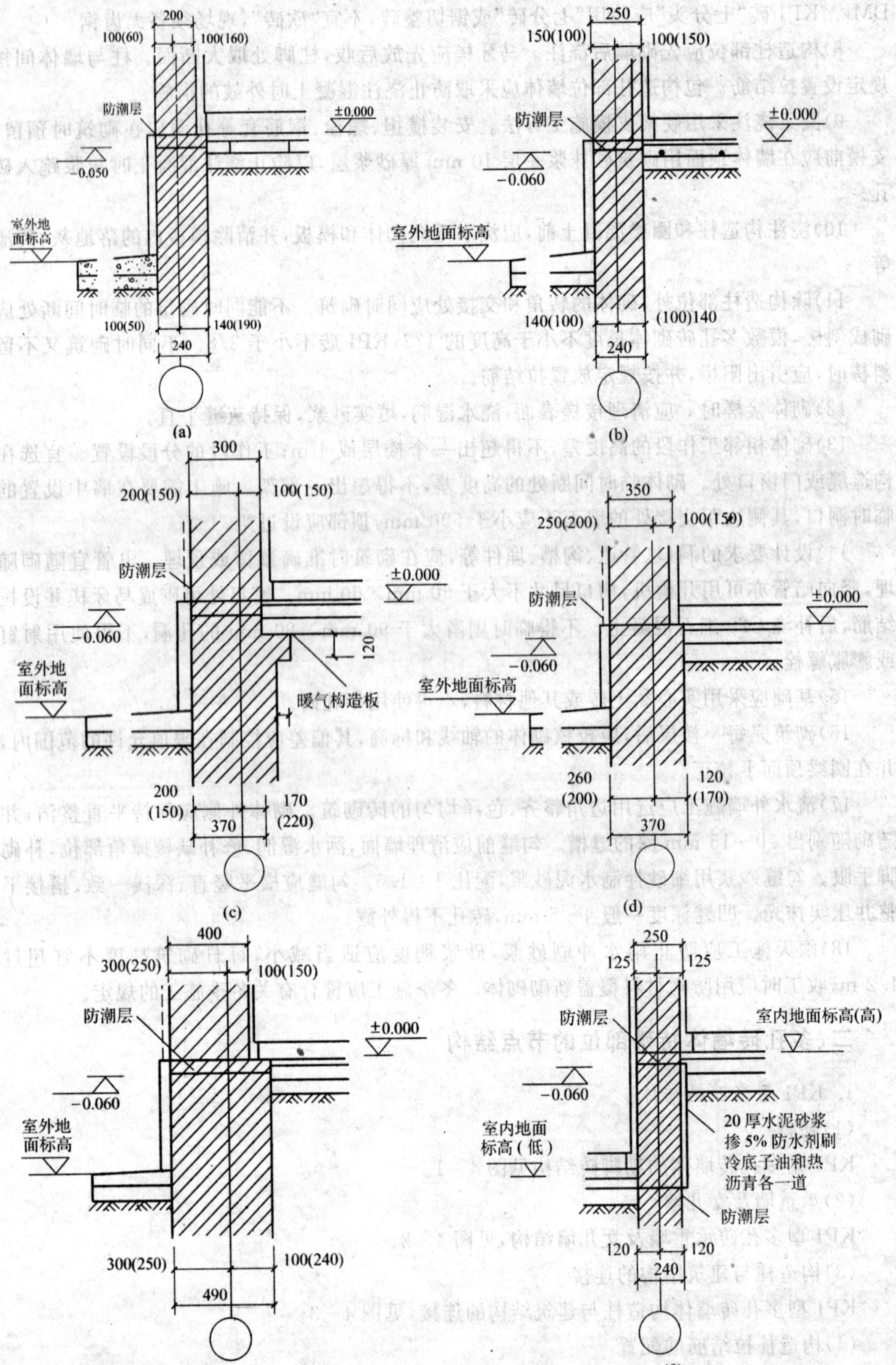
200
100(60)
100(160)
防潮层
±0.000
-0.050
室外地
面标高
100(50)
140(190)
240
(a)
250
150(100)
100(150)
防潮层
±0.000
-0.060
室外地面标高
140(100)
(100)140
240
(b)
300
200(150)
100(150)
防潮层
±0.000
-0.060
120
暖气构造板
室外地
面标高
200
(150)
170
(220)
370
(c)
350
250(200)
100(150)
防潮层
±0.000
-0.060
室外地面标高
260
(200)
120
(170)
370
(d)
400
300(250)
100(150)
防潮层
±0.000
-0.060
室外地
面标高
300(250)
100(240)
490
(e)
250
125
125
防潮层
室内地面标高(高)
-0.060
室内地面
标高(低)
20 厚水泥砂浆
掺 5% 防水剂刷
冷底子油和热
沥青各一道
防潮层
120
120
240
(f)

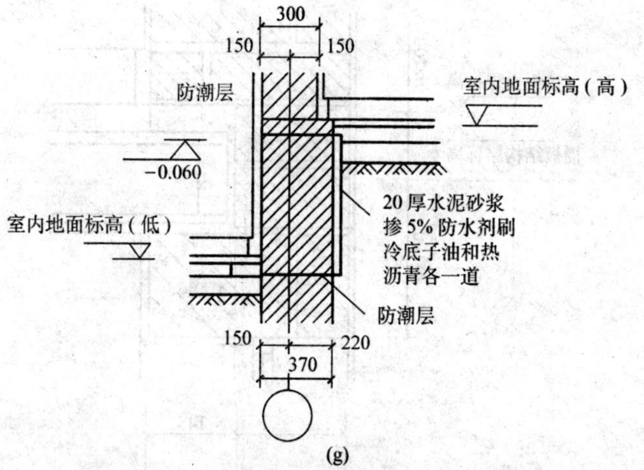

(g)

图 4-1　KP1 型多孔砖墙体勒脚结构(mm)

注：1. 墙身轴线定位用标志尺寸，外墙括号外尺寸用于板平圈梁定位，括号内尺寸用于板底圈梁或无圈梁定位，内墙均中分。

2. ±0.000 以上用多孔砖，以下用普通实心砖砌筑。

3. 防潮层用 20 厚 1：2 水泥砂浆砌筑，掺 5%防水剂。

4. 图中(e)、(f)为室内地面标高不同时的防潮层做法。

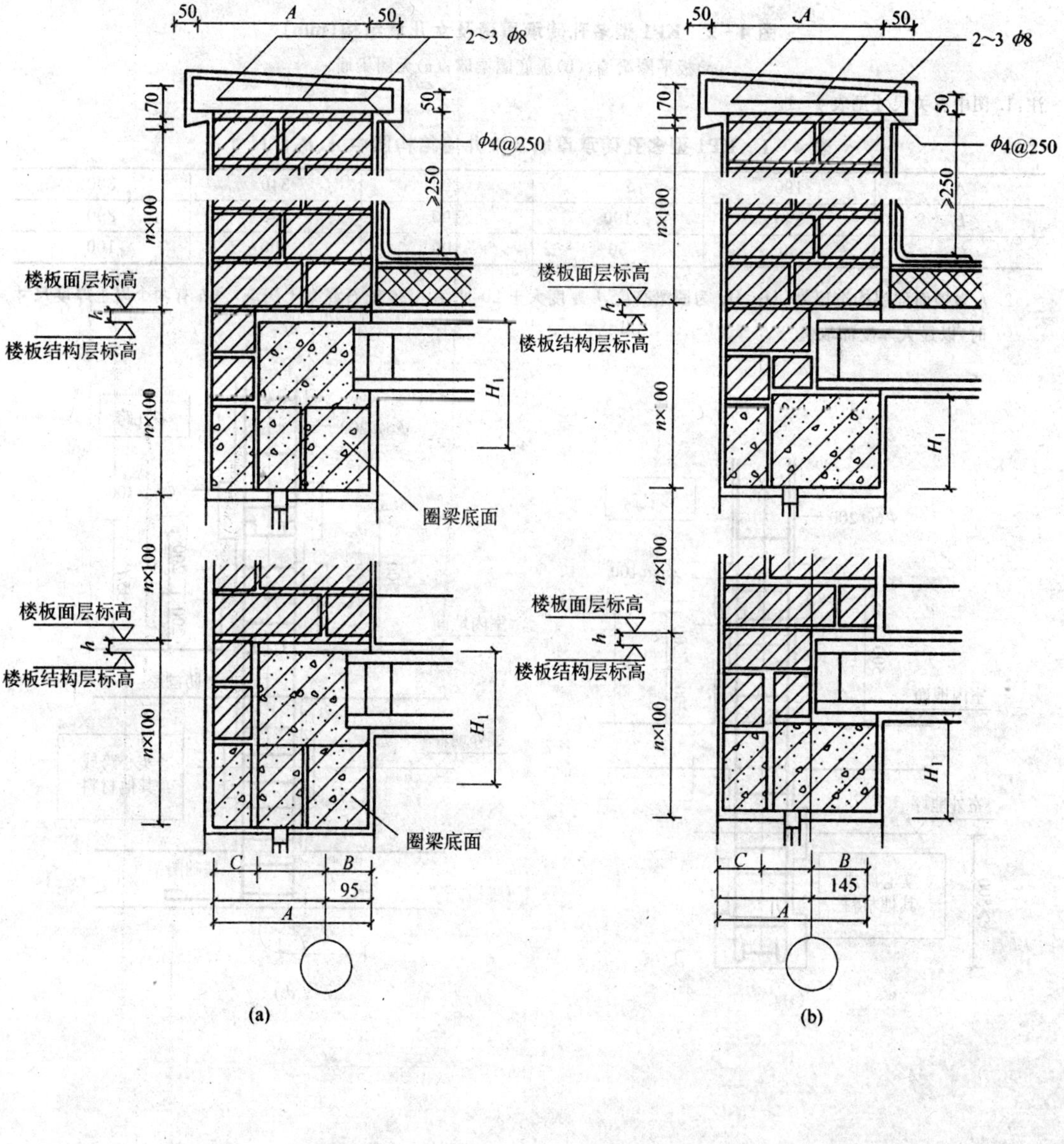

(a)　(b)

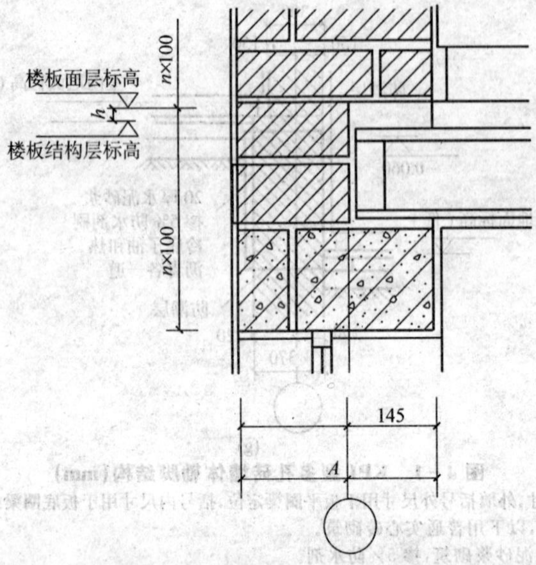

(c)

图 4-2　KP1 型多孔砖承重墙及女儿墙结构(mm)

(a)板平圈梁墙;(b)板底圈梁墙;(c)无圈梁墙

注:1. 图中有关尺寸见表 4-1。

表 4-1　KP1 型多孔砖承重墙及女儿墙结构图中 *A*、*B*、*C* 尺寸

A	190	240	290	340	390
B	140	190	190	240	290
C	50	50	100	100	100

2. *h* 为楼面面层构造厚度,H_1、H_2 为圈梁高度,*h* 厚度大于 20 时,用 C20 细石混凝土浇筑,当 *h* 有两个以上厚度尺寸时,以最大厚度面取值。

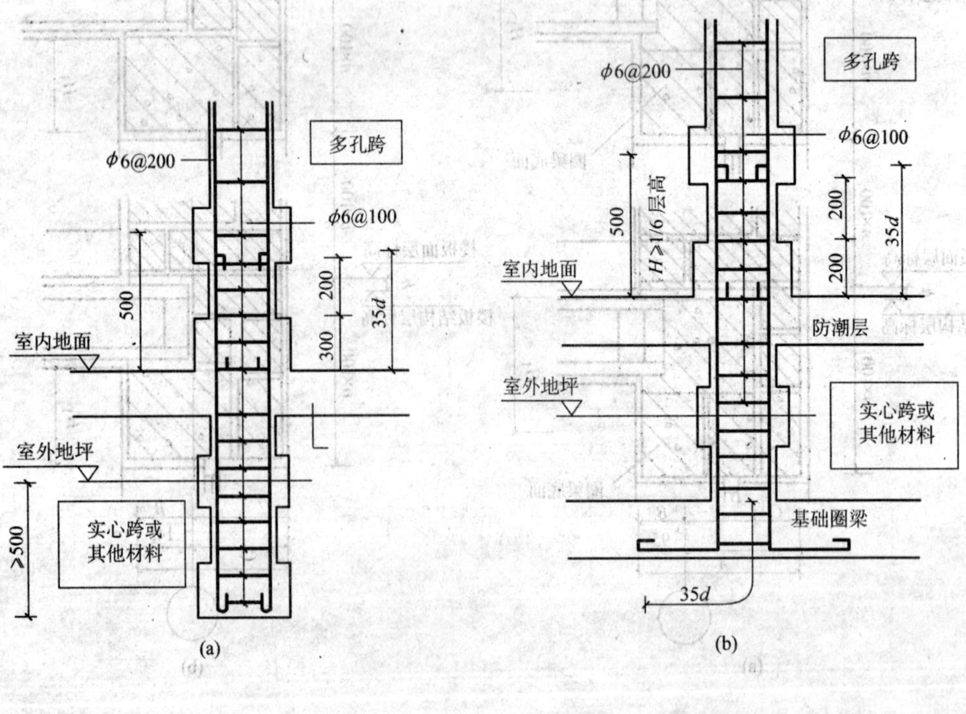

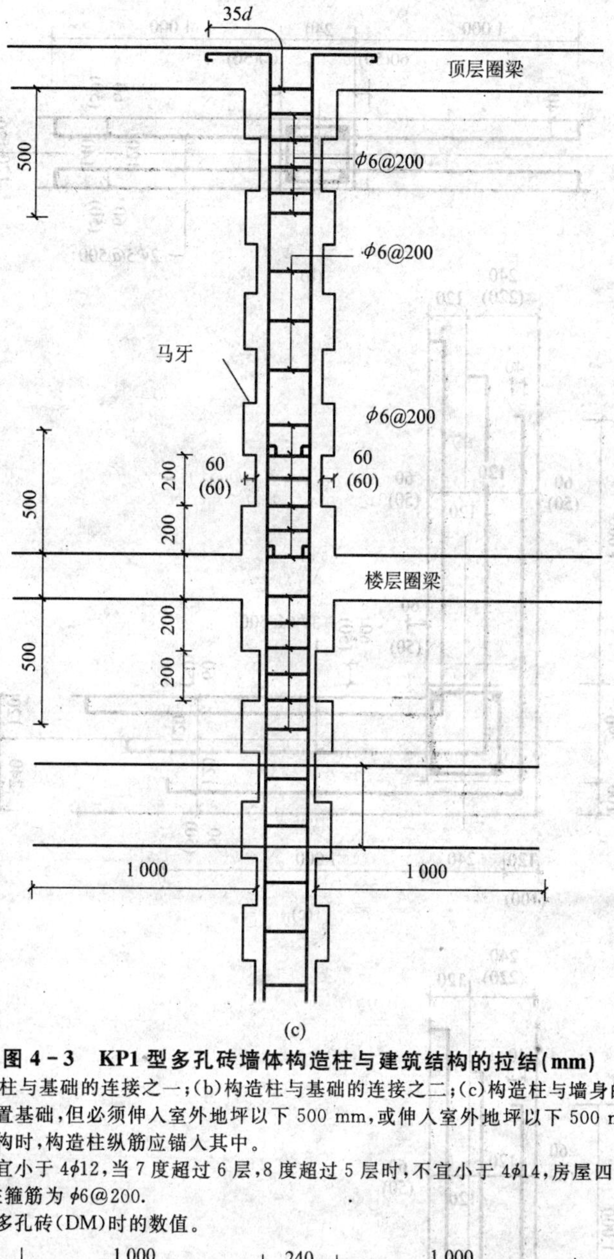

(c)

图 4－3　KP1 型多孔砖墙体构造柱与建筑结构的拉结(mm)

(a)构造柱与基础的连接之一;(b)构造柱与基础的连接之二;(c)构造柱与墙身的连接

注:1. 构造柱可不单独设置基础,但必须伸入室外地坪以下 500 mm,或伸入室外地坪以下 500 mm 以内的地梁中,当基础为钢筋混凝土结构时,构造柱纵筋应锚入其中。

2. 构造柱纵向钢筋不宜小于 4ϕ12,当 7 度超过 6 层,8 度超过 5 层时,不宜小于 4ϕ14,房屋四周的构造柱可适当加大截面和配筋,构造柱箍筋为 ϕ6@200.

3. 括号内数据为模数多孔砖(DM)时的数值。

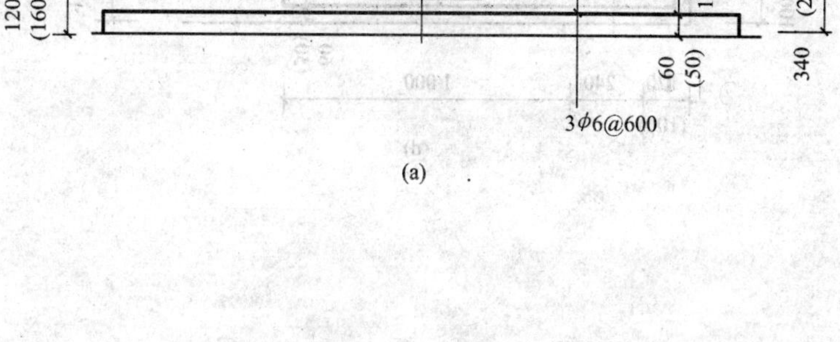

(a)

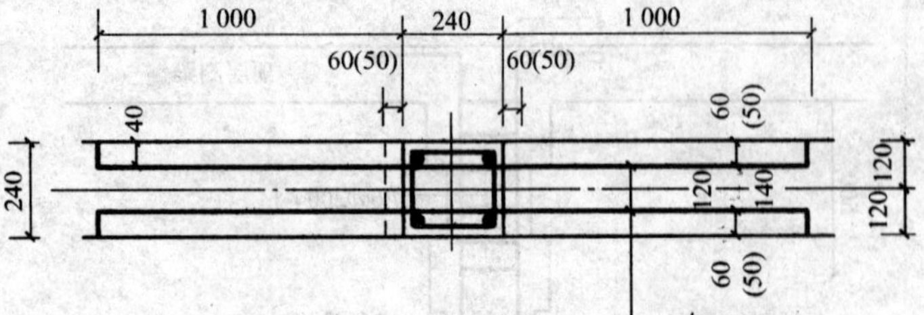
1 000
240
1 000
60(50)
60(50)
40
60
(50)
240
120
120
140
120
60
(50)
2φ5@500

(b)

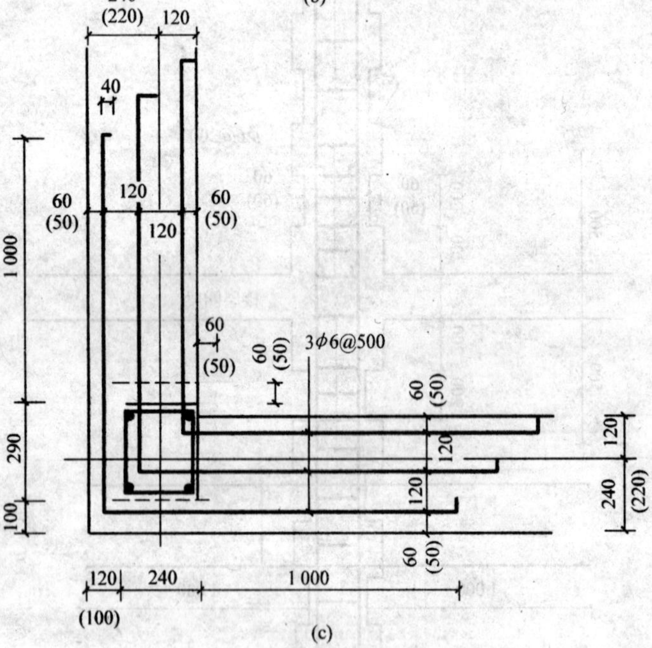
240
(220)
120
40
60
(50)
120
60
(50)
120
1 000
60
(50)
3φ6@500
60
(50)
60
(50)
290
100
120
120
120
240
(220)
60
(50)
120
(100)
240
1 000

(c)

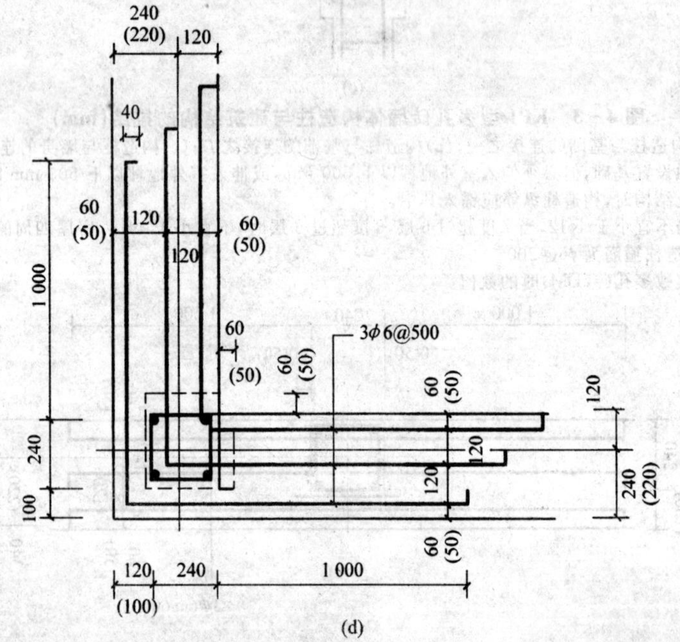
240
(220)
120
40
60
(50)
120
60
(50)
120
1 000
60
(50)
3φ6@500
60
(50)
60
(50)
120
240
100
120
120
240
(220)
60
(50)
120
(100)
240
1 000

(d)

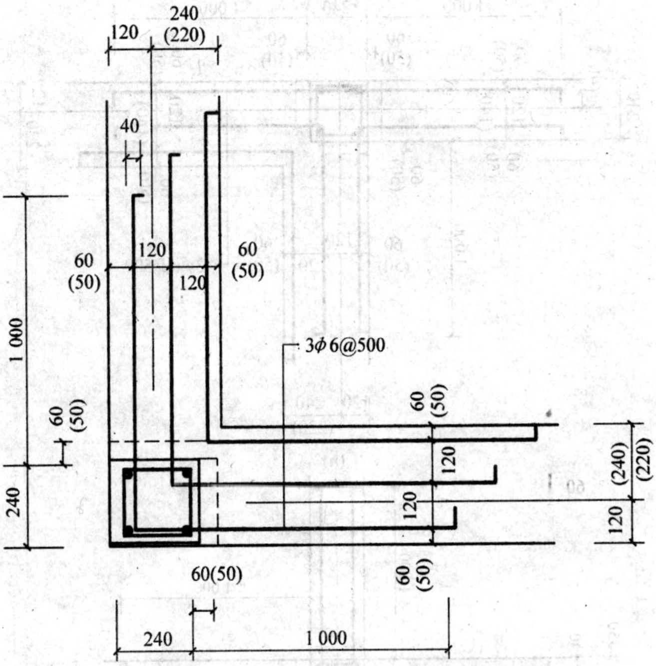
240
(220)
120
40
120
60
(50)
120
60
(50)
1 000
3φ6@500
60
(50)
240
60
(50)
120
120
(240)
(220)
120
60(50)
60
(50)
240
1 000

(e)

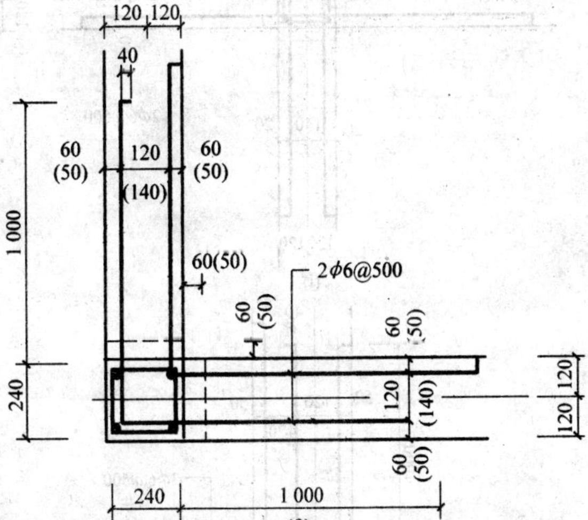
120
120
40
60
(50)
120
(140)
60
(50)
1 000
60(50)
2φ6@500
60
(50)
60
(50)
240
120
(140)
120
120
60
(50)
240
1 000

(f)

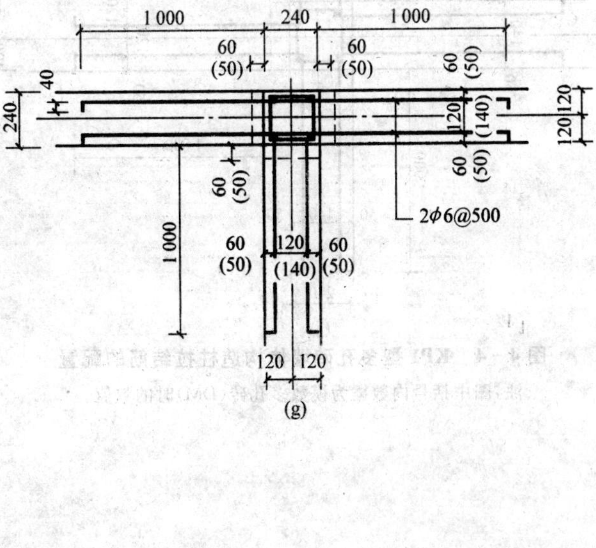
1 000
240
1 000
60
(50)
60
(50)
40
60
(50)
240
120
(140)
120
120
60
(50)
60
(50)
2φ6@500
1 000
60
(50)
120
(140)
60
(50)
120
120

(g)

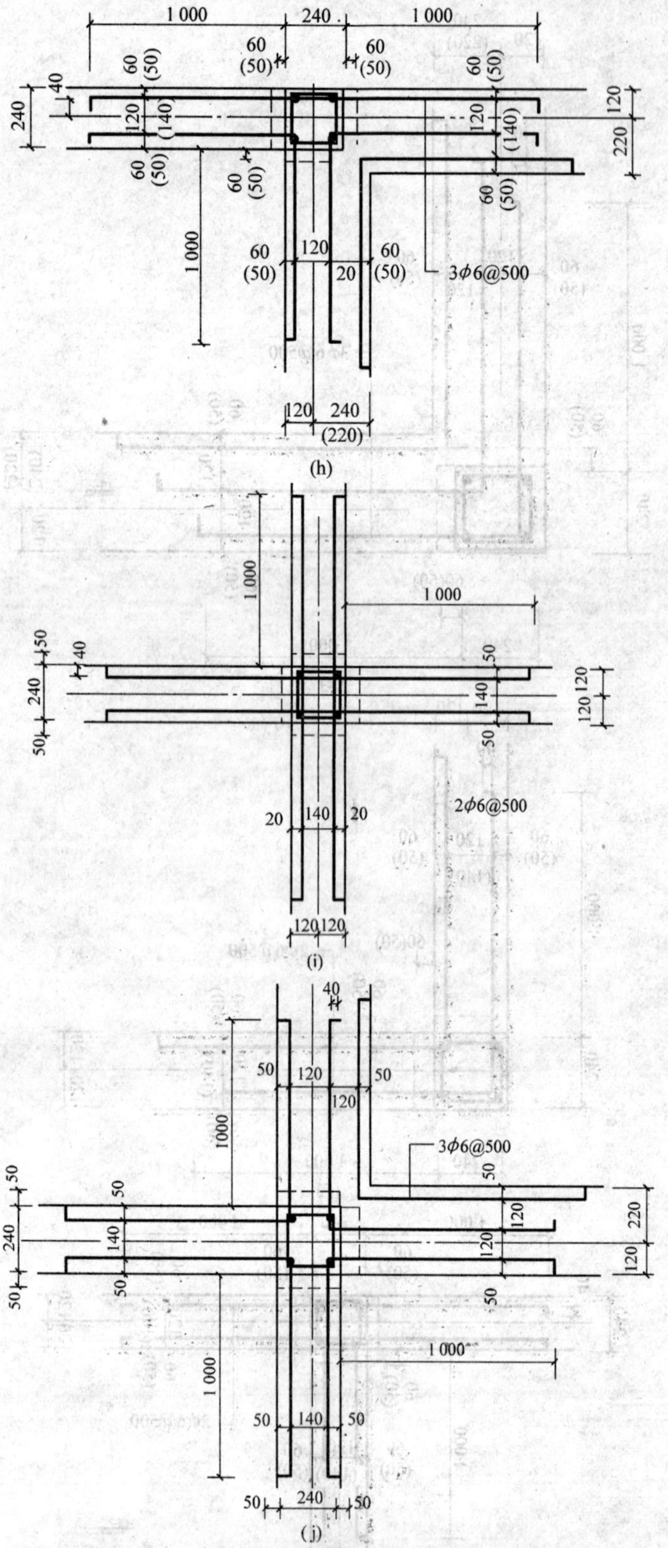

图 4－4　KP1 型多孔砖墙体构造柱拉结筋的配置

注：图中括号内数据为模数多孔砖(DM)时的数值。

(5)墙体拉结筋的设置

KP1 型多孔砖墙体拉结筋的设置，见图 4-5。

(6)圈梁钢筋搭接及板缝配筋

KP1 型多孔砖墙体圈梁钢筋搭接及板缝的配筋，见图 4-6。

2. DM 型多孔砖墙体

(1)勒脚

DM 型多孔砖墙体的勒脚结构，见图 4-7。

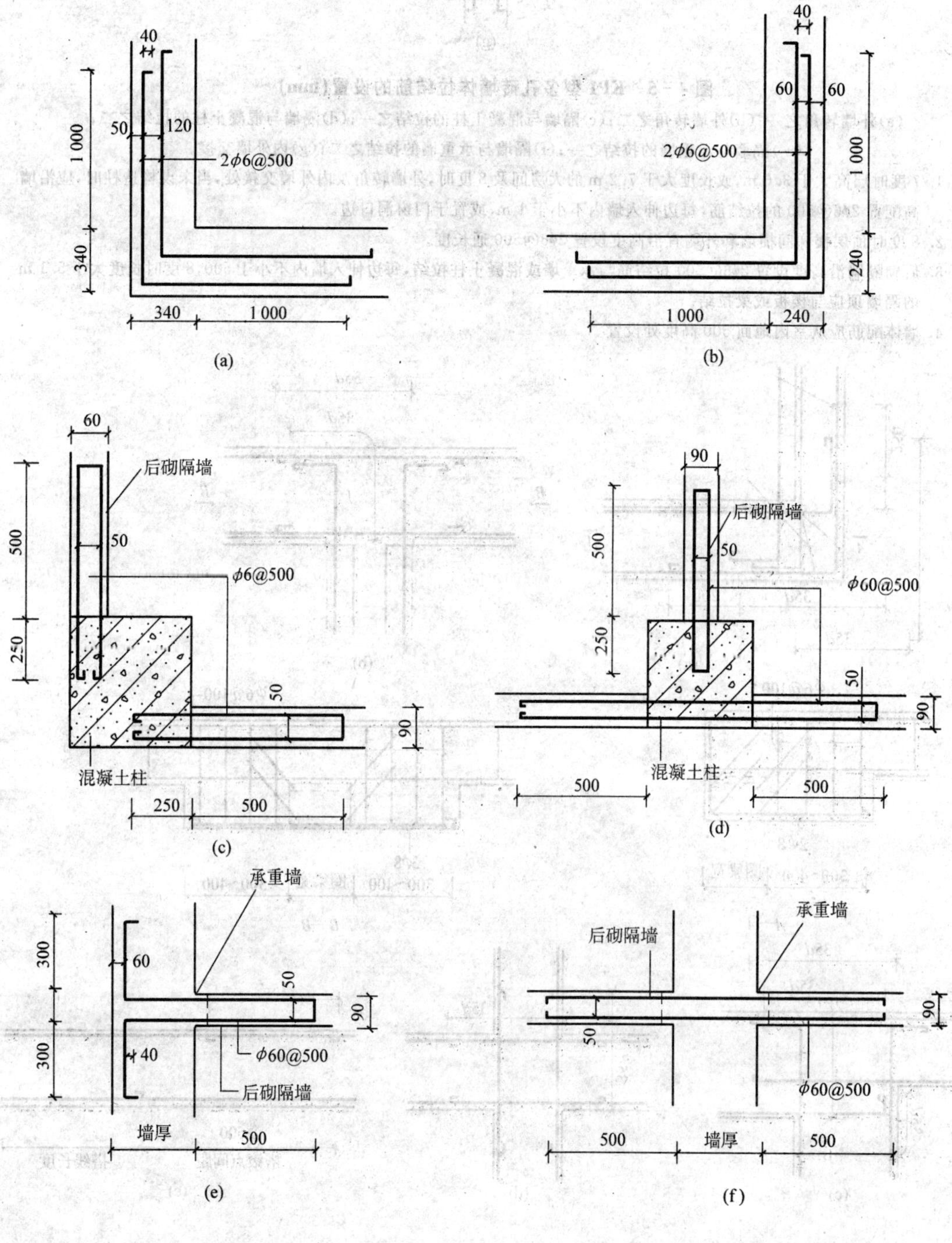

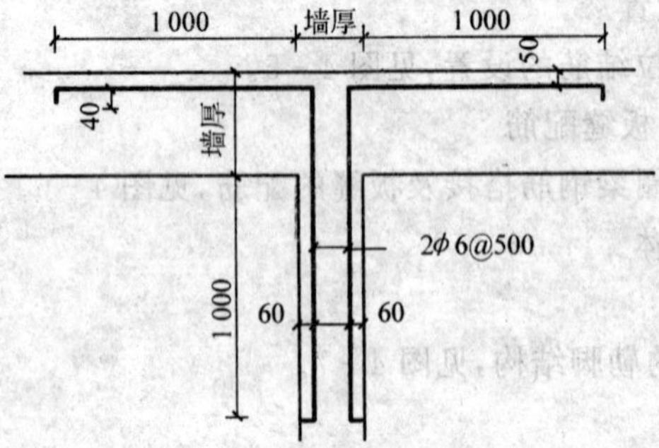

(g)

图 4－5　KP1 型多孔砖墙体拉结筋的设置(mm)

(a)外墙转角之一;(b)外墙转角之二;(c)隔墙与混凝土柱的拉结之一;(d)隔墙与混凝土柱的拉结之二;(e)隔墙与承重墙的拉结之一;(f)隔墙与承重墙的拉结之二;(g)内外墙交接。

注:1. 7 度时层高大于 3.6 m,或长度大于 7.2 m 的大房间及 8 度时,外墙转角及内外墙交接处,当未设构造柱时,应沿墙高配置 2φ6@500 的拉结筋,每边伸入墙内不小于 1 m,或置于门窗洞口边。

2. 8 度时顶层楼梯间横墙和外墙宜沿高度设置 2φ6@500 通长度。

3. 后砌隔墙沿高度设置 2φ6@500 拉结筋与承重墙或混凝土柱拉结,每边伸入墙内不小于 500,8 度时长度大于 5.1 m 的隔墙顶应与楼板或梁拉结。

4. 墙体配筋应从室内地面 500 高度处设置。

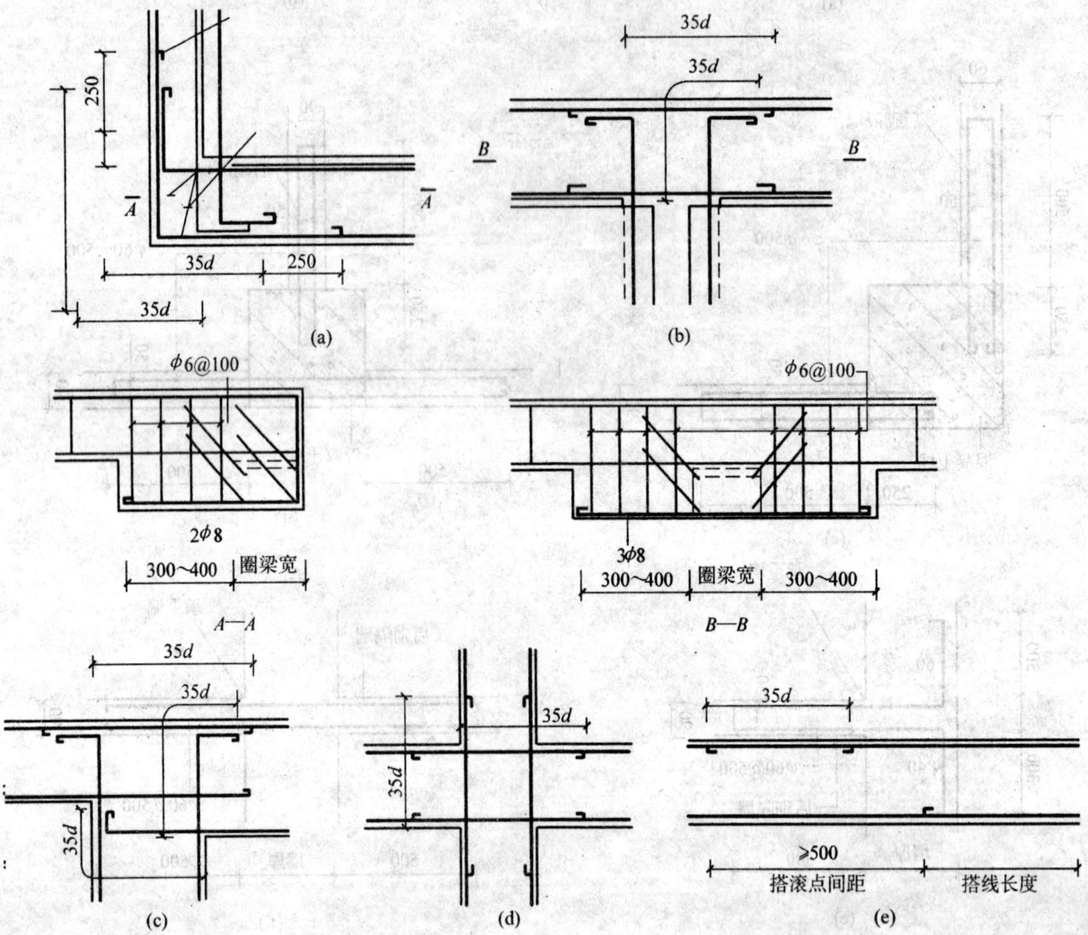

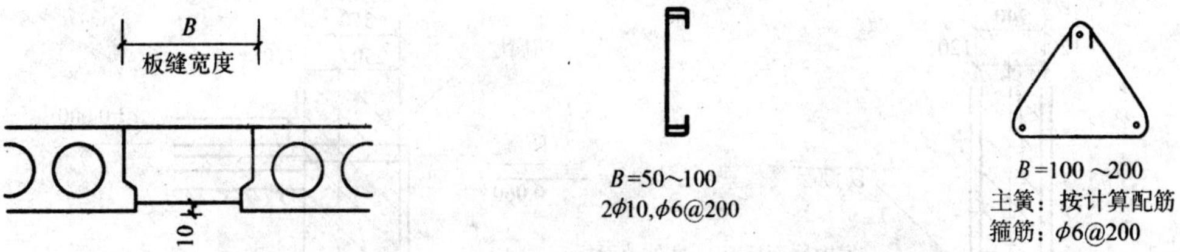

图 4-6　KP1 型多孔砖墙体圈梁钢筋搭接及板缝配筋(mm)

注：板缝混凝土强度等级为 C20，当板缝宽度小于 100 mm 时，采用细石混凝土浇筑。

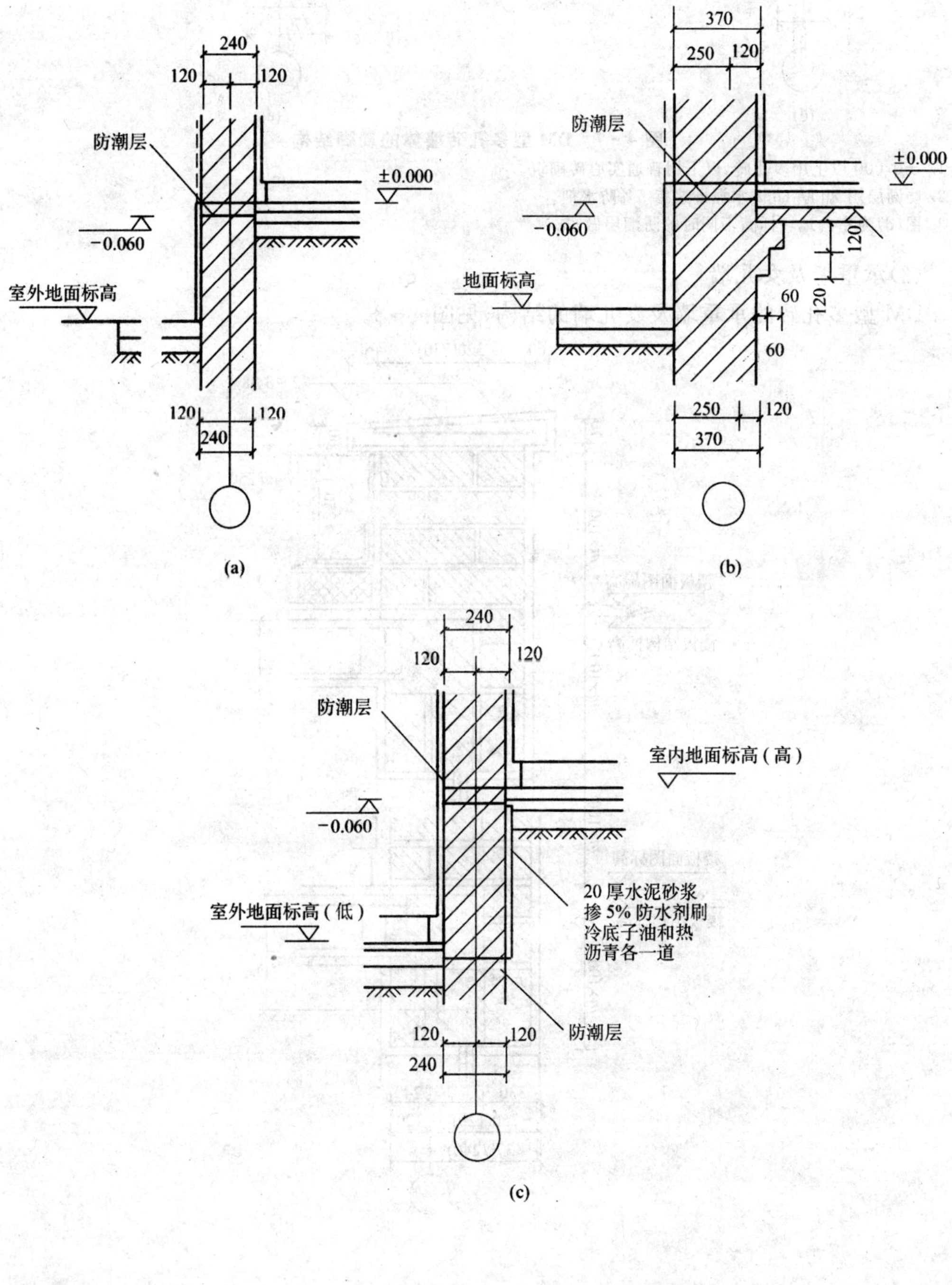

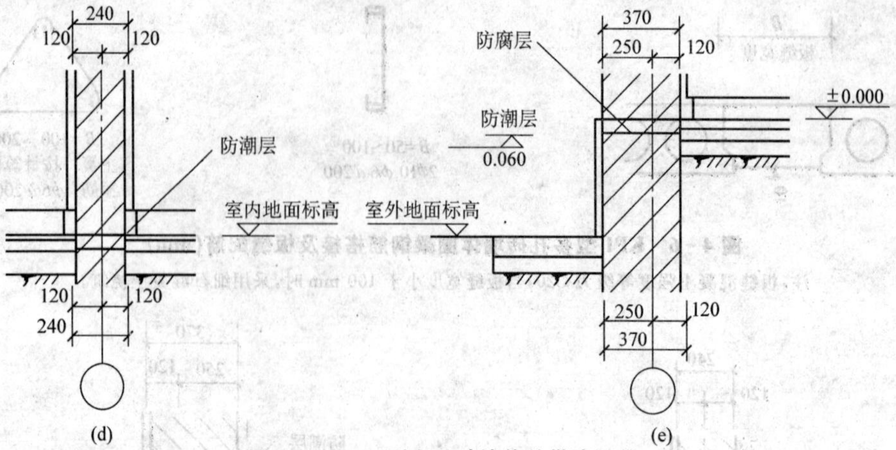

图 4-7 DM 型多孔砖墙体的勒脚结构

注：1. ±0.000 以上用多孔砖，以下用普通实心砖砌筑。

2. 防潮层用 20 厚 1∶2 水泥砂浆掺 5%防水剂。

3. 图(d)为室内地坪标高不同时的防潮层做法。

(2)承重墙及女儿墙

DM 型多孔砖的承重墙及女儿墙的结构，见图 4-8。

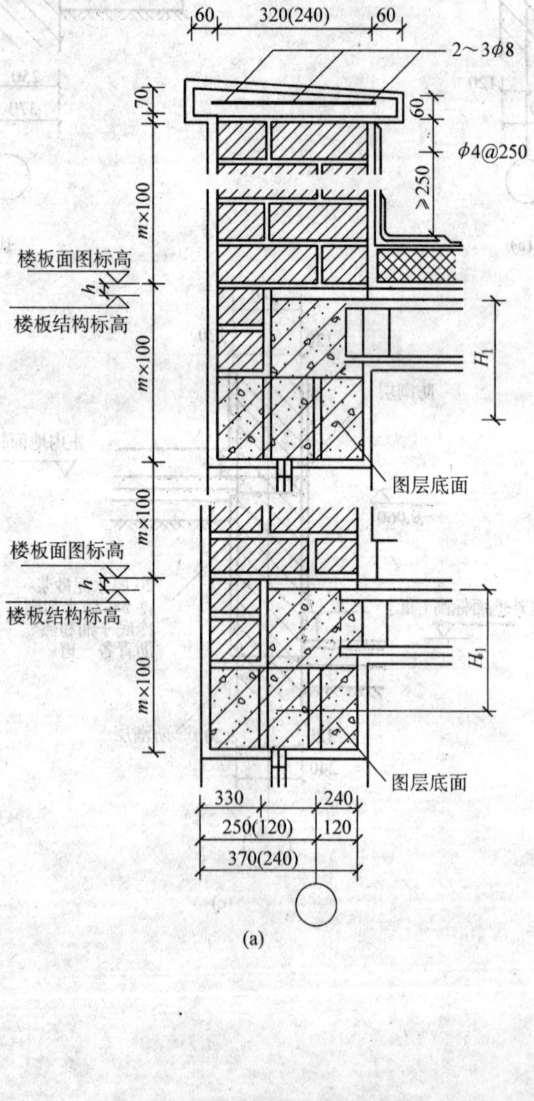

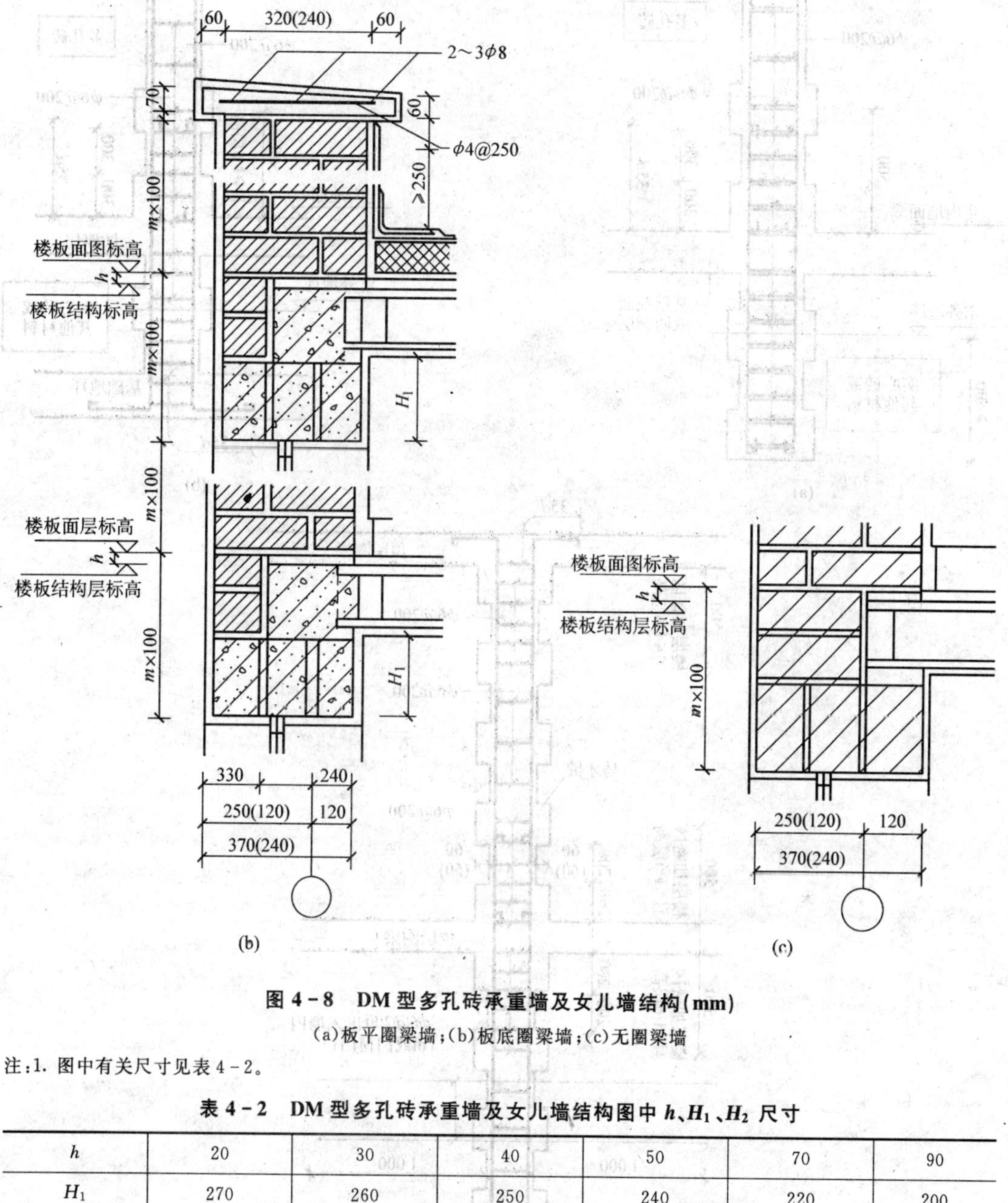

图 4-8　DM 型多孔砖承重墙及女儿墙结构(mm)

(a)板平圈梁墙;(b)板底圈梁墙;(c)无圈梁墙

注:1. 图中有关尺寸见表 4-2。

表 4-2　DM 型多孔砖承重墙及女儿墙结构图中 h、H_1、H_2 尺寸

h	20	30	40	50	70	90
H_1	270	260	250	240	220	200
H_2	240	230	220	210	190	170

2. h 为楼面面层构造厚度,H_1、H_2 为圈梁高度,h 厚度大于 20 时,用 C20 细石混凝土浇筑,当 h 有两个以上厚度尺寸时,以最大厚度面取值。

(3)构造柱与结构的连接

DM 型多孔砖的构造柱与结构的连接,见图 4-9。

(4)构造柱拉结筋的配置

DM 型多孔砖构造柱拉结筋的配置,见图 4-10。

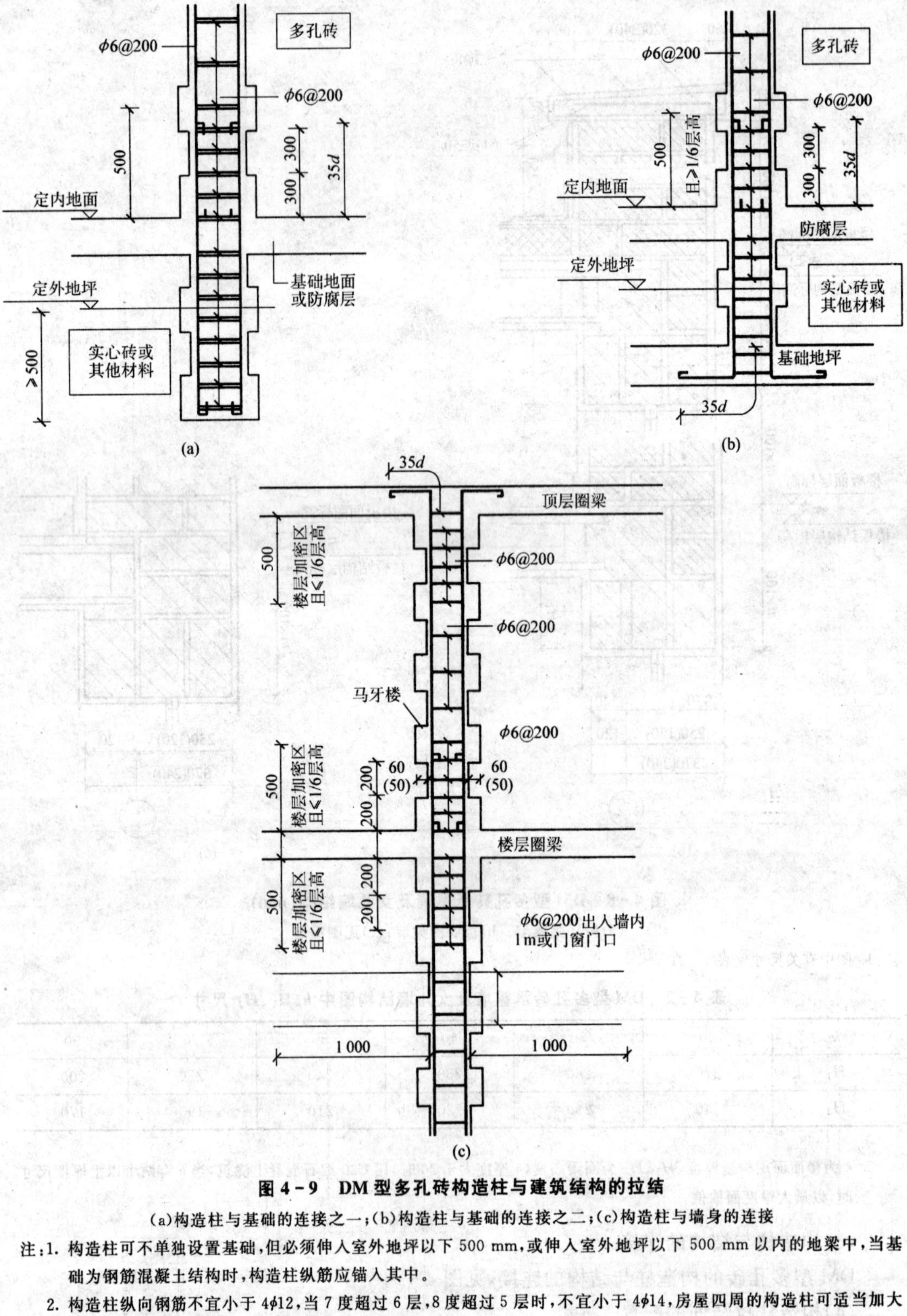

图 4-9　DM 型多孔砖构造柱与建筑结构的拉结

(a)构造柱与基础的连接之一；(b)构造柱与基础的连接之二；(c)构造柱与墙身的连接

注：1. 构造柱可不单独设置基础，但必须伸入室外地坪以下 500 mm，或伸入室外地坪以下 500 mm 以内的地梁中，当基础为钢筋混凝土结构时，构造柱纵筋应锚入其中。

2. 构造柱纵向钢筋不宜小于 4ϕ12，当 7 度超过 6 层，8 度超过 5 层时，不宜小于 4ϕ14，房屋四周的构造柱可适当加大截面和配筋，构造柱箍筋为 ϕ6@200。

3. 括号内数据为模数多孔砖(DM)时的数值。

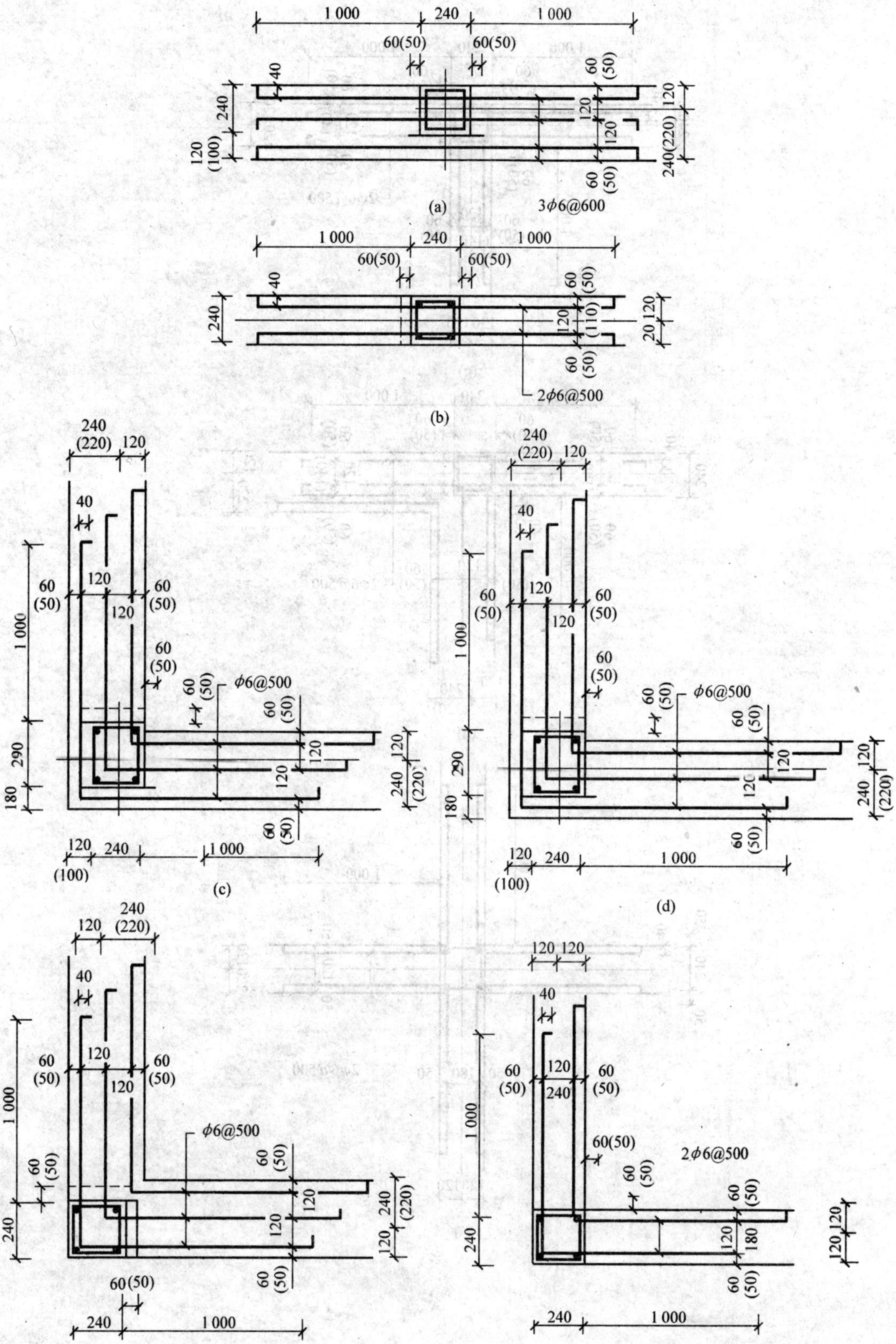

1 000
240
60(50)
40
120
120(100)
240(220)
(a)
3ϕ6@600
20
(110)
(b)
2ϕ6@500
240(220)
290
180
ϕ6@500
(c)
(d)
(e)
(f)
2ϕ6@500

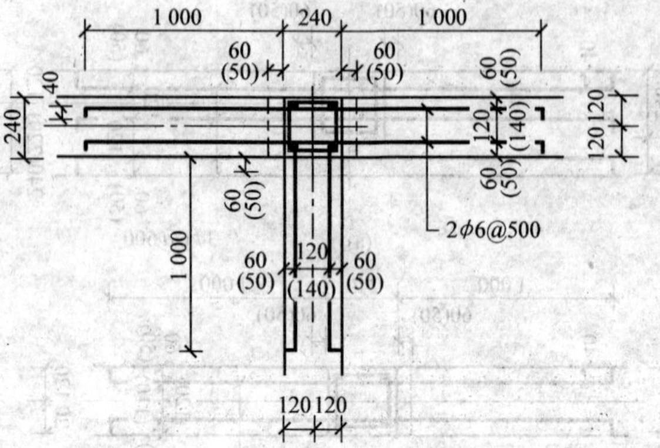
1 000
240
1 000
60
(50)
60
(50)
60
(50)
40
240
120
(140)
120120
60
(50)
60
(50)
2ϕ6@500
1 000
60
(50)
120
(140)
60
(50)
120120

(g)

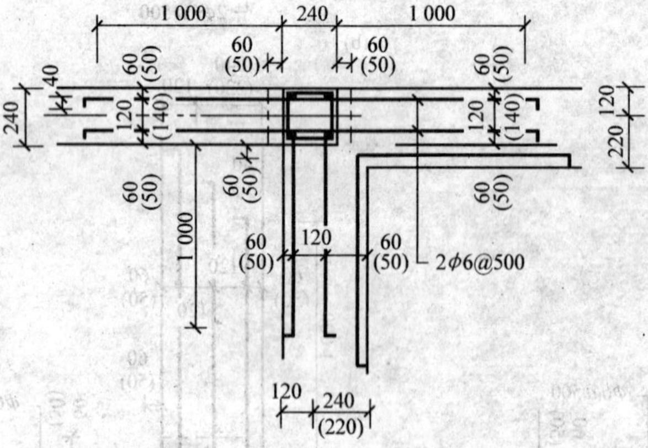
1 000
240
1 000
60
(50)
60
(50)
60
(50)
60
(50)
40
240
120
(140)
120
(140)
120
220
60
(50)
60
(50)
60
(50)
1 000
60
(50)
120
60
(50)
2ϕ6@500
120
240
(220)

(h)

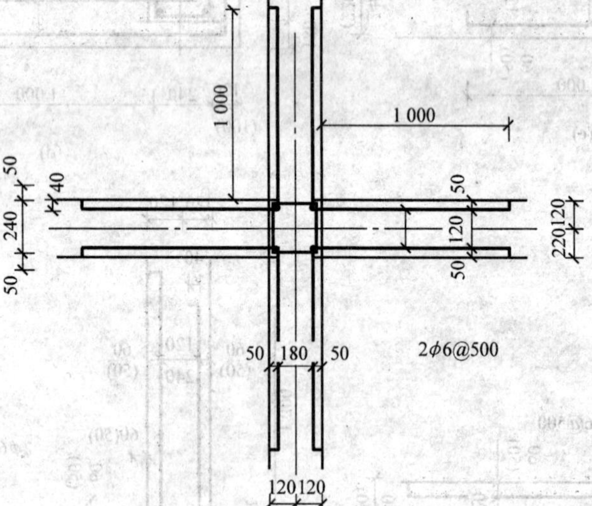
1 000
1 000
50
40
240
50
50
120
50
220120
50
180
50
2ϕ6@500
120120

(i)

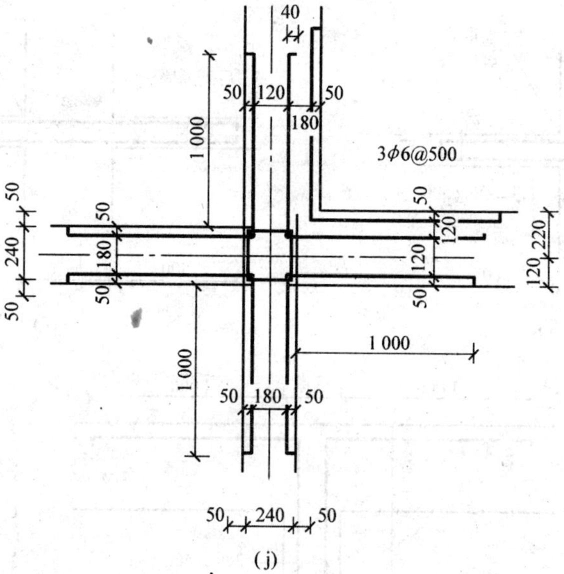

(j)

图 4－10　DM 型多孔砖构造柱拉结筋的配置

注：图中括号内数据为模数多孔砖（DM）时的数值。

（5）墙体拉结筋的设置

DM 型多孔砖墙体拉结筋的设置，见图 4－11。

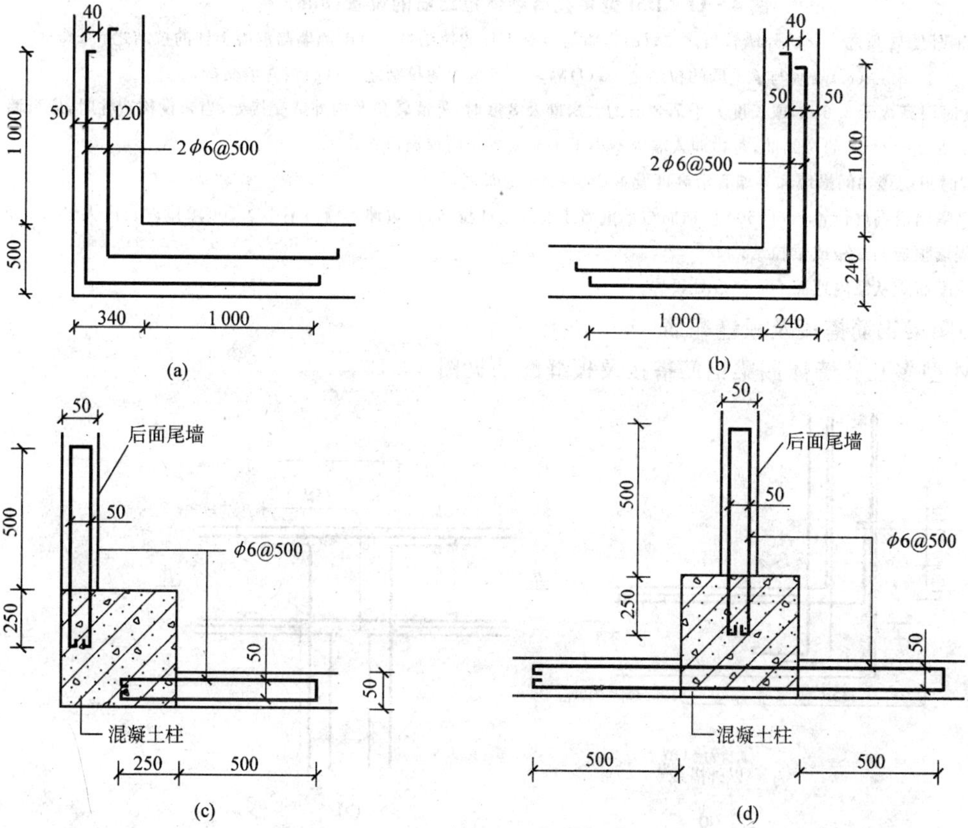

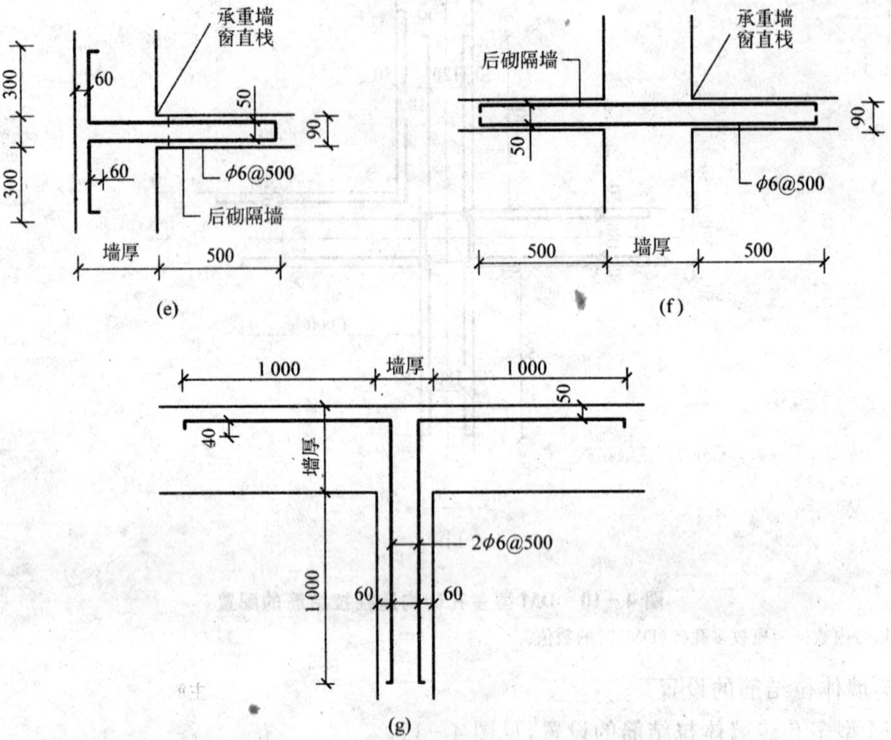

图 4-11　DM 型多孔砖墙体拉结筋的设置(mm)

(a)外墙转角之一；(b)外墙转角之二；(c)隔墙与混凝土柱的拉结之一；(d)隔墙与混凝土柱的拉结之二；(e)隔墙与承重墙的拉结之一；(f)隔墙与承重墙的拉结之二；(g)内外墙交接。

注：1. 7 度时层高大于 3.6 m，或长度大于 7.2 m 的大房间及 8 度时，外墙转角及内外墙交接处，当未设构造柱时，应沿墙高配置 2ϕ6@500 的拉结筋，每边伸入墙内不小于 1m，或置于门窗洞口边。

2. 8 度时顶层楼梯间横墙和外墙宜沿高度设置 2ϕ6@500 通长度。

3. 后砌隔墙沿高度设置 2ϕ6@500 拉结筋与承重墙或混凝土柱拉结，每边伸入墙内不小于 500，8 度时长度大于 5.1 m 的隔墙顶应与楼板或梁拉结。

4. 墙体配筋应从室内地面 500 高度处设置。

(6)圈梁钢筋搭接及板缝配筋

DM 型多孔砖墙体圈梁钢筋搭接及板缝配筋见图 4-12。

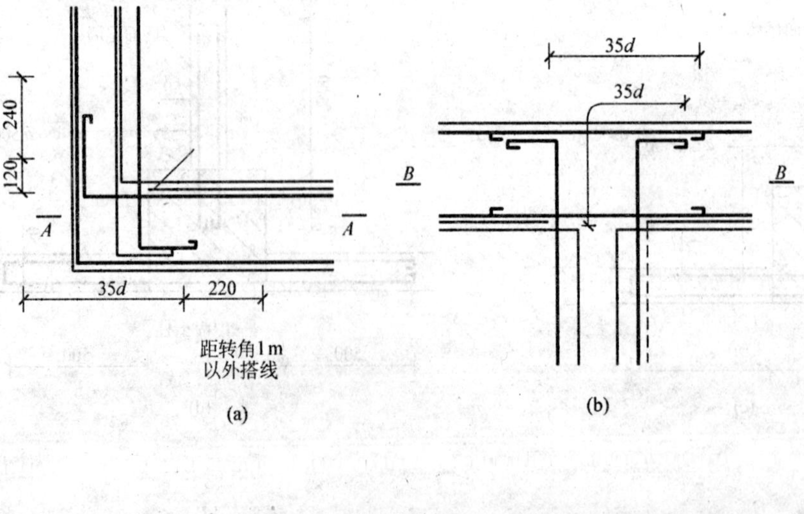

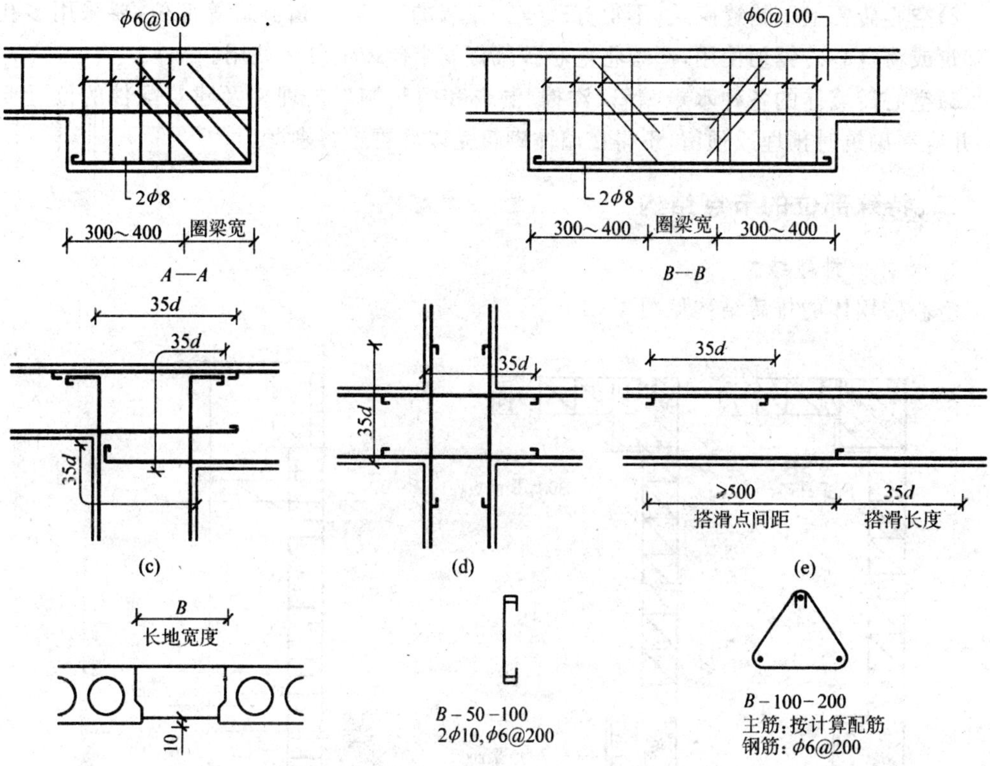

图 4－12　DM 型多孔砖墙体圈梁钢筋搭接及板缝配筋(mm)

注:板缝混凝土强度等级为 C20,当板缝宽度小于 100 mm 时,采用细石混凝土浇筑。

第二节　空心砖施工技术与质量控制

一、空心砖施工

(一)施工顺序

空心砖的施工顺序如下:

清整基面→排砖→砌筑→验收。

(二)施工步骤

1. 清整基面

首先,应清整被砌的基础表面或楼面,并洒水润湿。

2. 排砖

根据设计图纸中各部位的尺寸,进行排砖,以使空心砖的砌筑方法合理。

3. 砌筑

使用符合规定的砂浆进行砌筑。

(三)施工注意事项

1)空心砖必须在砌筑前 1 d 浇水浸湿。砌筑要采用不低于 M5 的砌筑砂浆,灰缝砂浆要饱满。

2)空心砖要上下错缝砌筑,不得有通缝。在墙的转角、门窗洞口等部位,要采用多孔匹配砌筑或将空心砖锯切使用,严禁将空心砖敲打成半砖或七分砖使用。

3)空心砖墙体的各种水电暗管、沟槽、洞口和门窗洞口的埋件及建筑配件的位置要准确,并应在砌筑时预埋或预留,不得在墙体砌筑完以后再进行剔凿。

二、特殊部位的节点结构

1. 墙体的排砖结构

空心砖墙体的排砖结构见图 4-13。

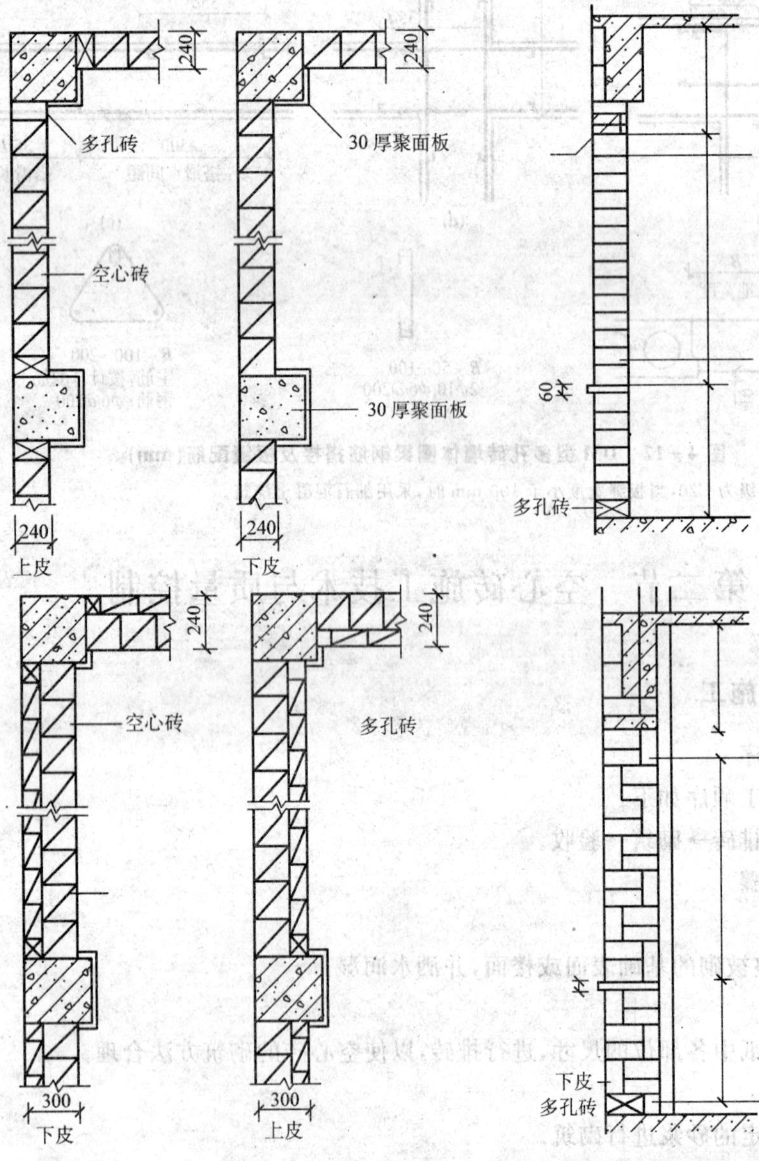

图 4-13 空心砖墙体的排砖结构(mm)

注:1. 380 mm 厚空心砖墙为两平一侧砌法,两层平砌砖上下层半错峰,靠柱子砌一块多孔砖。

2. 本图所示空心砖排列平面,是以多孔砖砌筑的墙最底皮的上一皮砖为下皮。

2. 墙体与屋盖、楼盖构件的连接

空心砖墙体与屋盖、楼盖的连接见图 4－14。

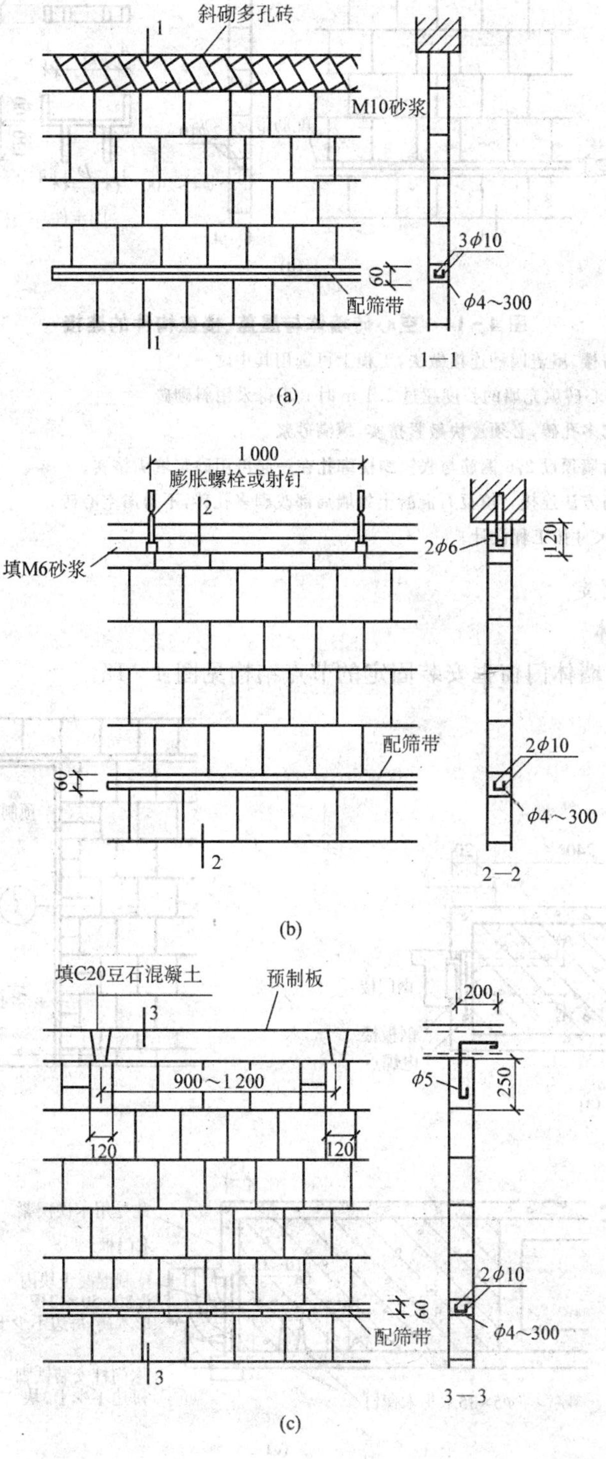

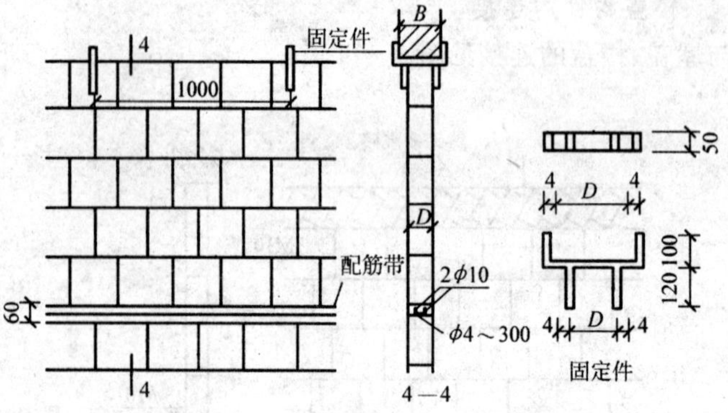

(d)

图 4-14　空心砖墙体与屋盖、楼盖构件的连接

注：1. 本图所提供的墙与楼、屋盖四种连接做法，工程上可选用其中之一。

2. 8 度抗震设防当空心砖填充墙的长度超过 5.1 m 时．不得采用斜砌砖。

3. 空心砖墙顶部斜砌多孔砖，必须逐块敲紧挤实，填满砂浆。

4. 加胀锚螺栓固定沿墙顶设 2ϕ6 钢筋与胀锚螺栓绑扎在一起再用砂浆填满挤实。

5. 采用预制板缝加筋方法连接。填豆石混凝土处墙局部改砌多孔砖，不得凿空心砖。

6. 图中 B、D 的具体尺寸按工程设计。

3. 门窗框的固定

(1)无抱框墙体

空心砖无抱框墙体门窗框安装固定的节点结构见图 4-15。

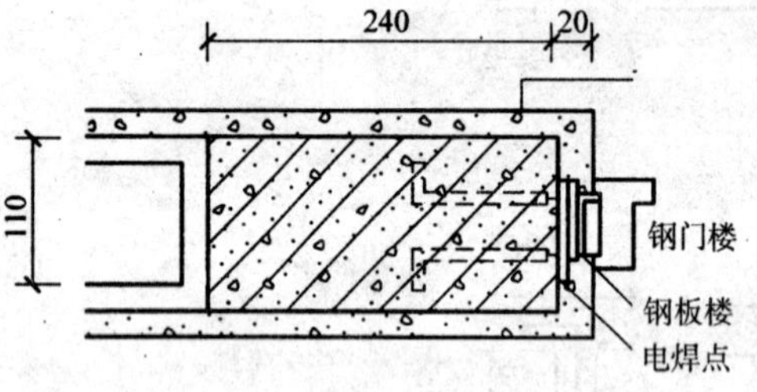

(a)

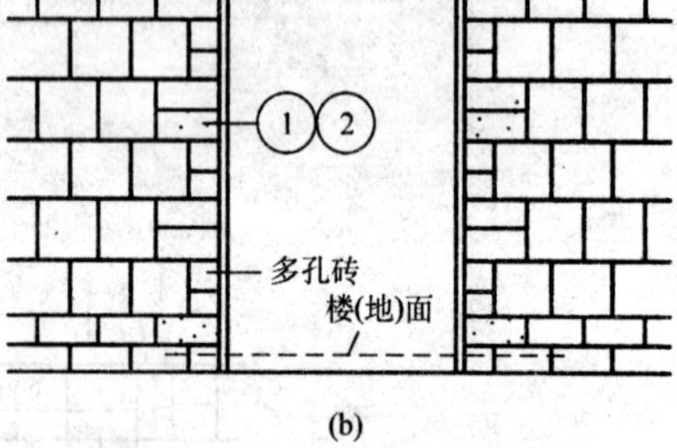

(b)

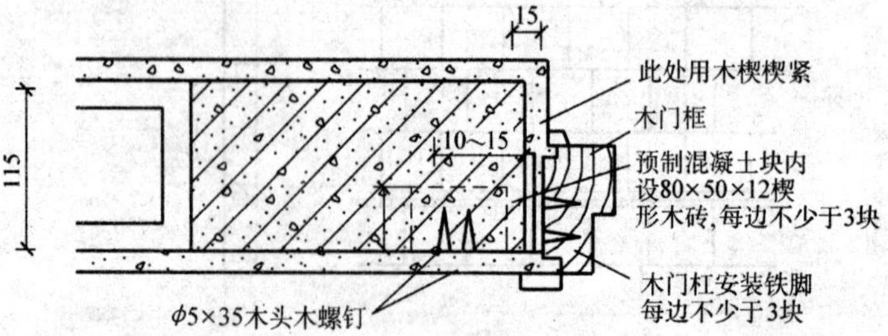

(c)

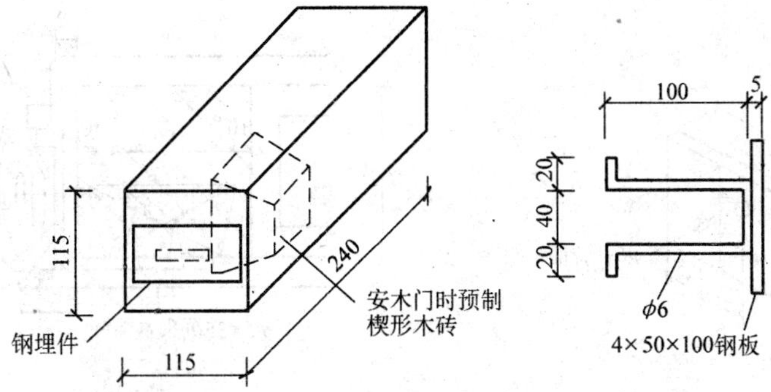

(d)

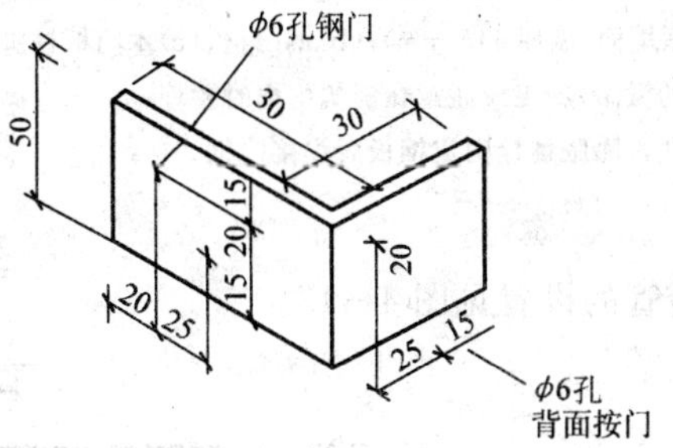

(e)

图 4－15　空心砖无抱框墙体的门框固定(单位:mm)

(a)钢门框安装;(b)115 厚空心砖墙安装门框立面;(c)木门框安装;

(d)预制混凝土块及钢埋件;(e)木门框安装铁脚

注:1. 木门框安装采用预制混凝土块内预留木砖的做法。

2. 楼地面层厚度按工程设计。

3. 混凝土块:C20

4. 钢门框安装在预制混凝土块内加钢埋件焊接。

(2)有抱框墙体

空心砖有抱框墙体门框安装固定的节点结构见图 4－16。

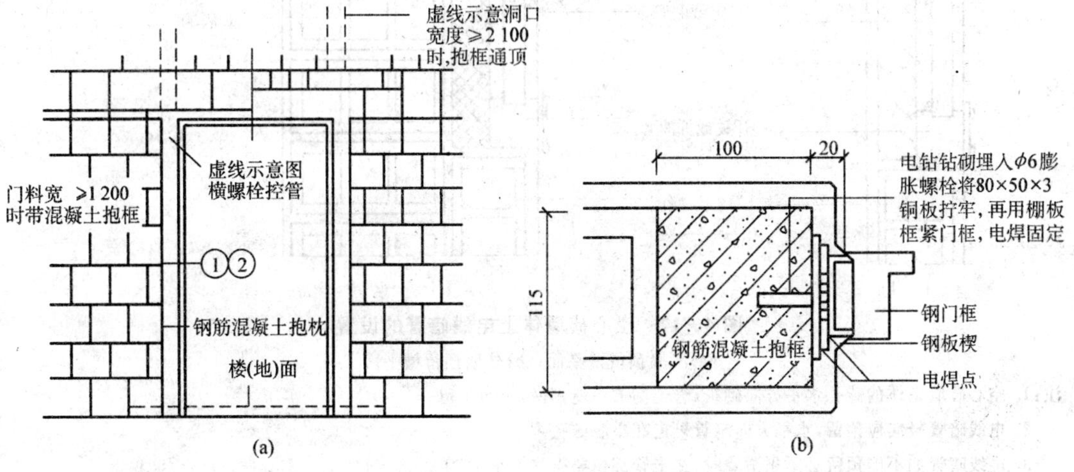

(a)　(b)

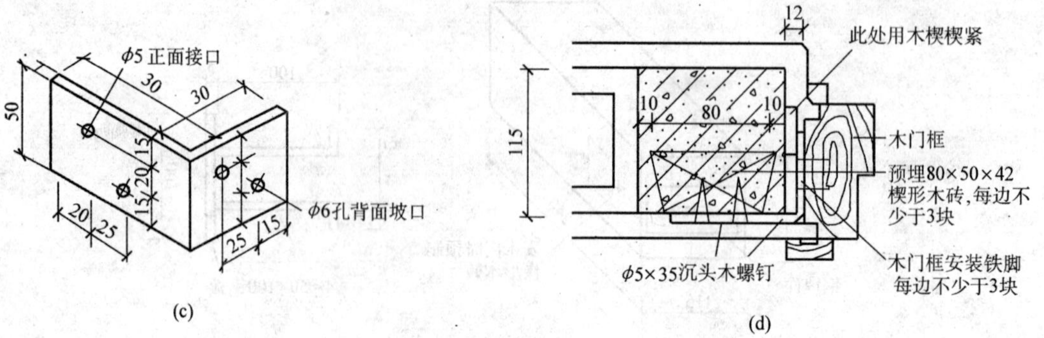

图 4－16　空心砖有抱框墙体的门框固定(mm)

(a)门框里面(墙厚 115 mm);(b)钢门框;(c)木门框铁脚;(d)木门框

注:1. 木门框安装采用预埋木砖的做法,施工应注意在浇筑抱框时预埋;

2. 钢门框安装采用电钻钻眼埋入膨胀螺栓固定钢板后焊接门框。

4. 电线暗管的设置

空心砖墙体中电线暗管的设置见图 4－17。

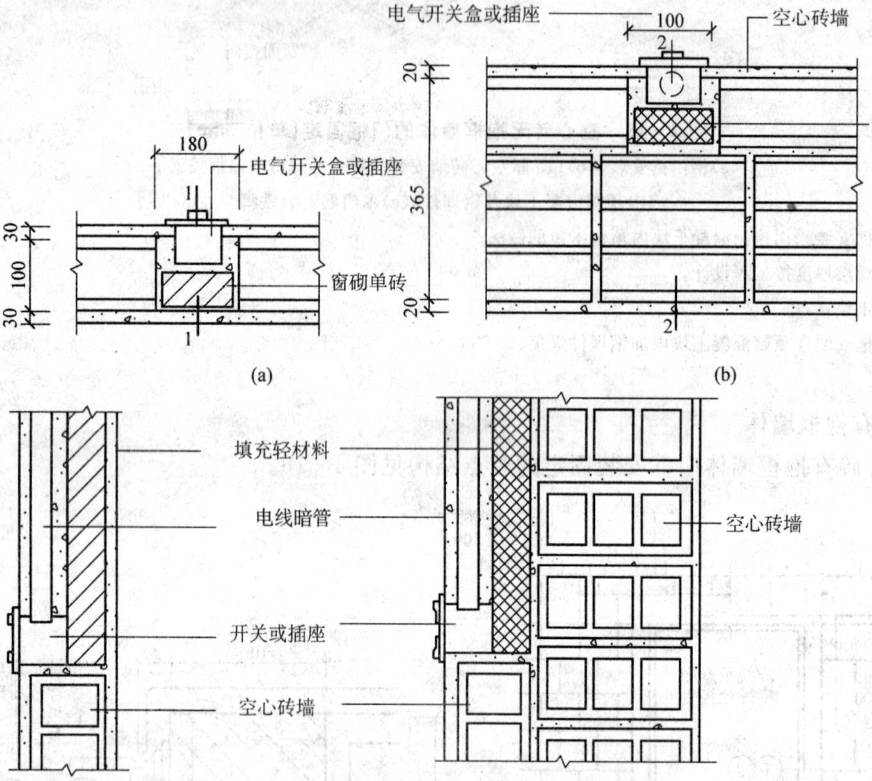

图 4－17　空心砖墙体上电线暗管的设置

(a)隔墙预留槽平面;(b)外墙预留槽平面

注:1. 空心砖墙砌体的砖孔水平方向砌筑,管道沟槽不能剔凿,应当预留。

2. 电线暗管竖向应预留,水平方向暗管可走在空心砖孔内。

3. 电线暗管如不能预留必须剔凿墙时,在走管部位要砌筑不小于 115 mm×115 mm 多孔砖,以备在此剔凿。

4. 电线暗管和电气开关或插座用 1∶3 水泥砂浆固定。

5. 设备的安装固定

空心砖墙体的设备安装固定见图 4－18。

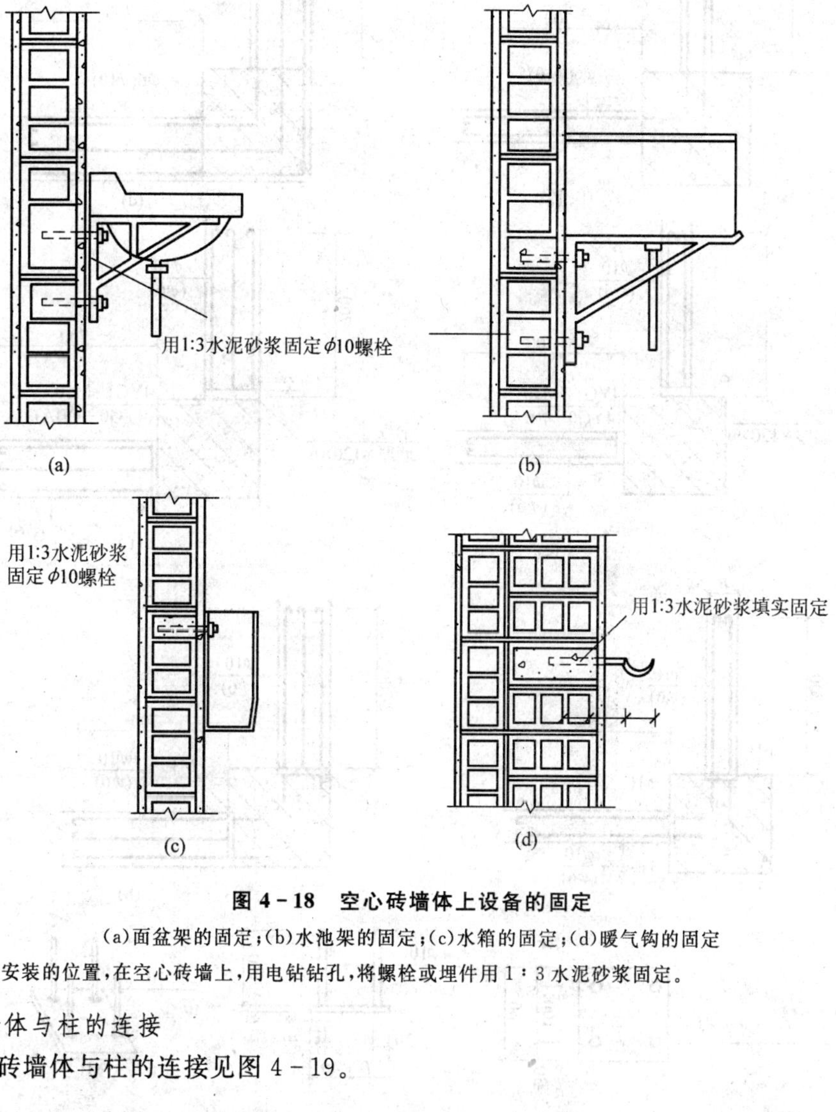

图 4－18　空心砖墙体上设备的固定

(a)面盆架的固定；(b)水池架的固定；(c)水箱的固定；(d)暖气钩的固定

注：根据设备安装的位置，在空心砖墙上，用电钻钻孔，将螺栓或埋件用 1∶3 水泥砂浆固定。

6. 墙体与柱的连接

空心砖墙体与柱的连接见图 4－19。

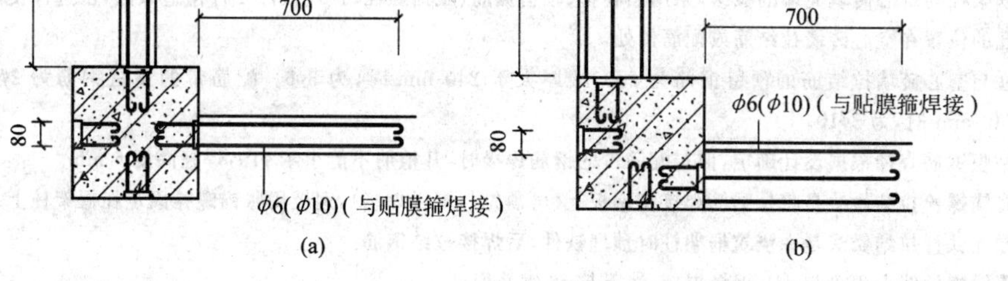

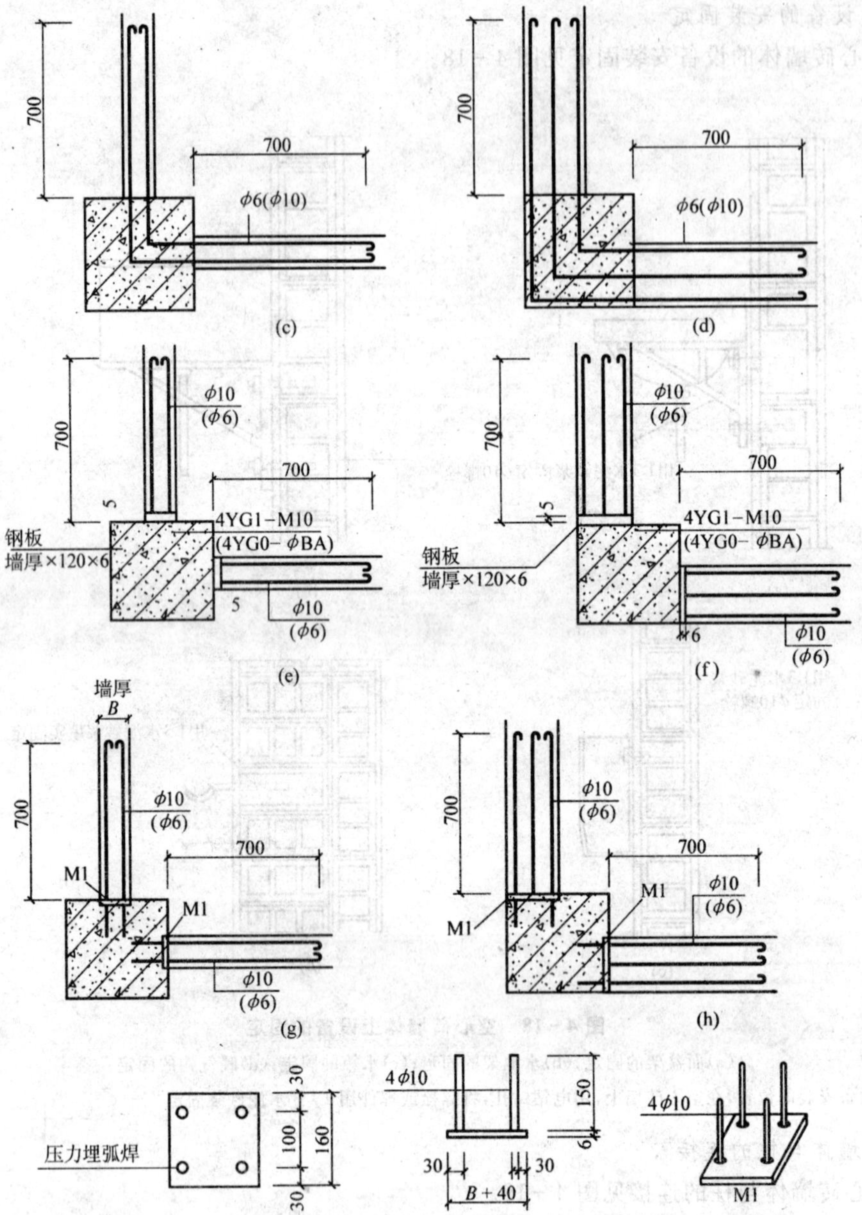

图 4-19 空心砖墙体与柱的连接(mm)

(a)贴膜箍之一;(b)贴膜箍之二;(c)预留插筋之一;(d)预留插筋之二;(e)胀锚螺栓之一;

(f)胀锚螺栓之二;(g)预埋铁件之一;(h)预埋铁件之二

注:1. 框架柱与空心砖填充墙的拉结,采用贴膜箍、预留插筋、胀锚螺栓、预埋铁件 4 种构造做法,供选择使用。预留或钻孔的位置在空心砖墙拉结筋或配筋带处。

2. 柱与空心砖墙拉结筋的预留钢筋为 2ϕ6,墙厚大于 240 mm 时,为 3ϕ6。配筋带的预留钢筋为 2ϕ10,墙厚大于 240 mm 时,为 3ϕ10。

3. 贴膜钢筋直径根据设计确定,但与配筋带的钢筋焊接时,其植筋不能小于 ϕ10,焊缝高度 6 mm。

4. 胀锚螺栓拉结做法是将拉结筋焊接在钢板上(可预先与钢板焊接),钢板用胀锚螺栓固定在框架柱上。

5. 预埋铁件拉结做法是在浇筑框架柱时预埋铁件,后焊接拉结钢筋。

6. 胀锚螺栓线上用于与 ϕ10 钢筋焊接,线下与 ϕ6 钢筋焊接。

7. 墙体拉结筋的设置

空心砖墙体拉结筋的设置见图 4－20。

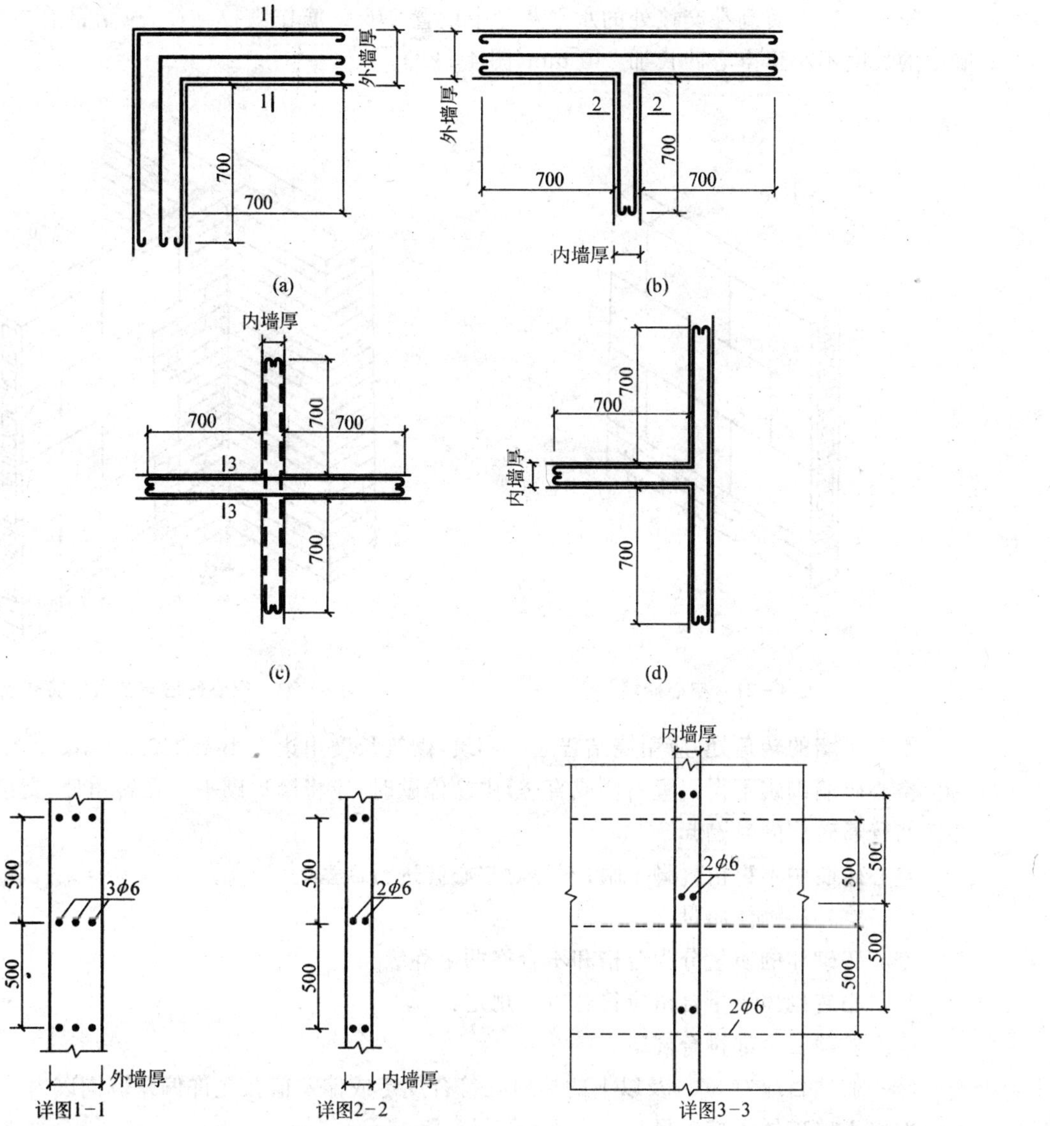

图 4－20　空心砖墙体拉结筋的设置

(a)外墙转角；(b)内外墙丁字相交；(c)内墙十字相交；(d)内墙丁字相交

注：1. 空心砖墙填充墙交接处拉结配筋为 2φ6，当墙厚大于 240 mm 时，为 3φ6，沿墙高间距 500 mm 配置。

2. 十字相交处拉结筋，交替砌于上下两皮砖缝内，空心砖填充墙交接处拉结筋伸入墙内长度，由设计按抗震要求确定。但最小不少于 700 mm，φ6 拉结筋搭接长度不小于 300 mm。

三、空心砖砌体施工与质量控制

(一)空心砖墙施工

砌筑空心砖墙时，砖应提前 1～2 d 浇水湿润，砌筑时砖的含水率宜为 10%～15%。

空心砖墙应侧砌，其孔洞呈水平方向，上下皮垂直灰缝相互错开 1/2 砖长。空心砖墙底部宜砌 3 皮烧结普通砖(图 4－21)。

空心砖墙与烧结普通砖交接处,应以普通砖墙引出不小于 240 mm 长与空心砖墙相接,并于隔 2 皮空心砖高在交接处的水平灰缝中设置 2ϕ6 钢筋作为拉结筋,拉结钢筋在空心砖墙中的长度不小于空心砖长加 240 mm(图 4－22)。

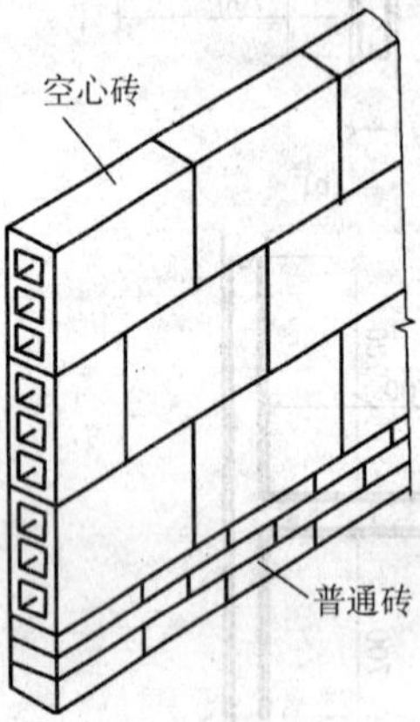

图 4－21 空心砖墙

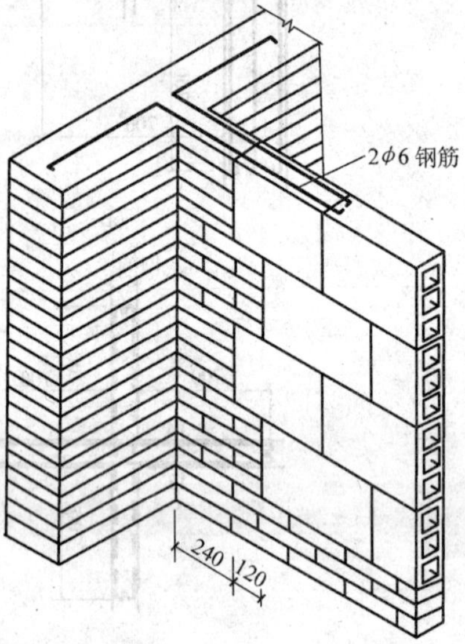

图 4－22 空心砖墙与普通砖墙交接

空心砖墙的转角处,应用烧结普通砖砌筑,砌筑长度角边不小于 240 mm。

空心砖墙砌筑不得留置斜槎或直槎,中途停歇时,应将墙顶砌平。在转角处、交接处,空心砖与普通砖应同时砌起。

空心砖墙中不得留置脚手眼;不得对空心砖进行砍凿。

(二)空心砖砌体质量

空心砖砌体的质量分为合格和不合格两个等级。

1)空心砖砌体质量合格应符合以下规定:

①主控项目全部符合规定;

②一般项目应有 80％及以上的抽检处符合规定或偏差值在允许偏差范围以内。

2)空心砖砌体主控项目。

①砖和砌筑砂浆的强度等级应符合设计要求。

②检验方法:检查砖的产品合格证书、产品性能检测报告和砂浆试块试验报告。

3)空心砖砌体一般项目。

①空心砖砌体一般尺寸的允许偏差应符合表 4－3 的规定。

表 4－3 空心砖砌体一般尺寸允许偏差

项次	项　目		允许偏差(mm)	检　验　方　法
1	轴线位移		10	用尺检查
	垂直度	小于或等于 3 m	5	用 2 m 托线板或吊线、尺检查
		大于 3 m	10	

续表

项次	项　　目	允许偏差(mm)	检　验　方　法
2	表面平整度	8	用2 m靠尺和楔形塞尺检查
3	门窗洞口高、宽(后塞口)	±5	用尺检查
4	外墙上、下窗口偏移	20	用经纬仪或吊线检查

抽检数量：对表中1、2项，在检验批的标准间中随机抽查10%，但不应少于3间；大面积房间和楼道按两个轴线或每10延长米按一标准间计数。每间检验不应少于3处。对表中3、4项，在检验批中抽查10%，且不应少于5处。

②空心砖砌体的砂浆饱满度及检验方法应符合表4-4的规定。

表4-4　空心砖砌体的砂浆饱满度及检验方法

灰缝	饱满度及要求	检　验　方　法
水平灰缝	≥80%	用百格网检查砖底面砂浆的黏结痕迹面积
垂直灰缝	填满砂浆，不得有透明缝、瞎缝、假缝	

抽检数量：每步架子不少于3处，且每处不应少于3块。

③空心砖砌体中留置的拉结钢筋的位置应与砖皮数相符合。拉结钢筋应置于灰缝中，埋置长度应符合设计要求。

抽检数量：在检验批中抽检20%，且不应少于5处。

检验方法：观察和用尺量检查。

④空心砖砌筑时应错缝搭砌，搭砌长度宜为空心砖长的1/2，但不应小于空心砖长的1/3。

抽检数量：在检验批的标准间中抽查10%，且不应少于3间。

检验方法：观察和尺量检查。

⑤空心砖砌体的灰缝厚度和宽度应正确。水平灰缝厚度和垂直灰缝宽度应为8～12 mm。

抽检数量：在检验批的标准间中抽查10%，且不应少于3间。

检验方法：用尺量5皮空心砖的高度和2 m砌体长度折算。

⑥空心砖墙砌至接近梁、板底时，应留一定空隙，待空心砖砌筑完并应至少间隔7 d后，再将其补砌挤紧。

抽检数量：每验收批抽10%墙片(每两柱间的空心砖墙为一墙片)，且不应少于3片墙。

检验方法：观察检查。

第五章　砌块砌体施工技术与质量控制

由于实心黏土砖是国家明令禁止使用的墙体材料，因此寻找合适的替代产品是墙体改革的一项重要内容。由于砌块体形小、重量轻、砌筑速度快、劳动强度低，而且具有节约土地、保护资源、减少环境污染、降低工程造价、缩短建设周期、增加房屋使用面积等优点，充分显示出其巨大的发展潜力。因此，推广使用砌块，并用以代替普通砖是加快我国墙体改革的又一重要措施。

第一节　砌块砌体的施工技术与质量控制

一、砌块砌体的的构造要求

（一）砌块砌体的一般构造要求

1）砌块砌体应分皮错缝搭砌，上下皮搭砌长度不小于 90 mm。当搭砌长度不满足要求时，应在水平灰缝内设置不少于 2ϕ4 的焊接钢筋网片，横向钢筋间距不宜大于 200 mm，网片每端均应超过该垂直缝，其长度不得小于 300 mm。

2）砌块墙与后砌隔墙交接处，应沿墙高每 400 mm 在水平灰缝内设置不少于 2ϕ4、横筋间距不大于 200 mm 的焊接钢筋网片。

3）混凝土砌块墙体的灌孔要求：

在表 5－1 所列部位，应采用不低于 C20 灌孔混凝土将孔灌实。

表 5－1　砌块墙体灌孔要求

灌孔位置	灌孔长度	灌孔高度	灌孔位置	灌孔长度	灌孔高度
纵横墙交接处	墙中心线每边各≥300 mm	墙身全高	屋架、梁支撑面下	≥600 mm	≥600 mm
格栅、檩条、楼板	支撑面下	≥200 mm	挑梁支撑面下	墙中心每边≥300 mm	≥600 mm

4）在砌体中留槽洞及埋设管道时，应遵守下列规定：

①不应在截面长边小于 500 mm 的承重墙体、独立柱内埋设管线；

②不宜在墙体中穿行暗线或预留、开凿沟槽，无法避免时应采取必要的措施或按削弱后的截面验算墙体的承载力。但允许在受力较小或未灌孔的砌块砌体和墙体的竖向孔洞中设置管线。

5）夹心墙应符合下列规定：

①混凝土砌块的强度等级不应低于 MU10；

②夹心墙的夹层厚度不宜大于 100 mm；

③夹心墙外叶墙的最大横向支撑间距不宜大于 9 m。

6)跨度大于 6 m 的屋架及大于 4.8 m 或 4.2 m(对砌块砌体)的梁,其支撑面下的砌体应设置钢筋混凝土垫块,当与圈梁相遇时,应与圈梁浇成整体,当 240 mm 厚砖墙承受6 m大梁、砌块墙和 180 mm 厚砖墙承受 4.8 m 大梁时,则应加设壁柱。跨度大于 9 m 的屋架、预制梁,其端部与砌体应采用锚固措施。

7)预制钢筋混凝土板的支撑长度,在墙上不宜小于 100 mm;在圈梁上不宜小于80 mm。预制钢筋混凝土梁在墙上的支撑长度不宜小于 240 mm。

8)填充墙、隔墙应分别采取措施与周边构件可靠连接。

9)山墙处的壁柱宜砌至山墙顶部,屋面构件应与山墙可靠拉结。

(二)砌块墙的构造

1. 砌块墙的拼接

由于砌块的体积比普通砖的体积大,所以墙体接缝更显得重要。在砌筑时,必须保证灰缝横平竖直、砂浆饱满,使能更好地连接。一般砌块墙采用 M5 砂浆砌筑,水平缝为 10～15 mm,竖向缝为 15～20 mm。当竖向缝大于 40 mm 时,须用 C15 细石混凝土灌实。当砌块排列出现局部不齐或缺少某些特殊规格时,为减少砌块类型,常以普通黏土砖填充。

砌块墙上下错缝应大于 150 mm,当错缝不足 150 mm 时,应于灰缝中配置钢筋网片一道;砌块与砌块在转角、内外墙拼接处应以钢筋网片加固(图 5-1)。

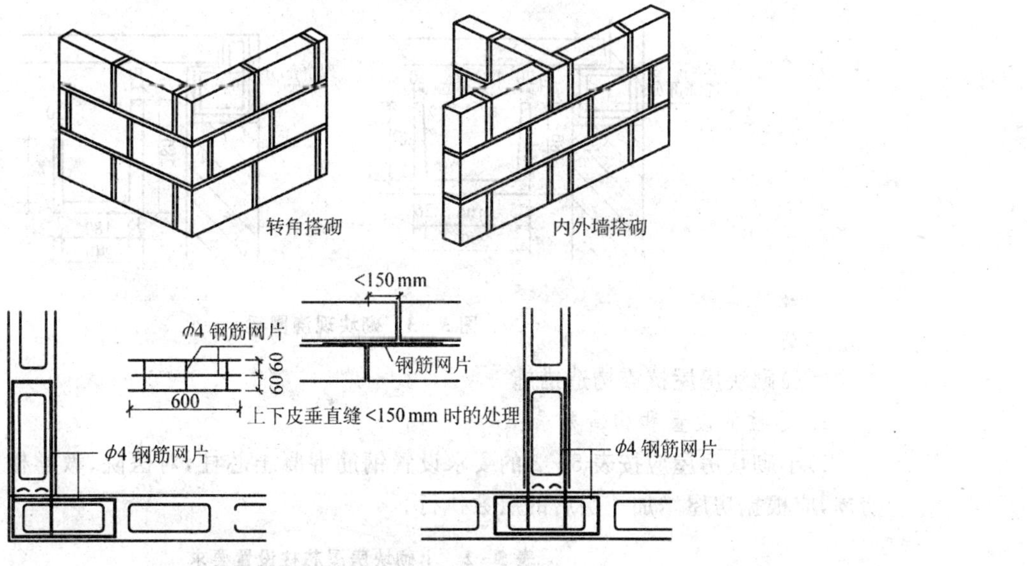

图 5-1　砌块墙的构造

2. 构造柱的设置

为了加强砌体房屋的整体性,空心砌体常于房屋的转角处,内、外墙交接处设置构造柱或芯柱。芯柱是利用空心砌块的孔洞做成,砌筑时将砌块孔洞上下对齐,孔中插入 2ϕ10 或 2ϕ12 的钢筋,采用 C20 细石混凝土分层捣实(见图 5-2)。为了增强房屋的抗震能力,构造柱应与圈梁连接。

3. 过梁与圈梁

过梁是砌块墙的重要构件之一。当砌块墙中遇门窗洞口时,应设置过梁。它既起连系梁的作用,又是一种调节砌块。当层高与砌块高出现差异时,可利用过梁尺寸的变化进行调

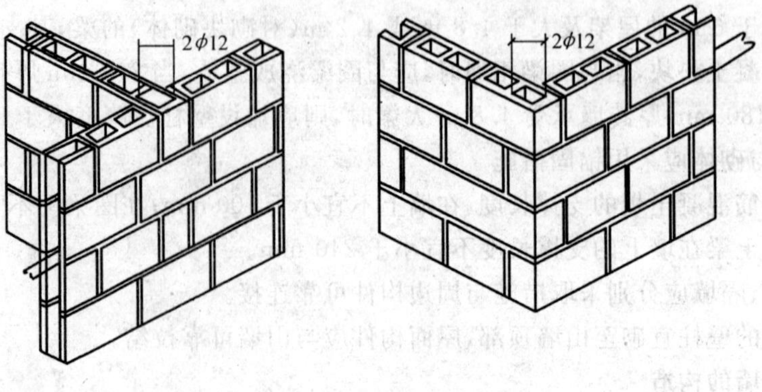

图 5-2 砌块墙柱芯

节，从而使其他砌块的通用性更大。

多层砌体建筑应设置圈梁，以增强房屋的整体性。砌块墙的圈梁常和过梁统一考虑，有现浇和预制两种。现浇圈梁整体性强，对加固墙身较为有利，但施工支模复杂。实际工程中可采用U形预制砌块来代替模板，在槽内配置钢筋后浇筑混凝土而成(见图5-3)。预制圈梁则是将圈梁分段预制，现场拼接。预制时，梁端伸出钢筋，拼接时将两端钢筋扎结后在结点现浇混凝土。

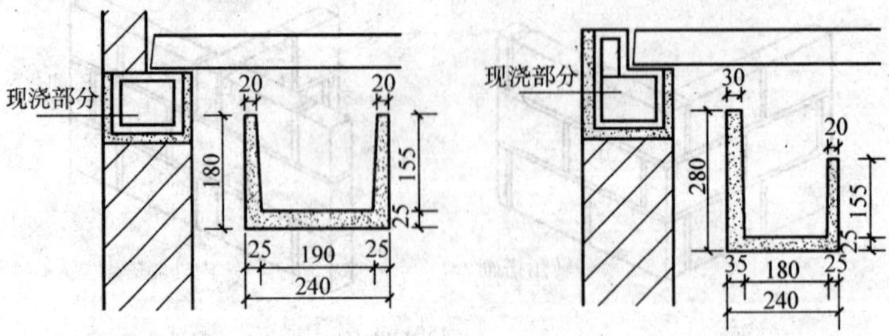

图 5-3 砌块现浇圈梁

(三)砌块房屋抗震构造措施

1. 芯柱的设置和构造要求

1)小砌块房屋应按表5-2的要求设置钢筋混凝土芯柱，对医院、教学楼等横墙较少的房屋，应根据房屋增加一层后的层数执行。

表 5-2 小砌块房屋芯柱设置要求

房屋层数			设置部位	设置数量
6度	7度	8度		
四、五	三、四	二、三	外墙转角，楼梯间四角；大房间内外墙交接处；隔15 m或单元隔墙与外纵墙交接处	外墙转角，灌实3个孔；内外墙交接处，灌实4个孔
六	五	四	外墙转角，楼梯间四角；大房间内外墙交接处；山墙与内纵墙交接外，隔开间横墙(轴线)与外纵墙交接处	

续表

房屋层数			设置部位	设置数量
6度	7度	8度		
七	六	五	外墙转角，楼梯间四角；各内墙（轴线）与外纵墙交接处；8、9度时，内纵墙与横墙（轴线）交接处和洞口两侧	外墙转角，灌实5个孔；内外墙交接处，灌实4个孔；内墙交接处，灌实4～5个孔；洞口两侧各灌实1个孔
	七	六	同上；横墙内芯柱间距不宜大于2 m	外墙转角，灌实7个孔；内外墙交接处，灌实5个孔；内墙交接处，灌实4～5个孔；洞口两侧各灌实1个孔

2)小砌块房屋的芯柱，应符合下列构造要求。

①小砌块房屋的芯柱截面尺寸不宜小于120 mm×120 mm。

②芯柱混凝土强度等级，不应低于C20。

③芯柱的竖向插筋应贯通墙身且与圈梁连接；插筋不应小于1ϕ12，地震烈度为7度时超过5层、地震烈度为8度时超过4层和地震烈度为9度时，插筋不应小于1ϕ14。

④芯柱伸入室外地面下500 mm或与埋深小于500 mm的基础圈梁相连。

⑤为提高墙体抗震受剪承载力而设置的芯柱，宜在墙体内均匀布置，最大净距不宜大于2.0 m。

2. 构造柱替代芯柱的构造要求

1)构造柱最小截面可采用190 mm×190 mm，纵向钢筋宜采用4ϕ12，箍筋间距不宜大于250 mm，且在柱上、下端宜适当加密；7度时超过5层、8度时超过4层和9度时，构造柱纵向钢筋宜采用4ϕ14，箍筋间距不宜大于200 mm；外墙转角的构造柱可适当加大截面及配筋。

2)构造柱与砌块墙连接处应砌成马牙槎，与构造柱相邻的砌块孔洞，地震烈度为6度时宜填实，地震烈度为7度时应填实，地震烈度为8度时应填实并插筋；沿墙高每隔600 mm应设拉结钢筋网片，每边伸入墙内不宜小于1 m。

3)构造柱与圈梁连接处，构造柱的纵筋应穿过圈梁，保证构造柱纵筋上下贯通。

4)构造柱可不单独设置基础，但应伸入室外地面下500 mm，或与埋深小于500 mm的基础圈梁相连。

3. 圈梁的设置和构造要求

1)小砌块房屋的现浇钢筋混凝土圈梁应按表5-3的要求设置，圈梁宽度不应小于190 mm，配筋不应少于4ϕ12，箍筋间距不宜大于200 mm。

表5-3　小砌块房屋现浇钢筋混凝土圈梁的设置要求

墙类	烈度	
	6、7	8
外墙和内纵墙	屋盖处及每层楼盖处	屋盖处及每层楼盖处
内横墙	同上；屋盖处沿所有横墙；楼盖处间距不应大于7 m；构造柱对应部位	同上；各层所有横墙

2)小砌块房屋墙体交接处或芯柱与墙体连接处应设置拉结钢筋网片，网片可采用直径4 mm的钢筋点焊而成，沿墙高每隔600 mm设置，每边伸入墙内不宜小于1 m。

3)小砌块房屋的层数，地震烈度为6度时7层、地震烈度为7度时超过5层、地震烈度为8度时超过4层，底层和顶层的窗台标高处，沿纵横墙应设置通长的水平现浇钢筋混凝土带；其截面高度不小于60 mm，纵筋不少于2ϕ10，并应有分布拉结钢筋；其混凝土强度等级不应低于C20。

二、混凝土小型空心砌块施工工艺

(一)适用范围

本施工工艺适用于工业与民用建筑的轻骨料混凝土小型空心砌块填充墙砌体工程施工。

(二)砌筑要求

1. 材料性能要求

(1)轻骨料混凝土小型空心砌块

轻骨料混凝土小型空心砌块的品种、强度等级必须符合设计要求，并应规格一致，砌块龄期应超过28 d；产品有出厂合格证及复试单。

(2)水泥

宜采用强度等级32.5级普通硅酸盐水泥或矿渣硅酸盐水泥，产品应有出厂合格证及复试报告。

(3)砂

宜用中砂，并通过5 mm筛孔。配制M5(含M5)以上砂浆，砂的含泥量不应超过5%；M5以下砂浆，砂的含泥量不应超过10%，不得含有草根等杂物。

(4)掺合料

有石灰膏、磨细生石灰粉、电石膏和粉煤灰等，石灰膏的熟化时间不应少于7 d，严禁使用冻结或脱水硬化的石灰膏。

(5)其他材料

墙体拉结筋、门窗洞口预埋木砖或埋件、门窗洞口预制过梁等砌筑前应准备完善。

(6)水

自来水或洁净生活用水。

2. 主要机具设备

(1)机具

应备有砂浆搅拌机、筛砂机和淋灰机等。

(2)工具

应备有大铲、刨锛、瓦刀、托线板、线坠、水平尺、皮数杆、泥桶、存灰槽、砖夹、筛子、勾缝条、运砖车、灰浆车、翻斗车、磅秤和砖笼等。

(3)检测工具

水准仪、经纬仪、钢卷尺、百格网、皮数杆、线坠、水平尺、磅秤、砂浆试模等。

3. 作业条件

1)对工人技术交底完毕，项目部管理制度健全，管理人员持证上岗，熟练技工占总操作人员70%以上。

2)砌筑前,基础或结构应经验收合格,弹好墙身轴线、墙边线、门窗洞口和柱子的位置线。

3)根据统一标高控制线及窗台、窗顶标高,预排出砖砌块的皮数线,皮数线可划在柱、墙上,并标明拉结筋、圈梁、过梁等的尺寸标高,皮数线经质量部门验收合格。

4)根据最下面第一皮砖的标高,拉通线检查,如水平灰缝厚度超过20 mm,先用C15以上混凝土找平。严禁用砂浆或砂浆包碎砖找平。

5)在墙转角处、楼梯间及内外墙交接处,已按标高立好皮数杆;皮数杆的间距以15~20 m为宜,并办好预检手续。

6)砌筑部位(基础或楼板等)的灰渣,杂物清除干净,并浇水湿润。

7)砂浆由有资质的试验室做好试配,确定配合比;根据砌筑量准备好砂浆试模。

8)构造柱钢筋绑扎,隐检验收完毕。

9)填充外墙施工时,外防护脚手架应随楼层搭设完毕,墙体距外脚手架间的间隙应水平防护,防止高空坠落及落物。内墙已准备好工具式脚手架。

10)"三宝"配齐,"四口"和"五临边"做好防护。

(三)施工工艺

1. 工艺流程

弹体墙线→立皮数杆→确定组砌方法→砖浇水→拌制砂浆→排砖→砌砖墙→验收。

2. 施工要点

1)结构经验收合格后,根据基础或楼层中的控制轴线,事先测放出墙体的轴线和门窗洞口的位置线,将门顶及窗台窗顶的位置标高线标示在墙或柱上。经质量部门验收后方可进行墙体砌筑。

2)基层清理。在砌筑砖体前应对基层进行清理,将墙体处的浮浆、灰尘清扫冲洗干净,并浇水使基层湿润。

3)在皮数杆上或柱墙上排出砖的皮数及灰缝厚度,并标出窗台、洞口、圈梁等的标高。

4)轻骨料混凝土小型空心砌块砌筑时,产品龄期应超过28 d。

5)轻骨料混凝土小型空心砌块的运输、装卸过程中,严禁抛掷和倾倒。进场后应按品种、规格分别堆放整齐,堆置高度不宜超过2 m。

6)轻骨料混凝土小型砌块砌筑时,砌块应提前2 d浇水湿润,含水率宜控制在5%~8%。

7)用轻骨料混凝土小型砌块砌筑墙体时,墙底部应砌烧结普通砖、多孔砖或用C20混凝土现浇坎台,其高度不宜小于200 mm。

8)砂浆配合比应由试验室确定采用质量比,砂浆宜用机械搅拌,砌筑的砂浆必须机械搅拌均匀,随拌随用。水泥砂浆和混合砂浆分别应在3 h和4 h内使用完毕。细石混凝土应在2 h内用完。

9)水泥砂浆和水泥混合砂浆的搅拌时间不得少于2 min,掺外加剂的砂浆不得少于3 min,掺有机塑化剂的砂浆应为3~5 min。同时还应具有较好的和易性和保水性,一般稠度以5~7 cm为宜。外加剂和有机塑化剂的配料精度应控制在±2%以内,其他配料精度应控制在±5%以内。

10)在每一楼层或250 m^3 的砌体中,对每种强度等级的砂浆或混凝土,应至少制作一组试块(每组6块)。如砂浆和混凝土的强度等级或配合比变更时,也应制作试块以便检查。

11)在砌筑过程中,要经常校核墙体的轴线和边线,当挂线过长时,应检查是否达到平直通顺一致的要求,以防轴线产生位移。若有偏差应在砂浆初凝前用小木锤轻轻进行修正,砂浆初凝后纠正偏差应重新砌筑。

12)砌筑时应预先试排试块,并优先选用整体砌块。不得已需断开试块时,应使用手锯、切割机等工具锯裁整齐,并保护好砌体的棱角。上下皮灰缝应错开搭砌,搭砌长度不应小于砌块总长的1/3。当搭砌长度小于150 mm时,即形成所谓的通缝,竖向通缝不应大于2皮砌块。

13)轻骨料混凝土小型空心砌块填充墙在转角及纵横墙交接处,应同时砌筑,当不能同时施工时,应留成斜槎,斜槎长度不应小于高度的2/3。如留斜槎确有困难时,除外墙转角处或有抗震设防的地区墙体临时间断除外,可从墙面伸出200 mm砌成阴阳槎,并沿墙高每三皮砖或600 mm高,宜设26拉结筋。从留槎处算起,拉结筋每边伸入墙体或芯柱内不应小于600 mm。

14)砌块墙的转角处,应隔皮纵横墙砌块搭砌。砌筑时填充墙必须遵循"反砌"原则,每皮砌块底部朝上砌筑,上下皮应对孔错缝搭砌,搭砌长度一般为砌块长度的1/2。如上下皮砌块不能对孔砌筑时,搭砌长度也不应小于90 mm,如不能满足上述要求时,应在水平灰缝预埋2ϕ6拉结筋,拉结筋长度不应小于700 mm,竖向通缝不应大于2皮砌块。

15)墙体洞口上部应放置2ϕ6拉结筋,伸过洞口两边长度每边不少于500 mm。

16)轻骨料混凝土小型空心砌块填充墙砌体与结构件的连接部位应预埋拉结筋。当设计有要求时按设计要求预埋,设计没有要求时沿高度间距500～1 000 mm预埋或后置2ϕ6拉结筋。当有抗震要求时,拉结筋的末端应做50 mm长90°弯钩。拉结筋不得任意弯曲,并应填在水平灰缝的砂浆中。

17)轻骨料混凝土小型空心砌块的水平灰缝厚度和竖向灰缝厚度应为8～12 mm,砂浆饱满度应大于等于80%,垂直灰缝应用临时夹板夹紧后填满砂浆,不得有透明缝、瞎缝和假缝。

18)墙体日砌高度不宜超过1.8 m。填充墙上不得留脚手眼,搭设脚手架。

19)对设计规定的预留孔洞、预埋件和穿墙等均应按设计要求砌筑,不得完工后凿墙。墙体抗震拉结筋的位置,钢筋规格、数量、间距,均应按设计要求留置,不应错放、漏放。

20)轻骨料混凝土小型空心砌块填充墙体砌体与后塞口门窗的连接可通过预埋木砖实现。木砖经防腐后可埋入预制混凝土块中,随轻骨料混凝土小型空心砌块一起砌筑,预制混凝土砌块大小应符合砌体模数,或用烧结普通砖在需放木砖部位砌长度240 mm、宽与轻骨料混凝土砌块等厚的砖礅,木砖放置中间。

21)轻骨料混凝土小型砌块填充墙砌至接近梁底和板底时,应留一定的孔隙,待填充墙砌筑完毕并至少间隔7 d后,再用烧结标准砖或多孔砖成60°斜砌顶紧,防止上部砌体因砂浆收缩而开裂。严禁平砌与生摆现象。

22)当设计有要求时,轻骨料混凝土小型空芯砌块填充墙应按设计要求设置素混凝土或钢筋混凝土芯柱,芯柱的宽度由设计确定。留设位置宜在填充墙的转角处、十字交接处、丁字形交接处或大开间中纵横向填充墙中间等部位。芯柱布置应体现对称均匀的原则。

23)框架柱、剪力墙侧面等结构部位应预埋 ϕ6 mm 的拉墙筋以及构造柱、圈梁插筋，或结构施工后置入拉墙筋、圈梁和构造柱插筋。

24)芯柱所用混凝土的强度等级不应小于 C15。为便于混凝土的浇筑，混凝土的坍落度不应低于 90 mm。宜采用较细软轴式混凝土振捣器，每 400～500 mm 高分层，边振捣边浇筑，混凝土浇筑时应保证砌体的强度等级不应低于 1 MPa。

(四)质量标准

1. 主控项目

1)轻骨料混凝土小型空心砌块和砂浆的强度等级必须符合设计要求。

2)轻骨料混凝土小型空心砌块砌体水平灰缝的砂浆饱满度不得小于 80%。

3)轻骨料混凝土小型空心砌块砌体的位置及垂直度允许偏差应符合表 5-4 规定。

表 5-4　轻骨料混凝土空心砌块砌体填充墙的允许偏差

项次	项目		允许偏差(mm)	检验方法
1	轴线位移		10	用尺检查
2	垂直度	≤3	5	用 2 m 托线板或尺检查
		>3	10	

2. 一般项目

1)填充墙砌体一般尺寸的允许偏差应符合表 5-5 规定。

表 5-5　轻骨料混凝土空心砌块砌体一般尺寸允许偏差

项次	项目	允许偏差/mm	检验方法
1	表面平整度	8	用 2 m 靠尺和楔形塞尺检查
2	门窗洞口高、宽(后塞口)	±5	用尺检查
3	外墙上、下窗口偏移	20	用经纬仪或吊线检查

2)轻骨料混凝土小型空心砌块砌体不应与其他块材混砌。

3)轻骨料混凝土小型空心砌块搭砌长度不应小于砌块长度的 1/3，竖向通缝不应大于 2 皮。

4)轻骨料混凝土小型空心砌块的水平灰缝厚度和竖向灰缝厚度应为 8～12 mm，砂浆饱满度应大于等于 80%，用百格网检查。

5)填充墙砌至接近梁或板底时，应留一定空隙，待填充墙砌筑完毕并应至少间隔 7 d 后，再用实心砖或混凝土砌块将其补砌挤紧。

6)圈梁、构造柱和墙体拉结筋的位置、锚固长度及搭接长度应符合设计和规范要求。

三、砌块砌体的施工质量控制与验收评价

(一)砌体施工质量控制等级

建筑工程的砖、石、混凝土小型空心砌块、蒸压加气混凝土砌块等砌体的施工质量控制和验收应严格按照《砌体工程施工质量验收规范》(GB 50203—2002)的要求执行。

由于砌体的施工主要依靠人工操作，所以，砌体结构的质量也在很大程度上取决于人的因素。施工过程对砌体结构质量的影响直接表现在砌体的强度上。在验收规范中，施工水

平按质量监督人员、砂浆强度试验及搅拌、砌筑工人技术熟练程度等情况将砌体施工质量控制等级分为三级(见表5-6)。

表5-6 砌体施工质量控制等级

项目	施工质量控制等级		
	A	B	C
现场质量管理	制度健全,并严格执行;非施工方质量监督人员经常到现场,或现场设有常驻代表;施工方有在岗专业技术管理人员,人员齐全,并持证上岗	制度基本健全,并能执行;非施工方质量监督人员间断地到现场进行质量控制,施工方有在岗专业技术管理人员,并持证上岗	有制度;非施工方质量监督人员很少作现场质量控制;施工方有在岗专业技术管理人员
砂浆强度	试块按规定制作,强度满足验收规定,离散性小	试块按规定制作,强度满足验收规定,离散性较小	试块强度满足验收规定,离散性大
砂浆拌合方式	机械拌合;配合比计量控制严格	机械拌合;配合比计量控制一般	机械或人工拌合;配合比计量控制较差
砌筑工人	中级工以上,其中高级工不少于20%	高中级工不少于70%	初级工以上

(二)砌体施工质量基本规定

砌体施工质量的质量控制,主要从砌筑材料和施工工艺两方面提出了要求。

1. 施工工艺的基本要求

(1)基础砌筑

基础高低台的合理搭接,对保证基础砌体的整体性至关重要。从受力角度考虑,基础扩大部分的高度与载荷、地耐力等有关。对有高低台的基础,应从低处砌起,在设计无要求时,高低台的搭接长度不应小于基础扩大部分的高度。

(2)墙体砌筑

为了保证墙体的整体性,提高砌体结构的抗震能力,砌体的转角处和交接处应同时砌筑,如不能同时砌筑,应留斜槎;砌体的交接处如不能同时砌筑,可留直槎。均应做好接槎处。

在墙上留置临时施工洞口,其侧边离交接处墙面不应小于500 mm,洞口净宽度不应超过1 m。抗震设防烈度为9度的地区建筑物的临时施工洞口位置,应会同设计单位确定。临时施工洞口应做好补砌。

脚手眼不仅破坏了砌体结构的整体性,而且还影响建筑物的使用功能,施工脚手眼补砌时,灰缝应填满砂浆,不得用干砖填塞。

尚未施工楼板或屋面的墙或柱,当可能遇到大风时,其允许自由高度不得超过表5-7的规定。如超过表中限值时,必须采用临时支撑等有效措施。

2. 砌筑材料的要求及检验

(1)对砂浆的要求

在砌体工程施工时,应用合格的材料才可能砌筑出符合质量要求的工程。使用的材料必须具有材料的产品合格证书和产品性能检测报告。对砌体质量有显著影响的块材、水泥、钢筋、外加剂等主要材料在进入施工现场后应进行主要性能的复检,合格后方可使用。严禁使用国家明令淘汰的材料。

表5-7 墙和柱的允许自由高度

墙(柱)厚(mm)	砌体密度>1 600 kg/m³ 风载(kN/m³)			砌体密度1 300～1 600 kg/m³ 风载(kN/m³)		
	0.3(约7级风)	0.4(约8级风)	0.5(约9级风)	0.3(约7级风)	0.4(约8级风)	0.5(约9级风)
190	—	—	—	1.4	1.1	0.7
240	2.8	2.1	1.4	2.2	1.7	1.1
370	5.2	3.9	2.6	4.2	3.2	2.1
490	8.6	6.5	4.3	7.0	5.2	3.3
620	14.0	10.5	7.0	11.4	8.6	5.7

砌筑砂浆所用水泥进场使用前，应分批对其强度、安定性进行复验。检验批应以同一生产厂家、同一编号为一批。当在使用中对水泥质量有怀疑或水泥出厂超过三个月(快硬硅酸盐水泥超过一个月)时，应复查试验，并按其结果使用。不同品种的水泥不得混合使用。不同品种的水泥由于成分不一，混合使用后往往会发生材性变化或强度降低而引起工程质量问题。

砂浆用砂不得含有有害杂物。砂浆用砂的含泥量应满足以下要求：水泥砂浆和强度等级不小于M5的水泥混合砂浆，不应超过5%；强度等级小于M5的水泥混合砂浆，不应超过10%。M5以上的水泥混合砂浆，如砂子含泥量过大，有可能导致塑化剂掺量过多，造成砂浆强度降低。

配制水泥石灰砂浆时，不得采用脱水硬化的石灰膏，脱水硬化的石灰膏和消石灰粉不能起塑化作用又影响砂浆强度。消石灰粉需充分熟化后方能使用于砌筑砂浆中。

拌制砂浆用水，水质应符合国家现行标准《混凝土拌和用水标准》JGJ 63—1989的规定。当水中含有有害物质时，将会影响水泥的正常凝结，并可能对钢筋产生锈蚀作用。可饮用水均能满足要求。

砌筑砂浆应通过试配确定配合比，其组分材料配合比应采用质量计量。当砌筑砂浆的组成材料有变更时，其配合比应重新确定。施工中当采用水泥砂浆代替水泥混合砂浆时，应重新确定砂浆强度等级。凡在砂浆中掺入有机塑化剂、早强剂、缓凝剂、防冻剂等，应经检验和试配符合要求后，方可使用。有机塑化剂应有砌体强度的形式检验报告，并根据其形式检验报告结果确定砌体强度。例如，对微沫剂替代石灰膏制作水泥混合砂浆，砌体抗压强度较同强度等级的混合砂浆砌筑的砌体的抗压强度降低10%；而砌体的抗剪强度无不良影响。

为了降低劳动强度和克服人工拌制砂浆不易搅拌均匀的缺点，砌筑砂浆应采用机械搅拌；砂浆的搅拌时间自投料完算起应符合规定：水泥砂浆和水泥混合砂浆不得少于2 min；水泥粉煤灰砂浆和掺用外加剂的砂浆不得少于3 min；掺用有机塑化剂的砂浆，应为3～5 min。砂浆应随拌随用，水泥砂浆和水泥混合砂浆应分别在3 h和4 h内使用完毕；当施工期间最高气温超过30 ℃时，应分别在拌成后2 h和3 h内使用完毕。

(2)砌筑材料的检验

同一验收批砌筑砂浆试块抗压强度平均值必须大于或等于设计强度等所对应的立方体抗压强度；同一验收批砂浆试块抗压强度的最小一组平均值必须大于或等于设计强度等级

所对应的立方体抗压强度的 0.75 倍。砌筑砂浆的验收批，同一类型、强度等级的砂浆试块应不少于 3 组。当同一验收批只有一组试块时，该组试块抗压强度的平均值必须大于或等于设计强度等级所对应的立方体抗压强度。

抽检数量：每一检验批且不超过 250 m^3 砌体的各种类型及强度等级的砌筑砂浆，每台搅拌机应至少抽检一次。

检验方法：在砂浆搅拌机出料口随机取样制作砂浆试块（同盘砂浆只应制作一组试块），最后检查试块强度，填写试验报告单。

当施工中或验收时出现砂浆试块缺乏代表性或试块数量不足，或对砂浆试块的试验结果有怀疑或有争议，或砂浆试块的试验结果不能满足设计要求时，可采用现场检验方法对砂浆和砌体强度进行原位检测或取样检测，并判定其强度。

（三）砌块砌体的质量标准及检验方法

为有效控制砌体收缩裂缝和保证砌体强度，施工时所用的小砌块的产品龄期不应小于 28 d。砌筑小砌块时，应清除表面污物和芯柱用小砌块孔洞底部的毛边，剔除外观质量不合格的小砌块。砌筑所用的砂浆，宜选用专用的小砌块砌筑砂浆。底层室内地面以下或防潮层以下的砌体，为了提高砌体的耐久性，预防或延缓冻害，减轻地下水中有害物质对砌体的侵蚀，应采用强度等级不低于 C20 的混凝土灌实小砌块的孔洞。小砌块砌筑时，在天气干燥炎热的情况下，可提前洒水湿润小砌块；小砌块表面有浮水时，不得施工。承重墙体严禁使用断裂小砌块；小砌块墙体应对孔错缝搭砌，搭接长度不应小于 90 mm。墙体的个别部位不能满足上述要求时，应在灰缝中设置拉结钢筋或钢筋网片，但竖向通缝仍不得超过两皮小砌块。小砌块应底面朝上反砌于墙上。

浇灌芯柱的混凝土，宜选用专用的小砌块灌孔混凝土，当采用普通混凝土时，其坍落度不应小于 90 mm。浇灌芯柱混凝土，应清除孔洞内的砂浆等杂物，并用水冲洗；为了避免振捣混凝土芯柱时的震动和施工过程中难以避免的冲撞对墙体的整体性带来不利影响，应待砌体砂浆强度大于 1 MPa 时，方可浇灌芯柱混凝土；在浇灌芯柱混凝土前应先注入适量与芯柱混凝土相同强度的水泥砂浆，再浇灌混凝土。

1. 主控项目

1）小砌块和砂浆的强度等级必须符合设计要求。

抽检数量：每一生产厂家，每 1 万块小砌块至少应抽检一组。用于多层以上建筑基础和底层的小砌块抽检数量不应少于 2 组。砂浆试块的抽检数量为：每一检验批且不超过 250 m^3 砌体的各种类型及强度等级的砌筑砂浆，每台搅拌机应至少抽检一次。

检验方法：查小砌块和砂浆试块试验报告。

2）砌体水平灰缝的砂浆饱满度，应按净面积计算不得低于 90%；竖向灰缝饱满度不得小于 80%，竖缝凹槽部位应用砌筑砂浆填实；不得出现瞎缝、透明缝。

抽检数量：每检验批不应少于 3 处。

检验方法：用专用百格网检测小砌块与砂浆黏结痕迹，每处检测 1 块小砌块，取其平均值。

3）墙体转角处和纵横墙交接处应同时砌筑。临时间断处应砌成斜槎，斜槎水平投影长度不应小于高度的 2/3。

抽检数量：每检验批抽 20% 接槎，且不应少于 5 处。

检验方法:观察检查。

2. 一般项目

墙体的水平灰缝厚度和竖向灰缝宽度宜为 10 mm,但不应大于 12 mm,也不应小于 8 mm。

抽检数量:每层楼的检测点不应少于 3 处。

抽检方法:用尺量 5 皮小砌块的高度和 2 m 砌体长度折算。

(四)填充墙砌体工程的质量标准及检验方法

房屋建筑采用空心砖、蒸压加气混凝土砌块、轻骨料混凝土小型空心砖块等砌筑填充墙时,为了有效控制砌体收缩裂缝和保证砌体强度,蒸压加气混凝土砌块、轻骨料混凝土小型空心砌块砌筑时,其产品龄期应超过 28 d。空心砖、蒸压加气混凝土砌块、轻骨料混凝土小型空心砌块等的运输、装卸过程中,严禁抛掷和倾倒。进场后应按品种、规格分别堆放整齐,堆置高度不宜超过 2 m。加气混凝土砌块应防止雨淋。

填充墙砌体砌筑前块材应提前 2 d 浇水湿润。蒸压加气混凝土砌块砌筑时,应向砌筑面适量浇水。用轻骨料混凝土小型空心砌块或蒸压加气混凝土砌块砌筑墙体时,墙底部应砌烧结普通砖或多孔或普通混凝土小型空心砌块或现浇混凝土坎台等,其高度不宜小于 200 mm。

1. 主控项目

砖、砌块和砌筑砂浆的强度等级应符合设计要求。

检验方法:检查砖或砌块的产品合格证书、产品性能检测报告和砂浆试块试验报告。

2. 一般项目

1)填充墙砌体一般尺寸的允许偏差应符合表 5-8 的规定。

表 5-8　填充墙砌体一般尺寸的允许偏差

项次	项目		允许偏差(mm)	检验方法
1	轴线位移		10	用尺检查
	垂直度	≤3 m	5	用 2 m 托线板或吊线、尺检查
		>3 m	10	
2	表面平直度		8	用 2 m 靠尺和楔形塞尺检查
3	门窗洞口高、宽(后塞口)		±5	用尺检查
4	外墙上、下窗口平移		20	用经纬仪或吊线检查

抽检数量:

① 对表 5-8 中 1、2 项,在检验批的标准间中随机抽查 10%,但不应少于 3 间;大面积房间和楼道按两个轴线或每 10 延长米按一标准间计数。每间检验不应少于 3 处。

② 对表 5-8 中 3、4 项,在检验批中抽检 10%,且不应少于 5 处。

2)蒸压加气混凝土砌块砌体和轻骨料混凝土小型空心砌块砌体不应与其他块材混砌。

抽检数量:在检验批中抽检 20%,且不应少于 5 处。

检验方法:外观检查。

3)填充墙砌体的砂浆饱满度及检验方法应符合表 5-9 的规定。

抽检数量:每步架子不少于 3 处,且每处不应少于 3 块。

表 5-9 填充墙砌体的砂浆饱满度及检验方法

砌体分类	灰缝	饱满度及要求	检验方法
空心砖砌体	水平	≥80%	采用百格网检查块材底面砂浆的黏结痕迹面积
	垂直	填满砂浆，不得有透明缝、瞎缝、假缝	
加气混凝土砌块和轻骨料混凝土小砌块砌体	水平	≥80%	
	垂直	≥80%	

4)填充墙砌体留置的拉结钢筋或网片的位置应与块体皮数相符合。拉结钢筋或网片应置于灰缝中，埋置长度应符合设计要求，竖向位置偏差不应超过一皮高度。

抽检数量：在检验批中抽检 20%，且不应少于 5 处。

检验方法：观察和用尺量检查。

5)填充墙砌筑时应错缝搭砌，蒸压加气混凝土砌块搭砌长度不应小于砌块长度的1/3；轻骨料混凝土小型空心砌块搭砌长度不应小于 90 mm；竖向通缝不应大于 2 皮。

抽检数量：在检验批的标准间中抽查 10%，且不应少于 3 间。

检查方法：观察和用尺检查。

6)填充墙砌体的灰缝厚度和宽度应正确。空心砖、轻骨料混凝土小型空心砌块的砌体灰缝应为 8～12 mm。蒸压加气混凝土砌块砌体的水平灰缝厚度及竖向灰缝宽度分别宜为 15 mm 和 20 mm。

抽检数量：在检验批的标准间中抽查 10%，且不应少于 3 间。

检查方法：用尺量 5 皮空心砖或小砌块的高度和 2 m 砌体长度折算。

7)填充墙砌至接近梁、板底时，应留一定空隙，待填充墙砌筑完并应至少间隔 7 d 后，再将其补砌挤紧。

抽检数量：每验收批抽 10%填充墙片(每两柱间的填充墙为一墙片)，且不应少于 3 片。

检验方法：观察检查。

(五)砌体施工的质量保证措施

砌体施工时，应建立健全项目现场质量管理制度并严格执行；业主或业主委托的质量监督人员经常到现场，或在现场设有常驻代表；施工方在岗专业技术管理人员应齐全，并持证上岗。

1. 进场材料质量的控制措施

1)砖的品种、强度等级必须符合设计要求，并应规格一致，有出厂合格证及试验单，严格检验手续，对不合格品坚决退场。

混凝土小型空心砌块的强度等级必须符合设计要求及规范规定；砌块的截面尺寸及外观质量应符合国家技术标准要求；砌块应保持完整无破损、无裂缝。

施工时所用的小砌块的产品龄期不应小于 28 d，承重墙不得使用断裂小砌块。

2)水泥进场使用前，应分批对其强度、安定性进行复验。检验批应以同一生产厂家、同一编号为一批。当在使用中对水泥质量有怀疑或水泥出厂超过三个月(快硬硅酸盐水泥超过一个月)时，应复查试验，并按其结果使用。不同品种的水泥，不得混合使用。

3)砂浆用砂不得含有有害物质及草根等杂物。砂的含泥量不应超过表 5-10 的规定，并应通过 5 mm 筛孔进行筛选。

表 5－10　砂的含泥量

砂浆强度等级	水泥砂浆、水泥混合砂浆≥M5	水泥混合砂浆＜M5
含泥量按质量计不大于(%)	5	10

4)塑化材料：砌体混合砂浆常用的塑化材料有石灰膏、磨细石灰粉、电石膏和粉煤灰等，石灰膏的熟化时间不少于 7 d，严禁使用冻结和脱水硬化的石灰膏。

5)砂浆拌合用水水质必须符合现行国家标准《混凝土拌和用水标准》JGJ 63—1989 的要求。

6)构造柱混凝土中所用石子(碎石、卵石)含泥量不超过 1%；混凝土中选用外加剂应通过试验室试配，外加剂应有出厂合格证及试验报告。钢筋应根据设计要求的品种、强度等级进行采购，钢筋应有出厂合格证和试验报告，进场后应进行见证取样、复检。

7)预埋木砖及金属件必须进行防腐处理。

2. 施工过程质量控制措施

1)原材料必须逐车过磅，计量准确，搅拌时间应达到规定的要求，砂浆试块应有专人负责制作与养护。

2)基础大放脚两侧收退应均匀，砌到基础墙身时，应按所弹轴线和边线拉线砌筑，砌筑时应随时用线锤检查基础墙身的垂直度。

3)盘角时灰缝应控制均匀，每层砖都应与皮数杆对齐，钉皮数杆的木桩要牢固，防止碰撞松动。皮数杆立完后，应复验，确保皮数杆高度一致。

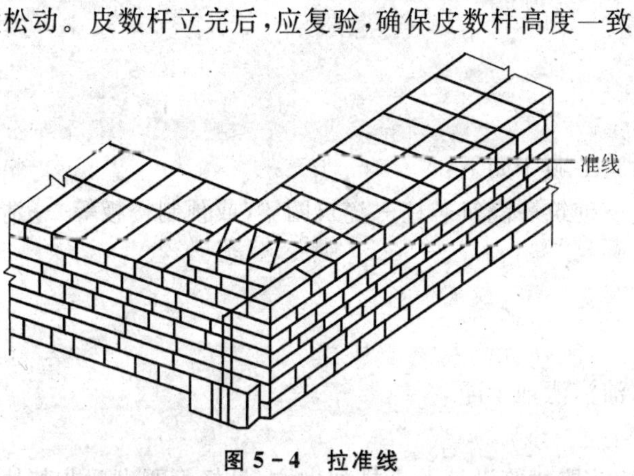

图 5－4　拉准线

4)准线应绷紧拉平。砌筑时应左右照顾，避免接槎处高低不平。一砖半墙及以上墙体必须双面挂线，一砖墙反手挂线，舌头灰应随砌随刮平，如图 5－4 所示。

5)应随时注意正在砌筑砖的皮数，保证按皮数杆标明的位置埋置埋入件和拉结筋。拉结筋外露部分不得任意弯折，并保证其长度符合设计及规范的要求。

6)内外墙的砖基础应同时砌筑。如因特殊情况不得同时砌筑时，应留置斜槎，斜槎的长度不应小于斜槎高度的 2/3。

7)基础底标高不同时，应先从低处砌起，并由高处向低处搭接，如无设计要求，其搭接长度不应小于基础扩大部分的高度。

8)砌筑时，高差不宜过大，一般不得超过一步架的高度。

9)防潮层应在基础全部砌到设计标高，房心回填土完成后进行。防潮层施工时，基础墙顶面应清洗干净，使防潮层与基层黏结牢固，防水砂浆收水后要抹压平整、密实。

10)构造柱砖墙应砌成大马牙槎，设置好拉结筋(图 5－5)，砌筑时应从柱脚开始，且柱两侧都应先退后进，当槎深达到 120 mm 时，宜上口一皮进 60 mm，再上一皮进 120 mm，以保证混凝土浇筑时上角密实，构造柱内的落地灰、砖渣杂物必须清理干净，防止混凝土内夹渣。

11）竖向灰缝不得出现透明缝、瞎缝和假缝。

12）施工临时间断处补砌时，必须将接槎处表面清理干净，浇水湿润，并填实砂浆，保持灰缝平直。

13）砌块墙在施工前，必须进行砌块的排列组合设计。排列组合设计时，应尽量采取主规格的砌块，并对孔错缝搭接，搭接长度不应小于 90 mm。纵横墙交接处、转角处应交错搭砌。

14）施工中必须做好砂浆的铺设与竖缝砂浆或混凝土的浇灌工作，砌筑应严格按皮数杆准确控制灰缝厚度和每皮砌块的砌筑高度。

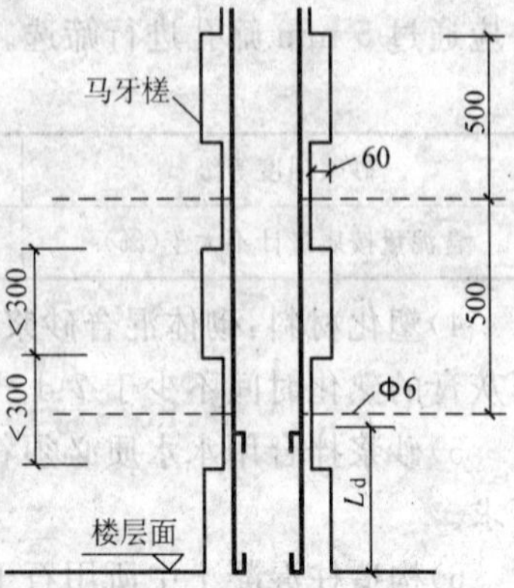

图 5-5　大马牙槎

15）空心砌块填充墙砌体的芯柱应随砌随灌混凝土，并振捣密实；无楼板的芯柱应先清理干净，用水冲洗后分层浇筑混凝土，每层厚度 400～500 mm。芯柱钢筋严格按设计要求及规范规定施工，保证钢筋间距和下料尺寸准确。

16）填充墙及砌体验收记录及填写方法。

第二节　中小型空心砌块施工技术与质量控制

一、小型空心砌块墙体施工

（一）施工顺序

普通混凝土小型空心砌块墙体的施工顺序如下：

清理砌筑基面→划线→预排砌块→砌筑→浇筑芯柱→浇筑圈梁（或预制楼板等）→清理砌体墙表面→墙面抹灰→验收。

（二）施工步骤

1. 清理砌筑基面

首先应将砌筑基面的杂物、浮尘、油污清理干净。

2. 划线、预排砌块

对即将砌筑的砌体所在位置划线，并按建筑设计图来排列砌块，最好不要出现非整块的砌块，并尽量采用主规格砌块。

3. 砌筑

砌筑时要根据要求设置必要的拉结钢筋或网片。

4. 浇筑芯柱

根据设计进行砌体的钢筋混凝土芯柱的浇筑。

5. 浇筑圈梁或预制楼板等

根据设计要求进行砌体的钢筋混凝土圈梁的浇筑，或者安装预制楼板、挑梁、过梁等。

6. 墙面抹灰

砌块墙体砌筑完后，可进行必要的清整，然后进行墙面的抹灰。

（三）施工注意事项

1. 砌体的砌筑

1）承重墙体不得采用砌块与黏土砖等混砌。

2）普通混凝土小型空心砌块不宜浇水；当天气干燥炎热时，可在砌块上稍加喷水润湿；轻骨料混凝土小型空心砌块在施工前可洒水，但不宜过多。

3）龄期不足 28 d 及潮湿的小砌块不得进行砌筑。

4）应在房屋四角或楼梯间转角处设立皮数杆，皮数杆间距不宜超过 15 m。

5）从转角或定位处开始，内外墙同时砌筑，纵横墙交错搭接；外墙转角处严禁留直槎，宜从两个方面同时砌筑；墙体临时间断处应砌成斜槎，斜槎长度不应小于高度的 2/3（一般按一步脚手架高度控制）。如留斜槎有困难，除外墙转角处及抗震设防地区，墙体临时间断处不应留直槎外，可从墙面伸出 200 mm 砌成阴阳槎，并沿墙高每三皮砌块（600 mm），设拉结筋或钢筋网片。接槎部位宜延至门窗洞口。

6）应对孔错缝搭砌。个别情况当无法对孔砌筑时，普通混凝土小砌块的搭接长度不应小于 90 mm。轻骨料混凝土小砌块不应小于 120 mm。当不能保证此规定时，应在灰缝中设置拉结钢筋或网片。

7）严禁使用断裂小砌块或壁肋中有竖向凹形裂缝的小砌块砌筑承重墙体。

8）砂浆的强度等级和品种必须符合要求。砌筑砂浆必须搅拌均匀，随拌随用，盛入灰槽（盆）内的砂浆如有泌水现象时，应在砌筑前重新拌和。水泥砂浆和水泥混合砂浆应分别在拌成后 3 h 和 4 h 内用完，施工期间最高气温超过 30 ℃，必须分别在 2 h 和 3 h 内用完。砂浆稠度，用于普通混凝土小砌块时宜为 50 mm，用于轻骨料混凝土小砌块时宜为 70 mm。

9）砌筑前要先铺砂浆，第一排铺浆厚度应大于等于 20 mm，以上各排水平缝厚度 8～12 mm；垂直缝宽度为 8～12 mm；操作中随砌随将舌头灰刮净；使用的砂浆不得过夜。

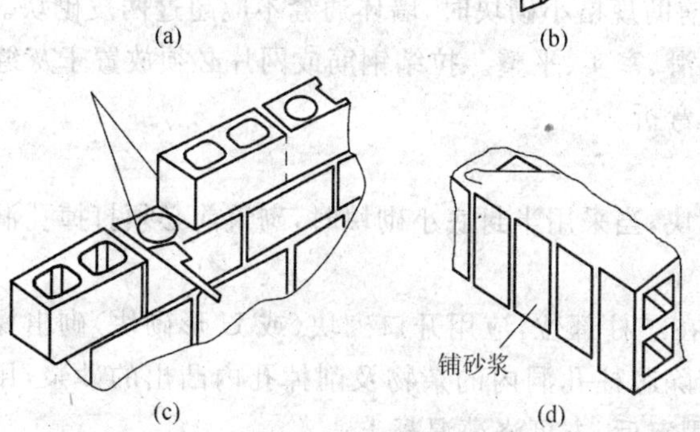

图 5-6　混凝土小型空心砌块的砂浆铺法

10）应尽量采用主规格砌块；从转角处或定位处开始砌筑，内外墙应同时进行，纵、横墙交错搭接。

11）砌筑时，应将砌块底面朝上砌筑（反砌）；这是由于采取反砌时，孔洞上小下大，灰缝的抗压强度较“正砌”大，而且有利于铺砂浆（特别是对于半封底砌块）。

砌筑时，空心砌块的砂浆铺法一般有满铺和挂铺两种，见图 5-6 中的（a）和（b）。但是就砌体强度而言，采用满铺较高。采用满铺法时，砌块端头面铺浆较难操作（竖向铺浆）。不能达到很饱满，见图 5-6 中的（c），因此在操作中可先将砌块的端面朝上排列，均匀铺满砂浆，然后再砌筑。见图 5-6 中的（d）。

砌筑要注意，砌块之间要对孔错缝搭砌，个别情况下无法对孔砌筑时，允许错孔砌筑，但其搭接长度不应小于 90 mm，如果不能保证时，应在灰缝中设置拉结钢筋。

12)砌体的临时间断处应砌成斜槎，斜槎的长度不应小于高度的2/3。如留斜槎困难时，除转角处外，也可砌成直槎，但必须采用拉结网片或其他措施，以保证连接牢靠。

13)需要移动已砌好砌体的小砌块或被撞动的小砌块时，应重新铺浆砌筑。

14)小砌块用于框架填充墙时，应与框架中预埋的拉结筋连接，当填充墙砌至顶面最后一皮，与上部结构的接触处宜用实心小砌块斜砌楔紧。

15)对设计规定的洞口、管道、沟槽和预埋件等，应在砌筑时预留或预埋。严禁在砌好的墙体上打凿。在小砌块墙体中不得预留水平沟槽。

16)砌体内不宜设脚手眼，如必须设置时，可用190 mm×190 mm×190 mm小砌块侧砌，利用其孔洞作脚手眼，砌体完工后用C15混凝土填实。但在墙体下列部位不得设置脚手眼。

过梁上部，与过梁成60°角的三角形及过梁跨度1/2范围内：

①宽度不大于800 mm的窗间墙；

②梁和梁垫下及其左右各500 mm的范围内；

③门窗洞口两侧200 mm内和墙体交接处100 mm的范围内；

④设计规定不允许设脚手眼的部位。

17)对墙体表面的平整度和垂直度、灰缝的厚度和饱满度应随时检查，校正偏差。在砌完每一楼层后，应校核墙体的轴线尺寸和标高，允许范围内的轴线及标高的偏差，可在楼板面上予以校正。

18)安装预制梁板时，必须座浆垫平。

19)施工中需要在砌体中设置的临时施工洞口，其侧边离交接处的墙面不应小于600 mm，并在顶部设过梁；填砌施工洞口的砌筑砂浆强度等级应提高一级。

20)砌筑高度应根据气温、风压、墙体部位及小砌块材质等不同情况分别控制。常温条件下的日砌筑高度，普通混凝土小砌块控制在1.8 m内；轻骨料混凝土小砌块控制在2.4 m内。

21)砌体的灰缝要求。

①砌体灰缝应横平竖直，全部灰缝均应铺填砂浆；水平灰缝的砂浆饱满度不得低于90%，竖缝的砂浆饱满度不得低于80%；砌筑中不得出现瞎缝、透明缝；砌筑砂浆强度未达到设计要求的70%时，不得拆除过梁底部的模板。

②砌体的水平灰缝厚度和竖直灰缝宽度应控制在8～12 mm，砌筑时的铺灰长度不得超过800 mm；严禁用水冲浆灌缝；当缺少辅助规格小砌块时，墙体通缝不应超过两皮砌块。

③清水墙面，应随砌随勾缝，并要求光滑、密实、平整。拉结钢筋或网片必须放置于灰缝和芯柱内，不得漏放，其外露部分不得随意弯折。

2. 芯柱的要求

1)芯柱部位宜采用不封底的通孔小砌块，当采用半封底小砌块时，砌筑前必须打掉孔洞毛边。

2)在楼(地)面砌筑第一皮小砌块时，在芯柱部位，应用开口砌块(或U形砌块)砌出操作孔，在操作孔侧面宜预留连通孔，必须清除芯柱孔洞内的杂物及削掉孔内凸出的砂浆，用水冲洗干净，校正钢筋位置并绑扎或焊接固定后，方可浇灌混凝土。

3)芯柱钢筋应与基础或基础梁中的预埋钢筋连接，上下楼层的钢筋可在楼板面上搭接，搭接长度不应小40 d。

4)砌完一个楼层高度后，应连续浇灌芯柱混凝土。每浇灌 400～500 mm 高度捣实一次，或边浇灌边捣实。浇灌混凝土前，先注入适量水泥浆；严禁灌满一个楼层后再捣实，宜采用机械捣实；混凝土坍落度不应小于 50 mm。

5)芯柱与圈梁应整体现浇，如采用槽形小砌块作圈梁模壳时，其底部必须留出芯柱通过的孔洞。

6)楼板在芯柱部位应留缺口，保证芯柱贯通；

7)砌筑砂浆必须达到一定强度后(≥1.0 MPa)方可浇灌芯柱混凝土。

8)芯柱施工中，应设专人检查混凝土灌入量，以确保灌注饱满。

3. 墙面抹灰

1)清理砌体浮灰杂物，用水泥砂浆填塞孔洞、水电管槽或梁、柱、板与砌体之间的缝隙，宜在前一天浇水湿润。

2)应用紊水泥浆或 108 胶等水泥浆满涂砌体面。厚度宜在 3 mm 左右，表面要粗糙。

3)抹底灰，应按设计要求配制砂浆。如找平困难，需要加厚时，应分层分次逐步加厚，每层每次厚度不应大于 10 mm。每次间隔时间，应待第一次抹灰终凝后，严禁连续作业。

4)门窗框与墙的交接应分层填嵌密实。外墙窗台、雨罩、压顶应做好流水坡度和滴水线槽。外墙勾缝应用水泥砂浆，不宜作凸线。

5)水泥砂浆抹灰层应在湿润条件下养护，抹灰后喷水养护时间不得少于 3 d。

4. 墙体防裂

1)一座楼号应采用同一小砌块生产企业的产品。

2)墙体砌筑时应采用水泥混合砂浆。宜孔对孔、肋对肋错缝砌筑。

3)墙面抹灰宜留间隔缝。

4)现浇圈梁以下砌体灰缝强度达到一定强度后(f_2—砂浆强度平均值≥2.0 MPa)方可安装模板、放置钢筋、振捣混凝土。

5)外墙面抹灰宜在砌体砌筑完后 60 d 进行外墙抹灰装饰。外墙基层抹灰厚度要均匀，一般以 12 mm 为佳，宜分两次抹灰。

6)内墙宜采用木冲筋。

7)铺贴外墙面时，应核检面砖的抗渗性能，不符合要求的面砖严禁上墙。在铺贴基层面时增涂一层 2 mm 厚 801 胶等水泥浆。

8)夹芯保温复合外墙饰面用 90 mm 厚装饰混凝土小砌块，抗压强度不宜小于 7.5 MPa，抗渗不合格严禁上墙。

9)清水墙、夹芯保温外墙的装饰混凝土小砌块饰面墙灰缝，宜勾成泻水缝(即上斜缝)。

10)混凝土构配件与小砌块砌体相接处抹灰前应在外墙面铺钉金属网，金属网与基体搭接宽度不应小于 100 mm，并绷紧牢固，不得有反弹现象。内墙亦照该项措施。

二、小型空心砌块墙体特殊部位的节点结构

(一)砌块的排列及芯柱

混凝土小型空心砌块墙体的砌块排列及芯柱的结构，见图 5-7。

(二)砌块外墙墙身

混凝土小型空心砌块外墙墙身的构造，见图 5-8。

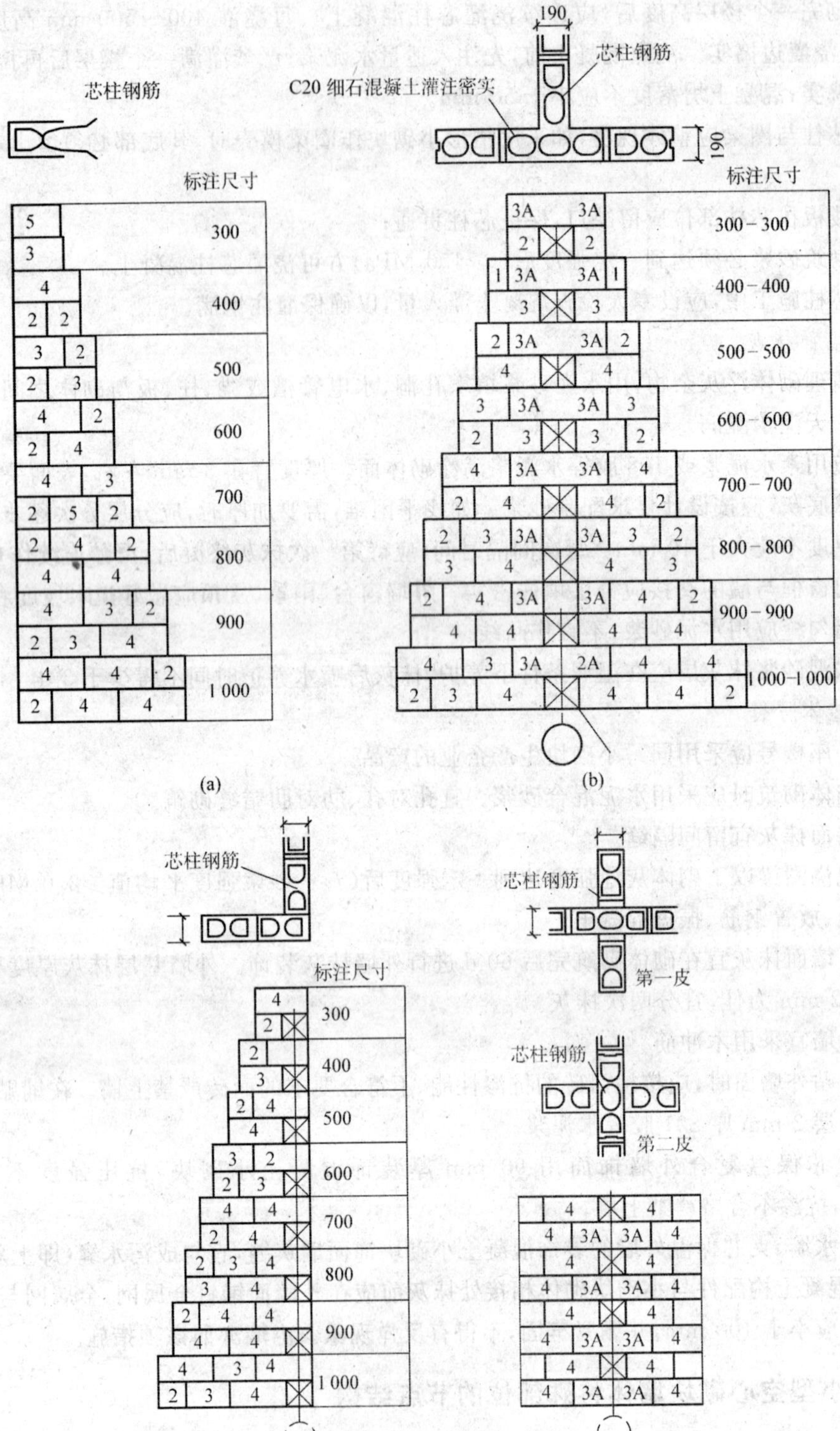

图 5－7 混凝土小型空心砌块墙体的砌块排列及芯柱的结构

(a)窗间墙；(b)丁字墙；(c)转角墙；(d)十字墙

注：1. 在墙体交接和门窗洞口处设芯柱的部位，应保证芯柱贯通。

2. 芯柱设置数量由设计人员根据单体工程计算确定。

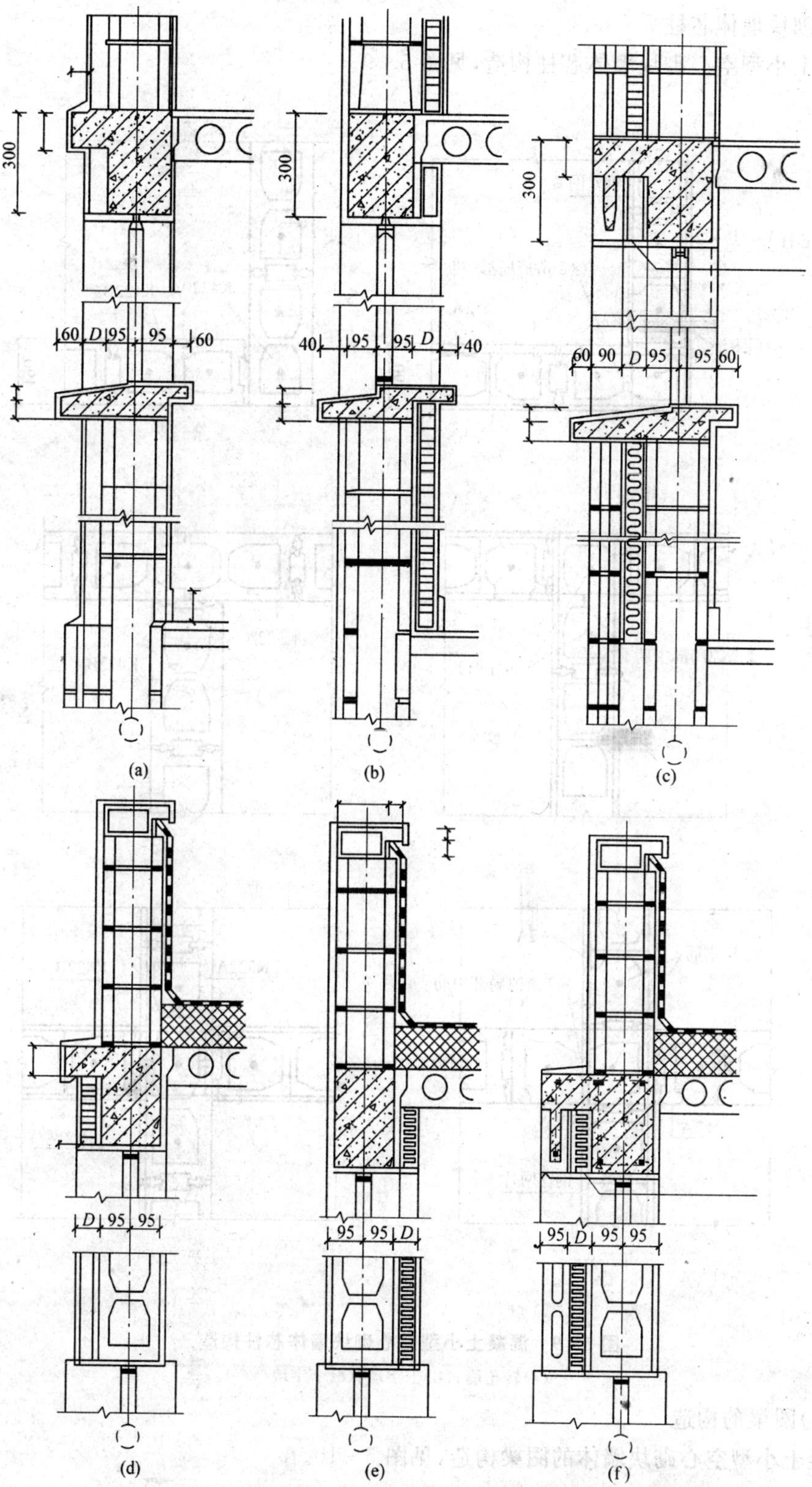

图 5-8　混凝土小型空心砌块外墙墙身的构造

(a)外保温；(b)内保温；(c)夹心保温；(d)外保温；(e)内保温；(f)夹心保温

(三)砌块墙体芯柱

混凝土小型空心砌块墙体芯柱构造,见图 5-9。

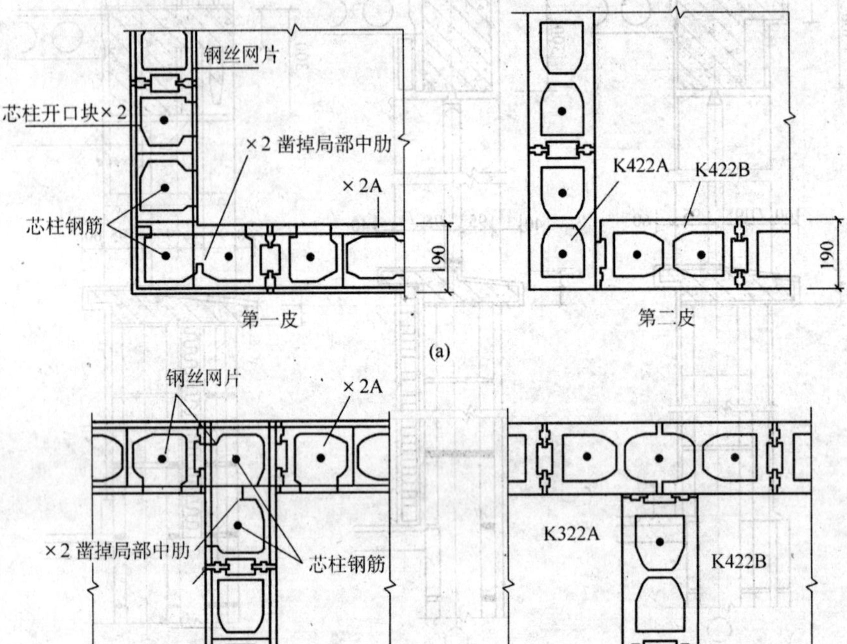

图 5-9 混凝土小型空心砌块墙体芯柱构造

(a)转角墙;(b)丁字墙;(c)十字墙

(四)圈梁的构造

混凝土小型空心砌块墙体的圈梁构造,见图 5-10。

(五)楼板与圈梁的连接

混凝土小型空心砌块墙体的楼板与圈梁的连接,见图 5-11。

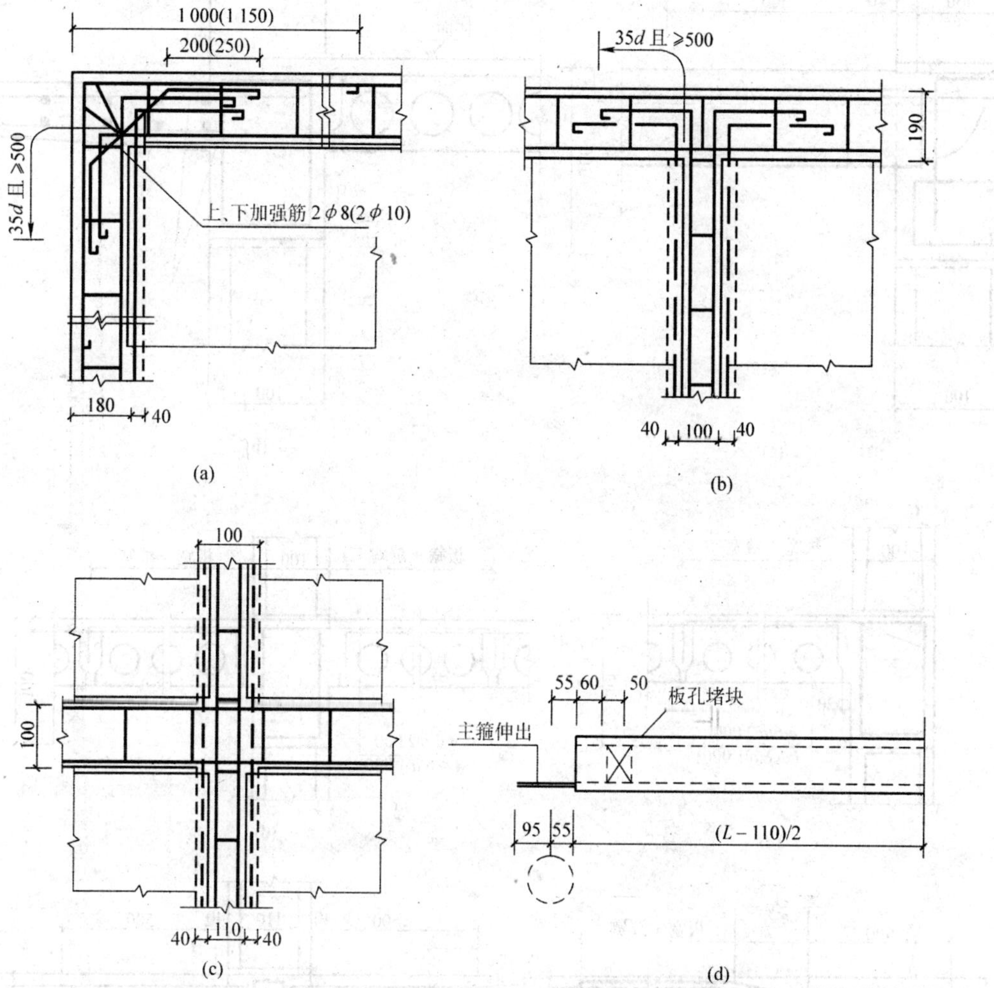

图 5－10　混凝土小型空心砌块墙体的圈梁构造(mm)

注：1. 预制空心板端支撑长度 40 mm，板内伸出主筋锚固在圈梁内不小于 150 mm，施工采用硬架支模方法。

2. 圈梁被洞口切断时，应在洞口上部增设截面相同的附加圈梁，搭接长度为垂直间距 2 倍，且不小于 1 000 mm。

3. 括号内数字用于 8 度设防地区。

(六)门窗及窗台板的固定

混凝土小型空心砌块墙体的门窗及窗台板的固定，见图 5－12。

(七)附墙设备的固定

混凝土小型空心砌块墙体上的附墙设备的固定，见图 5－13。

三、中型空心砌块砌体的施工

(一)砌块的砌筑构造

中型空心砌块在砌筑时，砌块的上端应封顶，砌块的两侧应设置封闭式灌浆槽，见图 5－14。

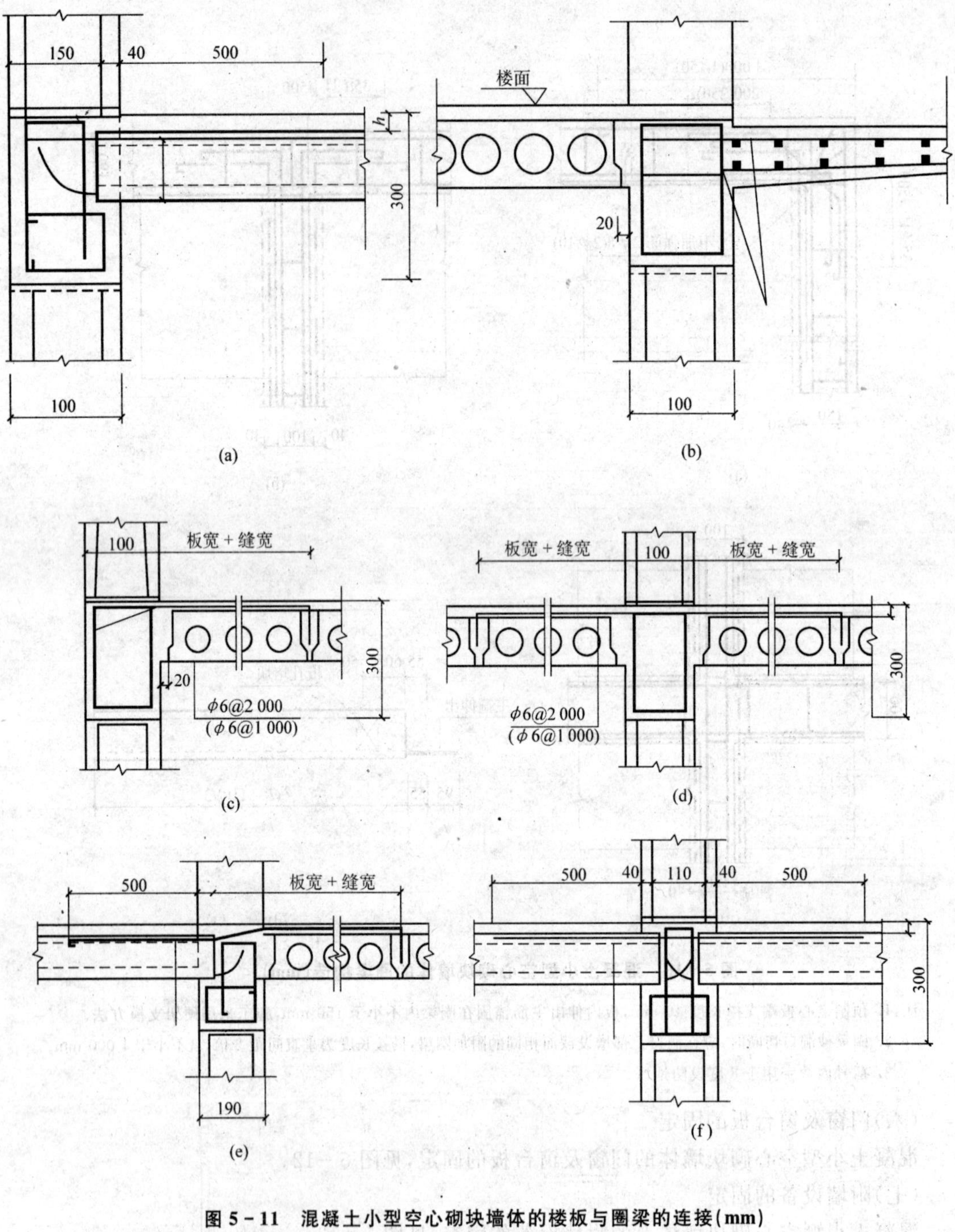

图 5－11 混凝土小型空心砌块墙体的楼板与圈梁的连接(mm)

注:1. 采用现浇阳台板时,施工应保证钢筋位置,防止被踩错位。

2. h 为楼面建筑垫层厚度,按单体工程设计。

3. 括号内数据用于 8 度抗震设防地区。

4. 圈梁配筋:6、7 度设防纵筋 4ϕ6,箍筋 ϕ6@250;8 度设防纵筋 4ϕ10,箍筋 ϕ6@200。

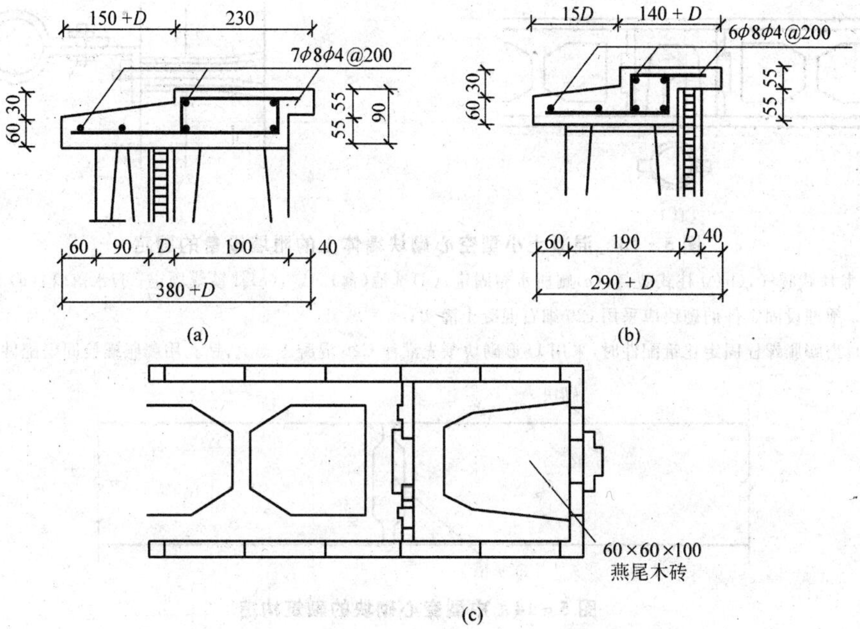

图 5－12　混凝土小型空心砌块墙体的门窗及窗台板的固定

(a)窗台板之一;(b)窗台板之二;(c)门窗框

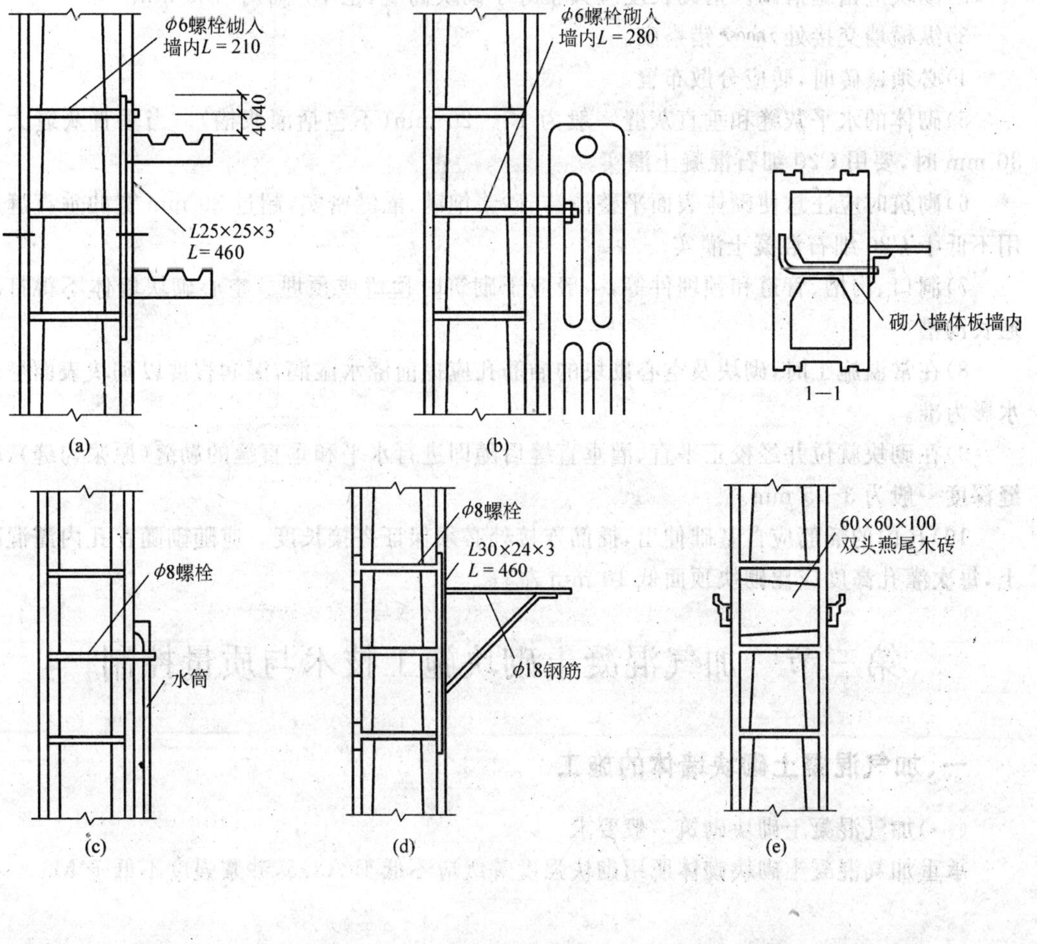

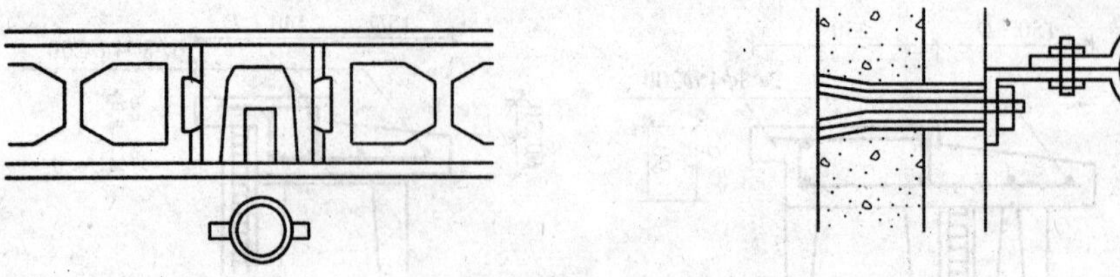

图 5-13 混凝土小型空心砌块墙体上的附墙设备的固定

(a)串片式暖气;(b)立柱式暖气;(c)厕所水箱固定;(d)洗池(盆)固定;(e)挂镜线固定;(f)水落管;(g)小管线

注:1. 预埋设固定件的砌块应采用 c20 细石混凝土灌实;

2. 当膨胀螺栓固定建筑配件时,采用 U 形砌块预先灌注 C20 混凝土砌筑,钻孔用膨胀螺栓固定配件。

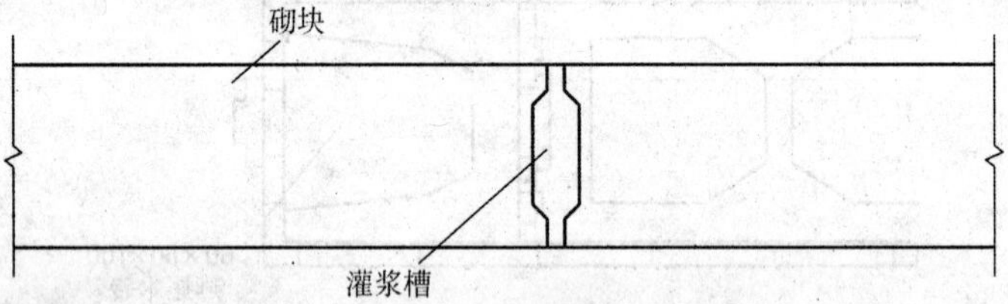

图 5-14 中型空心砌块的砌筑构造

(二)砌筑注意事项

1)尽量采用主规格砌块。

2)砌块应错缝搭砌。搭砌长度应大于等于砌块高度,也不应小于 150 mm。

3)纵横墙交接处,应交错搭砌。

4)必须镶砖时,砖应分散布置。

5)砌体的水平灰缝和垂直灰缝一般为 15～20 mm(不包括灌浆槽)。当垂直灰缝大于 30 mm 时,要用 C20 细石混凝土灌实。

6)砌筑时应注意使砌体表面平整清洁、砂浆饱满、灌缝密实,超过 30 mm 宽的垂直缝应用不低于 C20 细石混凝土灌实。

7)洞口、沟槽、管道和预埋件等,一般应于砌筑时预留或预埋。空心砌块墙体不得打凿通长沟槽。

8)在常温施工时,砌块及空心砌块的插筋孔应提前浇水湿润,湿润程度以砌块表面呈现水影为准。

9)在砌块就位并经校正平直、灌垂直缝后随即进行水平和垂直缝的勒缝(原浆勾缝),勒缝深度一般为 3～5 mm。

10)孔内的插筋应自基础伸出,插筋连接处必须保证搭接长度。应随砌随在孔内灌混凝土,每次灌孔高度应比砌块顶面低 10 mm 左右。

第三节 加气混凝土砌块施工技术与质量控制

一、加气混凝土砌块墙体的施工

(一)加气混凝土砌块砌筑一般要求

承重加气混凝土砌块砌体所用砌块强度等级应不低于 A3.5,砂浆强度不低于 M5。

加气混凝土砌块砌筑前，应根据建筑物的平面、立面图绘制砌块排列图。在墙体转角处设置皮数杆，皮数杆上画出砌块皮数及砌块高度，并在相对砌块上边线间拉准线，依准线砌筑。

加气混凝土砌块的砌筑面上应适量洒水。

砌筑加气混凝土砌块宜采用专用工具(铺灰铲、锯、钻、镂、平直架等)。

加气混凝土砌块墙的上下皮砌块的竖向灰缝应相互错开，相互错开长度宜为 300 mm，并不小于 150 mm。如不能满足时，应在水平灰缝设置 2ϕ6 的拉结钢筋或 ϕ4 钢筋网片，拉结钢筋或钢筋网片的长度应不小于 700 mm(图 5－15)。

加气混凝土砌块墙的灰缝应横平竖直，砂浆饱满，水平灰缝砂浆饱满度不应小于 90%；竖向灰缝砂浆饱满度不应小于 80%。水平灰缝厚度宜为 15 mm；竖向灰缝宽度宜为 20 mm。

加气混凝土砌块墙的转角处，应使纵横墙的砌块相互搭砌，隔皮砌块露端面。加气混凝土砌块墙的 T 字交接处，应使横墙砌块隔皮露端面，并坐中于纵墙砌块(图 5－16)。

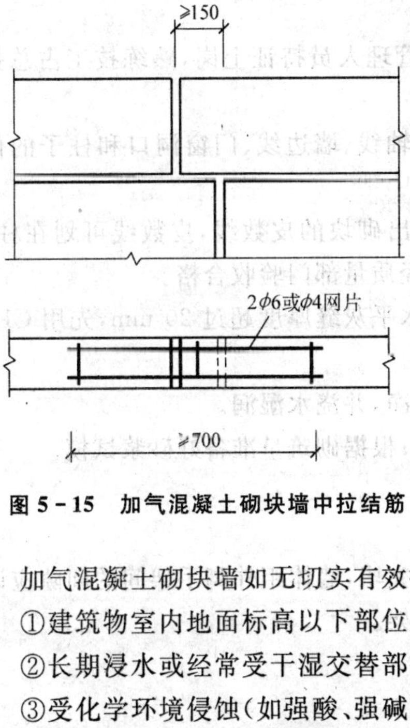

图 5－15　加气混凝土砌块墙中拉结筋

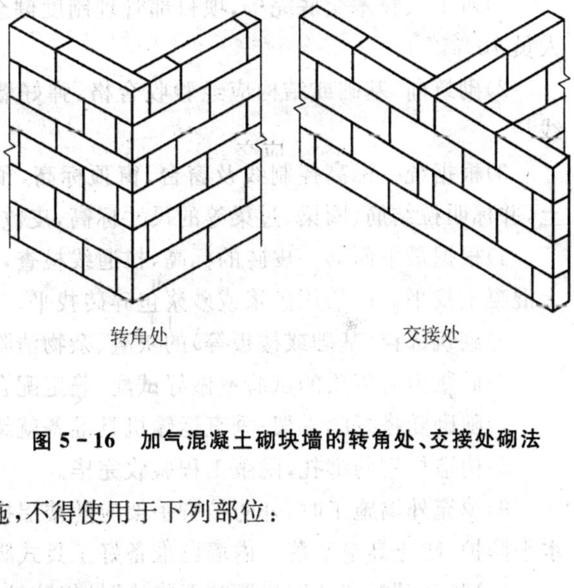

图 5－16　加气混凝土砌块墙的转角处、交接处砌法

加气混凝土砌块墙如无切实有效措施，不得使用于下列部位：

①建筑物室内地面标高以下部位；

②长期浸水或经常受干湿交替部位；

③受化学环境侵蚀(如强酸、强碱)或高浓度二氧化碳等环境；

④砌块表面经常处于 80 ℃以上的高温环境。

加气混凝土砌块墙上不得留设脚手眼。

每一楼层内的砌块墙体应连续砌完，不留接槎。如必须留槎时应留成斜槎，或在门窗洞口侧边间断。

(二)加气混凝土砌块填充墙砌体工程施工工艺

1. 材料性能要求

1)蒸压加气混凝土砌块等：蒸压加气混凝土砌块的品种、强度等级必须符合设计要求，并应规格一致，砌块龄期应超过 28 d；产品有出厂合格证及复试单。

2)水泥:宜采用强度等级32.5级普通硅酸盐水泥或矿渣硅酸盐水泥,产品应有出厂合格证及复试报告。

3)砂:宜用中砂,并通过5 mm筛孔。配制M5(含M5)以上砂浆,砂的含泥量不应超过5%;M5以下砂浆,砂的含泥量不应超过10%,不得含有草根等杂物。

4)掺合料:有石灰膏、磨细生石灰粉、电石膏和粉煤灰等,石灰膏的熟化时间不应少于7 d,严禁使用冻结或脱水硬化的石灰膏。

5)水:自来水或洁净生活用水。

6)其他材料:墙体拉结筋、门窗洞口预埋木砖或埋件、门窗洞口预制过梁等砌筑前应准备完善。

2. 主要机具设备

1)机具:应备有砂浆搅拌机、筛砂机和淋灰机等。

2)工具:应备有大铲、刨锛、瓦刀、泥桶、存灰槽、砖夹、筛子、勾缝条、运砖车、灰浆车、翻斗车和砖笼等。

3)检测工具:水准仪、经纬仪、钢卷尺、百格网、皮数杆、线坠、水平尺、磅秤、砂浆试模等。

3. 作业条件

1)对工人技术交底完毕,项目部管理制度健全,管理人员持证上岗,熟练技工占总操作人员70%以上。

2)砌筑前,基础或结构应经验收合格,弹好墙身轴线、墙边线、门窗洞口和柱子的位置线。

3)根据统一标高控制线及窗台、窗顶标高,预排出砌块的皮数线,皮数线可划在柱、墙上,并标明拉结筋、圈梁、过梁等的尺寸标高,皮数线经质量部门验收合格。

4)根据最下面第一皮砖的标高,拉通线检查,如水平灰缝厚度超过20 mm,先用C15以上混凝土找平。严禁用砂浆或砂浆包碎砖找平。

5)砌筑部位(基础或楼板等)的灰渣、杂物清除干净,并浇水湿润。

6)砂浆由有资质的试验室做好试配,确定配合比;根据砌筑量准备好砂浆试模。

7)随砌随搭好脚手架;垂直运输机具准备就绪。

8)构造柱钢筋绑扎,隐蔽工程验收完毕。

9)填充外墙施工时,外防护脚手架应随楼层搭设完毕,墙体距外脚手架间的间隙应设置水平防护,防止高空坠落。内墙已准备好工具式脚手架。

10)"三宝"配齐,"四口"和"五临边"做好防护。

4. 砌筑要求

加气混凝土砌块砌筑时应保证砌块之间有良好的黏结力。采用普通砂浆砌筑时,砌筑面应浇水湿润(如采用水玻璃黏结砂浆砌筑则不得在砌筑面浇水),以确保砂浆与砌块有良好的黏结力。

砌筑时,灰缝应饱满,对高度尺寸较大的砌块,垂直缝最好内外采用临时夹板灌浆。一般外墙垂直缝的宽度不宜大于15 mm,水平缝的厚度应控制在12~15 mm。应当注意到,灰缝是否饱满,则是关系到缝隙漏雨的一个最重要的因素。

砌块用砂浆的配方为:水泥:白灰:砂=1:1:8或2:1:12。

砌块承重建筑,其内外墙体应同时砌筑,临时间断应留成阶梯形斜岔。特别是在地震区，不应采取留“马牙槎”的做法，上下皮砌块应互相错缝搭砌，搭接长度不宜小于砌块长度的1/3。

5. 工艺流程

弹墙线→立皮数杆→确定组砌方法→砌块浇水→拌制砂浆→排砌块→砌砌块墙→验收

6. 施工要点

1)结构经验收合格后，根据基础或楼层中的控制轴线，事先测放出墙体的轴线和门窗洞口的位置线，将门顶及窗台窗顶的位置标高线标在墙或柱上。经质量部门验收后方可进行墙体砌筑。

2)在砌筑砖体前应对基层进行清理，将墙体处的浮浆、灰尘清扫冲洗干净，并浇水使基层湿润。

3)砌块排列时，必须根据设计尺寸、砌块模数、水平灰缝的厚度和竖向灰缝的宽度，计算皮数和排数，在皮数杆上或柱墙上排出砖的皮数及灰缝厚度，并标出窗台、洞口、圈梁等的标高，以保证砌体的尺寸。

4)排列砌块时，应尽量采用标准规格砌块，少用或不用异形规格砌块。蒸压加气混凝土砌块砌筑时，产品龄期应超过28 d。

5)蒸压加气混凝土砌块的运输、装卸过程中，严禁抛掷和倾倒。进场后应按品种、规格分别堆放整齐，堆置高度不宜超过2 m。加气混凝土砌块应防止雨淋。

6)蒸压加气混凝土砌块砌筑时，应向砌筑面适量浇水。

7)用蒸压加气混凝土砌块砌筑墙体时，墙底部宜砌烧结普通砖、多孔砖或现浇混凝土坎台，其高度不宜小于200 mm。

8)在砌筑过程中，要经常校核墙体的轴线和边线，当挂线过长，应检查是否达到平直通顺一致的要求，以防轴线产生位移。

9)砂浆配合比应由试验室确定，采用质量比，砂浆宜用机械搅拌，砌筑的砂浆必须机械搅拌均匀，随拌随用。水泥砂浆和混合砂浆分别应在3 h和4 h内使用完毕。细石混凝土应在2 h内用完。

10)水泥砂浆和水泥混合砂浆的搅拌时间不得少于2 min，掺外加剂的砂浆不得少于3 min，掺有机塑化剂的砂浆应为3～5 min，同时还应具有较好的和易性和保水性，一般稠度以5～7 cm为宜。外加剂和有机塑化剂的配料精度应控制在±2%以内，其他配料精度应控制在±5%以内。

11)在每一楼层或250 m^3 的砌体中，对每种强度等级的砂浆或混凝土，应至少制作一组试块(每组6块)。如砂浆和混凝土的强度等级或配合比变更时，也应制作试块以便检查。

12)蒸压加气混凝土砌块的竖向灰缝宽度和水平灰缝厚度宜分别为20 mm和15 mm。加气混凝土砌体填充墙水平灰缝饱满度应大于80%，垂直灰缝应用临时夹板夹紧后填满砂浆，不得有透明缝、瞎缝和假缝。

13)应在较大墙上留置施工洞口，其侧边离交接处墙面不应小于500 mm。洞口净宽度不应超过1 m。临时施工洞口处补砌时，必须将接槎处表面清理干净，浇水湿润，并填实砂浆，保持灰缝平直。

14)加气混凝土砌体工程当采用铺砂浆砌筑时，铺浆长度不得超过750 mm；施工时气温超过30 ℃时，铺浆长度不得超过500 mm。

15)砌筑时应预先试排试块,并优先选用整体砌块。不得已需断开试块时,应使用手锯、切割机等工具锯裁整齐,并保护好砌体的棱角。上下皮灰缝应错开搭砌,搭砌长度不应小于砌块总长的 1/3。当搭砌长度小于 150 mm 时,即形成所谓的通缝,竖向通缝不应大于 2 皮砌块。

16)砌筑混水墙,应注意溢出墙面的灰渍(舌头灰)应随时刮尽,刮平顺;半头砖应分散使用;首层或楼层的第一皮砌块砌筑要查对皮数杆的层数及标高;一砖厚墙砌筑外面要拉线,以防出现墙面沾污、通缝、不平直以及砖墙错层造成螺旋墙等弊病。

17)墙体日砌高度不宜超过 1.8 m。填充墙上不得留脚手眼,搭设脚手架。

18)预留孔洞和穿墙等均应按设计要求砌筑,不得事后凿墙。墙体抗震拉结筋的位置,钢筋规格、数量、间距,均应按设计要求留置,不应错放、漏放。

19)砌筑门窗口时,若先立门窗框,则砌块应离开门窗框边 3 mm 左右。若后塞门窗框,则应按弹好的位置砌筑(一般线宽比门窗实际尺寸大 10~20 mm)。

20)蒸压加气混凝土砌块填充墙体砌体与后塞口门窗的连接可通过预埋木砖实现。木砖经防腐后可埋入预制混凝土块中,随加气混凝土砌块一起砌筑,预制混凝土砌块大小应符合砌体模数,或用烧结普通砖在需放木砖部位砌长度 240 mm、宽与加气块等厚的砖磡,木砖放置中间。

21)加气混凝土填充墙砌至接近梁底和板底时,应留一定的孔隙,待填充墙砌筑完毕并至少间隔 7 d 后,再用烧结标准砖或多孔砖宜成 60°斜砌顶紧,防止上部砌体因砂浆收缩而开裂。严禁平砌与生摆现象。

22)砌体转角处及纵横墙相交处应同时砌筑,砌块应分皮咬槎,交错搭砌。砌体上下皮砌块应互相错缝搭砌,搭接长度不宜小于砌块长度的 1/3。最小搭砌长度不得小于 150 mm,竖向通缝不得大于 2 皮砌块高度。

23)砌体的竖向灰缝应避免与门窗等洞口边线形成通缝。

24)砌筑前,按墙段实量尺寸和砌块规格尺寸过行排列摆块,不足整块的可锯截成需要尺寸,但不得小于砌块长度的 1/3。最下一层如灰缝厚大于 20 mm 时,应用细石混凝土找平铺砌,应有不低于 M2.5 混合砂浆,采取满铺满挤法砌筑,上下皮错缝砌结,转角处相互咬砌搭接,每隔二皮砌块钉扒钉一个,梅花形设置。砌块墙的丁字交接处,应使横墙砌块隔皮露头。

25)不同干密度(容重)和强度等级的加气混凝土砌块不应混砌。一般也不得与其他砖、砌块混砌,但在墙底、墙顶及门窗洞口处局部采用烧结普通砖或多孔砖砌筑,可不视为混砌。

26)构造柱钢筋位置应正确,钢筋搭接长度应满足规范要求,墙拉结筋伸入构造柱应满足规范,间距不大于 500 mm。

27)框架柱、剪力墙侧面等结构部位应预埋 $\phi 6$ 的拉墙筋以及构造柱、圈梁插筋,或结构施工后植入墙拉筋、圈梁和构造柱插筋。

28)蒸压加气混凝土砌块填充砌体施工过程中,严格按设计要求留设构造柱。当设计无要求时,应按墙长每 5 m 设一构造柱。另外在墙的端部、墙角和纵横墙相交处设构造柱。

29)构造柱砌筑应注意使构造柱砖墙砌成马牙槎,设置好拉结筋,应从柱脚开始先退后进;进退尺寸宜大于 60 mm,进退高度宜为砌块 1~2 层高度,且在 300 mm 左右。当齿深

120 mm 时，应将进的砌块下端凿成斜面，以保证混凝土浇灌时上角密实；构造柱内的落地灰、砖渣杂物应清理干净，防止夹渣，以免影响构造柱的整体性。

30)圈梁、构造柱和墙体拉结筋的位置、锚固长度及搭接长度应符合设计和规范要求。

(三)特殊部位的处理

对于在加气混凝土砌块的墙体中固定门窗、固定物件，以及搁置过梁、搁板等部位，均不能使用零星小砌块，以免影响锚固性和该部位墙体的整体性。

对于靠近墙体的上下水管接头，施工时应注意使其不得漏水和便于维修。否则，一旦漏水，不但会出现盐析，而且局部冻融还会破坏墙体，如果损坏部位为承重墙，还会危及建筑物的安全。

外墙水平方向的线脚和突出部位，应注意做好防水、泛水和滴水，以避免墙面由于干湿变化或局部冻融而受到侵害。

圈梁和叠合梁部位，一般外部应加保温块(可采用加气混凝土砌块). 以避免在寒冷地区产生结露。此措施可使墙体外表面材性基本一致，以免造成由较大温度变化而使墙体或饰面开裂。

凡埋入墙体内的铁件均应做防锈处理，埋设铁件要使用黏结砂浆。

(四)墙体饰面

1. 外墙饰面

加气混凝土砌块外墙，一般均做外饰面，这不仅是出于美观的需要，同时也是保护墙体的重要措施。饰面对于减少或防止裂缝的产生有明显的作用，这一点是需要强调的。

加气混凝土由于孔隙率大及其特有的材质，故其吸水的初始速度高于黏土砖，但饱和吸水的持续时间很长，这一特点直接影响墙体的饰面作业，如无相应的施工方法，则常常会产生饰面层开裂或空鼓现象。

因此，对外饰面的要求有以下几点：

①底灰与墙面应有良好的黏结力，不得出现空鼓现象；

②底灰的强度、弹性模量一般应与加气混凝土的材性相近，最好不要抹强度过高的水硬性砂浆，以混合灰为宜；

③面层应有一定的机械强度，并要求耐久、透气、防水。

(1)基层处理及底灰

基层处理与抹灰的工程质量好坏，是饰面层成败的关键。饰面的施工步骤是先做基层处理，再抹底灰，最后做面层。

1)基层处理。

加气混凝土砌块墙体外饰面的基层处理方法大致有三种。

①在墙体表面充分浇水，并于做抹灰层前一天浇 1～2 遍水，临抹灰操作前再浇 1～2 遍水。

②在墙体抹灰前，先在墙面刷一道 801 胶水溶液(约 10%～15%胶，85%～90%水)，或胶质素水泥浆(在水泥浆中加入 10%～15%的 801 胶)。

③首先在墙面上浇一遍水，然后立即刷素水泥砂浆一道(注意刷完素水泥砂浆后，应立

即抹灰，不得待素水泥砂浆干后再抹底灰）。

④YH－2 型防裂剂和 LA_2 型砂浆界面黏结剂。据资料介绍，中建一局科研所与北京市第二建筑公司合作研制的 YH_2 型防裂剂、北京市第三建筑公司与北京建材科研所研制的 LA_2 型砂浆界面黏结剂经实践证明，可以有效地克服以往加气混凝土饰面的底灰层常出现的空鼓、裂缝等缺陷。这两种基层处理剂可以提高底灰层与加气混凝土的黏结力，而且施工简便和经济。

2)底灰。

底灰所用材料一般可采用混合砂浆，常用配比为水泥：白灰膏：砂子＝1：1：6。为了增加砂浆的和易性和保水性，也可适当加入 5%～10%的 801 胶。底灰不宜太厚，应控制在 15 mm以内。在条件许可的条件下，应对底灰养护。

抹底灰应注意，在基层处理完毕后立即进行。每层每次抹灰厚度应小于 10 mm，并应于上层灰终凝后进行。

(2)饰面

饰面可根据设计要求，选择不同的材料与做法。一般不宜直接在底灰层上贴挂重量较大的饰面材料，如大理石、花岗石、面砖等，但也可以在底灰层上直接做水刷石、干粘石和马赛克等，或直接做喷涂（或滚涂）、油饰等。

2. 内墙饰面

内墙饰面的注意点与外饰面相同，由于内墙饰面对防水的要求一般不高，故可根据不同的建筑标准，选用不同的饰面材料。对于一般建筑，可采用 1：3 白灰砂浆打底，纸筋灰（或玻璃丝灰）罩面，外刷涂料（或贴壁纸）。墙面强度要求较高时，可做高标号抹灰层，即在底灰层上抹厚度为 7～8 mm 的水泥砂浆中层（水泥：石灰膏：砂子＝1：0.5：3 或 1：0.5：4），再抹厚度为 5 mm 的混合砂浆面层（水泥：石灰膏：砂子＝1：1：2 或 1：2：5），此种做法主要用于油饰墙或踢脚线、阳角和包角等部位。

二、墙体特殊部位的节点结构

(一)加气混凝土砌块砌体构造

加气混凝土砌块可砌成单层墙或双层墙体。单层墙是将加气混凝土砌块立砌，墙厚为砌块的宽度。双层墙是将加气混凝土砌块立砌两层，中间夹以空气层，两层砌块间，每隔500 mm墙高在水平灰缝中放置 $\phi4$～$\phi6$ 的钢筋扒钉，扒钉间距为 600 mm，空气层厚度约 70～80 mm（图 5－17）。

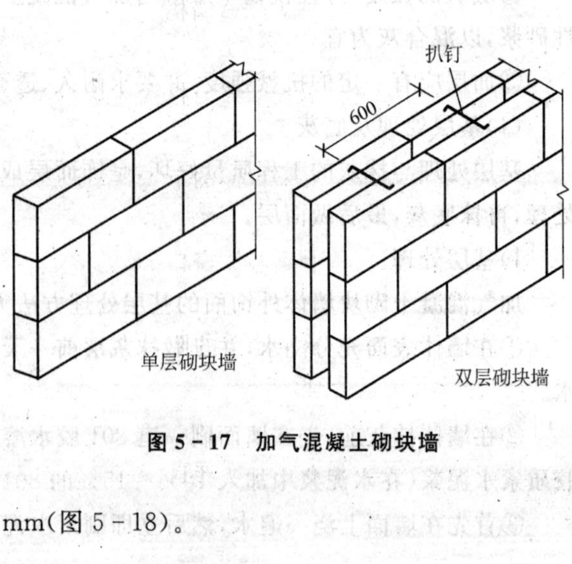

图 5－17 加气混凝土砌块墙

承重加气混凝土砌块墙的外墙转角处、墙体交接处，均应沿墙高 1m 左右，在水平灰缝中放置拉结钢筋，拉结钢筋为 3ϕ6，钢筋伸入墙内不少于 1 000 mm（图 5－18）。

非承重加气混凝土砌块墙的转角处、与承重墙交接处，均应沿墙高 1 m 左右，在水平灰缝中放置拉结钢筋，拉结钢筋为 2ϕ6，钢筋伸入墙内不少于 700 mm(图 5 - 19)。

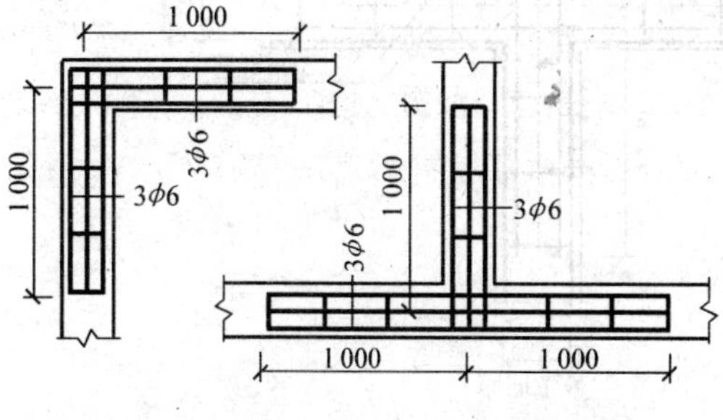

图 5 - 18　承重砌块墙的拉结钢筋

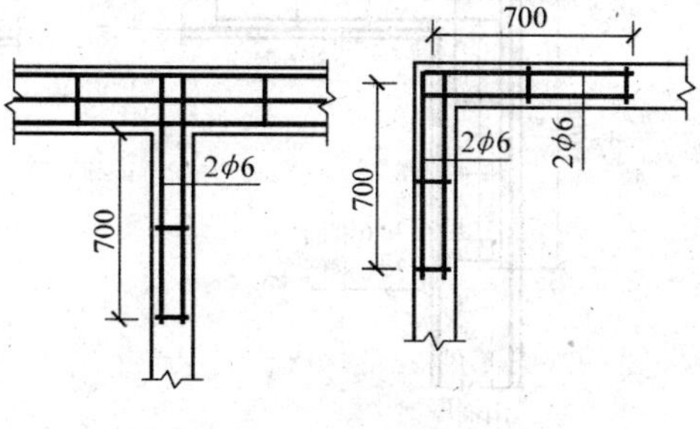

图 5 - 19　非承重砌块墙拉结钢筋

加气混凝土砌块外墙的窗口下一皮砌块下的水平灰缝中应设置拉结钢筋，拉结钢筋为 3ϕ6，钢筋伸过窗口侧边应不小于 500 mm(图 5 - 20)。

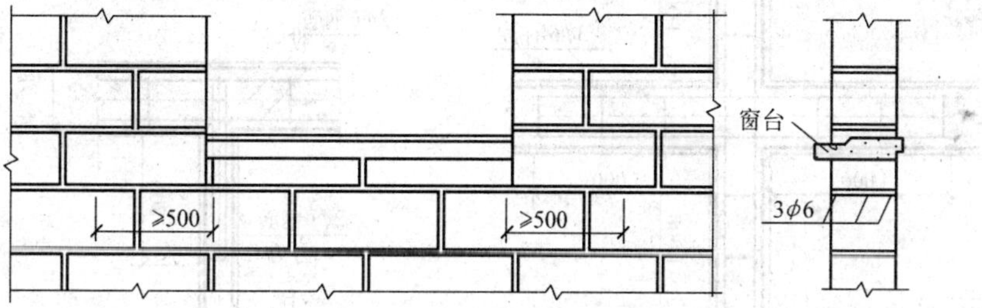

图 5 - 20　砌块墙窗口下配筋

(二)加气混凝土砌块承重墙体构造

1. 墙体的连接

加气混凝土砌块承重墙体的连接构造，见图 5 - 21。

2. 组合柱的构造

加气混凝土砌块承重墙组合柱的构造，见图 5 - 22。

(三)加气混凝土砌块非承重墙构造

1. 墙体与柱的连接

加气混凝土砌块非承重墙体与柱的连接，见图 5 - 23。

2. 墙体的节点结构

加气混凝土砌块非承重墙体的节点构造，见图 5 - 24。

3. 窗口部位的结构

加气混凝土砌块非承重墙体窗口部位的结构，见图 5 - 25。

4. 阳台部位的结构

加气混凝土砌块非承重墙体的阳台部位的结构，见图 5 - 26。

(四)特殊部位的处理

1. 垂直通缝

加气混凝土砌块墙体应杜绝垂直方向上的通缝，若不可避免时，应采取补救措施，见图 5 - 27。

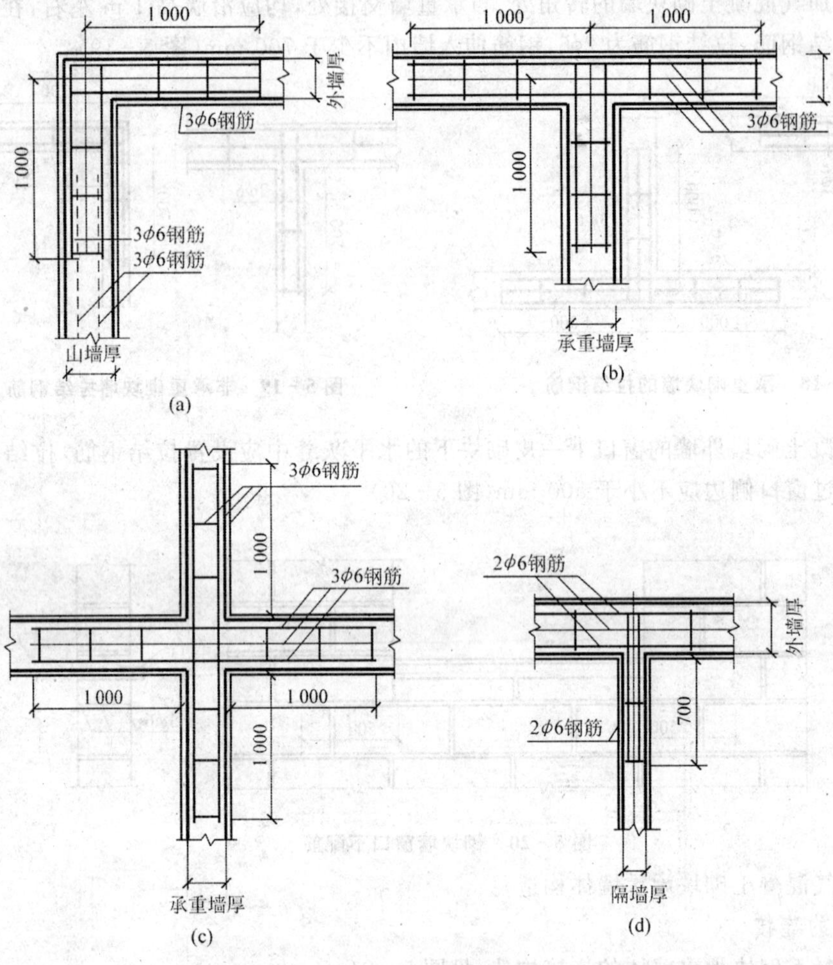

图 5－21 加气混凝土砌块承重墙体的连接构造

(a)L 形连接；(b)T 形连接；(c)十字形连接；(d)外墙与隔墙连接

注：1. 钢筋放置在沿墙高 1 m 左右的灰缝中。

2. 山墙部位沿墙高 1 m 左右应附加 3φ6 通长钢筋。

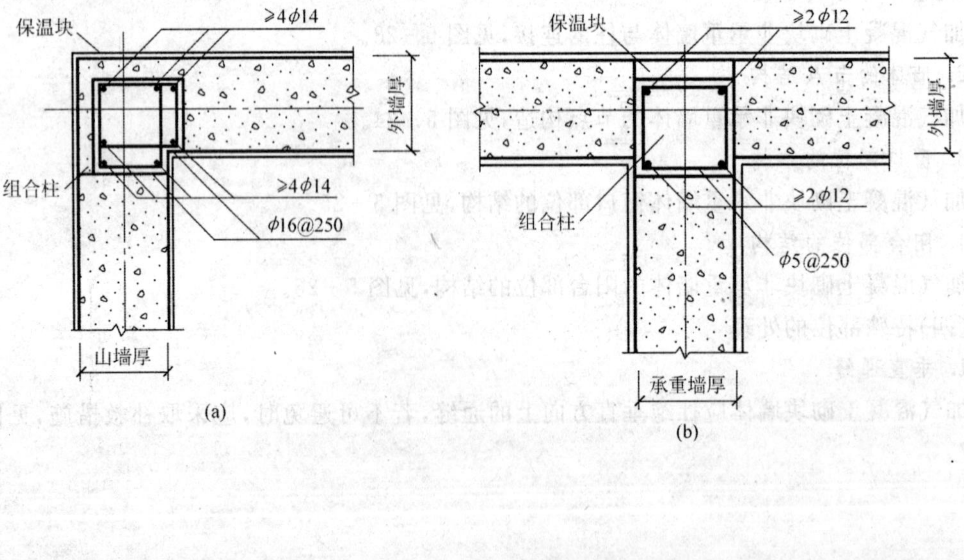

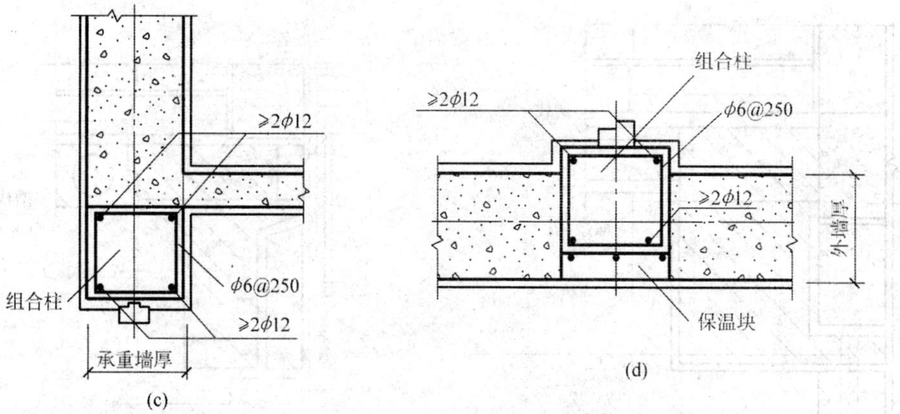

图 5-22 加气混凝土砌块承重墙组合柱的构造

注:1. 本图为 5 层以下,具有组合柱混凝土标号在 50 号以上,墙厚应根据当地气候及地震烈度经计算确定。

2. 钢筋放置在沿墙高 1 m 左右的灰缝中。

3. 山墙部位沿墙高 1 m 左右应附加 3ϕ6 通长钢筋。

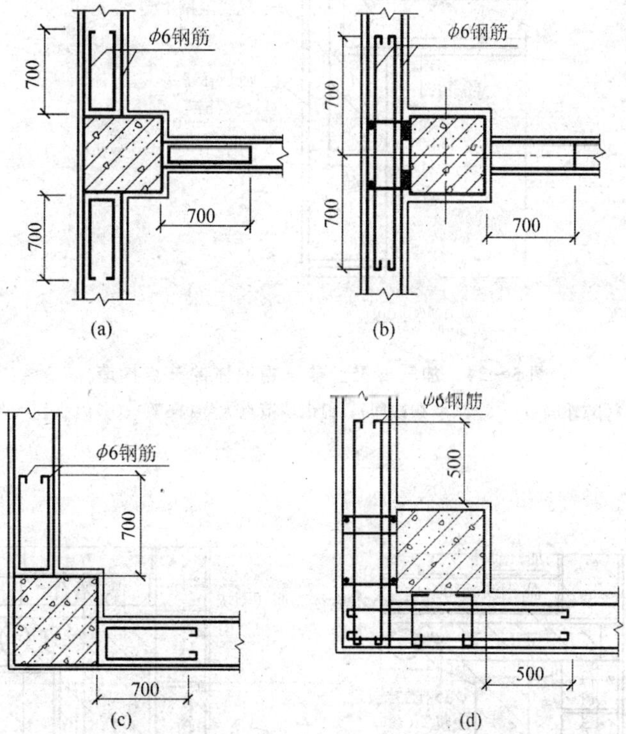

图 5-23 加气混凝土砌块非承重墙体与柱的连接(单位: mm)

(a)T 形连接(框架);(b)T 形连接(框架);(c)L 形连接(框架);(d)L 形连接(框架)

注:钢筋混凝土柱中如不用贴模筋,亦可在柱内预埋连接钢筋,钢筋间距约 1 000 mm 左右(视砌块高度模数,以钢筋能埋入灰缝为宜)。

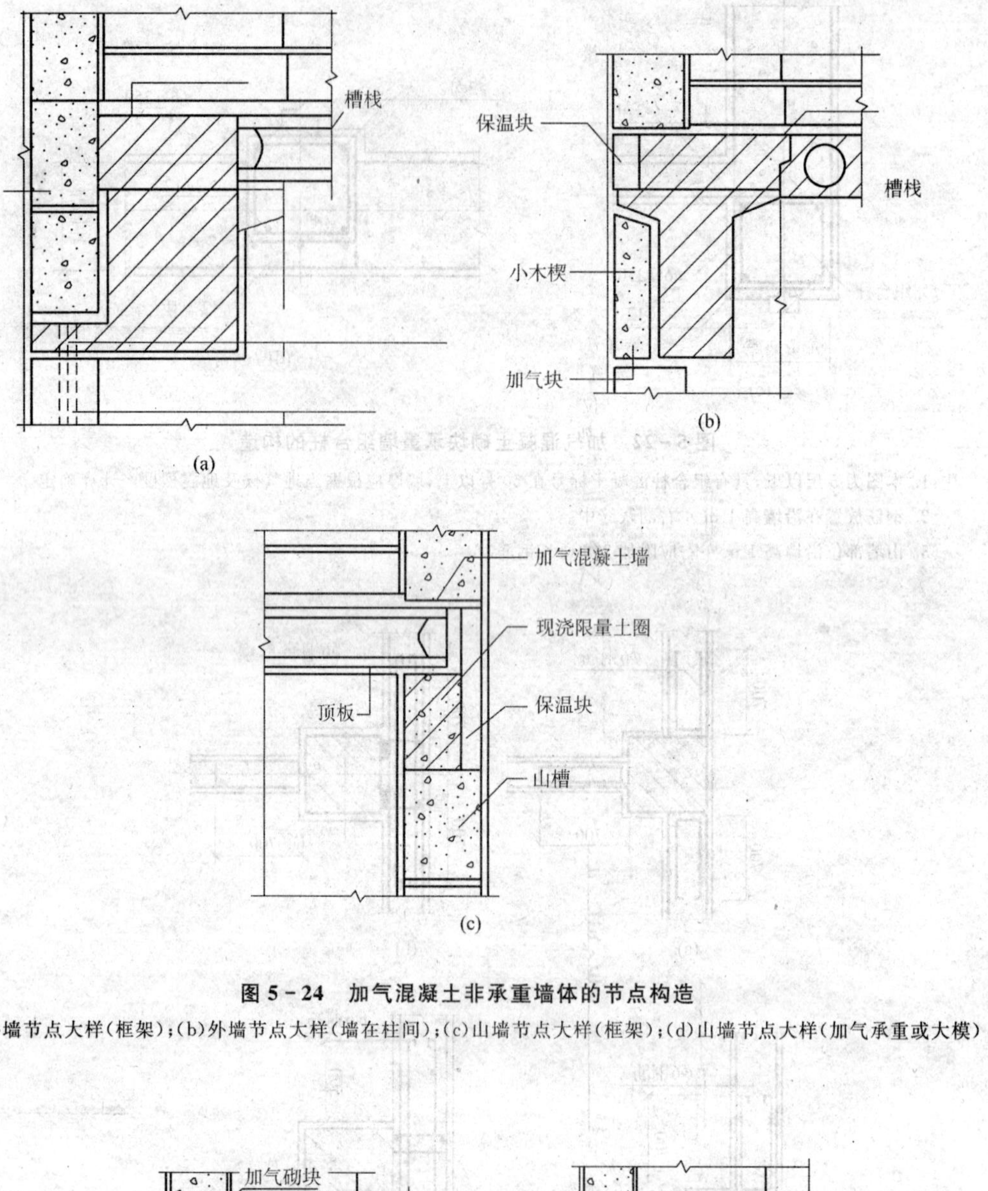

图 5-24 加气混凝土非承重墙体的节点构造

(a)外墙节点大样(框架)；(b)外墙节点大样(墙在柱间)；(c)山墙节点大样(框架)；(d)山墙节点大样(加气承重或大模)

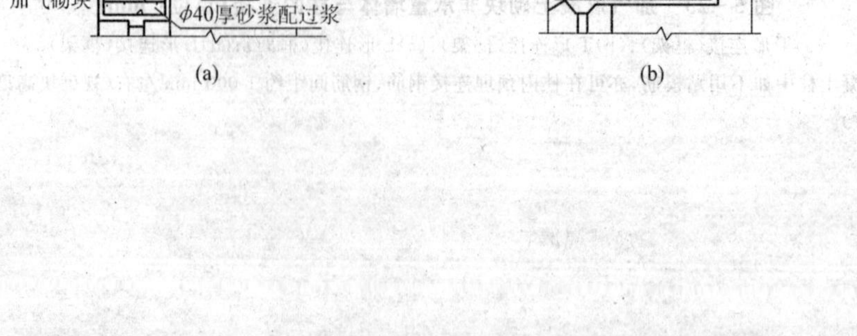

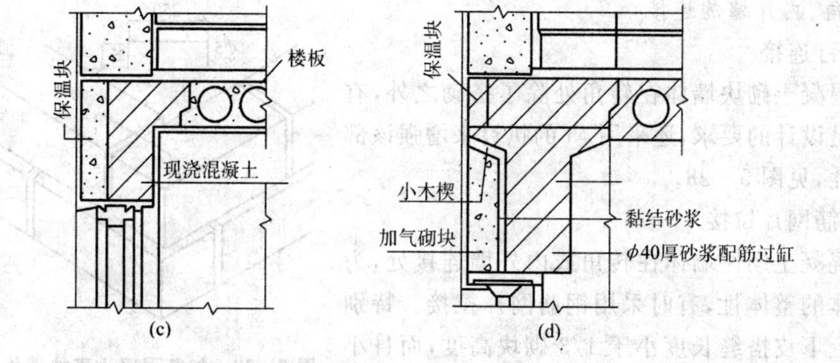

图 5-25　加气混凝土砌块非承重墙体窗口部位的结构

(a)外墙窗口部位大样(框架);(b)外墙窗口部位大样(框架);
(c)外墙窗口部位大样(加气承重或大模);(d)外墙窗口部位大样(墙在柱间)

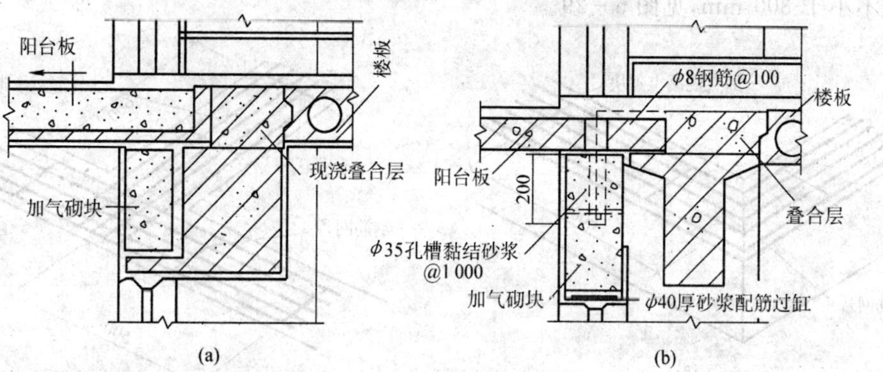

图 5-26　加气混凝土砌块非承重墙体的阳台部位的结构

(a)阳台部位大样(框架);(b)阳台部位大样(框架);(c)阳台部位大样;(d)阳台部位大样(墙在柱间)

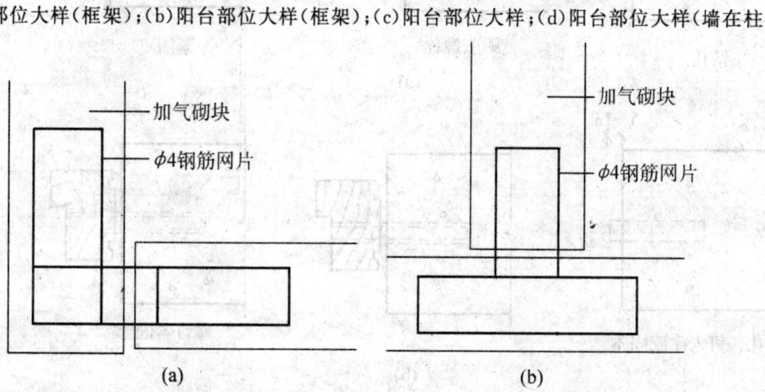

图 5-27　加气混凝土砌块墙体垂直方向上通缝的补救措施

2. 转角、内外墙的连接

(1)扒钉连接

加气混凝土砌块墙体在转角处除了搭砌之外，有时为了满足设计的要求，还采用$\phi6$的扒钉来增强该部位的整体性，见图5-28。

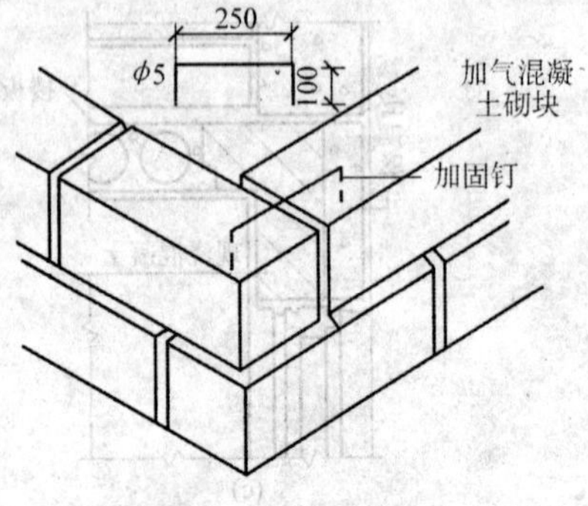

图5-28 加气混凝土砌块墙体转角处采用扒钉连接的增强结构

(2)钢筋网片拉接

加气混凝土砌块墙体在转角或内外墙连接处，为了增强砌体的整体性，有时采用钢筋网片拉接。特别是当砌体上下皮搭缝长度小于1/3砌块高度，而且小于150 mm时，应采取钢筋网片拉接。做法是在水平灰缝内设$2\phi4$的钢筋网片，网片两端离该垂直灰缝的距离应不小于300 mm，见图5-29。

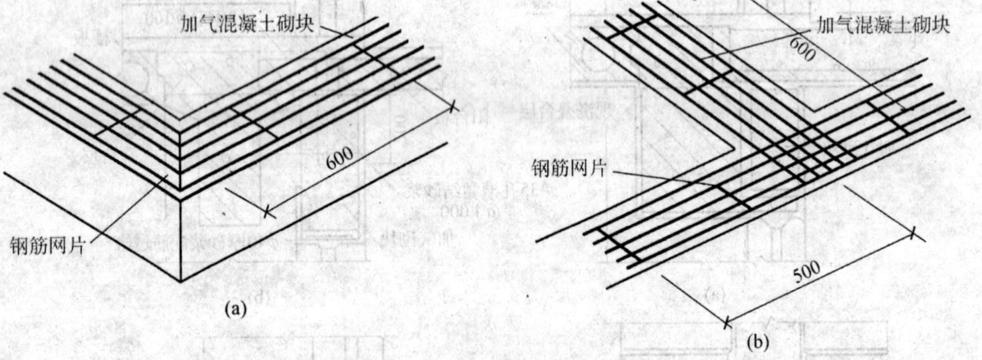

图5-29 加气混凝土砌块墙体转角或内外墙相连处的钢筋网片增强结构(mm)

3. 门窗与墙体的连接

加气混凝土砌块墙体与门窗的连接，通常是由预埋件、连接件、膨胀螺栓等来实现。具体作法见图5-30。

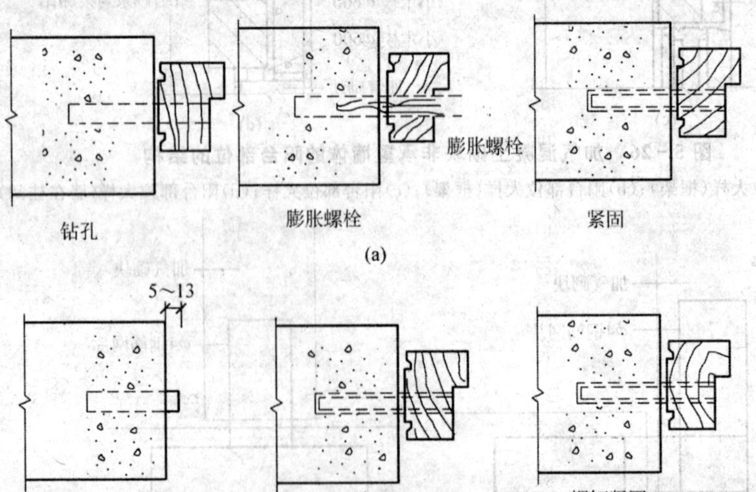

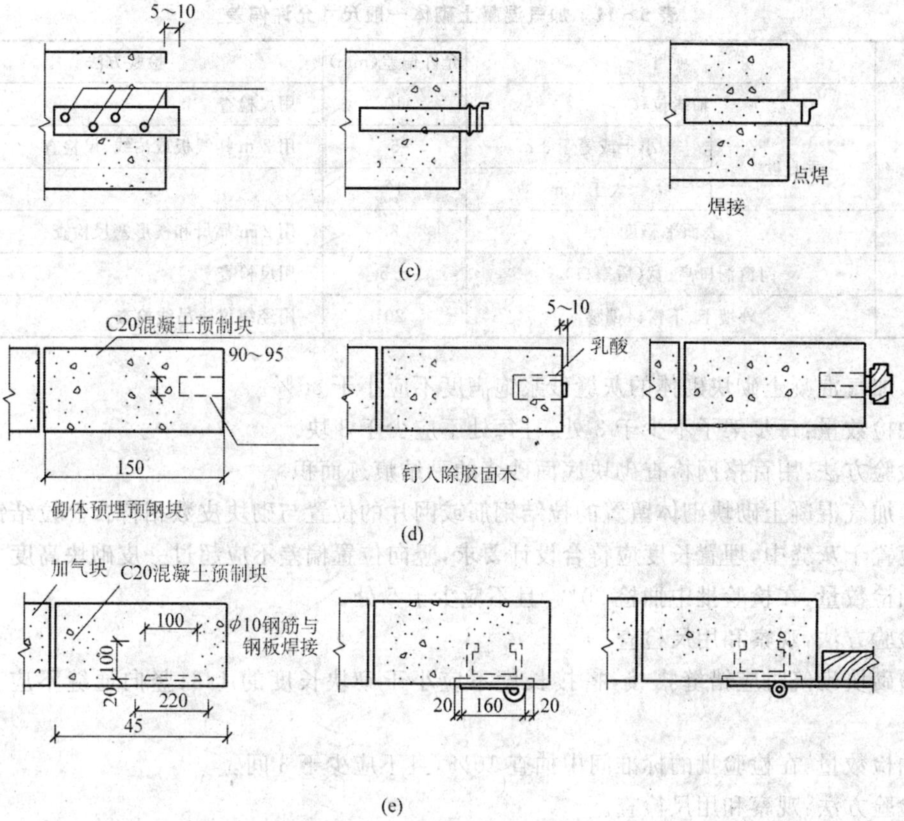

图 5-30　加气混凝土砌块墙体与门窗的连接

注：凡埋入墙体内的铁件均需做防锈处理，埋设铁件要使用黏结砂浆。

三、加气混凝土砌块砌体质量控制

加气混凝土砌块砌体质量分为合格和不合格两个等级。

(一)加气混凝土砌块砌体质量合格等级

1)主控项目应全部符合规定。

2)一般项目应有 80％及以上的抽检处符合规定，或偏差值在允许偏差范围以内。

(二)加气混凝土砌块砌体主控项目

1)砌块和砌筑砂浆的强度等级应符合设计要求。

检验方法：检查砌块的产品合格证书、产品性能检测报告和砂浆试块试验报告。

2)加气混凝土砌块砌体一般项目。

砌体一般尺寸的允许偏差应符合表 5-11 的规定。

抽检数量：对表中 1、2 项，在检验批的标准间中随机抽查 10％，但不应少于 3 间；大面积房间和楼道按两个轴线或每 10 延长米按一标准间计数。每间检验不应少于 3 处。对表中 3、4 项，在检验批中抽检 10％，且不应少于 5 处。

3)加气混凝土砌块不应与其他块材混砌。

抽检数量：在检验批中抽检 20％，且不应少于 5 处。

检验方法：外观检查。

表 5-11 加气混凝土砌体一般尺寸允许偏差

项次	项目		允许偏差(mm)	检验方法
1	轴线位移		10	用尺检查
	垂直度	小于或等于 3 m	5	用 2 m 托线板或吊线、尺检查
		大于 3 m	10	
2	表面平整度		8	用 2 m 靠尺和楔形塞尺检查
3	门窗洞口高、宽(后塞口)		±5	用尺检查
4	外墙上、下窗口偏移		20	用经纬仪或吊线检查

4)加气混凝土砌块砌体的灰缝砂浆饱满度不应小于 80%。

抽检数量:每步架子不少于 3 处,且每处不应少于 3 块。

检验方法:用百格网检查砌块底面砂浆的黏结痕迹面积。

5)加气混凝土砌块砌体留置的拉结钢筋或网片的位置与砌块皮数相符合。拉结钢筋或网片应置于灰缝中,埋置长度应符合设计要求,竖向位置偏差不应超过一皮砌块高度。

抽检数量:在检验批中抽检 20%,且不应少于 5 处。

检验方法:观察和用尺检查。

6)砌块砌筑时应错缝搭接,搭接长度不应小于砌块长度的 1/3;竖向通缝不应大于 2 皮。

抽检数量:在检验批的标准间中抽查 10%,且不应少于 3 间。

检验方法:观察和用尺检查。

7)加气混凝土砌块砌体的水平灰缝厚度及竖向灰缝宽度分别宜为 15 mm 和 20 mm。

抽检数量:在检验批的标准间中抽查 10%,且不应少于 3 间。

检验方法:用尺量 5 皮砌块的高度和 2 m 砌体长度。

8)加气混凝土砌块墙砌至接近梁、板底时,应留一定空隙,待墙体砌筑完并应至少间隔 7 d 后,再将其补砌挤紧。

抽检数量:每验收批抽 10%墙片(每两柱间的填充墙为一墙片),且不应少于 3 片墙。

检验方法:观察检查。

(三)加气混凝土砌块施工质量标准

1. 主控项目

1)蒸压加气混凝土砌块和砂浆的强度等级必须符合设计要求。

2)蒸压加气混凝土砌块砌体水平灰缝的砂浆饱满度不得小于 80%。

3)蒸压加气混凝土砌块砌体的位置及垂直度允许偏差应符合表 5-12 规定。

表 5-12 蒸压加气混凝土砌块砌体填充墙的位置及垂直度允许偏差

项次	项目		允许偏差(mm)	检验方法
1	轴线位移		10	用尺检查
2	垂直度	≤3	5	用 2 m 托线板或尺检查
		>3	10	

2. 一般项目

蒸压加气混凝土砌块填充墙砌体一般尺寸的允许偏差应符合表5－13规定。

表5－13　蒸压加气混凝土砌块填充墙砖砌体一般尺寸允许偏差

项次	项目	允许偏差(mm)	检验方法
1	表面平整度	8	用2 m靠尺和楔形塞尺检查
2	门窗洞口高、宽(后塞口)	±5	用尺检查
3	外墙上、下窗口偏移	20	用经纬仪或吊线检查

第六章　石膏砌体施工技术与质量控制

一、石膏砌块的施工

(一)施工方法

首先在室内四周先弹线标出墙体位置,从底部往上每层砌块按砌砖墙相似的错缝施工法进行砌筑。砌筑时在砌块凹槽内先放入少量勾缝石膏,每3层便校正墙面垂直度、平整度,并在砌块间缝隙内放入勾缝石膏,当砌块砌筑到墙顶时,需与顶板之间留缝隙20～30 mm,在此缝内打入数个木楔卡紧,再用石膏嵌入。在墙面上刨出电线凹槽并埋入电线,用勾缝石膏嵌入凹槽内塞满刮平。

(二)注意事项

1)石膏砌块必须在无雨天运输,吊装、搬运时,应轻搬轻放。

2)石膏砌块必须堆放在室内,地上有水时,必须用垫木搁起,以免砌块吸水后增加重量,降低强度。

3)墙面埋电线管道挖槽时,应用工具刨刀刨成"V"字形,不允许用镩头砸敲。

4)勾缝或粉刷石膏浆,随拌随用。若在使用中发现已凝固,则绝不允许再加水使用。

5)黏结材料:勾缝石膏加20%。108胶并加适量水拌匀。

6)抹灰材料:先刷一层801胶,然后粉刷石膏加适量水抹面。

二、特殊部位的节点结构

(一)墙体(墙体纵长大于6 m)与加固柱的连接

石膏砌块墙体与加固柱的连接,见图6-1。

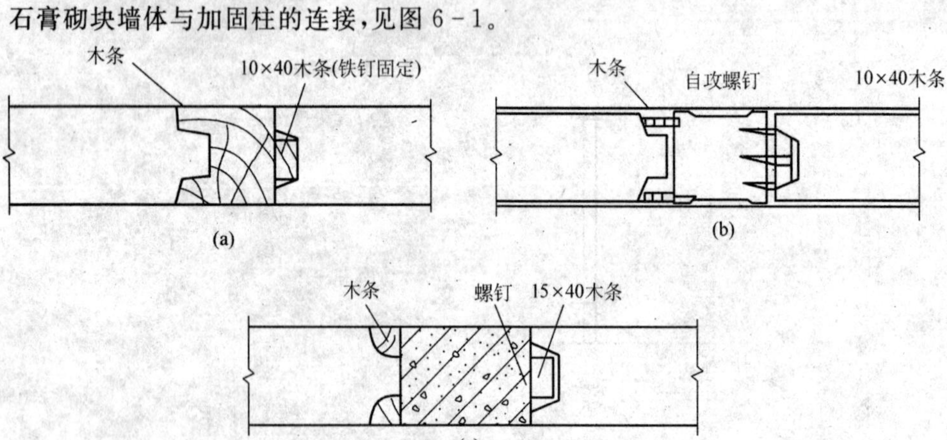

图6-1　石膏砌块墙体与加固柱的连接

(a)与木加固柱的连接;(b)与轻钢龙骨加固柱的连接;(c)与钢筋混凝土加固柱的连接

（二）墙体与墙（或柱）的连接

石膏砌块墙体与墙（或柱）的连接，见图 6－2。

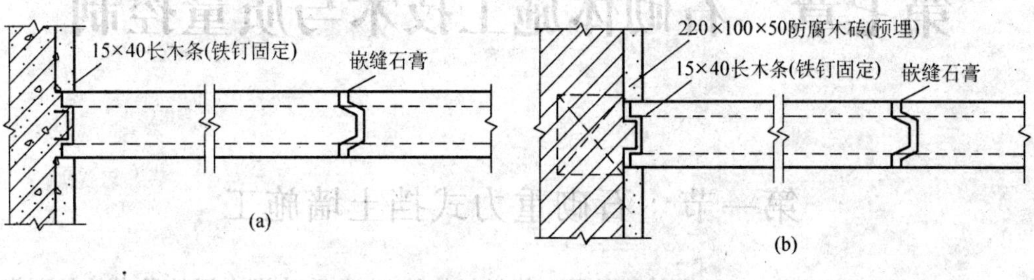

图 6－2　石膏砌块墙体与墙（或柱）的连接

（a）与混凝土墙（柱）的连接；（b）与砖墙的连接（不少于 2 个）

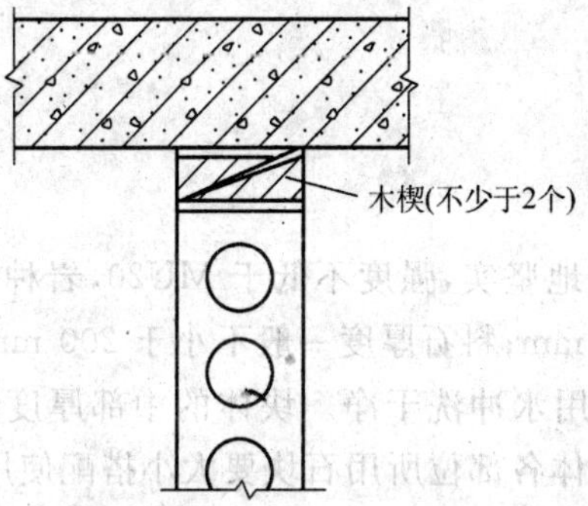

图 6－3　石膏砌块墙体与顶部楼板的连接

（三）墙体与顶部楼板的连接

石膏砌块墙体与顶部楼板的连接，见图6－3。

（四）墙体之间的连接

石膏砌块墙体之间的连接，见图 6－4。

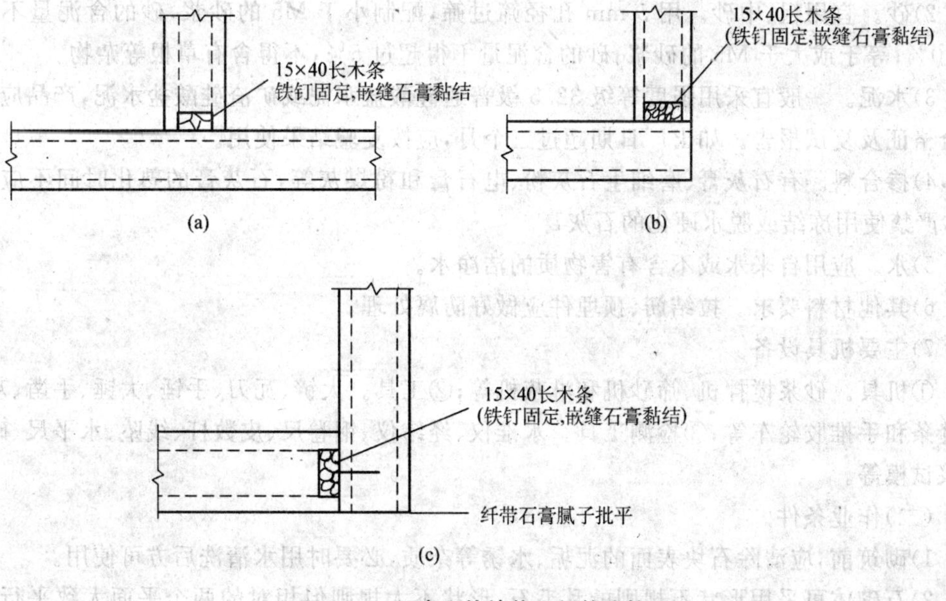

图 6－4　石膏砌块墙体之间的连接

（a）T 形连接；（b）L 形连接（缝单皮数）；（c）L 形连接（缝双皮数）

第七章　石砌体施工技术与质量控制

第一节　石砌重力式挡土墙施工

重力式挡土墙可用石砌、砖砌及混凝土等材料修筑，在公路建设中用的最多的是石砌挡土墙。石砌挡土墙一般有三种类型，即毛石挡土墙、毛料石挡土墙以及毛料石和乱毛石组合挡土墙。

一、施工准备

(一)材料及主要机具

1)石料。石材一般用毛石、料石。石料应质地坚实，强度不低于 MU20，岩种应符合设计要求，无风化、裂缝；毛石中部厚度不小于 200 mm；料石厚度一般不小于 200 mm，料石的加工细度应符合设计要求，污垢、水锈使用前应用水冲洗干净。块体的中部厚度不宜小于 150 mm。片石中部厚度不应小于 200 mm；石砌体各部位所用石块要大小搭配使用，不可先用大块后用小块。其品种、规格、颜色必须符合设计要求和有关施工规格的规定，应有出厂合格证。

2)砂。宜用粗、中砂。用 5 mm 孔径筛过筛，配制小于 M5 的砂浆，砂的含泥量不得超过 10％；等于或大于 M5 的砂浆，砂的含泥量不得超过 5％，不得含有草根等杂物。

3)水泥。一般宜采用强度等级 32.5 级普通硅酸盐水泥或矿渣硅酸盐水泥，产品应有出厂合格证及复试报告。如出厂日期超过三个月，应按复验结果使用。

4)掺合料。有石灰膏、磨细生石灰粉、电石膏和粉煤灰等，石灰膏的熟化时间不应少于 7 d，严禁使用冻结或脱水硬化的石灰膏。

5)水。应用自来水或不含有害物质的洁净水。

6)其他材料要求。拉结筋、预埋件应做好防腐处理。

7)主要机具设备。

①机具。砂浆搅拌机、筛砂机和淋灰机等；②工具。大铲、瓦刀、手锤、大锤、手凿、灰槽、勾缝条和手推胶轮车等；③检测工具。水准仪、经纬仪、钢卷尺、皮数杆、线坠、水平尺、磅秤、砂浆试模等。

(二)作业条件

1)砌筑前，应清除石块表面的泥垢、水锈等杂质，必要时用水清洗后方可使用。

2)石砌体可采用形状不规则的乱毛石、形状不太规则但相对的两个平面大致平行的平毛石以及经过加工的块石，其强度等级均应不低于 30 MPa。

3)石砌体所用砂浆为 M7.5 水泥砂浆，其品种与强度等级应符合设计要求。

4)基础、垫层已施工完毕，并已办完隐检手续。

5)基础、垫层表面已弹好轴线及墙身线,立好皮数杆,其间距约 15 mm 为宜。转角处应设皮数杆,皮数杆上应注明砌筑皮数及砌筑高度等。

6)砌筑前拉线检查基础、垫层表面,标高尺寸是否符合设计要求,如第一皮水平灰缝厚度超过 20 mm 时,应用细石混凝土找平,不得用砂浆掺石子代替。

7)砂浆配合比由试验室确定,计量设备经检验,砂浆试模已经备好。

8)应对弹好的线进行复查,位置、尺寸应符合设计要求,根据进场石料的规格、尺寸、颜色进行试排、撂底,确定组砌方法。

二、操作工艺

(一)工艺流程

地基或垫层验收→抄平放线→立皮数杆→搅拌砂浆→选石砌筑

(二) 施工要点

1)砌毛石挡土墙应采用铺浆法。砂浆稠度宜为 3～5 cm,当气候变化时应适当调整。

2)砌筑毛石挡土墙应符合下列规定:①毛石的中部厚度不宜小于 20 cm;②每砌 3～4 皮为一个分层高度,每个分层高度应找平一次;③外露面的灰缝厚度不得大于 40 mm,两个分层高度间的错缝不得小于 80 mm。

3)料石挡土墙宜采用同皮内丁顺相间的砌筑形式。当中间部分用毛石填砌时,丁砌料石伸入毛石部分的长度不应小于 20 cm。

4)砌毛石挡土墙时双面拉准线。第一皮按所放基础边线砌筑,以上各皮按准线砌筑。

5)砂浆配合比应由试验室确定,采用质量比,砌筑的砂浆必须机械搅拌均匀,随拌随用。水泥砂浆和混合砂浆分别应在 3 h 和 4 h 内使用完毕。细石混凝土应在 2 h 内用完。

6)水泥砂浆和水泥混合砂浆的搅拌时间不得少于 2 min,掺外加剂的砂浆不得少于 3 min,掺有机塑化剂的砂浆应为 3～5 min。同时还应具有较好的和易性和保水性,一般稠度以 5～7 cm 为宜。外加剂和有机塑化剂的配料精度应控制在±2%以内,其他配料精度应控制在±5%以内。

7)在每一施工段或 250 m^3 砌体中,对每种强度等级的砂浆或混凝土,应至少制作一组试块(每组 6 块)。如砂浆和混凝土强度等级或配合比变更时,也应制作试块以便检查。

8)砌第一皮毛石时,应选用有较大平面的石块,先在基坑底铺设砂浆,再将毛石砌上,并使毛石的大面向下。

9)砌每一皮毛石时,应分皮卧砌,并应上下错缝,内外搭砌,不得采用先砌外面石块,后中间填心的砌筑方法,石块间较大的空隙应先填塞砂浆后用碎石嵌实,不得采用先摆碎石块后塞砂浆或干填碎石块的方法。

10)灰缝厚度宜为 20～30 mm,砂浆应饱满,石块间不得有相互接触现象。

11)阶梯形毛石挡土墙,上阶的石块应至少压砌下阶石块的 1/2,相邻阶梯毛石应相互错缝搭接。

12)毛石最上一皮,宜选用较大的平毛石砌筑。转角处、交接处和洞口处也应选用平毛石砌筑。

13)有高低台的毛石挡土墙,应从低处砌起,并由高台向低台搭接。

14)毛石挡土墙每天可砌筑高度为 1.2 m。

15)砌筑挡土墙,应按设计要求收坡或收台,并设置泄水孔。

16)毛石挡土墙转角处和纵横墙相交处应同时砌筑,不能同时砌筑时应留成斜槎。

(三)料石砌筑

1)组砌方法应正确,料石砌体应上、下错缝,内外搭砌,料石基础第一皮应用丁砌。坐浆砌筑,踏步形基础,上级料石应压下级料石至少1/3。

2)料石砌体水平灰缝厚度,应按料石种类确定,细料石砌体不宜大于5 mm;半细料石砌体不宜大于10 mm;粗料石砌体不宜大于20 mm。

3)料石墙长度超过设计规定时,应按设计要求设置变形缝,料石墙分段砌筑时,其砌筑高低差不得超过1.2 m。

(四)冬雨期施工

1)当预计连续10 d内日平均气温低于5 ℃或当日最低气温低于−3 ℃时,即进入冬期施工。

2)冬期施工宜采用普通硅酸盐水泥,按冬施方案并对水、砂进行加热,砂浆使用时的温度应在+5 ℃以上。

3)雨季施工应防止雨水冲刷墙体、下班收工时应覆盖砌体上表面,每天砌筑高度不宜超过1.2 m。

(五)应注意的质量问题

1)砂浆强度不稳定。

材料计量要准确,搅拌时间要达到规定的要求。试块的制作、养护、试压要符合规定。

2)水平灰缝不平。

皮数杆应立牢固,标高一致,砌筑时小线要拉紧,穿平墙面,砌筑跟线。

3)料石质量不符合要求。

对进场的料石品种、规格、颜色验收时要严格把关。不符合要求时拒收,不用。

4)勾缝粗糙。

应认真操作,灰缝深度一致,横竖缝交接平整,表面洁净。

第二节 片石基础与片石墙施工技术

一、砂浆拌制

1)砂浆配合比应用质量比,水泥计量精度在±2%以内。

2)宜采用机械搅拌,投料顺序为砂子→水泥→掺合料→水。搅拌时间不少于90 s。

3)应随拌随用,拌制后应在3 h内使用完毕,如气温超过30 ℃,应在2 h内用完,严禁用过夜砂浆。

4)砂浆试块。基础按一个楼层或250 m^3 砌体每台搅拌机做一组试块(每组6块),如材料配合比有变更时,还应做试块。

二、片石基础施工

1)按设计图纸标高、尺寸采用机械开挖基坑,人工配合,挡墙施工完毕后,按要求分层回填。

2)砌毛石基础应双面拉线，采用“铺浆法”砌筑(即先铺砂浆，再摆砌石块，最后砂浆填缝、填塞小石块于大缝中)。砌第一皮最底层毛石基础时，按所放的基础边线砌筑，先在基坑底铺设砂浆，再将有较大平面的石块面向下铺砌在砂浆上；第二皮以上各皮则按准线砌筑。

3)砌筑每一皮片石时，应分皮卧砌，并应上下错缝、内外搭砌，不得采用先砌外面的石块后再进行中间填心的砌筑方法，石块之间的较大缝隙不得采用先填塞碎石块后塞砂浆或只填碎石块的方法。

4)片石基础的灰缝厚度宜为 20～30 mm，砂浆应饱满，大小石块间均不得有直接接触或无砂浆的现象。

5)片石基础的每一皮内均应每隔 2 m 长设置一块拉结石。基础宽度小于、等于400 mm时，拉结石长应与基础宽度相同；基础宽度大于 400 mm 时，可采用两块拉结石内外搭接砌筑，其搭接长度不应小于 150 mm，且其中一块长度不应小于该皮基础宽度的 2/3。

6)片石基础的转角处和交接处应同时砌筑，不能同时砌筑时应留斜槎，斜槎长度不应小于其高度，斜槎面上的毛石不得用砂浆找平；在斜槎处继续接砌片石基础时，应先将斜槎石面清理干净、浇水润湿后，方可砌筑。

7)每 2～3 皮为一工作层，工作层中水平缝应大致找平，且竖缝错开不小于 80 cm，斜向通缝不得超过两皮。

三、片石墙体施工

1)砌筑毛石墙，采用“铺浆法”，顺墙面线支立好坡度架，沿坡度架双面拉准线，第一皮按墙边线砌筑，以上各皮均按准线砌筑。

2)毛石墙的第一皮、转角处、交接处、沉降缝处，应用较大的平毛石砌筑。灰缝厚度宜为 20～30 mm，砂浆饱满，不得有干接、空缝现象；石缝间较大空隙应先填砂浆后塞碎石块。

3)毛石墙应分皮卧砌，各皮石块利用其自然形状，经适当凿打修整，使之能与先砌石块基本吻合，搭砌紧密，上下错缝，内外搭砌，不得采用侧立石块与外侧中间填心的砌法。毛石墙上，不得有尖石向下或斜尖向外的铲口石、上宽下尖三角形的斧刃石和仅在两端搭在下面石块上的过桥石。

4)毛石墙必须设置拉结石，拉结石应均匀分布，相互错开，一般每 0.7 m^2 墙面至少设置一块，且同一皮内的拉结石中间距离不大于 2 m。墙厚等于或小于 400 mm 时，拉结石长度应与墙厚相等；墙厚大于 400 mm 时，可用两块拉结石两面搭砌，搭接长度不小于150 mm，且其中一块的长度不应小于墙厚的 2/3。

5)浆砌片石挡土墙每天的砌筑高度不应超过 1.2 m。

6)砌筑挡土墙时，除应满足上述要求外，还应注意以下几点：每砌 2～3 皮毛石为一个分层高度，应找平一次；每皮应大体找平，外露墙面的灰缝宽度以 20～30 mm 为宜，上下皮毛石的竖向灰缝应相互错开 80 mm 以上，斜向通缝不许超过两层；挡土墙泄水孔为 ϕ10 cm 的 PVC 管，间距 1.5 m×1.5 m，上下交错布置；孔后设双层 60 cm×60 cm 的滤水土工布。

7)砌体勾缝采用凸缝，勾缝砂浆不低于 M10，且勾缝砂浆嵌入砌缝不小于 2 cm，当不足 2 cm 时，应掏槽够 2 cm。

8)沉降缝应上下贯通、竖直且与基础沉降缝对齐，沉降缝中严禁有砂浆、石块等杂物。

砌体每隔1～2 m就填塞一次沥青衫板。

9)砌体施工完毕后墙背应大致找平，然后再回填土。

第三节　石砌体质量控制

一、石砌体质量标准

(一)一般规定

1)石砌体采用的石材应质地坚实，无风化剥落和裂纹。用于清水墙、柱表面的石材，尚应色泽均匀。

2)石材表面的泥垢、水锈等杂质，砌筑前应清除干净。

3)石砌体灰缝厚度：毛料石和粗料石不宜大于20 mm；细料石不宜大于5 mm。

4)砂浆初凝后，如移动已砌筑的石块，应将原砂浆清理干净，重新铺浆砌筑。

5)砌筑毛石基础的第一皮石块应坐浆，并将大面向下；砌筑料石基础的第一皮石块应用丁砌层坐浆砌筑。

6)毛石砌体的第一皮及转角处、交接处和洞口处，应用较大的平毛石砌筑。每个楼层(包括基础)砌体的最上一皮，宜选用较大的毛石砌筑。

7)砌筑毛石挡土墙应符合下列规定：①每砌3～4皮为一个分层高度，每个分层高度应找平一次；②外露面灰缝厚度小于40 mm，两分层高度间分层处的错缝不得小于80 mm。

8)料石挡土墙，当中间部分用毛石砌时，丁砌料石伸入毛石部分的长度不应小于200 mm。

9)挡土墙的泄水孔当设计无规定时，施工应符合下列规定：①泄水孔应均匀设置，在每米高度上间隔2 m左右设置一个泄水孔；②泄水孔与土体间铺设长宽各为300 mm、厚200 mm的卵石或碎石作疏水层。

10)挡土墙内侧回填土必须分层夯填，分层松土厚度应为300 mm。墙顶土面应有适当坡度使流水流向挡土墙外侧面。

(二)主控项目

1)石材及砂浆强度等级必须符合设计要求。①抽检数量：同一产地的石材至少应抽检一组。砂浆试块的抽检数量执行有关规定；②检验方法：料石检查产品质量证明书，石材、砂浆检查试块试验报告。

2)砂浆饱满度不应小于80%。①抽检数量：每步架抽查不应少于1处；②检验方法：观察检查。

3)石砌体的轴线位置及垂直度允许偏差应符合表7-1的规定。抽检数量：外墙，按楼层(或4 m高以内)每20 m抽查1处，每处3延长米，但不应少于3处；内墙，按有代表性的自然间抽查10%，但不应少于3间，每间不应少于2处，柱子不应少于5根。

(三)一般项目

1)石砌体的一般尺寸允许偏差应符合表7-2的规定。抽检数量：外墙，按楼层(4 m高以内)每20 m抽查1处，每处3延长米，但不应少于3处；内墙，按有代表性的自然间抽查10%，但不应少于3间，每间不应少于2处，柱子不应少于5根。

表 7－1　石砌体的轴线位置及垂直度允许偏差

项次	项目		允许偏差(mm)							检验方法
			毛石砌体		料石砌体					
					毛石料		粗石料		细石料	
			基础	墙	基础	墙	基础	墙	墙、柱	
1	轴线位置		20	15	20	15	15	10	10	用经纬仪和尺检查，或用其他测量仪器检查
2	墙面垂直度	每层		20		20		10	7	用经纬仪、吊线和尺检查，或用其他测量仪器检查
		全高		30		30		25	20	

表 7－2　石砌体的一般尺寸允许偏差

项次	项目		允许偏差(mm)							检验方法
			毛石砌体		料石砌体					
			基础	墙	基础	墙	基础	墙	墙、柱	
1	基础和墙砌体顶面标高		±25	±15	±25	±15	±15	±15	±10	用水准仪和尺检查
2	砌体厚度		+30	+20 −10	+30	+20 −10	+15	+10 −5	+10 −5	用尺检查
3	表面平整度	清水墙、柱	—	20	—	20	—	10	5	细料石用 2 m 靠尺和楔形塞尺检查，其他用两直尺垂直于灰缝拉 2 m 线检查
		混水墙、柱	—	20	—	20	—	15	—	
4	清水墙水平灰缝平直度		—	—	—	—	—	10	5	拉 10 m 线和尺检查

2)石砌体的组砌形式应符合下列规定：①内外搭砌，上下错缝，拉结石、丁砌石交错设置；②毛石墙拉结石每 0.7 m^2 墙面不应少于 1 块。

检查数量：外墙，按楼层(或 4 m 高以内)每 20 m 抽查 5 处，每处 3 延长米，但不应少于 3 处；内墙，按有代表性的自然间抽查 10%，但不应少于 3 间。检验方法：观察检查。

二、石砌体常见质量问题防治

(一)毛料石挡土墙组砌不良

1)现象。①上下两层石块不错缝搭接或搭接长度太少；②同皮内采用丁顺相间组砌时，丁砌石数量太少(中心距过大)；③采用同皮内全部顺砌或丁砌时，丁砌层层数太少；④阶梯形挡土墙各阶梯的标高和墙顶标高偏差过大。

2)原因分析。①不执行施工规范和操作规程的有关规定；②不按设计要求和石料的实际尺寸，预先计算确定各段应砌皮数和灰缝厚度。

3)防治措施。①毛料石挡土墙应上下错缝搭砌。阶梯形挡土墙上阶梯料石至少压砌下阶梯料石宽的 1/3；②同皮内采用丁顺组砌时，丁砌石应交错设置，其中心距不应大于2 m；

③毛料石挡土墙厚度大于或等于两块石块宽度时，可以采用同皮内全部顺砌，但每砌两皮后，应砌一皮丁砌层；④按设计要求、石料厚度和灰缝允许厚度范围，预先计算出砌完各段、各皮的灰缝厚度，如果上述三项要求不能同时满足时，应提前办理技术核定或设计修改。

（二）墙体组砌方法不良

1）现象。一般毛石挡土墙采用（M5.0，M7.5）砂浆。乱毛石组合砌筑，外墙面用有平整面的石料砌筑，中间填砌毛石，第一种情况是墙面石与毛石间砌搭不足或未砌搭，第二种情况是无满墙拉结石，结果挡土墙形成几层皮，使墙体整体性差，承载力大大降低。

2）原因分析。①毛石规格偏小，且毛石搭接偏小。砌毛石挡土墙（用毛石作腹石）时，未采取先摆四角再砌三面周边石（留一面作运料和填砌腹石用），后砌腹石的施工顺序，故发生石块间搭接长度不够、砂浆不饱满等。②腹石体积大，其运输、砌筑均较费力，只顾施工方便而采取抛石砌筑方法，造成下层凝固中的砂浆被振松，同时抛投方法也易造成石块周围砂浆不饱满。

3）防治措施。①毛石挡墙砌筑前，应先清扫基础面；在墙体两端竖立样杆，在两样杆之间拉准线，以控制每皮毛石进出位置，挂线分皮卧砌，每皮高约 300～400 mm。用较大的平毛石先砌两端，再向中间砌筑。②毛石挡土墙不得采取投石填心做法，坚持分层铺灰分层砌筑的正确方法，每砌筑3～4皮毛石为一个分层高度，每个分层高度应找平一次。砌筑前应先试摆，使石料大小搭配，大面平放朝下，外面表面要平齐，斜口朝内，各皮毛石间应利用自然形状经敲打修整使其能与先砌毛石基本吻合，搭砌紧密，逐块坐浆卧砌，使砂浆饱满。③上下皮毛石应相互错缝，内外搭砌，石块间较大的空隙应先填塞砂浆，后用碎石嵌实。严禁先填塞小石块后灌浆的做法。墙间不得有铁锹石、斧刃石和过桥石。④砌筑时，灰缝宽度一般控制在约 20～30 mm，铺灰厚度 40～50 mm，外露面的灰缝不得大于 40 mm，上下皮毛石的竖向灰缝相互错开 80 mm 以上，避免形成通缝、干缝、空缝和孔洞。

（三）泄水孔不通畅，泛水坡度不够（排水问题）

1）现象。未留泄水孔，或泄水孔堵塞，或排水坡度不够，造成挡土墙内侧长期积水，挡土墙内侧压力增大，致使墙体开裂，沉陷或倒塌。

2）原因分析。①忽视挡土墙细部做法，缺乏认真检查，忘留泄水孔，没做反滤层、疏水层或未及时清理泄水孔内的砂浆等杂物；②墙体内侧未按规定做出泛水坡度，墙根处残留的施工材料和土壤未清理。

3）防治措施。①砌毛石挡墙时应按设计要求收坡或收台，并设泄水孔，孔眼由 100 mm 孔距 2～3 mm上下左右交错设置，最下一排泄水孔的出水口应高出地面且大于 200 mm。②泄水孔宜采用抽管方法留置，即在砌筑时先预置钢管或塑料管成孔。为防止泄水孔堵塞，回填土前应在泄水孔进口处设置疏水层，疏水层必须用透水性材料（如卵石、砂砾石），铺设长宽各 300 mm，厚 200 mm。为防积水渗入基础，需在最低排泄水孔下部，夯填至少 300 mm厚的黏土作反水层，以使墙内积水沿泄水孔排出。③施工完毕后一定要做到工完料清，以保证排水畅。

（四）挡墙背后回填土不符合设计要求（填土问题）

1）现象。回填负荷量过大，集中回填的大冲击力，回填土的土质不合格，回填未按程序操作等造成的变形、开裂、倒塌。

2）原因分析。①回填土回填量未按设计施工，超出设计标准，挡土墙承担不起超出的负荷发生倒塌。②轻视回填土夯填的冲击力对挡土墙体稳定性的影响，不按施工要求，在强度尚未提高时采取集中冲击回填，使挡土墙产生裂缝降低强度。③填土土质不合要求，施工时未执行施工程序，使回填土的渗水性不佳，产生大量积水，增加了挡土墙的侧压力发生开裂、垮塌。④地表封闭引排水施工质量不合格，污水、雨水、淤泥、垃圾不断灌入墙内侧，大量积水产生的水压超出挡土墙的设计承压能力。

3)防治措施。①填土应严格按不同地质承载力，不同填料的内摩擦角控制填土量。②墙后填土必须分层夯实。仰斜式挡土墙，当砌体强度到设计的70%时，应立即进行填土并分层夯实，注意墙身不要受到夯击影响，以保证施工过程中自身的稳定。③砌筑挡墙时必须与回填土交叉施工，以免墙背悬空，墙身开裂。回填完毕后马上进行表层封闭和排水施工。④回填土类必须与所选用断面的填料相同。填料中的树皮、草根等杂物应清除。细砂土、粉砂土、肥黏土、自亚土、盐碱土、耕植土、膨胀土、淤泥都不能用作挡土墙的填土。⑤回填土应分层压实，密实度符合中密要求。

(五)砌筑砂浆强度没达到，毛石材质不符合要求(材料问题)

1)现象。由于砌筑砂浆强度不符合设计要求，石材不符合质量标准，使得砌筑完成后挡土墙整体承载力降低，出现质量问题。

2)原因分析。①施工人员不负责任，不预先进行试配，没有准确的配合比，导致配制的砌筑砂浆达不到设计强度，砌筑的挡墙整体强度低。②不同水泥混合使用，砂浆强度降低，挡土墙的整体承载力降低。③污浊毛石直接砌筑，降低了石材与砂浆的黏结质量，使它们之间不能形成一个整体，降低了挡土墙整体承载力。

3)防治措施。①砌筑砂浆通过现场试配获得设计强度的准确配合比，并严格按配合比配制砌筑砂浆。砂浆现场拌制时，各组应采用质量计量，以确保砂浆的强度和均匀性。②为了很好地保证砂浆的拌合质量，应采用机械搅拌，并保证搅拌时间，在搅制后2～3 h内使用，严禁不同标号水泥同时使用。③砌筑砂浆的品种和强度应符合设计要求。砂浆的稠度宜为30～50 mm，雨季和冬季稠度应小一些，在暑期或干燥气候情况下，稠度可大一些。

三、成品保护

①料石墙砌筑完后，未经有关人员检查验收，轴线桩、水准桩、皮数杆应加以保护，不得碰坏、拆除。②砌体中埋设的构造筋应注意保护，不得随意踩倒弯折。③细料石墙、柱、垛应用木板、塑料布保护，防止损坏楞角或污染。

四、质量记录

①材料(料石、水泥、砂等)的出厂合格证及复试报告；②砂浆试块试验报告；③分项工程质量检验评定；④隐检、预检记录；⑤冬期施工记录；⑥设计变更及洽商记录；⑦其他技术资料。

五、安全环保措施

①搬运石料要拿稳放牢，绳索工具要牢固；两人抬运，应互相配合，动作一致；用车子或筐运送。不要装得太满，防止滚落伤人。②往坑槽运石料，应用溜槽或吊运，下方不准有人。③工作完毕，应将脚手板上的石渣碎片清扫干净。

参考文献

[1] 王铁梦. 工程结构裂缝控制[M]. 北京:中国建筑工业出版社,1997.

[2] 李继业. 公路工程施工技术实用手册[M]. 北京:中国建材工业出版社,2006.

[3] 李书田. 现代建筑新材料与施工[M]. 北京:中国建材工业出版社,2006.

[4] 宋功业. 混凝土工程施工技术与质量控制[M]. 北京:中国建材工业出版社,2003.

[5] 雍本. 特种混凝土施工手册[M]. 北京:中国建材工业出版社,2005.

[6] 危道军. 建筑施工技术[M]. 北京:人民交通出版社,2007.

[7] 姚谨英. 混凝土结构工程施工[M]. 北京:中国建筑工业出版社,2005.

[8] 宋功业. 洁净厂房工程施工技术与质量控制[M]. 北京:机械工业出版社,2009.

[9] 高濂,郑珊,张青红. 纳米氧化钛光催化材料及应用[M]. 北京:化学工业出版社,2002.

[10] 朱清江. 高强高性能混凝土研制及应用[M]. 北京:中国建材工业出版社,1999.

[11] 宋功业. 现代混凝土工程施工[M]. 北京:中国电力出版社,2010.

[12] 郑俊杰. 地基处理技术[M]. 武汉:华中科技大学出版社,2004.

[13] 汪绯. 建筑工程质量事故的分析与处理[M]. 北京:化学工业出版社,2006.

[14] 宋功业. 砂石换填处理地基工程实例[J]. 土工基础,2001,(1).46－48.

[15] 国家建筑工程质量监督检验测试中心建筑结构及混凝土制品检测二部. 混凝土实验员手册[M]. 中国建筑科学研究院科技交流部,1990.

[16] 赵述智,王忠德. 实用建筑材料试验手册[M]. 北京:中国建筑工业出版社,1998.

[17] 宋功业. 人工回填地基处理技术的应用[J]. 徐州建筑职业技术学院学报,2009,9(2):5－7.

[18] 范锡盛. 建筑工程事故分析及处理实例应用手册[M]. 北京:中国建筑工业出版社,1994.

[19] 张自杰.《建筑工程百科全书》之二:建筑设计[M]. 北京:中国建材工业出版社,1999.

[20] 韩喜林. 新型防水材料应用技术[M]. 北京:中国建筑工业出版社,2003.